U0270904

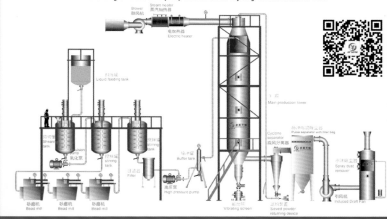
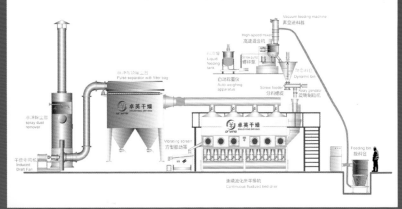

金旺制剂车间〔农药/肥料〕

专业农化制剂车间 一体化设计、打造，引领农化制剂加工新方向

环保设备区 **WDG加工区** **包装区**

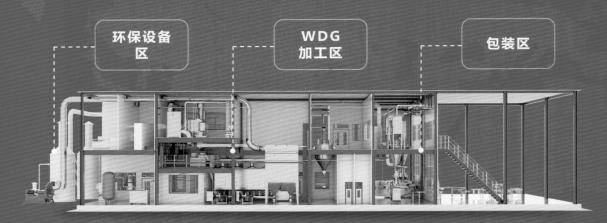

八项发明专利 **八项实用新型专利**

 江苏金旺包装机械科技有限公司
JIANGSU JINWANG PACKAGING MACHINERY SCI-TECH CO.,LTD

全国免费咨询热线：400-662-6025
电话：0519-82793788　　Http：//www.11jw.com
地址：江苏省常州市金坛区丹凤西路39号
传真：0519-82792436　　E-mail：sale@jtjinwang.com

扫一扫关注微信

现代农药剂型加工技术丛书

农药制剂工程技术

刘广文 主编

Pesticide Formulations
Engineering Technology

化学工业出版社

·北京·

作为《现代农药剂型加工技术丛书》丛书分册之一，本书全面系统地阐述了农药制剂加工所必需的单元设备、包装材料、包装设备、车间设计方法等内容。详细介绍了各种农药制剂加工所需的单元设备，包括粉碎、筛分、均化、混合、造粒、干燥、供热、物料输送及通风与除尘设备的工作原理、适用范围及操作方法，使设备在各生产阶段发挥最大效能。另外，还针对农药包装材料、包装设备、包装技术以及制剂生产中的清洁生产技术也做了详细的介绍。

本书可供农药制剂研发单位、助剂生产企业从事剂型开发及生产的有关技术人员、生产车间技术工人使用，也可作为大专院校相关专业本科生及研究生的参考书。

图书在版编目（CIP）数据

农药制剂工程技术 / 刘广文主编 . —北京：化学
工业出版社，2018.1
（现代农药剂型加工技术丛书）
ISBN 978-7-122-31148-1

Ⅰ. ①农… Ⅱ. ①刘… Ⅲ. ①农药剂型 - 生产工艺
Ⅳ. ① TQ450.6

中国版本图书馆 CIP 数据核字（2017）第 299539 号

责任编辑：刘　军　　　　　　　　　　文字编辑：向　东
责任校对：王　静　　　　　　　　　　装帧设计：关　飞

出版发行：化学工业出版社（北京市东城区青年湖南街 13 号　邮政编码 100011）
印　　装：中煤（北京）印务有限公司
787mm×1092mm　1/16　印张 27¾　彩插 2　字数 667 千字　2018 年 4 月北京第 1 版第 1 次印刷

购书咨询：010-64518888（传真：010-64519686）　售后服务：010-64518899
网　　址：http://www.cip.com.cn
凡购买本书，如有缺损质量问题，本社销售中心负责调换。

定　　价：180.00 元　　　　　　　　　　　　　　　　　版权所有　违者必究
京化广临字 2018——2

本书编写人员名单

主　　编：刘广文

编写人员：（按姓名汉语拼音排序）

曹云华　江阴市卓英干燥工程技术有限公司

刘广文　沈阳化工研究院有限公司

司马铃　江苏金旺包装机械科技有限公司

张伟汉　海利尔药业集团股份有限公司

序

农药是人类防治农林病、虫、草、鼠害，以及仓储病和病媒害虫的重要物质，现在已广泛应用于农业生产的产前至产后的全过程，是必备的农业生产资料，也为人类的生存提供了重要保证。

农药通常是化学合成的产物，合成生产出来的农药的有效成分称为原药。原药为固体的称为原粉，为液体的称为原油。

由于多数农药原药不溶或微溶于水，不进行加工就难以均匀地展布和黏附于农作物、杂草或害虫表面。同时，要把少量药剂均匀地分布到广大的农田上，不进行很好地加工就难以均匀喷洒。各种农作物、害虫、杂草表面都有一层蜡质层，表面张力较低，绝大多数农药又缺乏展着或黏附性能，若直接喷洒原药，不仅不能发挥药效，而且十分容易产生药害，所以通常原药是不能直接使用的，必须通过加工改变原药的物理及物理化学性能，以满足实际使用时的各种要求。

把原药制成可以使用的农药形式的工艺过程称为农药加工。加工后的农药，具有一定的形态、组分、规格，称为农药剂型。一种剂型可以制成不同含量和不同用途的产品，这些产品统称为农药制剂。

制剂的加工主要是应用物理、化学原理，研究各种助剂的作用和性能，采用适当的方法制成不同形式的制剂，以利于在不同情况下充分发挥农药有效成分的作用。农药制剂加工是农药应用的前提，农药的加工与应用技术有着密切关系，高效制剂必须配以优良的加工技术和适当的施药方法，才能充分发挥有效成分的应用效果，减少不良副作用。农药制剂加工可使有效成分充分发挥药效，使高毒农药低毒化，减少环境污染和对生态平衡的破坏，延缓抗药性的发展，使原药达到最高的稳定性，延长有效成分的使用寿命，提高使用农药的效率和扩大农药的应用范围。故而不少人认为，一种农药的成功，一半在于剂型。据统计，我国现有农药生产企业2600余家，近年来，制剂行业出现了一些新变化。首先，我国农业从业人员的结构发生了变化，对农药有了新的要求。其次，我国对环境保护加大了监管力度，迫使制剂生产装备进行升级改造。更加严峻的是行业生产水平和规模参差不齐，大浪淘沙，优胜劣汰，一轮强劲的并购潮已经到来，制剂行业洗牌势在必行，通过市场竞争使制剂品种和产量进行再分配在所难免。在这种出现新变化的背景下，谁掌握着先进技术并不断推进精细化，谁就找到了登上制高点的最佳途径。

化学工业出版社于2013年出版了《现代农药剂型加工技术》一书，该书出版后受到了业内人士的极大关注。在听取各方面意见的基础上，我们又邀请了国内从事农药剂型教学、研发以及工程化技术应用的几十位中青年制剂专家，由他们分工撰写他们所擅长专业的各章，编写了这套《现代农药剂型加工技术丛书》（简称《丛书》），以分册的形式介绍农药制剂加工的原理、加工方法和生产技术。

《丛书》参编人员均由多年从事制剂教学、研发及生产一线的教授和专家组成。他们知识渊博，既有扎实的理论功底，又有丰富的研发、生产经验，同时又有为行业无私奉献的高尚精神，不倦地抚键耕耘，编撰成章，集成本套《丛书》，以飨读者。

《丛书》共分四分册，第一分册《农药助剂》，由张小军博士任第一主编，主要介绍了助剂在农药加工中的理论基础、作用机理、配方的设计方法，及近年来国内外最新开发的助剂品种及性能，可为配方的开发提供参考。第二分册《农药液体制剂》，由徐妍博士任第一主编，主要介绍了液体制剂加工的基础理论、最近几年液体制剂的技术进展、液体制剂生产流程设计及加工方法，对在生产中易出现的问题也都提供了一些解决方法与读者分享。第三分册《农药固体制剂》，由刘广文任主编，主要介绍了常用固体制剂的配方设计方法、设备选型、流程设计及操作方法，对清洁化生产技术进行了重点介绍。第四分册《农药制剂工程技术》，由刘广文任主编，主要介绍了各种常用单元设备、包装设备及包装材料的特点、选用及操作方法，对制剂车间设计、清洁生产工艺也专设章节介绍。

借本书一角，我要感谢所有参编的作者们，他们中有我多年的故交，也有未曾谋面的新友。他们在百忙之余，牺牲了大量的休息时间，无私奉献出自己多年积累的专业知识和宝贵的生产经验。感谢《丛书》的另两位组织者徐妍博士和张小军博士，二位在《丛书》编写过程中做了大量的组织工作，并通阅书稿，字斟句酌，进行技术把关，才使本书得以顺利面世。感谢农药界的前辈与同仁给予的大力支持，《丛书》凝集了全行业从业人员的知识与智慧，他们直接或间接提供资料、分享经验，使本书内容更加丰富。因此，《丛书》的出版有全行业从业人员的功劳。另外，感谢化学工业出版社的鼎力支持，《丛书》责任编辑在本书筹备与编写过程中做了大量卓有成效的策划与协调工作，在此一并致谢。

制剂加工是工艺性、工程性很强的技术门类，同时也是多学科集成的交叉技术。有些制剂的研发与生产还依赖于操作者的经验，一些观点仁者见仁，智者见智。编撰《丛书》是一项浩大工程，参编人员多，时间跨度长，内容广泛。所述内容多是作者本人的理解和体会，不当之处在所难免，恳请读者指正。

谨以此书献给农药界的同仁们！

刘广文

2017年10月

前言

对于农药制剂加工而言，工程技术十分重要。换言之，任何一支制剂的生产都离不开工程技术的运用。单元设备、配方组成、操作技术三者之间有一定的互补性，将诸多因素有机结合是制剂加工的最高境界，其中的一些因素无法通过现有理论预知，需要工程技术人员在实际操作中去感悟。其中流程设计、装备选型及操作对产品结果的影响很大，这已经开始引起业内人士的高度关注。

由于国家加大了环境保护力度，今后几年将是制剂行业进行生产环境调整的高峰期。因为工作关系经常到制剂企业进行技术交流，制剂行业还应该加强以下几个方面的工作：

① 部分生产企业流程比较落后，已经不能适应现在日益严苛的清洁生产要求。

② 几乎所有制剂设备都是从制药、食品、化工等行业移植过来的，选择设备时应与设备制造者形成有效技术交流，提出关键结构的约束尺寸，针对农药制剂加工的特点进行改造，这样才能发挥设备的最大潜能。

③ 对单元设备的结构、适用范围及操作方法还应有深入研究，在设备选型时才能准确，设备才能发挥应有作用。

④ 对操作方法应有统一标准，才能使每班生产的产品不存在性能差异，产品指标无波动。

古人云："工欲善其事，必先利其器"。设备是完成制剂加工的必要手段，针对制剂行业的生产现状，本书理论与经验并重、深入浅出、通俗易懂，对常用单元设备的结构、性能特点、适用范围、操作方法进行全面系统的介绍。内容丰富、翔实，具有可复制性。

本书共分十一章，全面系统地介绍了农药制剂加工所必需的单元设备、包装材料及包装设备、车间设计方法。第一章至第八章，介绍了各种农药制剂加工所需的单元设备，包括粉碎、筛分、均化、混合、造粒、干燥、供热、物料输送及通风与除尘设备的工作原理、适用范围及操作方法，使设备在各生产阶段发挥最大效能。第九章、第十章，对农药包装材料、包装设备、包装技术进行了详细介绍。在第十一章中，对制剂生产中的清洁生产技术也有详细的介绍。

本书第五、六章由曹云华编写，第九章由张伟汉编写，第十章由司马铃编写，其余章节由刘广文编写，最后由刘广文统稿。由于该书涉及制剂加工技术的内容十分广泛，相关理论仍在研究及认识之中，还有待于完善。有些内容仁者见仁，智者见智。由于作者专业水平、资料来源有限，加之时间仓促，书中不足之处实属难免，万望农药界的前辈同仁不吝赐教。

本书得以顺利出版，首先要感谢本书的所有作者，是他们无私地将自己多年积累的宝贵经验奉献出来与读者共享。还要感谢农药界的前辈与同仁给予的大力支持，他们直接或间接地提供资料，使本书内容更加丰富。

刘广文

2017年12月17日

目录

第一章　干式粉碎及筛分设备 / 1

第一节　概述 …… 1
一、农药干式粉碎简述 …… 1
二、粉碎设备和工艺的关系 …… 1
三、粉碎操作的循环次数 …… 2
第二节　机械粉碎设备 …… 3
一、万能粉碎机 …… 3
二、涡轮自冷式粉碎机 …… 3
三、冲击式超细粉碎机 …… 4
四、机械式超微粉碎机 …… 5
五、冲击式磨机 …… 6
六、超微冲击磨 …… 6
第三节　粉碎－干燥机 …… 7
一、销棒型粉碎－干燥机 …… 8
二、粉碎盘式气流干燥机 …… 9
三、超微粉碎－干燥机 …… 10
第四节　气流粉碎设备 …… 10
一、简述 …… 10

二、扁平式气流粉碎机 …… 12
三、喷射粉碎机 …… 13
四、立式循环管气流粉碎机 …… 14
五、对冲式气流粉碎机 …… 16
六、对撞式气流粉碎机 …… 16
七、对喷流化床式气流粉碎机 …… 17
八、闭路循环系统 …… 21
第五节　筛分设备 …… 21
一、筛分设备的分类 …… 22
二、圆打振动筛 …… 22
三、滚筒式分级机 …… 23
四、振动筛 …… 24
五、环保振动筛分机 …… 25
六、卧式气流筛分机 …… 26
七、超声气流筛分机 …… 26
八、直线振动筛分机 …… 27
参考文献 …… 27

第二章　湿粉碎工艺与设备 / 28

第一节　研磨粉碎设备 …… 28
一、研磨粉碎简述 …… 28
二、立式砂磨机 …… 29
三、双冷却系统搅拌棒式砂磨机 …… 30
四、卧式砂磨机 …… 32
五、涡轮砂磨机 …… 34
六、三室砂磨机 …… 35

七、Coball Mill 砂磨机 …… 36
八、PM-DCP 型砂磨机 …… 39
九、间隙式砂磨机 …… 40
第二节　研磨介质及应用 …… 42
一、研磨介质简述 …… 42
二、化学稳定性 …… 42
三、研磨介质装填量的计算 …… 43

四、研磨介质的使用方法 ………… 45
第三节 湿粉碎的影响因素 ……… 46
一、农药参数 ………………… 47
二、助剂参数 ………………… 47

三、砂磨机参数 ………………… 48
四、研磨介质参数 ……………… 49
五、过程参数对磨效的影响 ……… 51
参考文献 …………………………… 54

第三章 液体均化设备 / 55

第一节 搅拌设备 ………………… 55
一、搅拌器在农药加工中的用途 … 55
二、搅拌器的类型 ……………… 56
三、搅拌器的选型 ……………… 57
第二节 预分散设备 …………… 61
一、齿形圆盘分散机 …………… 61
二、高速分散机 ………………… 62
三、磁力搅拌设备 ……………… 66

四、管道乳化机 ………………… 66
五、卡迪磨 ……………………… 68
第三节 均质设备 ……………… 68
一、胶体磨 ……………………… 68
二、高压均质机 ………………… 70
三、密克罗超微细粉碎机 ……… 72
参考文献 …………………………… 73

第四章 固体混合设备 / 74

第一节 概述 …………………… 74
一、农药混合工艺简述 ………… 74
二、典型混合工艺 ……………… 75
三、混合设备简介 ……………… 76
第二节 容器回转型混合设备 … 76
一、正立方体型混合机 ………… 76
二、V 型混合机 ………………… 76
三、菱型混合机 ………………… 77
四、双锥混合机 ………………… 77
五、斜轴式滚筒混合机 ………… 79
六、料筒混合机 ………………… 80
第三节 容器固定型混合设备 … 80
一、犁刀式混合机 ……………… 80
二、单转子混合机 ……………… 82
三、螺带混合机 ………………… 83
四、双转子混合机 ……………… 83
第四节 锥形混合机 …………… 84
一、锥形混合机混合机理 ……… 84
二、螺带锥形混合机 …………… 85

三、双螺旋锥形混合机 ………… 86
第五节 多维运动混合机 ……… 89
一、二维运动混合机 …………… 89
二、三维运动式混合机 ………… 90
三、双筒式三维运动混合机 …… 91
第六节 粉体增湿设备 ………… 91
一、捏合机 ……………………… 91
二、槽形混合机 ………………… 94
三、桨式混合机 ………………… 94
四、无重力混合机 ……………… 95
五、新型卧式双轴搅拌设备 …… 96
第七节 混合精度控制及设备选型 … 97
一、混合精度的控制 …………… 97
二、自动称重设备 ……………… 99
三、混合机的自动称重系统的安装 ……… 100
第八节 混合设备的选型 ……… 101
一、根据过程的要求进行选型 … 101
二、根据混合物的质量要求选型 … 103
参考文献 …………………………… 103

第五章 造粒技术及设备 / 104

第一节 造粒基础 ·············· 104
一、概述 ·················· 104
二、造粒设备的发展趋势 ····· 105
三、造粒基础 ·············· 106
第二节 螺旋挤出造粒 ········ 108
一、侧挤出螺旋造粒机 ······· 108
二、前挤出螺旋造粒机 ······· 109
三、挤出造粒机的应用 ······· 110
四、操作实例 ·············· 111
第三节 旋转造粒 ············ 111
一、旋转造粒机的结构及工作原理 ····· 111
二、卧式旋转造粒机 ········· 112
三、旋转造粒机结构控制及配方的要求 ····· 113
四、应用实例 ·············· 114
五、常出现的问题及原因 ····· 114
第四节 摇摆造粒 ············ 115
一、摇摆造粒机简介 ········· 115
二、摇摆造粒机的结构及工作原理 ····· 116
三、摇摆造粒配方的组成及设备结构控制 ····· 117
四、应用实例 ·············· 117
五、摇摆造粒常见问题及处理方法 ····· 118
第五节 喷雾流化造粒 ········ 118

一、喷雾流化造粒理论基础 ····· 119
二、影响喷雾流化造粒的因素 ····· 119
三、流化床造粒原理 ········· 120
四、现代复合型流化床造粒技术 ····· 121
五、料车式间歇喷雾流化造粒机 ····· 122
六、关键尺寸及操作参数 ····· 122
七、配方的组成 ············ 123
八、生产实例 ·············· 124
第六节 压片技术及压片机 ···· 125
一、单冲压片机 ············ 125
二、多冲压片机 ············ 126
三、制片剂常用助剂 ········· 127
四、原料的前处理 ·········· 128
第七节 圆盘造粒 ············ 128
一、圆盘造粒机简介 ········· 128
二、圆盘造粒设备 ·········· 129
三、圆盘造粒的颗粒生成过程 ····· 130
四、特殊形状的圆盘造粒机 ····· 131
第八节 对辊挤出造粒 ········ 132
一、对辊挤出造粒机 ········· 132
二、对齿挤出造粒机 ········· 133
参考文献 ················ 133

第六章 农药干燥及供热设备 / 135

第一节 简述 ················ 135
第二节 热传导干燥器 ········ 136
一、双锥回转干燥机 ········· 136
二、斜筒回转干燥器 ········· 138
三、桨叶式干燥机 ·········· 140
四、耙式干燥机 ············ 144
五、新型热传导型干燥机 ····· 145
六、盘式干燥机 ············ 148
第三节 对流干燥器 ·········· 151
一、强化气流干燥机 ········· 151
二、旋转闪蒸干燥机 ········· 155

第四节 流化床干燥设备 ······ 159
一、圆筒式流化床干燥器 ····· 159
二、卧式流化床干燥器 ······· 161
三、振动流化床干燥机简介 ····· 163
第五节 箱式干燥器 ·········· 166
一、箱式干燥器简介 ········· 166
二、箱式干燥器的基本类型 ····· 167
三、箱式干燥器的选用 ······· 167
第六节 喷雾干燥设备 ········ 168
一、喷雾干燥技术简介 ······· 168
二、离心式喷雾干燥 ········· 169

三、压力式喷雾干燥器 ·················· 171
第七节　热源的性质及应用 ·········· 173
　一、热源及其性质 ······················ 173
　二、常用能源简介 ······················ 174
第八节　供热设备 ························ 176
　一、电加热器 ···························· 176
　二、电热带 ······························ 177

三、蒸汽换热器 ·························· 178
四、燃煤热风炉 ·························· 180
五、燃气热风炉 ·························· 180
六、燃油热风炉 ·························· 183
七、导热油炉 ···························· 183
参考文献 ································ 184

第七章　物料的输送 / 185

第一节　气力输送工艺设计 ·········· 185
　一、气力输送系统的设计 ·············· 185
　二、文丘里供料器 ······················ 189
第二节　气力输送零部件 ············ 191
　一、取料装置 ···························· 191
　二、喷射泵 ······························ 194
　三、三通换向阀 ························· 197
　四、双级锁风阀 ························· 197
　五、插板阀 ······························ 198
　六、双重翻板式供排料装置 ··········· 198
第三节　气力输送装置 ················ 198
　一、真空式空气输送装置 ·············· 198
　二、简易式空气输送装置 ·············· 199

三、串联供料装置 ······················ 199
四、螺旋式气力输送泵 ················· 200
第四节　机械输送 ······················ 201
　一、螺旋供排料装置 ··················· 201
　二、强制加料装置 ······················ 204
　三、振击器 ······························ 205
　四、旋转叶轮式供料器 ················· 206
第五节　挠性螺旋输料器 ············· 211
　一、工作原理 ···························· 211
　二、主要构件的特性 ··················· 212
　三、工艺设计步骤 ······················ 214
参考文献 ································ 215

第八章　通风与除尘 / 217

第一节　概　述 ·························· 217
　一、粉尘的来源及分类 ················· 217
　二、粉尘的性质及其危害 ·············· 217
　三、摄入颗粒的临界值 ················· 220
　四、粉尘防护 ···························· 220
第二节　通风方法 ······················ 221
　一、自然通风 ···························· 221
　二、机械通风 ···························· 222
第三节　通风工程设计 ················ 224
　一、通风管道设计 ······················ 224
　二、管道系统的设计计算 ·············· 231
　三、风量的平衡 ························· 237

第四节　局部通风 ······················ 239
　一、扬尘及吸尘的机理 ················· 239
　二、罩外气体流动的动态 ·············· 240
　三、吸尘罩的设计 ······················ 241
　四、吸尘罩的使用 ······················ 243
第五节　除尘设备 ······················ 244
　一、旋风分离器 ························· 244
　二、布袋除尘器 ························· 247
　三、空气过滤器 ························· 251
　四、湿式除尘器 ························· 251
　五、有机溶剂废气净化 ················· 255
参考文献 ································ 257

第九章 包装材料及技术 / 258

第一节 农药包装材料的基本知识·········· 259
一、农药包装常用塑料材料········· 259
二、纸及其分类················ 265
三、常用农药包装纸、纸板的理化性质和结构
······························ 266
四、胶黏剂及其分类············· 266
五、常用溶剂与包装材料的理化特点 ······ 270
第二节 塑料瓶、桶·············· 273
一、简述·················· 273
二、聚对苯二甲酸乙二醇酯（PET）瓶 ······ 274
三、高密度聚乙烯瓶及多层共挤高阻隔瓶····· 279
第三节 复合袋、卷膜············· 288
一、塑料薄膜基本知识··········· 288
二、复合卷膜和袋子的应用技术······· 294
三、编织袋、吨袋············· 297
第四节 玻璃瓶················ 300
一、玻璃瓶知识介绍············ 300
二、玻璃瓶的材料性质··········· 301
三、玻璃的分类·············· 301
四、玻璃瓶的制作成型··········· 301
五、农药玻璃瓶的质量技术要求······· 302
第五节 金属容器（钢桶、铝瓶、马口铁罐）
······························ 307
一、马口铁基本知识············ 307

二、马口铁罐的制作············ 308
三、钢桶的结构·············· 310
四、钢提桶················ 311
第六节 农药的包装纸箱、纸盒及贮运····· 311
一、瓦楞纸箱··············· 311
二、纸盒·················· 322
三、托盘·················· 325
第七节 农药包装的外围配套技术······· 329
一、结构设计··············· 329
二、包装装潢··············· 331
三、压敏胶················ 335
四、压敏胶黏带·············· 339
五、标签、标贴·············· 340
六、胶黏剂················ 343
七、捆扎带················ 347
第八节 常规农药制剂包装设计要领与实践
······························ 349
一、农药制剂包装涉及的国际规范和国内规范
······························ 349
二、液体制剂包装设计流程········· 355
三、固体制剂包装设计流程········· 356
四、常见农药包装质量缺陷及控制······ 358
参考文献·················· 370

第十章 农药包装设备 / 371

第一节 液体包装设备············· 371
一、理瓶机················ 371
二、灌装机················ 373
三、旋盖机················ 379
四、贴标机················ 381
五、全自动装箱机············· 384
第二节 袋装设备··············· 386
一、水平式卷膜包装机··········· 386
二、在线自动检重设备··········· 388

三、不合格品剔除系统··········· 389
四、铝膜封口机·············· 389
五、喷码机················ 390
六、激光打码机·············· 391
第三节 包装车间清洁化设计········· 391
一、目前农药包装现状··········· 391
二、农药制剂的发展方向·········· 392
三、清洁化生产目前的发展方向······· 392
参考文献·················· 394

第十一章 清洁生产技术 / 395

第一节 加工车间结构规划···········395
一、简述···················395
二、加工车间总体规划·······397
三、车间布置设计对设备的要求·····398
四、车间平面布置的合理性·······398
五、人员与物料通道和设施·······399
六、空气淋浴及风淋室·······400
七、气流组织···············401
八、包装车间设计要点·······402
九、生产界区布局交叉污染的防范···403
第二节 清洁生产流程及设备设计·····403
一、真空加料机···········404
二、气流粉碎流程·········405
三、连续造粒流程·········406
四、负压加料斗···········406
五、包装机上料斗·········407

六、气力输加料斗·········408
七、局部除尘室···········408
八、空气净化过滤器·······410
九、往复料车型烘箱·······410
第三节 流程设计及设备布置·······411
一、多功能流程布局·······412
二、立体布局···········412
三、平面布局···········413
四、混合布局···········414
第四节 "三废"处理技术·······417
一、概述···············417
二、粉尘（废气）的治理·····418
三、废水治理···········420
四、废渣的治理·········423
五、噪声的治理·········423
参考文献·················425

第一章

干式粉碎及筛分设备

第一节 概 述

一、农药干式粉碎简述

所谓干式粉碎（简称干粉碎），就是农药在固体状态下进行粉碎，当将农药粒度粉碎到微米级时，称为超细粉碎。

可以这样说，干式粉碎设备的发展比湿式粉碎设备要早得多，所以设备的种类也多于湿式粉碎。近年来，国内有许多研究和制造粉碎设备的专业厂家或公司，不断推出新机型以供选用，这些设备可以满足不同工艺条件的要求。

在农药行业，人们开始通过增大粒子表面积来充分发挥农药的活性，因此对粉体的微细化要求也越来越高了。

随着农药加工技术的发展，对超细粉碎设备的应用将会越来越普遍。农药原药和可湿性粉剂大都有超细化的要求，气流超细粉碎已经成为提高现代农药生产水平和产品质量的首要选择。农药超细化粉碎的工艺已经成熟，但是在超细化粉碎生产过程中，设备配置的合理性、卫生、安全与环保要求已经成为了超细粉碎加工的关键环节。所有这些都是剂型加工工程中所必须关注的。

二、粉碎设备和工艺的关系

农药加工和施用就是一个将少量原药稀释和分散的过程，以达到最佳的防治效果，因此粉碎是农药加工中关键技术之一。此过程需要消耗大量的能量，尤其是制备超微细粉体更是如此。

对于固体剂型而言，加工农药可湿性粉剂、水分散粒（片）剂、泡腾粒（片）剂、粒剂、粉剂时，影响其生物活性的主要因素是原药的粒径。一般来说，原药粉碎得愈细，比表面积愈大，愈有利于接触标靶，能充分发挥药效。在胃毒药剂中，药粒愈小愈易为害虫所吞食，食后亦较易被溶解而使害虫中毒。例如，药粒为1μm的砷酸铅对蜜蜂所表现的毒性比药粒为22μm的要高10倍之多。触杀性杀虫剂的粉粒愈小，每单位质量的药剂与虫体接触面积愈大，触杀效果愈强。药效的提高意味着用药量的减少，这对节约资源、降低生产成本、保护环境都有重要作用，因此非水溶性农药的微细化是今后的发展方向。

为了防止可湿性粉剂、悬浮剂和粉剂的粒子凝聚、分离和不同大小粒子的分层以及为了减少有效成分在不同大小粒子上的浓度变化，要求粒子的粒径分布范围窄，即粒度均匀。过粗或过细的粒子所占比例尽可能少，以避免喷药时造成局部药剂分布不均。在某种意义上讲，粒度的均匀性比粒子的平均粒径大小显得更为重要。粒度分布中，粒径小的粒子所占比例愈多者，显示出更高的生物活性。例如，对百菌清悬浮剂（湿法粉碎）和可湿性粉剂（干粉粉碎）的细度分布测定结果表明：百菌清悬浮剂的平均粒径（3.71μm）虽然略高于百菌清可湿性粉剂的平均粒径（3.30μm），但粒子分布图中前者粒径小的粒子所占比例大于后者（见图1-1），所以百菌清悬浮剂（SC）的药效优于可湿性粉剂（WP），见图1-2。因此，为了保证粉碎产品粒度的一致性，筛分设备在农药加工中也必不可少。从要求制剂的药效有适当的持效期，就得考虑农药粒子微细化对持效期的影响，必须充分注意不同原药的理化性能的不同。如果原药稳定、在水中溶解度小，微细化能增加对植株的黏着性和增强耐雨水冲刷性，从而提高生物活性，延长持效期。如果是不稳定的、易光解的和蒸气压高的原药，微细化会使原药的耐光性减弱、光分解加速、挥发性增强和加速在环境中的降解，从而使持效期缩短，药效降低。超高效农药比常规用量的农药粒子要求更细微；触杀性农药相比内吸性农药粒子也要求更细。因此制剂加工者既要考虑到药粒愈细愈能充分发挥药效，又要考虑到不同原药的理化性能和作用机制来确定原药粉碎的适宜细度，选择相应的粉碎设备和加工工艺，以降低能耗。

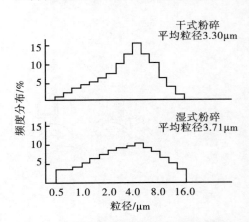

图1-1　百菌清悬浮剂（SC）和可湿性粉剂（WP）的粒度分布图

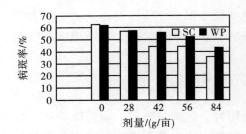

图1-2　百菌清悬浮剂和可湿性粉剂的粒径和生物活性对比

（注：1亩=666.667m²）

三、粉碎操作的循环次数

一般要求农药可湿性粉剂、水分散粒剂的悬浮率≥70%，可湿性粉剂和造粒前水分散粒剂的原料细度要求通过325目（约44μm）试验筛的颗粒数不少于95%，要求大多数粒子的直径小于5μm。要求农药粉剂的细度为通过200目（约75μm）筛颗粒数不少于98%，对其要求较粗。要将较大的块状或粒状的原料（原药、填料和助剂）一次粉碎得到微米级的产品，这在工业上近乎不可能，在能源消耗上也是极不合理的，必须进行多级粉碎。不同粉碎阶段选择相应的粉碎设备，粉碎设备确定后，选用相应的输送、混合、加料、分级和微粉捕集等设备与之相配套，组成农药制剂加工生产线。

目前，干式粉碎设备主要为机械式粉碎和气流式粉碎两种设备。根据产品的粒度要求，这两种设备有时独立使用，有时串联在一套流程中。由于机械粉碎产品粒度较大，而且可以处理块状物料，所以两种设备串联使用时机械粉碎设备往往作为第一级粗粉碎设备来使用，第二级为气流粉碎设备，这样可以获得所需要的细度。

机械粉碎设备

机械粉碎在多年前就已经用于农药的干式粉碎。当气流粉碎设备广泛用于该行业后，机械粉碎产品的粒度就不能满足现代农药加工的需要。但机械粉碎设备仍然有它的用武之地，因为在许多情况下，气流粉碎设备并不能取代机械粉碎设备，它的一些优点是气粉碎设备所不具备的。比如，一些水溶性农药的结晶体需要粉碎，粒度要求并不高，用机械粉碎设备就能满足要求。另外，许多固体原药粒度较大，气流粉碎设备不能直接处理，需要通过机械粉碎进行预处理，这都离不开机械粉碎设备。因此，气流粉碎设备虽然有许多优点，但机械粉碎设备的优点也无法被取代，不可能被淘汰。

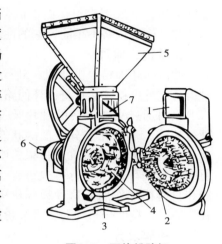

图1-3　万能粉碎机

1—进料口；2—定子；3—筛网；4—转子；
5—料斗；6—主轴；7—进料阀

一、万能粉碎机

万能粉碎机又称销棒磨。国产FS-35型万能粉碎机的转速为2900～3650r/min，功率为10kW，生产能力为100～150kg/h，粉碎细度为200目。万能粉碎机的磨腔内有相对的盘状定子和转子，转子和定子上设有相互交错的销棒。转子高速旋转时转子和定子对物料产生强大的撞击力使其被粉碎，粉碎后的物料通过筛网后从底部出料，更换筛网细度可以控制产品粒度。可用于生产粉剂，也可用于可湿性粉剂和水分散粒剂原料的预粉碎，见图1-3。

二、涡轮自冷式粉碎机

在粉碎过程中，大部分机械能转换成热能使物料升温，对于热敏性的农药而言应尽量避免。涡轮自冷式粉碎机因具有自冷作用，解决了通常粉碎机的发热问题。涡轮做高速旋转运动，在粉碎室内产生强力气流，见图1-4。物料由进口1在负压下被吸入粉碎室，在叶片2与

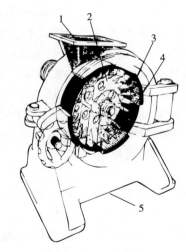

图1-4　涡轮自冷式粉碎机

1—物料进口；2—叶片；3—模块；
4—筛网；5—物料出口

模块3之间强大的气流产生涡流，物料经冲击、剪切、研磨而被粉碎。由于机械与气流作用将粉碎室热量带出，所以粉碎过程中物料不会升温，成品从筛网4流出，通过更换筛网控制产品细度。

三、冲击式超细粉碎机

冲击式超细粉碎机就属于高速旋转干式粉碎设备，这种粉碎机是通过安装在高速旋转的销子或叶片上的叶轮对粉体进行瞬时冲击进而粉碎。这种结构具有可连续、处理大量的特点。冲击式超细粉碎机不仅仅停留在单纯的粉碎性能上，同时又有在粉碎过程中改善粒子表面性质的作用。

这种粉碎机有些结构类似万能粉碎机，但又与万能粉碎机有不同之处。万能粉碎机用筛网分级，从底部出料，而本机是利用离心力作用自行分级，从中心出料。与传统粉碎机部件的结构形式略不相同，它的性能也就优于万能粉碎机了。

1. 结构、原理

冲击式超细粉碎机如图1-5所示，是由具有粉碎作用的叶片、分级机构的叶片、定子及对粗粉进行再粉碎的自身循环回路形成的。

原料通过高速旋转的叶片及安装在周围的定子进行粉碎，然后在充分分散的状态下进行分级。达到要求的细粉被排出机外，粗粉则通过与供料口相通的自身循环回路进行再次粉碎。由于内部分级构造和自身循环作用，这种粉碎机可以在同一装置内有效地得到粒度分布均匀的微细粉体。

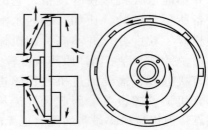

图1-5　冲击式超细粉碎机的分级原理

2. 粉碎及分级

安装在机内的定子被隔板分隔成粉碎室和分级室，粉碎室的宽度均比叶轮的叶片宽，加大粉碎室的宽度可使粉体在机内的停留时间延长。

图1-6中有F型和S型定子两种类型。其中F型定子是倾斜安装的，因此粉体比较容易停留在粉碎室内。F型定子比S型定子粉碎室内的浓度要高一些，这样受到叶轮冲击而被粉碎的粒子之间的摩擦效果增强。通过粒子之间的摩擦还可以强化粉碎，因此，在相同动力消耗的情况下，F型定子相较S型定子更容易得到细小的颗粒。

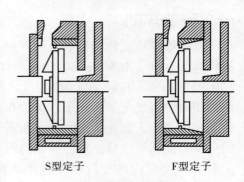

S型定子　　　　　　　F型定子

图1-6　定子的种类

3. 分级原理

分级室由叶片的圆锥部分和定子部分构成，并由隔板将其与粉碎室隔开。叶片的旋转使粒子产生离心力并被粉碎，而且在未被粉碎至一定粒度之前，粒子不会跃过粉碎室与分级室之间的隔板而进入分级室内。因此粒子是通过此隔板进行分级后才进入分级室的，其结果是粉体浓度在粉碎室中高，在分级室中变低，保证了有效的粉碎及分级。

由粉碎室流入分级室的气流沿着叶片的圆锥部分形成涡流，由中心部位排出，通过此涡流造成的离心力与中心部的向心力的平衡进行分级。

另外，在设计时使分级室的任何一点上分级点（分离粒径）均相同。所以，粒子接受分离作用的区域被扩散到分级室的每个部位。这样粒子接受分级的机会非常多，故分级效率非常高。

接触粉体部位的材料采用碳钢、不锈钢、陶瓷（Al_2O_3、ZrO_2）等，粉碎机的结构及流程见图1-7。

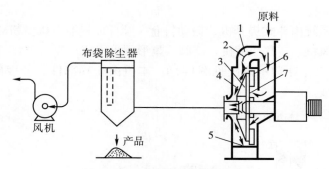

图1-7　冲击式超细粉碎机流程

1—内部循环回路；2—粗大颗粒；3—分级叶片；4—细小颗粒；5—定子；
6—粉碎叶片；7—转子

四、机械式超微粉碎机

该机的主要结构如图1-8所示。整机为立式，有粉碎室和分级室，粉碎室由粉碎刀5（或冲击柱）和带槽的衬圈4组成；分级室则由锥圈2、分级轮3组成。分级轴8置于粉碎轴7内，两轴通过皮带轮9分别驱动。在粉碎室的进风处，装有风圈6，气流经折板流入，以减少压力损失。

工作时，在排粉管处抽风产生负压，定量螺旋把盛入料斗内的物料推入粉碎室，粉体跃过锥圈进入分级室。由于分级轮的旋转，流入的粉体同时受到空气动力和离心力的作用。粉体中，大于临界直径的粉粒因质量大被甩回粉碎室继续粉碎；小于临界直径的粉体经排粉管进入收集系统。该机已成功用于可湿性粉剂的加工，图1-9是带分级器的超微粉碎机。

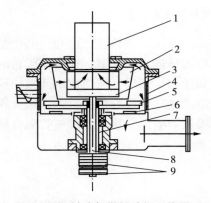

图1-8　机械式超微粉碎机工作原理

1—排粉管；2—锥圈；3—分级轮；4—衬圈；5—粉碎刀；
6—风圈；7—粉碎轴；8—分级轴；9—皮带轮

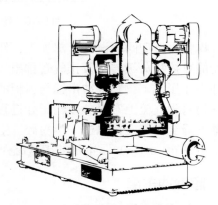

图1-9　带分级器的超微粉碎机

五、冲击式磨机

本机是内装分级机构的冲击式磨机，是一种粉碎与分级功能并存的组合装置。能使被粉碎后的合格细粉被分级后迅速分离，排出机外，避免了"过粉碎"。粗粉在机内自动循环回料被反复粉碎，因此粉碎效果良好。同时具备粉碎、分级功能，应用十分广泛。

本设备的操作系统由斗式提升机、振动料仓、螺杆加料器、机械粉碎机、旋风分离器、布袋除尘器、高压风机、空气压缩机、蝶阀、星形阀等组成。

粉碎机结构及工作原理示意图见图1-10。本机由粉碎部件、分级部件、分体机构及底架、主电机等组成。

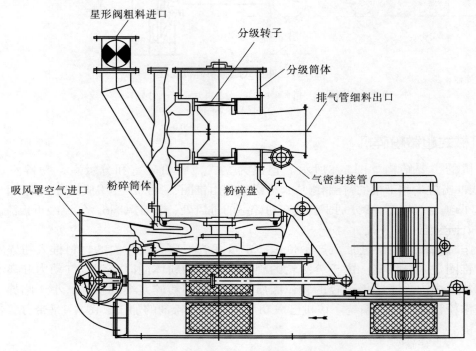

图1-10　粉碎机结构及工作原理示意图

物料由星型阀从设备上部加入，经过斜管进入分级室，进料时已达到产品质量要求的细粉能直接从分级转子及排气管排出机外。余下的物料进入粉碎室，在高速旋转的冲击锤的冲击作用下，物料在冲击锤与齿板的狭窄处受到撞击、摩擦、剪切作用而被粉碎。被粉碎的物料随气流上升至分级转子处进行分级，合格产品从排气管排出机外，粗大颗粒则沿桶壁下降至粉碎室得以进一步粉碎。空气从下部吸风罩吸入，从上部排气管随合格产品一起排出机外，图1-11是本机的工艺流程图。

六、超微冲击磨

超微冲击磨工艺流程见图1-12。定量喂料系统→粉碎分级机→旋风收集器→电脉冲除尘器→引风机→电器控制系统。本机采用自动喂料、粉碎、分级一体化形式，粉碎、分级一次性完成。设备结构简单，占地空间小。

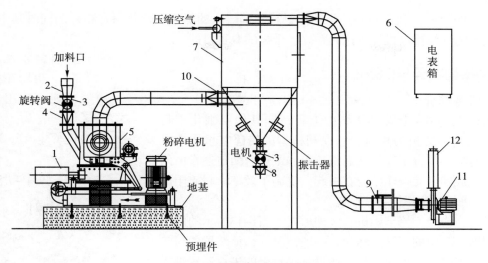

图1-11　机械粉碎机工艺流程

1—过滤器；2—进料斗；3—星形阀；4—进料管；5—主机；6—电控箱；7—布袋除尘器；8—出料方接圆管；
9—蝶阀；10—接管法兰；11—风机；12—消声器

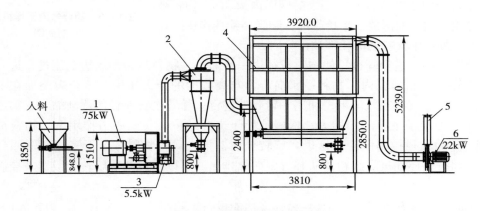

图1-12　超微冲击磨工艺流程

1—主机；2—旋风分离器；3—分级机；4—布袋除尘器；5—消声器；6—引风机

物料进入粉碎区后，在高速冲击锤和齿板作用下，产生剧烈的碰撞、摩擦、剪切而形成颗粒的超细粉碎。粉碎的物料进入分级区，分级区的物料在分级机的作用下，将合格的物料及时分选出来进入下级产品收集装置。而达不到细度的物料继续在粉碎区粉碎，通过调节分级涡轮转速来生产不同细度要求的产品，转速调控通过调控变频器来完成，方便可靠，粉碎细度5～150μm可调。粉碎腔体可采用水冷夹套进行冷却，这对农药的粉碎十分有利。由于物料随风进入粉碎腔体，合格后随气体排出机外，可降低粉碎温度。粉碎主机采用变频器控制，减小了大功率电机对工厂电网的冲击。

第三节　粉碎-干燥机

有一些物料虽然含水率不高，但也不能满足产品质量要求。通过粉碎机的特殊结构并附以相应的流程，利用粉碎产生的热量或外部输入的热量，使物料在粉碎的同时其中的水分汽化并随气体排出机外，达到粉碎、干燥的双重目的。

一、销棒型粉碎-干燥机

1. 设备简介

销棒型粉碎-干燥机从结构上看，同其他精细化工行业使用的销棒磨极为相似，它在销棒磨的粉碎室里通入热空气，对物料进行干燥。从而把粉碎和干燥这两道通常由两个装置完成的单元操作结合在一起，提高了效率。粉碎干燥装置的剖面结构如图1-13所示。

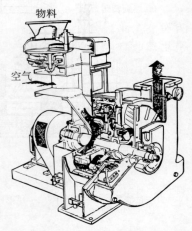

图1-13　粉碎气流干燥机的三维剖面图

目前，粉碎气流干燥机有多种形式，图1-13所示的内置风扇型即为其中的一种。然而，一般情况下，该装置的粉碎都分三步来完成。首先，物料通过某一特定的进料装置进入装置内，并立即被带入从外部输入的加热空气流内。物料和空气一起进入摇摆式冲击锤区域后，在冲击锤作用下（该锤连接于主转子中心部位，并在一个筛网圈内运动），物料被粉碎。筛网圈的下部形成一个接受部，起到预筛选作用。在这里，所有进料中含有的杂质都被排除出去。

该装置的第二道粉碎过程使物料粒径进一步缩小。物料从转子周边上流过，进入第二粉碎区。在第二粉碎区内，物料受到向心力与离心力的合力作用。该合力叠加在由转子和定子产生的湍流状空气流上，加速了粉碎的进行。随着物料粒径的逐渐缩小，第二粉碎区内的向心力成了主要的作用力，慢慢地处于支配地位。在向心力作用下，物料被拉向转子中心部的粒径控制区。在这里，旋转分离器把大颗粒物料截留下来，并驱回到粉碎区域中。同时，还促进了细粉体从装置中向外排出。可以通过调节旋转分级器来控制最终粒径。

如上所述，本装置是一台干燥-粉碎多功能设备，物料进入该装置后，边粉碎边干燥。物料在装置内的停留时间极短，同时，又全部分布在空气流中。物料表面持续和热空气保持着接触，所以呈现出一个极为有效的旋转快速干燥效果。由于装置采用了旋转快速瞬时干燥，因此，物料温度不会超过空气的湿球温度，热敏性物料不会出现过热而变质的现象。由于整个干燥过程完全是在装置内部进行的，所以辐射热损失被降低到最低限度。如果将排放的热空气循环使用，那么热损失还可进一步减少。据测，这时的热效率一般可达80%。通过控制尾气温度，可以调节产品的含水率。

2. 设备的基本结构

该装置所用的加料器一般为台式加料器。这种加料器中有一个内置漏斗，漏斗可容纳足量的物料形成气密封，保证装置的高效运行。漏斗下部是一只回转盘，转盘周围置有一可调的套筒，套筒高度控制着进料台上的物料层高度。工作时，通过一个外置手轮的转动，随着加料器的回转，控制着一把刮刀，将物料持续地从转台上刮到装置内部去。改变加料器的转速，可以调节物料的输入量。这种进料器的适用范围很广，然而对于黏度较大的物料却不理想。这时，一般可改用单轴或多轴桨式加料器。这些进料装置通常都可以人工操作或通过外部的程序信号来调节转速，控制加料量。

目前，这种粉碎-干燥机处理量在300～4000kg/h，蒸发能力为100～3800kg/h。当然，具体的性能还需根据不同的场合、不同性质的物料、不同的粒径和不同的含水率确定。

根据装置的结构特点，进料最好呈脆性。然而在其他化工生产中，许多待干燥的滤饼通常含有许多水分，因此需要进行调整。

在这一装置中，通过循环干料调整进料，达到安全输送物料的目的。在旋风分离器下方有一个干料分配器。工作时，适当调节分离器的往复板运动时间。这样，一部分被旋风分离器收集的干料就会回到桨式返混器中。同时，待干燥和粉碎的湿料也通过桨式加料器按一定比例输入桨式返混器中，在混合器中，干料和湿料拼混，形成理想混合物，然后再进入粉碎-干燥机本体中去。

旋风分离器剩余部分的干料由干料分配器排出机外，成为最终产品。由于干料的循环部分仅作为调节剂回到混合器中，数量很少，因此不会影响装置的生产能力以及热效率。

3. 设备的特点

① 湿物料、黏性物料等可以在该装置中一次完成粉碎和干燥，达到最终产品的理想性质，不需要预干燥。

② 干燥效率极高，并可精确地控制物料中的水分，一般情况下，热效率可达75%。

③ 如采用油燃烧空气预热器提供干燥所需的热空气，那么每消耗1kg油，就能蒸发掉12kg水分。

④ 热敏性物料可在这一装置中得到有效的处理。在干燥过程中，物料表面呈湿球温度。同时，停留时间极短，所以不会引起过热变质。

⑤ 粉碎粒径可调，能制取微细粉末。在大多数物料粉碎场合中，通常不需要附加分级作业。

⑥ 由于粉碎和干燥结合在一起，所以大大节约了占地面积。

⑦ 不需其他的干料输送设备。粉碎干燥装置采用加热空气，工作时，热空气会把干料直接送往装置本体上方的旋风分离器中。这样，节省了一部分干料输送能量。

二、粉碎盘式气流干燥机

粉碎盘式气流干燥机目前已开发出水平粉碎盘式和垂直粉碎盘式两种机型，该装置通过图1-14、图1-15示出。

该机主要构造有热空气进口、加料器、粉碎干燥室、分级器、出料口等部件。

特殊设计的加料装置将湿物料加入干燥机内，干燥机底部高速旋转的转子将机械能传递给物料，使之迅速粉碎。物料被微粉碎后增大了与热空气的接触面积，水分在粉碎室迅速蒸发，物料在干燥的过程中也得到粉碎。被干燥粉碎后物料受气流夹带向上运动，经分级出干燥机被捕集。

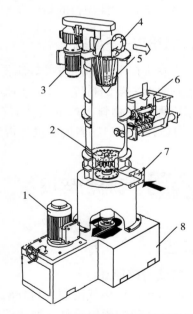

图1-14 水平粉碎盘式气流干燥机

1—电机；2—粉碎器；3—分级电机；4—排风排料口；
5—分级器；6—加料器；7—进风口；8—机架

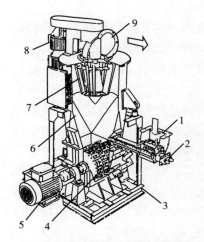

图1-15 垂直粉碎盘式气流干燥机

1—加料斗；2—双螺旋加料器；3—机架；
4—粉碎轮；5—粉碎电机；6—干燥机；
7—分级叶轮；8—分级电机；9—出料口

2. 该机的适用范围

① 处理湿粉、团块、小片状或纤维状物料；

② 处理膏状物料及软膏状物料；

③ 需用惰性气体保护的物料；

④ 需要去除结晶水物料的干燥；

⑤ 热敏性物料的粉碎及干燥；

⑥ 触变性物料的粉碎及干燥；

⑦ 粉尘有爆炸性物料的粉碎及干燥。

三、超微粉碎-干燥机

农药滤饼在干燥的同时最好能得到小粒径粉体，这样会方便下一步的粉碎，图1-16是超微粉碎-干燥机工作原理。在物料出口处安装有高速旋转的分级叶轮，可以控制出口物料的粒度，得到较细的产品。

1. 本系统的特点

① 集粉碎、干燥、分级于一机，产品质量容易得到保证；

② 选择合适的分级器，控制转速，能够得到不同粒径的产品；

③ 靠调节物料的停留时间和干燥温度，产品水分可达到0.5%以下；

④ 粉碎过程增大了物料与空气的接触面积，有很高的传热效率；

⑤ 集三个单元操作于一机，占地面积小，大大降低了工厂成本；

⑥ 物料停留时间短，特别适用于低熔点、热敏性物料的干燥；

⑦ 整个系统为负压操作，无粉尘飞扬，有利于环境保护。

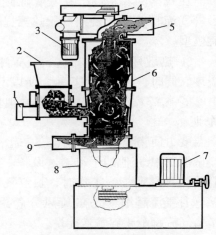

图1-16 超微粉碎-干燥机工作原理

1—加料螺旋；2—加料器；3—分级电机；
4—分级轮；5—排料口；6—干燥机；7—粉碎
电机；8—粉碎轴；9—进风口

第四节 **气流粉碎设备**

一、简述

1. 气流粉碎简述

气流粉碎机也称气流磨，自1882年戈斯林首先提出利用气流动能进行粉碎以来，到现在已有一百多年的历史，是一种比较成熟的技术。它利用高速气流（300~500m/s）或过热蒸汽（300~400℃）的能量使颗粒产生强烈多相紊流场，固体颗粒相互产生冲击、碰撞或摩擦作用，致使颗粒被粉碎。

气流粉碎机一般按气流的作用分类、按流体介质种类分类、按给料方式分类、按颗粒加速方式分类或按分级特性分类等。目前，气流粉碎机使用最多的是扁平式、循环管式、对喷式、靶式、对喷流化床式五种类型。

由于气流粉碎不受物料物性的影响，在粉碎过程中不产生热量，所以适合热敏性物料的粉碎。工作介质可以是空气、稀有气体。同时在粉碎中几乎没有机械零部件磨损、没有杂质渗入，从而保证了产品的质量。而且能耗低、生产量大、制造简单、操作简便，且粉碎细度能达到0.1μm以下，因而，气流粉碎越来越受到人们的重视。

为了提高我国农药的加工水平，加速提高粉体农药的质量，在20世纪80年代末到90年代初，气流粉碎技术开始在大型国有农药企业应用。但是当时因传统观念以及资金等问题，该技术并没有得到广泛应用，绝大部分的农药企业依然采用传统的落后的加工技术。随着经济的发展，直到20世纪90年代末期，农药企业开始逐步采用气流粉碎技术。

农药超细粉碎不仅可以大幅提高农药有效体含量和用药效果，减少施药量，而且还可以使农药更快地在作物内部代谢，加速农药使用后的降解，大大降低农药在作物表面及内部的残留。因此，超细粉碎更是保障农药使用安全和环保的需要，所以气流粉碎机目前在我国的农药超细粉碎中广泛使用。从第一代的水平圆盘气流粉碎机到第二代"O"形管气流粉碎机，再到目前的第三代流化床气流粉碎机，现在已成为农药超细粉碎的主流机型。

2. 气流粉碎原理

气流粉碎机是利用高速旋转气流的能量来加速被粉碎的粒子。通过粒子之间的高速冲击摩擦以及气流分子对物料粒子的剪切作用而将粒子粉碎至10μm以下。由于采用压缩空气为动力，故气体在喷嘴处膨胀时，能够吸收由于粉碎而产生的热量，有效降低了粉碎的环境温度，使物料在粉碎过程中不升温。所以气流碎粉机可以粉碎较低熔点的物料。在农药剂型加工中气流粉碎机主要用来将低熔点原药加工成高浓度母粉、高浓度可湿性粉剂和水分散粒剂的基料。

3. 气流超细粉碎在农药加工中的作用

气流超细粉碎在农药生产中的应用越来越广泛，特别是近年来，农药超细粉碎在细度要求和应用种类上都呈大幅上升趋势。随着农药加工技术的发展，农药生产中对超细粉碎的要求将会越来越普遍，农药原药、可湿性粉剂大都有超细化的要求。气流超细粉碎已经成为提高现代农药生产工艺和产品质量的最佳选择。农药超细化粉碎的工艺已经成熟，但是在超细化粉碎生产过程中，设备配置的合理性、卫生、安全与环保已经成为超细粉碎加工的关键环节。

由于环境的要求，农药正朝着超高效、毒性低、低用量的方向发展。每亩用药量为几克，甚至不到1g的产品已不断出现。通常要将药粒粉碎到微米级，所以气流粉碎机目前在我国农药可湿性粉剂和水分散粒剂原料的加工中广泛使用。从第一代的扁平圆盘式气流粉碎机，发展到第二代循环管式气流粉碎机和第三代对喷式流化床气流粉碎机。对一些产品的试验表明：在相同的能耗下，对喷式流化床气流粉碎机比扁平式气流粉碎机生产效率高，且粒度分布也比后者均匀。

4. 气流粉碎机的应用

在农药行业中，所需要粉碎的物料大致有原药干粉、可湿性粉剂、农药填充剂、农药助剂、水分散粒剂等几大类。

（1）原药干粉 经过气流超细粉碎机粉碎的原药干粉，可以大幅度提高原药的使用效果。一般原药的干粉粉碎到600目以上，既可以大幅提高原药的活性，也可以改善农药的使用效果，使农药更快更好地发挥作用，还可以大幅提高原药的利用率。

（2）可湿性粉剂 可湿性粉剂经过超细粉碎，可以大幅度提高悬浮率。一般粉碎到600目左右后，就可以达到70%以上的悬浮率，大幅改善农药的使用效果。

（3）农药填充剂 农药填充剂有很多种，主要有高岭土、白炭黑、凹凸棒、膨润土等。农药填充物经超细粉碎至600目以上，可以改善农药与各成分之间的混合效果，避免产生偏析现象，在水中不易沉淀，使农药具有更好的分散性，使各成分能够更加均匀地分布。

（4）农药助剂 经超细粉碎的农药助剂，可以大幅度增加比表面积，使助剂能够均匀地吸附于活性成分表面，充分发挥表面活性剂（农药加工助剂多为表面活性剂）的作用，也可以提高助剂的使用效率。一般农药助剂的使用要求为800目以上即可（固体剂型）。

（5）水分散粒剂 在加工水分散粒剂之前，一般将原药、填料、助剂等材料按一定比例混合均匀后进行气流粉碎，粒度为5~15μm。加工成类似可湿性粉剂的剂型后再进行造粒，产品悬浮率可以达到70%以上。

二、扁平式气流粉碎机

扁平式气流粉碎机的应用较早，可以称得上是第一代气流粉碎机。其结构如图1-17所示，工作原理如图1-18所示。主要由气流分配室、粉碎分级室、气流喷嘴、喷射式加料器、产品收集器等部件组成。分配室与粉碎分级室相通，高速气流经入口首先进入气流分配室在环向均匀分布，由于气流有很高的压力，从分配室强行通过喷嘴进入粉碎分级室。气流通过喷嘴时产生每秒几百米甚至近千米的高速，物料受到气流强大冲击力的作用，相互摩擦、碰撞发生粉碎。由于喷嘴与粉碎分级室成一定角度，气流夹带被粉碎物料做水平圆周运动。粉碎合格的产品进入中心处，经分离出料。由于结构的限制，此机型不宜进行大规模生产。另外，粉碎有黏附性的物料有时会有黏壁的倾向，必要时可以加入少量隔离剂如滑石粉等以防黏壁和黏附分级叶轮。表1-1列出了扁平式气流粉碎机的主要技术参数。

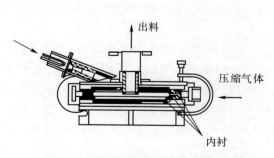

图1-17 扁平式气流粉碎机结构简图

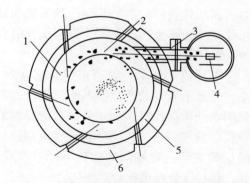

图1-18 扁平式气流粉碎机工作原理图

1—粉碎带；2—粉碎喷嘴；3—文丘里喷嘴；4—推料喷嘴；5—垫片；6—外壳

表1-1　扁平式气流粉碎机的主要技术参数

型号	空气流量/（m³/min）	功率/kW	处理量/（kg/h）
80型	0.7	5.5～7.5	0.5～5
100型	1.2	7.5～11	3～35
200型	3.2	22～30	10～40
315型	7.5	37～55	30～100
500型	19.0	90～110	60～240
710型	38.0	185～225	100～400

注：空气压力0.6～0.70MPa。

扁平气流粉碎机有如下特点：

① 适用于干式超微工艺。由于冲击速度高，可达2.5马赫（1马赫=340.3m/s）以上，一般情况下很容易获得1～10μm粒子，根据物料性质，还能得到小于1μm的粒子。

② 由于粉碎机内部有闭路分级机构，制品中粗粒子不断循环粉碎，因而能获得粒度均匀、分布范围窄的制品。

③ 该设备具有粉碎时间短、结构简单、操作检修方便、占地面积小、低噪声（小于72dB）和无振动等优点。

④ 粉碎效率高，能进行连续粉碎，能保持粉碎制品纯度。

图1-19为扁平气流粉碎机的三维图。

图1-19　扁平气流粉碎机三维图

三、喷射粉碎机

喷射粉碎机工作原理如图1-20所示。通过装设在粉碎室内的喷嘴把压缩空气或高压蒸汽的能量转变成动能，形成高速气流轨迹，在这种超声速喷射气流中连续而且自动地供给粉粒体物料，让物料之间产生强烈的冲击和摩擦，从而进行粉碎。根据计算的喷嘴角度所产生的旋转涡流，不仅达到了粉碎的目的，而且由于离心力的作用还能达到分级的目的，可使超微粒子被分离出来。另外，从喷嘴喷射出来的空气通过绝热膨胀的作用使温度下降，因而能够进行低温粉碎，如图1-20所示。被粉碎的原料通过喷射器6被送到粉碎室里，从喷射器6处喷射进去的压缩气体通过喷射环2喷射到粉碎室里。这时，由于产生的喷射气流4的作用，原料便被粉碎成超微粒子。被粉碎的物料从排料口7与膨胀了的空气一起被排放出来。

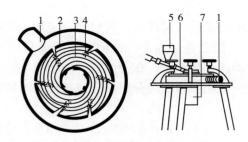

图1-20　喷射粉碎机工作原理

1—压缩空气进口；2—喷射环；3—气流；4—喷射气流；5—加料口；6—喷射器；7—排料口

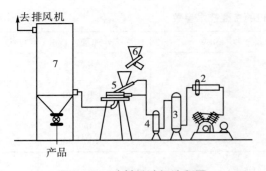

图1-21 喷射粉碎机流程图

1—空气压缩机；2—二次冷却器；3—空气罐；4—空气干燥器；5—喷射粉碎机；6—加料器；7—除尘器

粉碎后产品可用旋风分离器、布袋除尘器等进行收集。原料的供给装置可使用振动加料器或螺旋送料器，喷射粉碎系统流程如图1-21所示。

粉碎后的粒子直径通过调节投入量的办法就能简单地进行控制。在粉碎室中由于经常滞留有很多物料，因此，这些物料就起到了制动作用，使粉碎室内涡流旋转方向上的分速度减小。物料的投入和排出正好保持着均衡的比例，喷射粉碎机各型号的主要技术参数如表1-2所示。

表1-2　喷射粉碎机技术参数

型式	使用压力/MPa	所需空气量/（m³/min）	压缩机动力/kW	粉碎处理量/（kg/h）
800型	0.6~0.7	0.7	5.5~7.5	0.5~5
100型	0.6~0.7	1.2	7.5~11	3~15
200型	0.6~0.7	3.2	22~30	10~40
315型	0.6~0.7	7.5	37~55	30~100
500型	0.6~0.7	19.0	90~110	60~240
710型	0.6~0.7	38.0	185~225	100~400

四、立式循环管气流粉碎机

立式循环管气流粉碎机是继扁平式气流粉碎机之后开发出的一种机型，可以认为是第二代气流粉碎机，外形如图1-22所示。粉碎室为立式环形结构，下部为粉碎区，上部为分级区。在粉碎区安装若干个喷嘴，各喷嘴安装位置应使喷出气流的轴线与粉碎室中心线相切。物料经加料器定量进入粉碎区，压缩空气或过饱和蒸汽经过喷嘴进入粉碎室，将物料颗粒加速。物料颗粒之间产生冲击碰撞，气流夹带被粉碎物料沿循环管向上运动，进入分级区。由于离心力场的形成使密集的颗粒流分离，大颗粒在外层，细小颗粒在内层。物料出口设在循环管的内侧，在出口处安装百叶窗式惯性分级器，使细颗粒通过分级器时又进行一次分离。粗大颗粒弹回粉碎室继续粉碎，细颗粒排出机外通过旋风分离器收集。

物料经加料器由文丘里喷嘴送入粉碎区，气流经一组粉碎喷嘴喷入不等径变曲率的循环管式粉碎室并加速颗粒，使之相互冲击、碰撞、摩擦而粉碎。气流旋流携带出被粉碎的颗粒，沿上行管向上运动进入分级区。在分级区，由于离心力场的作用与分级区壳体的配合，密集的颗粒流分流。细粒在内层经分级器分级排出作为成品捕集，粗粒在外层沿下行管返回继续循环粉碎。

该循环管式粉碎室内腔截面不是真正的圆截面，循环管各处的截面也不相等。分级区和粉碎区的弧形部分也不是圆周的一部分，即曲率半径是变化的。由于循环管的这种特殊形状设计，其具有加速颗粒运动和加大离心力场的功能，提高了粉碎和分级效果。此外，由于分级区的弯曲管壁设计成减摩曲线状，所以循环管内壁的磨损大大减轻。

立式循环管气流粉碎机的粉碎粒度可达0.2～3μm，广泛应用于农药以及具有热敏性和爆炸性的化学品等的超细粉碎。

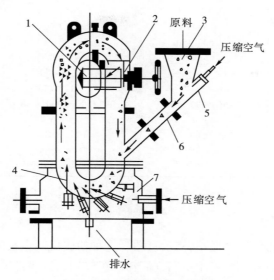

图1-22　立式循环管气流粉碎机

1—出料口；2—导叶；3—进料口；4—粉碎机；5—加料喷嘴；6—文丘里喷嘴；7—粉碎喷嘴

粉碎、分级流程如图1-23所示，空气经压缩机压缩经粗滤器15、干燥器16、油分离器17进入压缩空气缓冲罐，干净的压缩空气分别进入粉碎机的加料喷嘴和粉碎喷嘴，加入物料进行粉碎。被粉碎的物料与气流一起进入分离器，粗粉粒经回转阀与原料一起回粉碎机进行粉碎。符合要求的微粉与气流一起进入旋风分离器进行分离，由回转阀9收集成品微粉。更小的微粉与气流一起进入布袋除尘器10进一步分离，由回转阀11收集超微粉成品，而废气由排风机12排出。表1-3是国产循环管式气流粉碎机的主要技术参数。

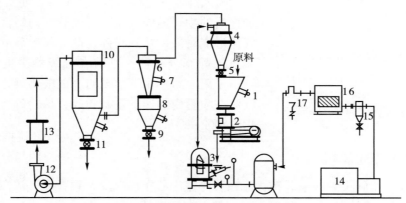

图1-23　粉碎、分级流程图

1—原料斗；2—加料器；3—喷射粉碎机；4—分离器；5，9，11—回转阀；6—旋流器；7—打落器；8—成器仓；10—布袋除尘器；12—排风机；13—消声器；14—空压机；15—粗滤器；16—干燥器；17—油分离器

表1-3　循环管式气流粉碎机主要技术参数

型　　号	QON75	QON100	QS50
粉碎压力/MPa	0.7~0.9	0.7~0.9	0.7~0.9
加料压力/MPa	0.2~0.5	0.2~0.5	0.3~0.5
空气耗量/（m³/min）	6.5~9.38	15.2~20.6	0.6~0.8
生产能力/（kg/h）	50~150	100~500	0.5~2
进料粒度/mm	<0.5	<0.8	
粉碎比	5~50	5~50	
电机功率/kW	65~75	125~135	
外形尺寸/mm	836×600×1500	1000×900×1870	7.5
喷嘴数量/支	4	6	
出口直径/mm	140	180	
加料口直径/mm	75	84	
下料管直径/mm	75	100	

注：空气压力0.65~0.70MPa。

五、对冲式气流粉碎机

图1-24是对冲式气流粉碎机的结构示意图。这种粉碎机问世很晚（1956），为美国Trost Mill公司所发明。它的粉碎部分采用逆向气流粉碎机结构，分级部分则采用扁平式气流粉碎机结构，因此兼有两者的特点，是一种先进的气流粉碎机。内衬和喷嘴的更换方便，与物料和气流相接触的零部件可用聚氨酯、碳化钨、陶瓷、各种不锈钢等耐磨材料制造。

该气流粉碎机的工作过程：由料斗喂入的物料被喷嘴喷出的高速气流送入粉碎室，随气流上升至分级室，在此气流形成主旋流使颗粒分级。粗颗粒排至分级室外围，在气流带动下返回粉碎室再进行粉碎，细颗粒经产品出口排出机外捕集为成品。

对冲式气流粉碎机的粉碎室相对安装两个喷管。喷嘴喷入高速气流将物料吹入喷管，使其在管内加速。加速后的物料随同气流离开喷管，与对面喷管喷出的气流形成对冲，达到粉碎目的。粉碎后的细粉随同气流进入静态分级器，细粒在分级器中央排出；粗粒则由于离心力作用下落至对面的喷嘴处，并被喷出的气流在喷管内加速，重新粉碎，该粉碎机的处理量为10~500kg/h。

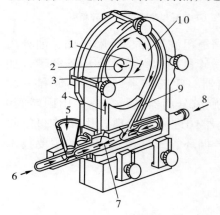

图1-24　对冲式气流粉碎机结构示意图

1—微粉的运动轨迹；2—通风口；3—粗粒的运动轨迹；4—上升通道；5—原料供给料斗；6—压缩空气；7—粉碎区；8—压缩空气；9—返回通道；10—分级区

六、对撞式气流粉碎机

对撞式气流粉碎机为两束载物气流在粉碎室中心正面碰撞，颗粒在气流高速冲击下互相碰撞瞬间粉碎，见图1-25。随后，粗细粒子在气流带动下向上运动，进入与其串联的分级机。由于分级转子高速旋转，分级粒径以下的细粒子通过分级器中心排出，进入与之相连的旋风分离器、脉冲除尘器中进行捕集。分级粒径以上的粗粒子受离心力作用，沿内壁向下运动，返回对撞式气流粉碎机，再次在磨腔中央与给料射流相撞，从而再次粉碎。如此周而复始，直至达到产品粒度要求为止，图1-26是该机的工艺流程。

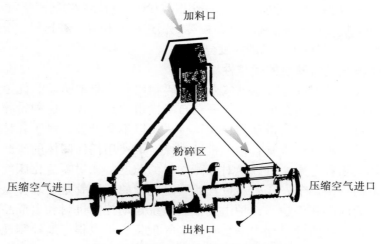

图1-25 对撞式气流粉碎机工作原理图

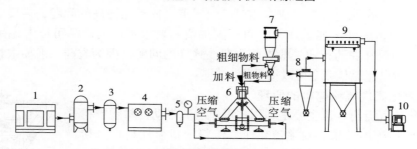

图1-26 对撞式气流粉碎机工艺流程

1—空气压缩机；2—储气罐；3—除油器；4—冷冻干燥机；5—过滤器；6—对撞式气流粉碎机；7—分级机；8—旋风分离器；9—布袋除尘器；10—引风机

七、对喷流化床式气流粉碎机

1. 对喷流化床式气流粉碎机简述

20世纪70年代初，德国Alpine公司成功开发了对喷流化床式气流粉碎机。

对喷流化床式气流粉碎机以高压气体为动力，据介绍，它比其他冲击式粉碎机可以节能50%以上。由于不需像机械粉碎那样金属部件承受巨大的冲击力，产品中少有金属粉末混入，可以保证产品的纯度，是农药干式粉碎的理想设备。该设备工作噪声低，一般低于80dB，可以处理莫氏硬度在10以上的物料。产品细度有97%在2～200μm，而且具有设备体积小、维修费用低等优点。是目前农药干粉碎的主力机型。

粉碎室是一个立式圆柱形结构，高压气流喷嘴在粉碎室底部沿周向对称布置，以利于气流的平衡。产品出口布置在粉碎室上部，出口处有一个或多个分级器，见图1-27。分级器有多种规格，根据产品要求可以选择金属和非金属材料。物料经加料口进入粉碎室并向下落，当物料落入粉碎区时，

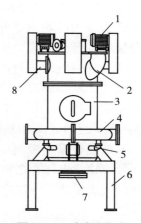

图1-27 对喷流化床
气流粉碎机外形

1—分级器电机；2—加料口；3—粉碎室；4—压缩空气管；5—粉碎喷嘴；6—机架；7—排渣口；8—分级器

被强大的气流冲击，物料受到冲撞、剪切等作用被粉碎。粉碎后物料受气流夹带向上运动，经分级器排出粉碎机并与气体分离，大颗粒被截留进一步粉碎。在这里，分级器起到切割产品粒径的作用，从而保证了产品的粒度分布。

2. 对喷流化床气流粉碎机的优越性

对喷流化床气流粉碎机与其他机械方法粉碎相比有着非常明显的优越性。在整个粉碎过程中没有机械磨损，而是依靠物料颗粒自身撞击达到粉碎。这种粉碎方式有以下几大优点：①粉碎过程中是空气带动物料在运行，所以不会升温，对于各种物料不会造成任何不良影响；②粉碎过程没有直接的机械摩擦，不使用任何固体的研磨介质，因此不会有任何杂质掺入物料之中，可以绝对保障物料的纯度；③对喷流化床气流粉碎的细度可以随产品需求而自由调节；④生产过程始终是连续的，不管是要求什么细度，加料和出料都不需要人为间隔和停顿，都是由其控制系统自动控制进料和出成品的速率；⑤整个系统是负压操作，在粉碎过程中不会有扬尘等现象，可以很好地控制现场卫生、安全和环境。

气流粉碎也存在能耗和投资成本相对高的缺点，针对能耗高的问题，需要农药厂家在上新项目的时候多关注产能及成本，对于附加值和要求不高的产品可以考虑用其他类型的粉碎设备，但是在农药行业一般农药不存在这样的问题，因为农药一般要求粉碎细度在600～800目，所以能耗是完全可以接受的。

3. 对喷流化床气流粉碎机的原理

对喷流化床气流粉碎机主要是利用超声速气流带动物料颗粒相互撞击而达到粉碎的效果。对喷流化床气流粉碎机由加料口、粉碎室、出料口、分离室等组成。物料通过螺旋加料器进入粉碎室、压缩空气通过粉碎喷嘴向粉碎室高速喷射。物料在超声速喷射气流中加速，并在喷射气流交汇处反复冲击、碰撞，达到粉碎。被粉碎物随上升气流到达分级室，由于分级叶轮高速旋转，物料颗粒受到高速旋转的分级叶轮产生的向心力和离心力作用，达到粉碎要求的在分级粒径以下的颗粒受到的向心力大于离心力，在负压气流吸引下进入分级叶轮内部并到达出料口。大于分级要求的颗粒受到的分级叶轮产生的离心力大于向心力，不会受负压气流的吸引而落回到粉碎室继续进行冲击粉碎。如此往复，使物料达到理想的粉碎效果。从出料口排出的成品随气流进入旋风分离器、脉冲除尘器（捕集器）收集，气体由引风机排出。图1-28是对喷流化床式气流粉碎机工作原理示意图。

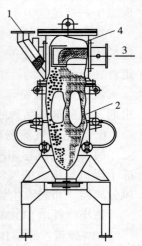

图1-28 对喷流化床气流粉碎机工作原理

1—加料口；2—粉碎室；
3—出料口；4—分离室

4. 产品粒度的控制

分级轮与出料管之间合理的气密封设计，保证粗颗粒不会混入成品中。轴承结构及轴承座的气流密封、气流冷却，使轴承在常温下正常工作，保证了轴承长期使用及机械运行平稳性。

流化床气流粉碎机粉碎不同物料时，主机内部的物料浓度也不同，为保证主机在最佳工况下工作，发挥最佳的工作效率，自动加料机与主机之间采用智能机电一体化控制原理，根据主机内部物料浓度来控制加料速度，确保主机在设定的最佳浓度下工作，控制原理见图1-29。

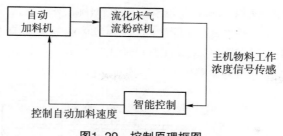

图1-29　控制原理框图

5. 生产中的安全、卫生和环境控制

流化床气流粉碎机在农药生产中的卫生、安全和环境控制方面与其他粉碎方式相比具有明显的优越性。

流化床气流粉碎机的全系统是负压，生产现场不会造成扬尘，同时，最后排放的空气是经过布袋除尘器过滤的洁净空气（过滤精度为0.1μm）。因此，整个系统不会带来任何环境影响。

适用于农药生产的流化床超细粉碎系统，从加原料、加助剂、混合、出成品至自动包装都实现了全自动化控制，生产现场实现了无人化作业。在系统设置方面，充分考虑了农药生产的特点，原料加料前设有自动加料装置和混合设备。原料进入粉碎主机实行自动控制加料，成品出料后也设有自动加料装置和混合设备，成品出口设有全自动包装机。可以保障生产现场的卫生、安全和环保要求，避免在农药超细化生产中对人员造成伤害。

在选择产品的时候，气流粉碎机的产量和能耗比是重点考虑的要素。气流粉碎机从上述的原理来看是比较简单的，但是每种产品都有自己的关键部分。分级轮和喷嘴的精度决定着气流粉碎机的性能。

流化床气流粉碎系统已经广泛应用于各类农药的超细粉碎生产。主要有除草剂、杀虫剂、杀菌剂等品种的超细粉碎。

6. 流化床气流粉碎生产实例

简易工艺流程如图1-30所示，粉碎主机气源由压缩机、储气罐、除油器、过滤器、冷冻干燥机等组成的气流系统提供，粉碎所需工作压力一般在0.7MPa以上。成品粉体通过旋风分离器、布袋除尘器收集。洁净的空气由引风机排出。部分农药粉碎指标如下：

每小时耗电130kW·h；

40%硫黄：原料100目，成品$d_{97}<10\mu m$，产量800kg；

多菌灵：原料100目，成品悬浮率92%～93%，产量1500kg；

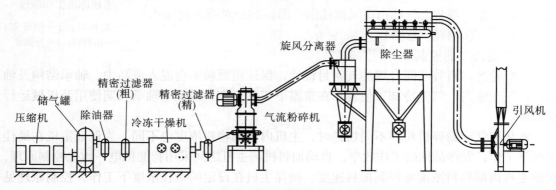

图1-30　流化床气流粉碎机简易工艺流程

70%代森锰锌：原料100目，成品$d_{97}<5\mu m$，产量1000kg。

对于一般需要混合的干粉农药、可湿性粉剂一般采用气流粉碎混合系统。根据农药生产的需要，可以有多种流程布置。图1-31为间歇式生产方式，适用于小规模生产或经常更换品种的情况。图1-32适用于大规模生产，是连续化的生产方式。

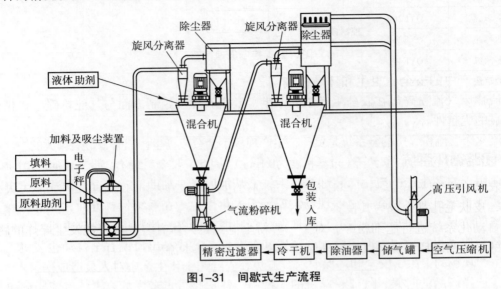

图1-31　间歇式生产流程

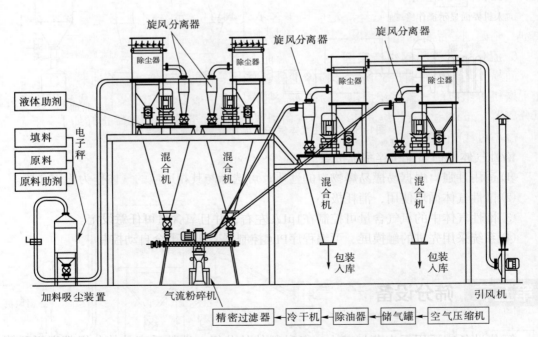

图1-32　连续型、适用于大量生产流程

部分机型粉碎农药的工艺参数见表1-4。

表1-4　农药的工艺参数

名称	机型	进料粒径/目	出料粒径d_{97}/μm	产量/（kg/h）	空气耗量/（m³/min）
吡虫啉	QYF260	60	16.73	160	6
嗪草酮	QYF600	80	18.73	800	20
啶虫脒	QYF260	40	35.03	150	6
西玛津	QYF260	100	12.57	80	6
多菌灵	QYF400	80	19.18	350	10
敌草快	QYF400	100	16.55	260	10
灭草灵	QYF260	120	9.89	85	6
苯磺隆	QYF400	100	21.94	220	10

八、闭路循环系统

农药在超细粉碎状态下，对人身的毒副作用将成倍增加，不仅口鼻是其进入人体的通道，皮肤毛孔都会成为其侵害人体的部位。因此，对于低毒性的农药，也需要使用全封闭的自动化系统进行超细粉碎。对于一些粉尘泄漏对人体有害或者可能发生爆炸的物料，采用的是闭路循环系统，以达到环保和安全的要求。基本流程见图1-33。

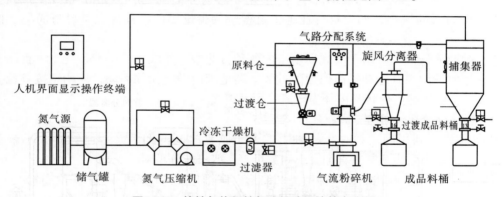

图1-33　惰性气体保护气流粉碎系统基本流程

惰性气体保护气流粉碎系统特点：

①适用性强，根据易燃易爆物料的性质，可选择与其相适应的气体作为粉碎介质。

②惰性气体循环使用，消耗极小。

③惰性气体中的氧气含量可控制在1μL/L左右，并且氧含量可任意设定。

④系统采用先进的触摸屏、可编程序PLC控制器，实现了全自动控制。

第五节　筛分设备

筛分设备广泛用于农药加工中，各种粉体的分级、造粒后产品的分级都离不开筛分设备。筛分法是最简单的分级方法。用一定目数的标准网筛进行过筛，通过筛网的为合格产品，筛网上留下的为筛余物，为不合格产品。用筛分法时，分级精度高，极少有串级现象。但分级费时，只适用于少量颗粒的分级，大量分级有一定困难。

一、筛分设备的分类

筛分设备的型式一般有三类，即空气筛、水力离析和机械筛（或称网筛）。

1. 空气筛分机

以空气使物料按螺旋方向运动，物料因颗粒大小不一得到不同的离心力，从而实现物料颗粒的分级。由于细物料颗粒大小相差不大，质量近乎相同，因此分离效果极差。同时，空气的处理要求高，故近年来就很少采用。

2. 水力离析

使颗粒在运动的水流中按大小而分类，主要用于液相非均一系的分离，对于固相的大小颗粒的分离，大部分选用机械离析（网筛）。

3. 网筛分机

使物料通过筛网，颗粒按大小近于相等的若干部分分级，由于其能量消耗少，操作方便，故一般均使用此法筛分固相颗粒。

网筛按筛分机械操作方法不同，又可分为固定筛和运动筛。

（1）固定筛分机　筛网不运动，物料在一定动力作用下流过筛面。按筛面形状又可分为平面型和曲面型（或称弧形筛）。一般用于容易分离的物料，如固-液相的粗过滤，以及生产能力低的场合，如建筑行业施工过程中的少量用砂，其优点是设备简单、操作容易。

（2）运动筛分机　应用于大规模生产的各种行业中，如农药、染料、化工、食品、医药等。它是使筛网在其运动平衡位置附近的运动范围内做规律的运动，使物料按颗粒大小范围分级。一般按筛网形状又可分为转筒式和平板式。

（3）转筒筛分机　可分三种：

① 圆盘式　利用固定在一根横轴上的若干圆盘之间的间隙来控制物料大小颗粒的分离，其生产能力取决于圆盘直径大小和数目。一般只能分粗料。

② 滚筒式　或称旋转筛，其筛面为圆筒形、圆锥形或六角形、八角形。圆筒以2°～9°倾斜，物料由一端进入后，随着筛面旋转或伴随往复振动来过筛物料，粗物料从另一端排出，细物料（即成品）从筛网孔通过，落入料仓。一般用于粗物料和清洗物料。

③ 链式筛分机　以链带动筛网，一般用于湿物料固-液分离和粗物料分级。

（4）平板式　一般用于筛分细物料，筛析效率高，按运动方式可分为摇动筛和共振筛。

二、圆打振动筛

圆打振动筛结构如图1-34所示。筛框外表面固定一层筛网（40～120目）。粗粉料进入筛框内由旋转打板进行团块分散及脆性物料的粉碎（一般3～4条打板），每条打板均由一排呈30°～40°角的小叶片构成（按物料性质由实验确定角度），转速1000～1200r/min。打板的旋转不但分散了团料及脆性物料，且把粉料向前推进，同时产生一定的离心力和少量的风，可把部分细粉排出筛网外。大量合格的粉料是靠系统的抽吸力从筛网排出；若无系统的抽吸力，则排粉速率缓慢，所得粉料偏细。粉料的粒度可通过筛网的目数、抽吸系统的风速和加料速度进行调节。圆打振动筛前后配备成套的工艺系统便构成密闭式连续生产线，详见图1-35。干燥的粗粉料由提升机倒入有抽吸系统的罩式料斗内，粉料经隔除筛除去杂物，进入圆打振动筛内腔。旋转打板将粉料打碎，合格粉料从固定圆筛逸出，粉料集合经输送管道、旋风分离器进入双螺旋混合机。部分较细粉料经旋风分离器中心管进入袋式集尘器。袋式集尘器回收的细粉经星形阀进入双螺旋混合机，合格的产品由底阀出料。尾气（基本无粉尘）由高压引风机抽吸排出。

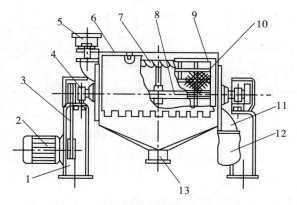

图1-34 圆打振动筛结构

1—机座；2—电动机；3—三角皮带传动机构；4—防振轴承座；5—进料口；
6—活动盖外壳；7—旋转斜打板；8—转轴；9—筛框；10—筛网；11—粗粉
出口；12—布袋；13—合格粉出口

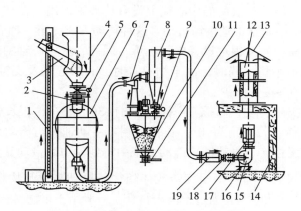

图1-35 筛分、混合密闭式连续生产线

1—提升机；2—导物隔除筛；3—料桶；4—罩式料斗；5—星形加料器；6—圆打振动筛；7—旋风分离器；
8—袋式集尘器；9—星形阀；10—双螺旋混合机；11—底阀；12—排气消声器；13—风帽；14—消
声室；15—引风机；16—隔振基础；17—出口消声器；18—软连接；19—进口消声器

三、滚筒式分级机

物料在滚筒内滚转和移动，并在这过程中分级。滚筒上有很多小孔。滚筒分为几组，组数为需分级数减1。每组小孔孔径不同，而同一组中的孔径一样。从物料进口至出口，后组比前组的孔径大，小于第一组孔径的物料落入漏斗收集为一个级别，以下依此类推。这种分级机分级效率较高。

该机结构及传动系统如图1-36所示。滚筒2用厚度为1.5～2.0mm的不锈钢板冲孔后卷成圆柱形筒状筛。为了制造方便，整体滚筒分成几节筒筛，筒筛之间用角钢连接作为加强圈。

如用摩擦轮传动，则又作为传动的滚圈。滚筒用托轮支承在机架上，机架7用角钢或槽钢焊接而成。收集料斗6设在滚筒下面，料斗的数目与分级的数目相同。但不一定与筛筒节数相同，因为有时可以由两节筛筒组成同一个级别，这时两节筛筒共用一个料斗。

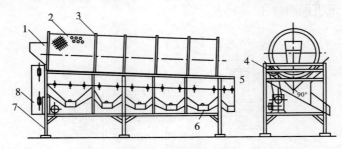

图1-36　滚筒式分级机

1—进料斗；2—滚筒；3—滚圈；4—摩擦轮；5—铰链；6—收集料斗；7—机架；8—传动系统

驱动滚筒转动的方式有三种：

第一种采用电动机通过皮带轮、变速箱、链轮及一对齿轮传动，而其中一个大齿轮就连接在滚筒出料口的边缘上，另一个小齿轮则与传动系统相接作为主动齿轮，把动力传给齿轮而驱动滚筒转动。这种传动方式加工制造比较麻烦，由于滚筒直径较大而使转动不平衡，齿轮上的润滑油也往往滴在转筒中污染物料，故目前已逐渐被淘汰。

第二种称中间轴式传动。滚筒的中心线上设有传动轴，用支臂与滚筒相连，传动系统把动力传至中心轴，由中心轴带动滚筒转动。这种传动方式比第一种简单，但因滚筒较长，其中心轴也长，在滚筒中间又很难设置中间轴承，因此，若中心轴的刚度稍差，则往往产生挠动而使滚筒运转不平稳。同时，由于物料有时会和中心轴及支臂碰撞而产生机械伤，故目前使用这种形式的亦逐渐减少。

第三种传动是摩擦轮传动，摩擦轮4（参阅图1-36）装在一根长轴上，滚筒两边均有摩擦轮，并且互相对称，其夹角为90°。长轴一端（主动轴）与传动系统相连，另一端装有托轮，不与传动系统相连。主动轴从传动系统中得到动力后带动其上的摩擦轮转动。摩擦轮紧贴滚圈3，滚圈3固接在转筒上，因此，摩擦轮与滚圈互相间产生的摩擦力驱动滚筒转动。这种传动方式简单可靠，运转平稳，越来越广泛使用。

四、振动筛

振动筛广泛用于细粉物料的筛析，是一种平放或倾斜放置的筛。操作时，利用偏心轮或凸轮装置使之产生往复运动。当振动筛摇动时，物料中细粉粒通过筛孔筛下，落入底槽。粗粉粒即顺筛移动，并自筛上出口直接排出。为了可同时使物料筛析成若干不同粒度范围，振动筛可做成多层。振动筛主要结构如图1-37所示。

振动筛是一种仿人工摇动的低频旋振筛，其原理是瞬时运动为沿径向的位移和以此位移为轴的圆周运动的合成（螺旋运动）。即可调节偏心距的激振器产生了非线性三维运动，物料也产生同样的近似手动作业的运动，从而达到筛分的目的，再配合筛分附件可得到更加理想的筛分结果。适用于圆球状、圆柱状、片状乃至不规则形状易堵网物料的筛分，筛分原理见图1-38。

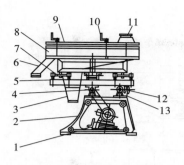

图1-37 振动筛主要结构

图1-38 振动旋振筛筛分原理图

1—调节转数手轮；2—机座；3—微粉出料口；4—回转轴；
5—台架；6—粗粉排出口；7—支撑；8—筛桦；9—上盖；10—上
盖固定板；11—原料入口；12—倾斜调节轴；13—倾斜调节杆

在筛分过程中，因多种物科本身具有强吸附性、易结团、高静电、高精细、低密度等特性，极易堵塞网孔，从而大大降低了工作效率与筛分效果。为了确保筛分效果，必须在设备上增加清网装置。此时可采用超声波清网装置、弹球清网装置和旋转刷清网装置。

三元旋形筛是一种高精度细粉筛分机械，其噪声低、效率高、换网快速（仅用3～5min）。全封闭结构，适用于粒、粉、黏液等物料的筛分过滤。

三元旋振筛由直立式电机作激振源，电机上下两端安装有偏心重锤，将电机的旋转运动转变为水平、垂直、倾斜的三次元运动，再把这个运动传递给筛面。调节上、下两端的相位角，可以改变物料在筛面上的运动轨迹，见图1-39。

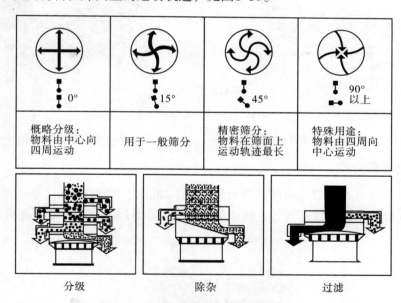

图1-39 三元旋振筛振动运动轨迹

五、环保振动筛分机

环保振动筛分机适用于农药等有毒、有味物料的筛分。其特点是：

① 筛分机内外气压平衡，有除尘器，操作现场无尘干净；

② 筛分机组件一次性轧制成型，模块化生产，密闭性能好。流程如图1-40所示。

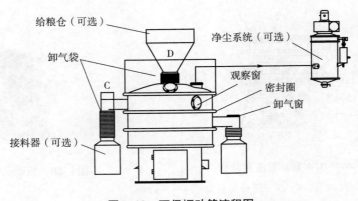

图1-40 环保振动筛流程图

六、卧式气流筛分机

卧式气流筛分机筛网为圆筒状，置于机体内，物料通过螺旋输送系统后，与气流混合，雾化进入筛筒内；通过网筒内风轮叶片使物料同时受离心力和旋风推进力，从而迫使物料喷射过网，由细料出料口排出，不能过网的物料沿网筒壁从粗料出料口排出。该设备结构见图1-41，外形见图1-42。

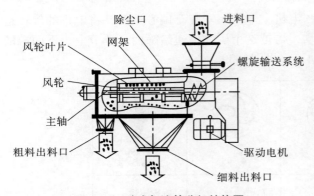

图1-41 卧式气流筛分机结构图

图1-42 卧式气流筛分机外形图

七、超声气流筛分机

超声气流筛分机是在原筛机的基础上叠加一个40kHz、300W的大功率超声波发生装置，从而使卧式气流筛易于筛分黏性大、高精细、易团聚、易堵网、带静电的物料。见图1-43。

图1-43 超声气流筛分机

八、直线振动筛分机

直线振动筛分机利用振动电机激振作为振动源，使物料在筛网上被抛起，同时向前做直线运动。物料从给料机均匀地进入筛分机的进料口，通过多层筛网产生数种规格的筛上物、筛下物，分别从各自的出口排出。设备结构见图1-44，外形见图1-45。全封闭结构，无粉尘逸散，自动排料，更适合流水线作业。目前多用于WG制剂干燥后的分级。

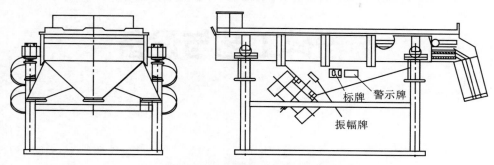

图1-44　直线振动筛分机结构图

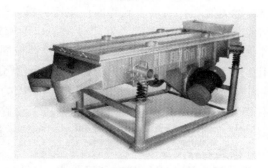

图1-45　直线振动筛分机外形图

参考文献

［1］刘步林. 农药剂型加工技术［M］. 第2版. 北京：化学工业出版社，1988.

［2］卢寿慈. 粉体技术手册［M］. 北京：化学工业出版社，2004.

［3］刘广文. 染料加工技术［M］. 北京：化学工业出版社，1999.

［4］刘广文. 农药水分散粒剂［M］. 北京：化学工业出版社，2009.

［5］李凤生. 超细粉体技术［M］. 北京：国防工业出版社，2000.

［6］郑水林. 超微粉体加工技术与应用［M］. 北京：化学工业出版社，2005.

［7］陶珍东. 粉体工程与设备［M］. 北京：化学工业出版社，2003.

［8］方景光. 粉磨工艺与设备［M］. 武汉：武汉理工大学出版社，2004.

［9］陶珍东. 粉体工程［M］. 第2版. 北京：化学工业出版社，2010.

［10］张长森. 粉体技术及设备［M］. 上海：华东理工大学出版社，2007.

［11］任凌波. 实用精细化工过程与装备［M］. 北京：化学工业出版社，2007.

［12］洪家宝. 精细化工后处理装备［M］. 北京：化学工业出版社，1990.

［13］张国旺. 超细粉碎设备及其应用［M］. 北京：冶金工业出版社，2005.

［14］张少明. 粉体工程［M］. 北京：中国建材工业出版社，1994.

［15］刘广文. 现代农药剂型加工技术［M］. 北京：化学工业出版社，2013.

第二章

湿粉碎工艺与设备

在各种粉碎过程中，接触力使颗粒变形、破碎而产生应力场。当应力达到物料的屈服极限或断裂极限时，颗粒将发生塑性变形或破碎。对于砂磨机也不例外，物料受挤压、剪切，至少有两个力作用在单个颗粒上。但当较小颗粒聚集在较大颗粒周围时，就存在较多的接触力。由于颗粒之间的相互作用，或流体的拖拽力的作用，在研磨介质相互接近时物料颗粒被捕获并在有效粉碎区域内被粉碎。捕获颗粒是微粉碎和超微粉碎的一个重要过程。

农药的湿式粉碎是获得细微颗粒的一个行之有效的方法。粉碎技术主要在于在最低运转费用情况下获得所希望的颗粒细度及粒度分布，为此，必须要掌握与之相关的应力分布、应力强度、滞留时间、循环次数等有关参数对粉碎效果的影响。

许多不溶性原药合成后得到块状物料，基本粒子较大，为50~100μm。为了提高有效成分的活性、保证贮存稳定性和使用性能，需将活性成分粉碎至1~5μm，因此许多制剂需借助粉碎手段来制取。

农药的粉碎又有干式粉碎和湿式粉碎之分。所谓干式粉碎，是指原药（含助剂）在固体状态下进行粉碎，所得产品为微粉状；湿式粉碎是指活性成分在液体（水、油和溶剂）中进行粉碎，如悬浮剂（SC）、悬浮乳剂（SE）、油悬浮剂（OF）、液体种衣剂（LSD）和干悬浮剂（DF）等剂型。湿式粉碎与干式粉碎所用设备不同，产品粒度也不同。粉碎不仅是粒度的减小，也是助剂与活性物质表面的吸附过程，各成分之间的均化过程。粉碎过程是否合理，与配方、设备选型、操作方法均有一定的关联。因此，本章在介绍各种粉碎设备的同时，还介绍粉碎技术和清洁生产的工艺流程。

第一节 研磨粉碎设备

一、研磨粉碎简述

众所周知，疏水性农药粒子在水中分散比较困难，通过加工过程，能在原药粒子表面覆盖一层表面活性剂，使表面活性剂的亲水端指向外面，疏水端指向粒子。由于表面活性剂的作用，原本不亲水的粒子通过表面活性剂表现出良好的亲水性，从而达到加工目的。另外，由于粒子表面是同一形态离子的表面活性剂，也降低了微小粒子相互黏结的可能性，从而改善了农药微粒在水中的分散性能。

农药悬浮剂（SC、SE、OF、LSD、DF）产品的国家标准中要求其悬浮率≥70%，这就要求粒子细度小于5μm，大多数粒子的粒度分布要求粒径在2μm以下。研磨粉碎设备是湿粉碎必不可少的设备。最常用的研磨粉碎设备是各种结构的砂磨机。

砂磨机的粉碎过程可以认为是悬浮液与研磨介质之间各种力相互作用的结果。农药悬浮液、研磨介质可以看作一个研磨体系，砂磨机分散盘高速旋转产生很大的离心力，离心力使研磨介质以三种方式运动：①研磨介质与悬浮体同方向流动。由于介质间可能产生速度差，对农药颗粒产生剪切力；②研磨介质克服悬浮液的黏滞阻力，向砂磨机内壁冲击，产生冲击力；③研磨介质本身产生自转。如果相邻两介质的相对自转方向或速度不同，会对颗粒产生摩擦作用。由于上述三种运动和三种粉碎力（实际情况更复杂）的存在，颗粒被粉碎时最少要受到两个力的同时作用。

早期使用的砂磨机为立式开放式和密闭式两种，现在逐渐为能克服介质偏析、研磨不匀、不易启动等缺点的卧式砂磨机所代替。卧式砂磨机研磨后的物料细而均匀，研磨介质为玻璃珠、天然砂、氧化锆珠、陶瓷珠等，直径为0.5～5mm，根据砂磨机的规格和产品粒度选定。靠它产生的剪切力将料液中的物料磨细，较粗的物料应先在预分散机等其他设备中预磨50～200目，再进入砂磨机研磨。

二、立式砂磨机

立式砂磨机又分敞开式和密闭式两种，其工作原理基本相同。研磨介质和农药悬浮液混合在一起，由于分散盘的高速旋转产生离心力，研磨介质和农药颗粒在离心力的作用下冲向磨筒的内壁，介质对农药颗粒产生强烈的剪切、摩擦、冲击和挤压作用，农药颗粒受到作用力后被粉碎。立式砂磨机的基本结构如图2-1所示。

敞开式（简称开式）砂磨机截留研磨介质的金属网暴露在外面。这种结构的特点是由于分离器的筛网露在外面，研磨介质与悬浮液的分离情况随时可以观察，结构简单，清洗方便，维修容易，见图2-2。缺点是研磨介质填充系数小，悬浮液的水分易蒸发，在分散器高速旋转下，空气容易进入悬浮液中，产生气泡而降低磨效，有时要加入消泡剂。另外，对有机溶剂、有毒性物料、高黏度物料的研磨也受到一定限制。

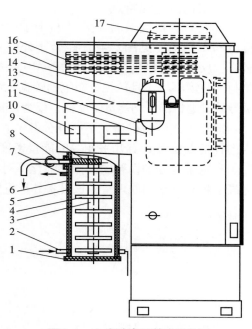

图2-1　立式砂磨机基本结构图

1—盖；2—物料入口管；3—搅拌轴；4—分散圆盘；5—研磨筒；6—夹套；7—冷却水进出口管；8—物料出口管；9—过滤网；10—机械密封；11—电机；12—密封液进口管；13—密封液出口管；14—压力罐；15—机座；16—皮带轮；17—液力偶合器

密闭式（简称闭式）砂磨机分离介质的金属网伸入到磨筒内，或设间隙式动态分离器，均与外界隔开。它的优点是介质的填充系数高，可以达到70%～90%，能研磨50Pa·s的高黏度物料。与敞开式相比，悬浮液的发泡率大大降低。应该说，密闭式砂磨机较敞开式砂磨机有更多的优点，见图2-3。

图2-2　敞开式砂磨机　　　　图2-3　密闭式砂磨机

三、双冷却系统搅拌棒式砂磨机

双冷却系统搅拌棒式砂磨机是德国20世纪80年代开发的新型湿式粉碎设备，适用于农药、颜料、涂料、磁性材料、油墨等化工产品的分散及粉碎，可以把物料粉碎到微米级。

1. 结构原理和特点

普通砂磨机因其转子外壁和定子内壁间距较大（即研磨间隙宽），磨室内的能量密度分布不均匀（见图2-4）。距转子外壁和定子内壁较近的地方能量密度较大，粉碎效果较好。反之，能量密度较小，粉碎作用甚微。这种能量密度分布不均衡的现象导致了被粉碎物料的粒度不均，且粒径分布范围较宽，粒径较大的颗粒影响了产品质量。此外，磨室间隙宽导致砂磨机的平均能量密度低，仅为1.5kW/dm³左右，因而其粉碎和分散的效率都不高。

搅拌棒式砂磨机增大了搅拌分散轴直径，大大缩小了转子和定子之间的间隙，使磨室内的任何部位都具有几乎相等的能量密度，提高了研磨、粉碎和分散效果。在该砂磨机的转子和定子上分别设置的销棒，强化了对物料的挤压、摩擦、冲击和剪切等复合粉碎作用，提高了粉碎效率和处理量，该设备外形见图2-5。

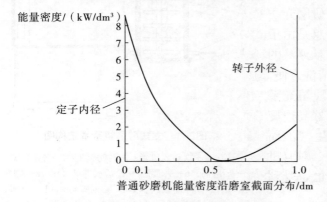 

图2-4　普通砂磨机能量密度沿磨室截面分布　　　图2-5　搅拌棒式砂磨机外形

如图2-6所示，双冷却搅拌棒式砂磨机主要由转子、定子、分离装置及传动装置组成。转子是圆柱形结构，内设双冷却水通道，形成空心轴结构。在顶端有密封盖，以防止物料、研磨介质及空气进入轴内，转子外壳安装有圆柱形销棒。定子是圆筒形结构，外设通冷却水夹套。在定子内侧，有序排列许多圆柱形销棒，排列位置与转子错开。分离装置设在出料口上，动态分离装置能够连续把达到细度的物料与介质分开。

转子和定子之间形成的环隙构成研磨室，进料口在研磨室底部，出料口在上部侧面，传动装置在砂磨机顶端与转子相连。

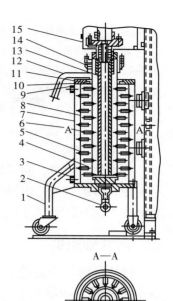

2. 设计原理

物料的研磨和粉碎不是发生在磨室壁之间，而是在研磨介质的珠球和物料颗粒之间。搅拌分散轴设计成大直径的空心圆筒，缩小了分散轴与磨室壁之间的距离（研磨缝隙），保证了分散轴与珠球范围内的冲击速度，这样可以使磨室内的任何部位都具有几乎相等的研磨和粉碎效果。由于分散轴的高速旋转，研磨介质和颗粒在分散轴上的各组销棒力的作用下，产生了强烈的搅拌、摩擦、冲击、剪切等复合粉碎作用，其中剪切力起着主要作用。料浆包围着介质或在介质之间通过，其中固体颗粒因受上述力的作用而被研磨、粉碎，保证了研磨室内的能量密度均衡。靠近分散装置的区域，其能量密度高，能量密度与珠球距分散装置的距离有如下关系：

图2-6 双冷却搅拌棒式砂磨机简图

1—支脚；2—物料入口管；3—冷却水入口管；4—轴外套；5，6—销棒；7—夹套；8—容器；9—冷却水出中管；10—转子；11—定子；12—物料出口管；13—轴内管；14—密封填料；15—机座

$$\xi \approx a^{-3} \qquad\qquad (2-1)$$

式中　ξ——能量密度，kW/dm^3；

　　　a——珠球距分散装置的距离，dm。

磨室内能量密度的均衡消除了无用功的产生，节约了能源，并使料液中的颗粒细化，粒径分布集中，从而可获得理想的微粉碎效果。

3. 工作原理

悬浮液在送料泵的作用下从底部进入研磨室，与研磨介质混合。由于转子的高速旋转，转子、定子及销棒向介质传递能量，使进入介质活化区（粒子捕获区）的物料颗粒受到来自介质的挤压、剪切、摩擦等作用，在短时间内得到粉碎。研磨介质及较大的颗粒集中在定子壁附近，在这里形成一个具有高能量密度的有效研磨区域。由于研磨室为环状，而且内外壁的距离较小，研磨室有很高的能量密度。转子、定子、销棒交错排列，防止介质随转子周向运动，更加提高了研磨效率。介质的高速运动，使磨室从下至上每一个平面的介质数量都基本相同，无堆积现象和研磨死角。底部进料后把已经磨细的物料从顶部经分离器排出，系统为连续工作。如不加入研磨介质，还可以作分散、均质之用。除了上述优点以外，搅拌棒式砂磨机还有如下特点：

① 在筒形分散轴（转子）和磨室壳体（定子）的夹套内分别设计了冷却水流道结构，

从而保证了磨室能在较低温度下操作，能适应热敏性物料和熔点较低物料的粉碎。

②与普通砂磨机相比，磨室内研磨介质少，从而减少了物料黏附在介质上的黏附量，更换物料时减少了物料的浪费，提高了经济效益。

③物料在密闭系统中连续操作，料浆不易起泡。当研磨、粉碎有毒有害物料（农药）时，减少了液体挥发，改善了劳动条件，减轻了劳动强度。

④全套装置结构紧凑，占地面积小，有利于安装。

4. 使用方法

根据实际需要，亦可进行多次循环操作。此时，只要把从磨筒上部物料出口处排出的物料返入砂磨机旁的容器中，使物料在系统中循环，直至产品达到预定的要求。系统出料后再加入新的料液进行下一批循环操作。

四、卧式砂磨机

卧式砂磨机的磨筒水平放置，搅拌轴在磨筒中心也水平布置，外形见图2-7。它的工作原理与立式砂磨机基本相同。卧式砂磨机除具备立式砂磨机的优点外，同立式砂磨机比较有如下优点：经研磨农药的实验表明，同体积的卧式砂磨机比立式砂磨机的生产能力高出2倍左右；卧式砂磨机的启动功率低，消耗功率也低于立式砂磨机。但卧式砂磨机的轴承、密封、分离器的磨损较严重，加工制造对材料的要求都很高。图2-8是卧式砂磨机的结构简图。根据不同物料的性质，设计出多种结构的分散盘，图2-9是砂磨机常用分散盘的实物照片。

图2-7　国产卧式砂磨机的实物照片

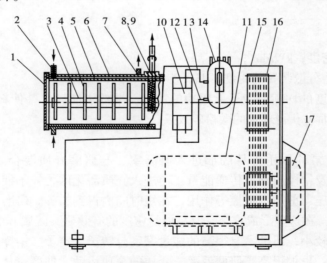

图2-8　国产卧式砂磨机结构简图

1—盖；2—物料入口管；3—搅拌轴；4—分散圆盘；5—研磨容器；6—夹套；7—冷却水进出口管；8—物料出口管；9—过滤网；10—机械密封；11—电机；12—密封液进口管；13—密封液出口管；14—压力罐；15—机座；16—皮带轮；17—液力耦合器

图2-9　卧式砂磨机常用分散盘的实物照片

表2-1是国产卧式砂磨机主要技术参数，表2-2是德国耐驰精研磨技术有限公司制造的卧式砂磨机主要技术参数。

表2-1　国产卧式砂磨机主要技术参数

型号	SW5-1	SW15-1	SW15-2	SW30-1	SW30-2	SW30-3	SW45-1	SW60-1	SW90-1	SW250-1
磨筒容积/L	5	15	15	30	30×2	30×3	45	60	90	250
主电机功率/kW	11	18.5	15	22	22×1 18.5×1	18.5×3	30	30	45	55
进料泵电机功率/kW	1.1	1.1	1.1	1.1	1.1	1.1	1.1	1.1	1.1	1.5
主轴转速/(r/min)	1500~2000	835~1535	1055~1345	860~1180	850~1050	850、950、1050	740~1100	700~1000	600~800	550、650、810
进料量/(L/min)	2~16	2~16	2~16	3~24	3~24	3~24	3~24	3~24	3~24	5~30
物料黏度/Pa·s	≤10	≤10	≤10	≤10	≤10	≤10	≤10	≤10	≤10	≤3
生产能力/(kg/h)	12~120	30~300	30~300	50~500	100~1000	120~1200	70~700	100~1000	120~1200	50~400（农药）

表2-2　德国产卧式砂磨机主要技术参数

型号		LMJ2	LME4	LME12	LMJ15	LME20	LME50	LME100K	LME200K	LME500K
磨室容积/L		2.5	4	12	15	22	59	122	227	560
生产能力/(L/h)		5~50	10~100	20~300	30~300	50~500	100~1000	100~1500	200~2000	30~5000
介质质量/kg	玻璃珠	4.5	7	20	26	38	100	200	380	950
	陶瓷珠	6.5	10	30	38	55	150	300	550	1300
	钢球	12	19	56	70	105	280	550	1000	2500
功率/kW	非防爆	4	4	15	18.5	18.5	37	55	1000	2500
	防爆	3.6	3.6	13.5	17.5	17.5	36	58	75	160
				15		18.5	37	55	75	160
转速/(r/min)		600~1600	1200~2500	600~1800	700~1600	700~1600	800	650	500	350
泵功率/kW		0.25	0.25	0.55	1.1	1.1	1.1	1.1	1.5	2.2

图2-10是耐驰精研磨技术有限公司制造的卧式砂磨机。这种砂磨机一改主轴带分散盘的结构，而是在加粗的主轴上安装有销棒而形成转子，筒体内壁也安装有固定的销棒而形成定子。转子和定子的销棒交错排列，研磨效率很高，该砂磨机转子端面结构见图2-11。

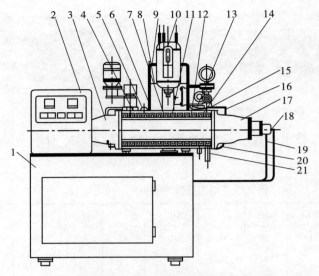

图2-10　耐驰精研磨技术有限公司制造的卧式砂磨机　　　　图2-11　转子端面结构

1—机座；2—仪表盘；3，17—机械密封；4—物料出口管；5，18—冷却水出口管；
6，7—销轴；8，9，16，20—密封液进出口管；10—压力罐；11—轴内管；12—轴
外套；13—夹套；14—容器；15—物料入口；19，21—冷却水入口

五、涡轮砂磨机

　　砂磨机的粉碎主要发生在研磨介质之间以及研磨介质与器壁的接触区域。在摩擦、碾压、剪切等力的作用下夹在研磨介质之间或研磨介质与器壁之间的固体颗粒被粉碎。但因传统砂磨机一般为圆筒形结构，分散盘带动研磨介质，因此研磨效果十分有限。而涡轮砂磨机增加了研磨介质与机体的摩擦面积，从而提高了研磨效率。

　　此砂磨机的外壳为卧式圆筒形结构，但在水平放置的圆筒式主轴上，串联若干个涡轮式加速器，这是提高研磨效率的主要原因，见图2-12。表2-3是涡轮砂磨机主要技术参数。

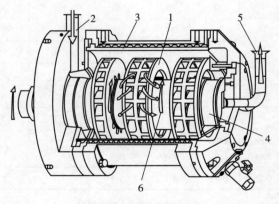

图2-12　涡轮砂磨机

1—涡轮加速器；2—物料和研磨介质入口；3—研磨筒体；4—动态分器装置；5—产品出口；
6—介质循环路径

表2-3　涡轮砂磨机主要技术参数

型号	研磨室容积/L	流量/（L/h）	主机功率/kW	冷却水消耗量/（L/h）
MULTI LAB	0.6	5~50	3.3~4.0	400
ECM Pilot	1.5	10~200	7.5	800
ECM Poly	8.2	100~500	22.0~30.0	1500
ECM Pro	18.2	300~2500	44.0~55.0	2000
ECM Plus	23.3	400~3000	44.0~55.0	2000
ECM Ultra	60.0	500~6000	90.0~125.0	3500

工作时，液体悬浮剂与研磨介质充满于研磨筒内，在加速器的内外均充满研磨介质，在离心力的作用下，高速旋转的加速器将研磨介质高速甩出并冲向器壁，研磨介质在运动过程中，与加速器和外筒内壁均有撞击和摩擦效果，加快了物料的粉碎。加速器使更多的研磨介质增加了冲击能量，也强化了粉碎作用。

研磨介质在研磨室里经过涡轮加速器进行加速，基于砂磨机磨室内的优化设计，内部涡轮循环的研磨介质将在较短的时间里达到最高的能量密度，这种涡轮循环的研磨介质在强度和速度上都要比平流运动效果大几倍。涡轮式砂磨机有如下特点：

① 涡轮加速器确保了研磨介质的高能量、均匀的运动，从而保证了高磨效；

② 理想的通道式和循环式生产工艺，连续不断的高效能实现了粒径分布最窄；

③ 使用高质量的材料（碳化硅、氧化锆、硬铬合金）确保了更长的使用寿命；

④ 高效的能量转换降低了能耗；

⑤ 较小的研磨容积和理想的冷却效果确保了对温度敏感产品的顺利研磨。

六、三室砂磨机

农药在粉碎过程中，颗粒要经过粗分散、细分散和超细粉碎几个阶段。按照砂磨机分散、粉碎的特点，研磨介质直径应由大到小逐级改变才能得到更好的粉碎效果。基于这个规律，国内开发出SW30×3三室卧式砂磨机。

SW30×3三室卧式砂磨机是具有三个水平磨室的研磨设备，由主机、传动系统、供料系统及电器等部分组成。主机装有密闭工作室，筒体的径长比为1∶2.5，在工作室内部有分离装置，结构如图2-13所示。

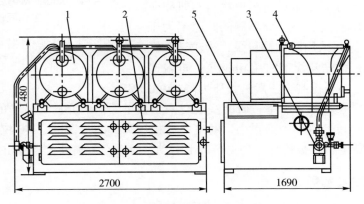

图2-13　SW30×3三室卧式砂磨机

1—主机；2—机身；3—加料系统；4—冷却系统；5—控制盘

电机通过液力耦合器把动力传递给主轴，物料由无级变速器带动齿轮泵，悬浮液依次通过三个磨室，砂磨机通过圆筒鼓形筛圈出料。筛圈的最薄处为4mm，出料面积为25.2cm²。为了保证砂磨机的安全正常运行，该机装有压力和温度自控连锁安全装置，设定压力为0.1MPa，采用自动控制技术。分散盘也设计成螺旋形结构，强化了研磨效果。

农药悬浮液通过齿轮泵送入磨室，分散盘的转动使研磨介质与物料颗粒间产生研磨作用。第一磨室的作用是将粗大颗粒打碎并使其分散，需要较大的撞击力，因此装有较大粒径的研磨介质，一般使用直径为4mm的研磨介质。较大的团块被分散后物料进入第二磨室，同理第二磨室改用直径为3mm的研磨介质，同时，分散盘的转速较第一磨室提高20%。第三磨室为超细研磨，因而介质直径还要减小，采用直径为2mm或更小的介质，同时，转速比第二磨室提高20%，经过三个磨室的物料能够达到细度要求，最后经分离出料。

七、Coball Mill砂磨机

Coball Mill砂磨机是FRYMA机械有限公司开发的产品。砂磨机的磨室是转子与定子间形成的锥形环隙，工作时磨室具有几乎相等的能量密度，克服了其他传统砂磨机能量密度宽的缺点，在农药粉碎中具有广阔的应用前景。

（一）结构原理

Coball Mill砂磨机的结构及工作原理如图2-14所示，主要由转子、定子、冷却室、动态分离器、主轴等组成。带冷却室的定子和转子构成的缝隙就是研磨室，动态间隙分离器在磨室的上端，从底部进料，上部出料。

转子、定子及上盖等与介质接触的表面均采用硬质合金或高耐磨防护层，这些防护层容易更换。MS-32以上规格均设有水压装置（水的压力为0.2～0.6MPa），保证快速打开或关闭机器，以方便维修或清洗。当需要调节线速度时，通过改变传动比来完成。动态分离器能够连续把物料与研磨介质分开，以防介质流出机外。分离器的间隙不大于介质直径的1/3，进料采用两种输料泵，当输送有机溶剂时用齿轮泵，输送悬浮剂时用Mhoo泵。进料速率由一个接触型压力表控制，一般进料压力限制在0.1MPa。

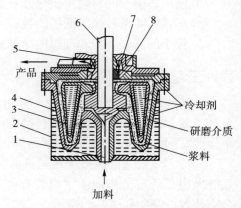

图2-14 Coball Mill立式砂磨机结构及工作原理

1—加料管；2—容器；3—转子；4—定子；5—料液出口管；6—旋转轴；7—转子环；8—定子环

悬浮液经进料泵送入研磨室，研磨室装有一定数量的研磨介质。转子的转动带动介质在悬浮液中高速旋转，由于磨室很小，磨室中有相当高的能量密度，物料在短时间内得到粉碎。因底部不断进料，被粉碎后的物料向上运动，经动态分离器分离排出机外。

（二）主要技术参数

1. 砂磨机的主要技术参数

Coball Mill砂磨机目前共有五个型号，主要技术参数见表2-4。

表2-4 Coball Mill砂磨机主要技术参数

型号		MS-12	MS-18	MS-32	MS-50	MS-65
处理量/(L/h)	农药	15~20	30~80	120~240	250~500	600~1100
	涂料、油漆	10~20	20~60	90~180	180~360	400~800
转子功率/kW		1.5~2.2	4~7.5	15~22	30~55	55~110
磨室容积/L		0.5	1	3	6	12
冷却面积/m²	转子	0.07	0.12	0.3	0.8	1.4
	定子	—	0.06	0.2	0.6	1.1
进料泵功率/kW		0.12	0.25	0.37	0.55	1.1

2. 研磨介质的选择

不同的磨室装填不同的研磨介质，磨室容积大，相应的介质直径也大。研磨介质直径与磨室间隙的关系见表2-5。

表2-5 研磨介质直径与磨室间隙的关系

型号	磨室间隙/mm	介质直径/mm
MS-12	3.5~4.0	0.5~0.75
	4.5~5.0	0.75~1.0
MS-18	7~8	1.0~1.5
MS-32	9~10	1.5~2.0
	11~12	2.0~2.5
MS-50	13~14	2.5~3.0
	17~18.5	3.0~4.0
MS-65	21~22.5	4.0~5.0
	26~27.5	5.0~6.0

注：表中虚线表示参考值。

3. 介质填充率

本砂磨机的研磨介质可以用强化玻璃珠、钢珠及氧化锆珠等。介质填充率为理论磨室容积的60%~80%，见表2-6。

表2-6 砂磨机与研磨介质的参数

介质直径/mm	磨室间隙/mm	磨室容积/mL					介质体积/mL				
		MS-12	MS-18	MS-32	MS-50	MS-65	MS-12	MS-18	MS-32	MS-50	MS-65
0.5~0.75	3.5	294	666	2038	—	—	235	532	1630	—	—
0.75~1.0	4.5	360	813	2414	5554	—	288	650	1931	4443	—
1.0~1.5	6.5~7	498	1106	3330	77822	14350	398	884	2664	6257	1148
1.5~2.0	8.5~9	—	1410	4264	9655	17330	—	1128	3411	7724	13860
2.0~2.5	11	—	—	5007	11409	20270	—	—	4005	9127	16210
2.5~3.0	13	—	—	5786	13065	23320	—	—	4628	10450	18660

4. 砂磨机转子转速

砂磨机转子的线速度是影响研磨效率的主要因素，Coball Mill砂磨机采用无级调速的方法，可根据物料温度情况调节转子转速，见表2-7。

表2-7　Coball Mill砂磨机主要技术参数

MS-12	线速度/（m/s）	无级调速7.4~17.7							
	转速/（r/min）	1100~2648							
MS-18	线速度/（m/s）	9.4	10	10.8	11.3	13	14.4	16	16
	转速/（r/min）	934	1008	1080	1152	1296	1440	1600	1600
	传动比（电机/主轴）	26/40	28/40	32/40	36/40	40/40	40/36	44/36	44/40
MS-32	线速度/（m/s）	8.7	10.2	10.9	11.6	13	14.5	16	17.5
	转速/（r/min）	490	571	612	653	735	816	898	980
	传动比（电机/主轴）	30/36	28/48	30/48	32/48	36/48	40/48	44/48	48/48
MS-50	线速度/（m/s）	8	9.6	10.7	11.8	12.3	12.9	14	15
	转速/（r/min）	308	370	411	452	472	493	534	575
	传动比（电机/主轴）	30/144	36/144	40/144	44/144	46/144	48/144	52/144	56/144
MS-65	线速度/（m/s）	9	10.1	11.2	11.9	12.6	13.3	14	15.8
	转速/（r/min）	265	298	331	350	370	390	414	463
	传动比（电机/主轴）	167/907	187/907	207/907	219/907	231/907	243/907	257/907	287/907

（三）Coball Mill砂磨机的特点

1. 能量密度高

一般砂磨机主要缺点是能量密度不均匀，不仅会造成更多的能源浪费，也会造成产品的粒度分布宽。Coball Mill砂磨机利用锥形研磨区域，对被研磨物料所施加的研磨能量在从进口至出口的全过程中逐步增加，不仅能量密度高，而且效率也很高，使产品粒度分布极窄。图2-15是该砂磨机与普通砂磨机能量分布的对比。

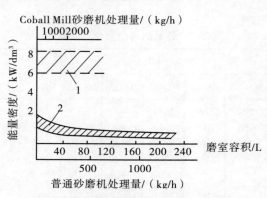

图2-15　能量密度沿径向分布的对比

1—Coball Mill砂磨机；2—普通砂磨机

2. 生产能力大

在相同处理量的情况下，普通砂磨机磨室容积比Coball Mill砂磨机要高3～5倍，因而后者节省研磨介质，降低了研磨介质的用量，也降低了操作费用，并减少物料中杂质含量。

3. 冷却性能好

农药是热敏性物料，研磨介质的相互摩擦要产生大量热量，致使悬浮液温度上升，这些热量不及时排出会造成农药重新凝聚，使粉碎无法进行。Coball Mill砂磨机比其他砂磨机有更大的冷却比表面积（冷却面积与磨室容积之比），可以控制物料研磨时的工作温度，图2-16是Coball Mill砂磨机与普通砂磨机冷却面积与磨室容积的比值曲线。

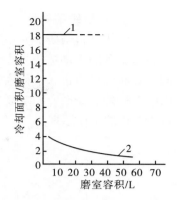

图2-16　冷却面积与磨室容积的比值曲线

1—Coball Mill砂磨机；2—普通砂磨机

八、PM-DCP型砂磨机

PM-DCP型砂磨机由原联邦德国的Drais公司制造（国内称超级砂磨机）。该砂磨机适用于多种精细化学品的湿式粉碎，能够将200μm的物料粉碎到1～2μm，是当今世界上较理想的湿式粉碎设备之一。

1. 砂磨机的结构

同前面几种砂磨机一样，PM-DCP型砂磨机也是由转子、定子、分离装置、液压系统及控制系统组成。转子是一个倒置的筒形结构，在筒壁的内外两侧有序排列许多圆柱形销棒，向介质和物料传递能量。定子呈双层筒型结构，两个相对内壁也排列销棒，位置与转子交错布置。分离装置在砂磨机的定子内侧上方中心出料口处，以使悬浮液和介质分离。转子把定子分成内外两个环形空间，故形成了内研磨室和外研磨室。两研磨室在底部及上部设有通道，进料口在外研磨室上方。图2-17是该砂磨机的结构图，图2-18是该设备的外形图。

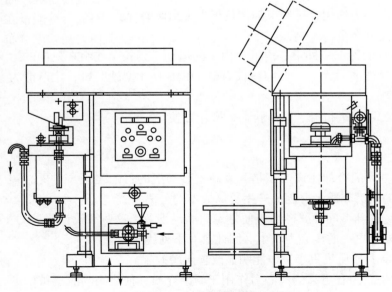

图2-17　PM-DCP型砂磨机结构图

图2-18　PM-DCP型砂磨机外形

2. 工作原理

悬浮状物料与研磨介质在磨室中混合，转子、定子的销棒强烈冲击研磨介质，介质产生高速紊乱的运动造成撞击，相互剪切、撞击和摩擦使物料被粉碎。物料从外研磨室由上向下经底部通道进入内研磨室。在内研磨室自下向上流动，最后经分离器与介质分离后排出砂磨机外。研磨介质主要集中在外研磨室，因此外研磨室是粉碎的主要区域，图2-19是该砂磨机的工作原理图。

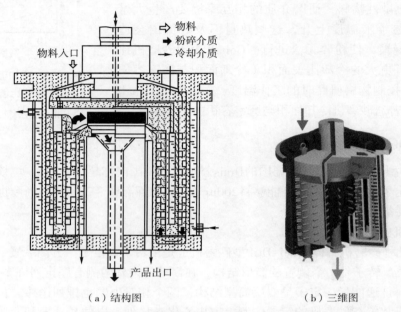

（a）结构图　　　　　　　　（b）三维图

图2-19　PM-DCP型砂磨机工作原理图

3. 设备特点

PM-DCP型砂磨机有如下特点：

① 砂磨机巧妙地运用了离心力作用，排出来的物料很少带出研磨介质。

② 能量密度高，产品粒度分布窄。

③ 物料经过由外室向内室的外上→外下→内下→内上的运动，延长了物料在机内的运行路径，使设备结构紧凑，生产能力大。一台容积仅有6L的PM-DCP型砂磨机，生产能力与一台250L的普通砂磨机相当。

④ 定子由液压系统控制，可以进行升、降、转动，操作方便。

九、间隙式砂磨机

谋求更高的能量密度、更大的冷却比表面积是开发新型砂磨机的目的之一。对更高颗粒细度的要求导致使用更小的研磨介质，并因此产生更高成本的分离装置。

20世纪80年代出现于市场的新型间隙式砂磨机便是专门满足工业上这些高设计要求的。使用更小的研磨介质并使之处于更高的离心力场中。因此具有下列优点：

① 提高了惯性，尽管研磨介质质量更小，也能明显改善研磨效果。

② 改善了分离效果，这是因为有更高的离心力作用于研磨介质，使之更易脱离被研磨的物料。

间隙式砂磨机的特点在于其有一个以研磨室内两壁为界的特定的狭窄间隙，在此间隙里研磨介质和物料相互平均以10～16m/s的剪切速度运动。借助于0.2～3mm的研磨介质首先可利用其处于运动状态的表面对物料进行碾压，其次还可借助搅拌销棒或凸轮加强研磨效果。研磨室的任何一段位置都能满足这一要求，即两壁之间的最小距离应比研磨介质的平均直径大4～5倍。这是防止研磨介质挤压和挤碎的必要条件。这种间隙式砂磨机的特点是其研磨介质小、耐磨强度高、能量利用率高，图2-20示出其结构。

　　这种新型间隙式砂磨机是在极窄的间隙中进行研磨操作的，并在其每个粉碎室中都设有一个研磨介质的内返混通道。操作时离心力阻止了研磨介质，并锁闭分离装置。设置在每一粉碎室中的研磨介质内返混通道在研磨时可将大部分随物料曳走的研磨介质重新输送回原先的研磨区域。

　　同时，作用于返混通道的离心力还防止了研磨物料由前研磨区域向磨机出口运动时的短路现象，致使物料强制通过被称为间隙的研磨区域。环绕整个研磨区域的冷却室可将研磨过程产生的热量完全散发掉，因此对一些热敏性物料也可以进行粉碎加工。

　　该磨机在一个整体中设置了多个研磨室并以相同的动力传动操作。标准型是三个研磨室，故其粉碎的经济性也得到提高。根据颗粒尺寸的减小和黏度的增加，每一单体研磨室可以配置直径尺寸各不相同的研磨介质，并选择不同的研磨介质充填率进行操作，具体指标如下：

　　第一研磨室：研磨介质直径ϕ1.5mm，充填率65%；

　　第二研磨室：研磨介质直径ϕ1mm，充填率60%；

　　第三研磨室：研磨介质直径ϕ0.5～0.75mm，充填率50%。

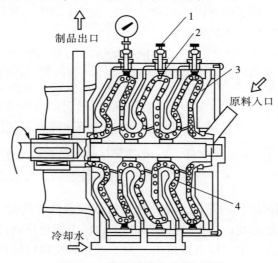

图2-20　多室间隙式砂磨机结构

1—孔盖；2—研磨介质；3—定子；4—转子

　　这种设计思想可使每个研磨室均有其表面光滑的界面，这样就可使磨机无须因更换物料而拆卸清洗。只要转动整台磨机，通过专用接口就可注入或排出清洗液体。

　　同样，有选择地使较大颗粒截流在这一研磨区域内并通过返混道与研磨介质一起进行回流，同时可起到分离的作用。

　　间隙式砂磨机有如下特点：① 该砂磨机有较大的冷却面积，可以控制磨室温度，特别适用于农药等热敏性物料的研磨粉碎；② 磨机清洗方便，适用于需经常更换品种的操作；③ 三个磨室配以不同直径、不同装填量的研磨介质，使操作更合理，降低了能耗；④ 磨室为间隙式，能量密度高而且分布均匀，产品粒度分布窄，从而保证了产品质量。

第二节 研磨介质及应用

一、研磨介质简述

研磨介质是砂磨机必不可少的配套材料。早期的砂磨机是用24～40目的天然砂作为研磨介质，这种研磨介质以渥太华天然砂为代表。由于价格和易得性等原因，各种人造的微球（珠）状研磨介质开始出现，现在绝大多数研磨介质都采用人造材料。由于人造的研磨介质能够采用多种材料制造，可以根据被研磨物料的理化性质进行科学选用，更加拓宽了砂磨机的应用领域。

砂磨机对物料的粉碎靠研磨介质实现，将机械能传递给研磨介质，通过介质间产生的各种机械力对物料进行粉碎，因此，研磨介质的理化指标以及应用方法将直接影响砂磨机的使用效果，从某种意义上讲，是决定研磨工艺能否成功的关键。

研磨介质的材质可以是天然石、玻璃珠、陶瓷珠、氧化锆和钢珠等。钢珠球相对密度大，适用于高黏度场合，但由于研磨后要控制物料中的金属含量，因而它有局限性。氧化锆与陶瓷均为非金属，相对密度也差不多，但氧化锆比陶瓷珠的强度高，所以在高黏度的研磨场合，以氧化锆珠作研磨介质最佳。

一般来说，研磨珠的直径大于10倍的料液原始颗粒的平均粒径为宜。通常研磨物料的成品细度为1～5μm时，选用珠球直径为0.6～1.5mm；当研磨物料的成品细度为5～25μm时，选用珠球直径为2～3mm。

二、化学稳定性

被研磨农药化学性质也是多种多样，要求研磨介质不与农药发生化学反应，pH值稳定，农药研磨介质多为玻璃微珠，为了提高研磨介质的某种性能，要在介质材料中加入不同的氧化物：

氧化硼　提高耐热性能，加速玻璃溶制过程，提高折射率，增加光泽；

三氧化二铝　提高化学稳定性和抗热性，降低结晶作用，加强机械坚固性；

氧化钙　提高化学性能；

氧化镁　提高化学稳定性和抗热性，减少结晶作用，加强机械坚固性；

氧化锌　提高化学稳定性及抗热性，增加折射率；

氧化钠　增溶剂；

氧化钾　增加光泽，降低结晶作用；

二氧化硅　提高离硬度。

各地生产的研磨介质的化学成分见表2-8。

表2-8 各地研磨介质的化学成分

介质名称	化学成分/%												
	SiO$_2$	Al$_2$O$_3$	Fe$_2$O$_3$	CaO	MgO	K$_2$O	Na$_2$O	BaO	ZnO	B$_2$O$_3$	ZrO$_2$	TiO$_2$	Si$_3$N$_4$
渥太华天然砂	99.8	0.05	0.02	0.03									
平潭标准砂	99.13	0.04			0.22	0.09							
平潭大粒砂	96.6		0.01										
锦州水晶砂	99.99		0.006										
锦州硅砂	99.99		0.001										
光明玻璃珠	50	5	1.5	17.5	7.5		0.15						
德国Perle玻璃珠	65.09	0.65	0.094	1.18	3.89		1.5	7.75		2.41			
吉林农安砂	98.71												
福建闽江砂	93.03												
天台玻璃珠	72.26	1.65	0.25	6.38	4.08				0.51	1.35		0.95	
深圳氧化铝珠	0.05	99.2	0.05	0.01	0.01	0.01	0.01				20	0.01	
深圳氮化硅珠	0.02	0.01	0.01	0.01			0.01					0.01	95.5
德国Netzsch珠	73.3	1.1	0.09	5.8	3.8	0.5	15.11					0.1	0.2
日本LF玻璃珠	68.49	1.14	0.05	4.3	2.14			6.00	0.46	3.18			
日本LH玻璃珠	60.67	0.60	0.51		2.94			15.70	0.77	11.47			
日本NF玻璃珠	54.86	11.84	0.25	19.09	1.90				0.39	6.47			
日本玻璃珠	72.00	2.00		8.00	15.00	2.00							
山东淄博玻璃珠	73.23	5.05	0.04	0.25	0.09	2.50	6.80	0.99	1.82	8.56	0.47		
山东淄博玻璃珠	73.59	5.98	0.14	1.38	0.09	3.00	8.93		0.91	5.46	0.33		
四平玻璃珠	74.2	4.5	0.3	5.3	0.4		0.4			1.00			
张店陶瓷珠	69.09	26.9	0.33	0.38	0.43	2.37	0.74					0.23	
张店陶瓷珠	70.72	24	0.35	0.55	0.76	2.0	1.0					0.4	
深圳ZrO珠	0.01	0.01	0.01	0.01			0.01				99.4	0.01	

三、研磨介质装填量的计算

研磨介质的装填量就是达到理想研磨细度所需要的研磨介质的最佳装填量。装填量的计量有容积计量法和质量计量法两种。前者用研磨介质的装填体积占筒体有效容积的百分数表示,后者用研磨介质的装填质量表示。砂磨机所用的研磨介质品种繁多,其密度、形状各不相同,因此砂磨机使用说明书中常以容积计量法表示装填量,但实际工作中主要采用质量计量法标定。因此,怎样将容积计量准确地转换为质量计量是十分重要的,在此引入一个致密度的概念。砂磨机用的研磨介质一般是由不同材料制成的小圆球,下面就圆球装填的致密度和研磨介质装填量的关系进行讨论。

(一)圆球装填的致密度

假定研磨介质为标准圆球,且大小相同,有面心立方体、密排六方体和简单立方体三种排列方式。其致密度值的推导如下。

1. 面心立方体致密度K_1的推导

该排列方式相当于1个球在一个平面内与4个球相接，其数学模型见图2-21。由图2-21可见：在边长为a的正方体中，8个角上的8个圆球被3个通过球心的平面切割掉1/8球体和6个平面中心的6个圆球被切割掉1/2球体。边长为a的正方体内的圆球的个数$n=1/8 \times 8 + 1/2 \times 6 = 4$；圆球的直径$d = \sqrt{2}a/2$；圆球的体积$V_1 = 4 \times 4/3 \times 3.14 \times (\sqrt{2}a/4)^3 = 0.74a^3$；立方体的体积$V = a^3$；$K_1 = V_1/V = 0.74$。

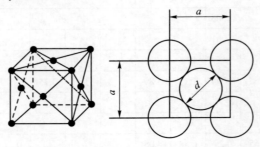

图2-21　面心立方体排列的数学模型

同样方法推导，密排六方体排列的致密度$K_2 = 0.74$（推导从略）。

2. 简单立方体排列的致密度K_3推导

该排列方式相当于1个球占用了1个与之相切的正方体空间，其数学模型见图2-22。由图2-22可见，在边长为a的正方体内圆球的个数$n=1$；圆球直径$d = a$；

圆球的体积 　　　　　　$V_1 = 4/3 \times 3.14 \times (a/2)^3 = 0.52a^3$

立方体的体积 　　　　　$V = a^3$；$K_3 = V_1/V = 0.52$

由上述推导可知：　　　　$K_{max} = K_1 = K_2 = 0.74$；$K_{min} = K_3 = 0.52$

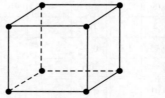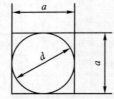

图2-22　简单立方体排列的数学模型

3. 影响研磨介质致密度K的因素

砂磨机用的研磨介质多为圆球，包括玻璃球、瓷球、氧化锆球、钢球等。圆球装填的理论致密度是在装填空间无限大、球大小相同、形状为理论圆球的假设条件下推导而得的。但研磨介质装填的空间实际为砂磨机的筒体，大小球混装，有一定椭圆度。因此，同一筒体，装入不同的研磨介质，其装填的致密度各不相同。同一种研磨介质装入不同规格的筒体，其装填的致密度也不同。国产砂磨机所用的研磨介质多为玻璃珠。实验表明：直径为$1 \sim 1.5mm$、平均直径$1.25mm$、不圆度小于5%的玻璃球混装，用直径为$200 \sim 500mm$、长度为$500 \sim 1000mm$的圆筒计量，其装填致密度为$0.62 \sim 0.66$。

（二）研磨介质装填量的计量

1. 容积计量法

砂磨机有立式与卧式之分，通常立式砂磨机研磨介质的装填量为筒体有效容积的

70%左右，卧式砂磨机为80%左右，可以根据不同的工况在此基础上增减。一般来讲，国产砂磨机，如WS-15、SK-80，其15、80就是该机筒体的容积；国外砂磨机，如比利时SUSSMEYER公司的HM系列、瑞士DYNOMILL系列以及德国DRAIS生产的PM系列等，其代号后面的数字均表示筒体的有效容积，单位为升（L）。因此，弄清筒体的有效容积是计算研磨介质装填量的首要因素。按容积计量法还应选择一个恰当的容器。

2. 质量计量法

容积计量法操作起来有一定困难，为此，引入质量计量法，其计算公式如下：

$$W = V\eta\rho K \tag{2-2}$$

式中　W——研磨介质装填量，kg；

V——砂磨机筒体有效容积，L；

η——研磨机装填量百分数；

ρ——研磨介质密度，g/cm³；

K——研磨介质装填致密度。

以上参数中致密度 K 的确定较为复杂。实验表明：我国一般采用直径 $2 \sim 3\text{mm}$、$3 \sim 4\text{mm}$、$1 \sim 2\text{mm}$ 的玻璃球，不圆度小于5%，致密度值取0.62 ~ 0.66；确定了研磨介质的致密度便可准确地计算研磨介质的装填量，减少误差。部分国产砂磨机研磨介质装填量见表2-9。

表2-9　部分国产砂磨机研磨介质的装填量

机型		筒体有效容积/L	研磨介质装填量（推荐值）/%	玻璃球		
				密度/（g/cm³）	致密度（推荐值）	装填质量（推荐值）/kg
立式砂磨机	SK-80	80	70	2.4	0.62 ~ 0.66	83 ~ 89
	SK-40	40				42 ~ 44
	SK-20	20				21 ~ 22
	SB-57	49				51 ~ 54
卧式砂磨机	WS-15	15	80	2.4	0.62 ~ 0.66	18 ~ 19
	WS-20	0				24 ~ 28
	WS-25	25				30 ~ 34
	WS-30	30				36 ~ 38
	WS-45	45				54 ~ 57
	WS-60	60				71 ~ 76
	WS-250	250				298 ~ 317

表2-9推荐的研磨介质装填量是一个质量范围。一般来讲，容积较大的机型取大值，相反则取小值。

四、研磨介质的使用方法

每一种介质最好采用均一的粒径，装入筒体前介质应事先清洗、提选。研磨球采用某种介质要根据被研磨物料的分散性、细度和黏度来进行选择。原则就是：物料越硬应选用较硬的介质，产品要求越细，介质粒径越细，且装填量相应增加。被研磨物料粒径较大，则选用介质粒径应较大。

卧式砂磨机研磨介质的装填量略高于立式砂磨机。具体应装多少，需根据介质的粒径、相对密度、物料对温度的敏感性以及物料品种等因素确定。

1. 研磨介质装入量

生产中若温度过高，就应减少装填量，以控制研磨温度在理想的温度范围。若产品出口温度太低，可以逐步增加介质以提高效率，一般研磨温度应控制在30～50℃。

2. 研磨介质的使用寿命

欲达最佳效率，使用中的介质应适时更换和添加，剔除其破碎残缺部分，补充相应新介质，其使用寿命应根据不同的物料品种摸索出规律，适时更换添加。

影响使用寿命的因素大致如下：

① 物料黏度　建议在允许情况下尽量提高物料黏度，以降低磨耗。

② 转速　分散轴转速越高磨损越快。

③ 空负荷　在清洗筒体的介质时应尽量缩短时间，在没有物料进入筒体前不要开空车。

④ 物料本身分散性　物料本身硬度高时不但影响研磨介质的寿命，还会影响筒体和分散盘的寿命。

第三节　湿粉碎的影响因素

农药的粉碎是在液相中进行，也说是所谓的"湿式粉碎"。粉碎前后的粒子状态见图2-23。这不仅是简单的物理粉碎过程，在粉碎过程中，有时伴有化学变化或机械力化学变化的产生，影响因素繁多，因此，单从物理学的角度去研究农药的湿粉碎是不够的。根据中外学者的研究结果，总结了影响湿式粉碎效率的主要因素，见图2-24。

图2-23　湿粉碎过程中农药粒度变化

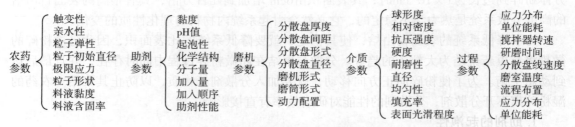

图2-24　砂磨机粉碎效果的影响因素

从图2-24中可以看出，影响粉碎效率的因素达几十项，主要响影因素有十多项。认清各因素在粉碎过程中所起的作用有助于提高农药的粉碎质量，降低能耗。在影响粉碎效果的诸多因素中，有许多因素是相互依存、相互转化、相互矛盾的关系，所以在处理这些关系的时候不能顾此失彼。另外，每一个因素本身都有一定的允许范围，超出或达不到所要求的指标会起相反作用。基于上述原因，对这些因素进行探讨很有必要。

一、农药参数

1. 农药含固率

湿粉碎应把农药与助剂配制成浆状物料。如果物料的含固率过低，单位体积料液中固体颗粒少，介质研磨到农药粒子的机会就少，磨效反而降低。如果含固率过高，使农药之间的内摩擦加剧，耗能也会增加。一般情况下，在具有一定流动性的情况下，含固率尽可能高一些。

2. 农药初始粒径

砂磨机对农药主要是以研磨介质对其进行摩擦、剪切等形式完成粉碎。悬浮液往往是由农药、助剂、填料和水组成，这就难免有一些原药的团块或大颗粒。粒子所受的力与农药粒子的粒径成反比，见表2-10。

表2-10　农药粒子粒径与受力关系

粒径/μm	所受应力/Pa
7	3445
28	215.6
70	31.68

这就是说，在同一个应力场中，7μm粒子所受应力是70μm粒子的100倍左右。由于砂磨机结构的限制，对小粒子的粉碎效率较高，所以在进入砂磨机前悬浮液应进行预分散。预分散可以用高速打浆机，也可以用各种乳化机，预分散能够有效提高砂磨机的生产能力。当进入砂磨机的农药粒径小于50μm时粉碎效率明显提高，经验证明，进入砂磨机的粒子粒径在50μm以下比较合适。

用砂磨机粉碎时研磨介质的直径应为原始物料粒径的10～20倍。例如，进入砂磨机的原药最大粒径为100μm，研磨介质直径应为1～2mm。

二、助剂参数

物质的分散度越大，比表面积也越大，相应的表面自由熔也越大。当把边长为1cm的立方体粉碎到边长为$1×10^{-7}$cm时，其表面积由6cm²增加到几百万倍，具有很高的表面自由熔的高度分散系统是热力学不稳定的，它必然会引起系统内物料的理化性质的变化。

为了降低系统的表面自由熔，使其稳定，就要降低系统的比表面积，因此已被粉碎的微粉将有重新聚结为大粒子的趋势。分散与聚结在超微粉碎过程中同时存在，并且最后达到动态平衡。为了使粉碎向正方向移动，就要加入分散剂等物质，以防止其聚结。农药的湿粉碎离不开分散剂，分散剂的性能对研磨效率有直接影响。

1. 助剂的起泡性

助剂多为表面活性剂，易起泡是表面活性剂的性质之一，但加入农药悬浮液中的助剂起泡，使空气进入悬浮液中，泡沫对研磨介质的撞击起到一定的缓冲作用，降低了撞击力，因此降低研磨效率。起泡性也是选择助剂时控制的一个重要因素，如果选用的助剂易起泡沫，最好使用（立式）密闭式砂磨机或卧式砂磨机，必要时还要加入消泡剂。分散剂是助剂的一种，在所加入的助剂中，分散剂一般都占较大的比例，所以分散剂的起泡性对磨效的影响最大，表2-11是国外木质素类分散剂的起泡情况。

表2-11　木质素类分散剂的起泡情况　　　　　　　　　　　　单位：mm

分散剂品种	0min	1min	5min	10min	备注
Dynosperse A	35 ~ 36	13	8	7	无沉降
Dynosperse B	70 ~ 75	40	12	5 ~ 7	无沉降
Marasperse CPOS-3	10	0			
Marasperse 52CP	40 ~ 45	0			稍有沉降
Marasperse N-22	45	2 ~ 5	0		微有沉降
Lignosol NSX-110	15	0			无沉降
Lignosol NSX-120	50	0			稍有沉降
Lignosol FTA	70	0			无沉降

2. 分散剂加入量对磨效的影响

分散剂的助磨机理人们已经熟知，加分散剂是农药湿式粉碎的必要条件。也就是说，没有分散剂的加入农药几乎不可能达到所要求的粒度。分散剂在农药颗粒的表面包围一层电荷保护层，防止粉碎后再凝聚。随着粉碎的进行，颗粒的比表面积迅速增大。当分散剂不能全部包围颗粒表面时，已经被磨碎的颗粒就有重新凝聚的趋势。当这个可逆过程向负方向移动时，粉碎速率下降。但是，过多地加入分散剂会使农药表面形成较厚的保护层，一些未被吸附的分散剂不能溶解而形成团块，输入的能量大部分都消耗在粉碎分散剂的团块上。另外，介质在较厚分散剂的表面上滑动并不能有效研磨农药粒子，所以研磨效率反而不高。分散剂的加入量应该控制在一个合适的范围。

3. 木质素分散剂的磺化度

如果制剂配方中有木质素类分散剂，其磺化度对研磨效率的影响是不可忽略的问题。一般情况下，分子量小、磺化度高的分散剂溶解性能好，黏度低，助磨性能好，研磨效率高；而分子量大、磺化度低的分散剂溶解性能差，黏度高，泡沫多，研磨效率低。

木质素类磺酸盐在水中生成大量的负电荷，包围在农药粒子的表面，一般情况下，阴离子型分散剂能供给的电荷越多，分散体的稳定性就越好。所以，高磺化度木质素分散剂的研磨效率就较高。

三、砂磨机参数

众所周知，湿粉碎是高耗能过程，能量的有效利用率在0.01% ~ 0.8%内波动，见图2-25。所以研究粉碎规律有较大的经济意义。

1. 砂磨机几何关系

砂磨机的动力是由主轴带动分散盘传递给研磨介质，研磨介质受分散盘的离心力作用向磨室壁运动，使介质沿径向有一定的密度变化。能量主要集中在分散盘和磨室筒壁处，见图2-26。

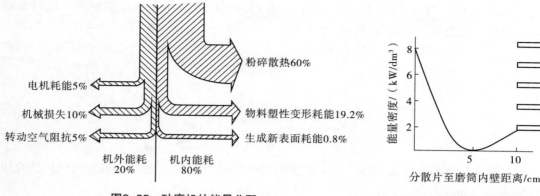

图2-25　砂磨机的能量分配

图2-26　砂磨室内能量分布

从理论上讲，分散盘到磨室壁的距离越小越好。这个距离越小能量密度越高，粉碎效率越高。但是，这个距离越小越加剧研磨介质的磨损，工业用砂磨机都把这个间隙控制在一定范围内。各砂磨机制造企业都有自己的企业标准。

2. 分散盘型式

国内外砂磨机的分散盘已经有多种形式，如开口圆盘形、沟槽圆盘形、风车形、偏心盘形、棒状形、布孔圆盘形、环形、螺旋形等。为了更好地进行能量传递，希望研磨介质获得更大的径向力，减少轴向流动。实践证明，研磨操作出现轴向流动会降低剪切力，削弱能量传递，加宽粒度分布。分散盘的结构形式有的复杂有的简单，结构过于复杂除不便加工外，还会加快分散盘的磨损。在各种分散盘中，圆盘形能够有效降低轴向流动，避免介质和物料出现"短路"现象，目前使用较多的是圆盘形分散盘。

3. 磨室容积

通常认为，砂磨机的生产能力随磨室容积的增加而增加。按理论计算，砂磨机的生产能力与磨室容积成正比。日本的试验结果表明，砂磨机磨室容积在2～30L，生产能力与容积基本成正比。而60L以上的砂磨机情况略显不同，实际生产情况与理论值差距较大，生产效率随磨室容积的增大而降低。所以选择砂磨机时应从生产能力和研磨效率的角度综合考虑。

四、研磨介质参数

砂磨机对物料的粉碎靠研磨介质实现，将机械能传递给研磨介质，通过介质间产生的各种机械力对物料进行粉碎。因此，研磨介质的理化指标以及应用方法将直接影响砂磨机的使用效果。

1. 介质直径对磨效的影响

砂磨机的粉碎是通过介质之间的挤压、摩擦和剪切而实现的。两介质球体间接触产生一个区域，农药粒子只有进入这个区域内才有可能被粉碎，这个区域称为"活化区"，见图2-27。

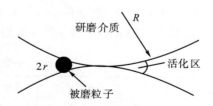

图2-27　研磨介质的研磨示意图

如果加入相同体积的研磨介质，小直径要比大直径磨效高，因为小直径介质相比大直径介质活化区增大。

曾经做过一个实验，分别用$\phi 1mm$和$\phi 2mm$玻璃介质在200mL的微型砂磨机中研磨除草剂，研磨到$d_{97}=3.3\mu m$的时间分别为3h和5h，实验的结果也证明了这一结论的正确性。但是，使用的研磨介质不能太小，介质太小摩擦产生的热量多，会使料液升温。农药是热敏性物料，当料液达到一定温度时，农药的热运动加剧造成重新凝聚，磨效反而降低。介质直径与原药初始直径有如下关系：

介质直径/mm	农药初始直径/μm
0.3	10
0.5	20
1.0	50
2.0	100
3.0	200

根据进入砂磨机原药的粒度，砂磨机使用的介质直径应在1~2mm，砂磨锅使用的介质直径应为3~5mm。

2. 研磨介质的均匀度

球形研磨介质也有均匀度（粒度分布）问题，对这个问题也有两种说法，这两种说法的结论恰好相反。一种从动力学的角度解释，认为研磨介质的直径尽可能要一致。以两个球形介质为研究对象，如果球径相等，它们的质量也相等，即$m_1=m_2$，在高速旋转分散盘的带动下能够产生相同的速度，那么，$m_1v_1=m_2v_2$。也就是说，两个等径介质可以获得相等的动量。相撞时，产生相同的挤压力和剪切力。如果两球不等，相撞时造成大球追小球的局面，磨效会下降。另一种说法从几何学的角度考虑，认为如果大球和小球混装，小球会充填大球的空隙，增多了介质的接触点，可以提高研磨效率。据介绍，德国的Drais公司在设备的使用说明书中要求将几种不同粒径的介质按一定比例混装。实践证明，在具有一定的抗磨、抗冲击性能的前提下，介质采取混装效果颇佳。主要原因是在研磨的初始阶段，料液中有较大的固体团块，需要较大的撞击力才能将其分散，大研磨介质能够提供足够的能量。当进入超微粉碎阶段，需要利用介质的研磨特性，小介质可以起到这个作用。不同粒径的研磨介质混装，使不同粒径的介质在不同阶段发挥各自的优势，能够达到预期目的。

3. 研磨介质的相对密度

对于同一种料液，介质的相对密度不同则磨效也不同。相对密度大的介质撞击能量也较大，应该有较高的磨效。但事实并非如此，相对密度大的介质容易沉积到磨室的底部，介质之间的接触点减少。从这个角度分析，追求介质的相对密度也不一定有更好的研磨效果。一般认为，研磨介质的相对密度应与料液的黏度和砂磨机的型式相适应。高黏度料液选择大相对密度介质，低黏度选择小相对密度介质。立式砂磨机选择相对密度小的研磨介质。农药料液的黏度在0.04~0.08Pa·s，用高强度的玻璃珠（真相对密度在2.4~2.7）比较合适。相对密度超过3.0的研磨介质易沉积到底部，磨效反而降低。但当采用卧式砂磨机时，选择相对密度为3.75的氧化锆研磨介质效果很好，各种研磨介质的应用条件见表2-12。

表2-12　各种研磨介质的应用条件

介质品种	真相对密度	假相对密度	耐磨性	分散盘线速度/（m/s）	推荐料液黏度/Pa·s
玻璃珠	2.5	1.6	好	10	<1.5
渥太华天然砂	2.64	1.8	好	10	1.5
MINI介质	2.82~2.96	1.74~1.83	好	9.5	3.0
钢珠	7.85	5.0	好	6.0	35.0
锆珠	5.4	3.75		7.5	10.0

4. 介质的球形度

介质在磨室中既有随分散盘的公转也有本身的自转。显然，自转速度越高，产生的附加动能也就越大。如果球形度不好，自转运动受阻，附加动能也就减小，在一定程度上影响了磨效，因此球形度越高越好。

5. 介质填充率

在各种能够影响磨效的因素中，介质的填充率影响最为显著。也就是说，它是影响磨效的主要因素。介质填充率不能过大，否则会产生大量的热量，造成已经被粉碎的粒子重新凝聚。介质的填充率前面已有介绍，卧式砂磨机填充率要高于立式砂磨机。

6. 介质表面光滑度

由于研磨介质生产方法不同，表面的光滑程度也不同。在介质粉碎物料的同时，本身也有一定的磨损。被研磨下来的介质材料就混入料液中，用通常的方法很难分离，对产品造成污染，这是生产者所不希望的。相同材料的研磨介质，磨耗率与表面光滑程度有关，表面光滑的介质耐磨性较好，所以选择介质时一定认真观察，表面有气泡或有凸凹不平表面的介质最好不用。

7. 介质的机械强度

介质的机械强度主要是指在正常工作情况下介质抗压、抗冲击能力。对于金属类介质一般不存在此类问题，而非金属类介质机械强度的指标非常重要。国产玻璃介质的机械强度较差，1985年以来，生产企业改进了研磨介质生产工艺，试制成功了高强度玻璃珠，抗压强度比普通玻璃珠提高了3.5～8倍，改善了介质的使用寿命。

五、过程参数对磨效的影响

1. 砂磨机的线速度

在其他几何参数不变的情况下，分散盘应具有一定的线速度。假设在分散盘边缘有一个质量为G的球形介质，以12m/s的线速度做圆周运动。如果分散盘的半径为100mm，则产生的离心力是本身重力的147倍。实践证明，试验用半工业砂磨机的线速度为3～6m/s，工业用砂磨机的线速度为10～16m/s。

2. 料液温度

砂磨机有60%的能量转化为热能损失掉，在产生大量热量的同时也提高了料液温度。料液温度升高加剧了粒子的布朗运动，造成已被粉碎的粒子再凝聚。所以应控制料液温度，注意冷却效果。一般料液温度在35～50℃时磨效较高。砂磨机内温度分布见图2-28。

3. 研磨时间

随着研磨时间的延长，农药粒子逐渐变小，当达到一定粒度时，再延长研磨时间已无实际意义，见图2-29。图中分别代表三种不同性质物料在研磨时表现出的规律，所以一定要恰当把握研磨终点时间，否则事倍功半，a、b、c分别表示对三种物料操作的最佳终点时间。

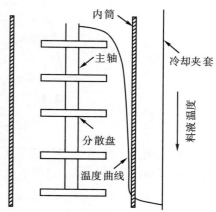

图2-28　砂磨机内温度分布示意图

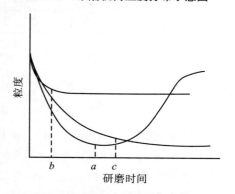

图2-29　农药的最佳研磨时间

4. 砂磨机的流程设置

砂磨机是连续性研磨设备，农药通过一遍砂磨不能达到要求的粒度，这就要求多次通过砂磨机。通常采取的方法有两个，一个方法是多台串联［见图2-30（c）］，另一个方法是一台循环［见图2-30（a）、（b）、（d）］。

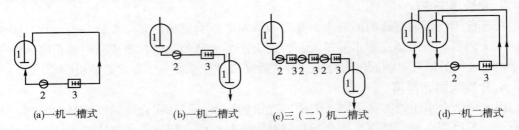

图2-30　砂磨机的流程设置

1—料槽；2—输料泵；3—砂磨机

相对应的粒度分布见图2-31。

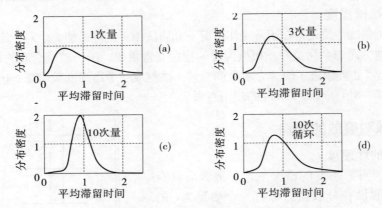

图2-31　砂磨机相对应的粒度分布

当采用多台砂磨机串联的工艺流程，按照物料经过的先后顺序，装入的研磨介质的直径依次减小。物料经过一遍研磨就可以达到要求的细度，三机串联流程见图2-32。

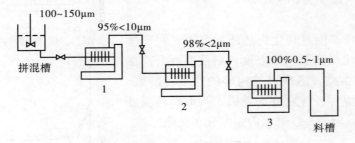

图2-32　三机串联流程图

三机串联流程中的第一台砂磨机介质直径为2.5～2mm；第二台为1.8～1.2mm；第三台为1.0～0.8mm。如果第一台转速为v_1，第二台为$1.15v_1$，第三台为$1.25v_1$。料液通过三台砂磨机总停留时间为5～12min，颗粒直径可以达到5～1.0μm。

图2-33、图2-34为农药湿式粉碎常采用的设备的布置流程。

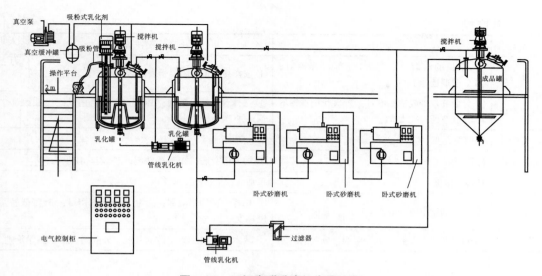

图2-33 三机串联砂磨机布置流程

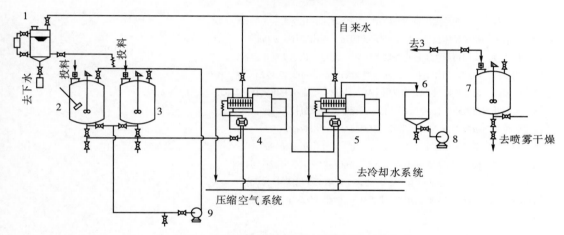

图2-34 双机串联砂磨机加工悬浮剂布置流程

1—水计量槽；2—投料釜；3—贮料釜；4——级砂磨机；5—二级砂磨机；6—低位槽；7—成品料槽；8，9—输料泵

悬浮剂的质量主要由加工配方的组成、湿粉碎工艺及干燥工艺决定。这些质标有产品的商业质标、和应用质标。表2-13列出了农药湿式粉碎中易出现的问题和解决方法。

表2-13 农药湿式粉碎中易出现的问题和解决方法

现象	原因	解决方法
凝胶	① 研磨时黏度增加；② 原药的絮凝使料液体剪切变稠；③ 原药熔化和软化；④ 温度升高	① 多加润湿剂；② 改变润湿剂；③ 增加分散剂浓度；④ 改变分散剂；⑤ 降低料液固含率；⑥ 相应地调节研磨温度
温度升高	① 由絮凝造成；② 由料液的热熔化造成	① 加强砂磨机冷却；② 更换润湿剂；③ 改变研磨介质；④ 改变分散剂
粒径较大	① 由絮凝造成；② 由研磨介质造成	① 改变分散剂；② 改变研磨介质，使用硬介质；③ 更换粒径较小的介质
沉降	① 原药微粒间的相互作用；② 原药微粒太大；③ 原药微粒密度大；④ 悬浮液的黏度小	① 选择合适的润湿剂；② 选择合适的分散剂；③ 减小粒径；④ 加入增稠剂，改变悬浮液黏度

现象	原因	解决方法
晶体增长	① 原药的溶解性；② 乳化剂选择不对；③ 分散剂选择不当	① 选择高CMC的阴离子表面活性剂；② 更改乳化剂
悬浮率低	① 分散剂量少或选择不对；② 乳化剂选择不对；③ 原药粒径太大	① 选择合适的分散剂；② 提高分散剂用量；③ 更改乳化剂；④ 减小粒径
变味	增稠剂霉变	加入防腐剂
分解率高	原药降解	① 加入稳定剂；② 调整助剂；③ 调整pH值
结冻	环境温度低	可加入尿素、乙二醇、丙二醇
分散性差	① 分散剂量小或分散剂不对；② 黏度太大	① 选择合适的分散剂；② 提高分散剂用量；③ 降低悬浮液黏度
泡沫多	① 润湿剂加入太多；② 润湿剂、分散剂问题	① 减少润湿剂；② 更改润湿剂、分散剂；③ 加入消泡剂

参考文献

[1] 郑水林. 超微粉体加工技术与应用 [M]. 北京：化学工业出版社，2005.

[2] 李凤生. 超细粉体技术 [M]. 北京：国防工业出版社，2000.

[3] 任凌波. 实用精细化工过程与装备 [M]. 北京：化学工业出版社，2007.

[4] 刘步林. 农药剂型加工技术 [M]. 第2版. 北京：化学工业出版社，1988.

[5] 张国旺. 超细粉碎设备及其应用 [M]. 北京：冶金工业出版社，2005.

[6] 盖国胜. 超微粉体技术 [M]. 北京：化学工业出版社，2004.

[7] 张少明. 粉体工程 [M]. 北京：中国建材工业出版社，1994.

[8] 刘广文. 染料加工技术 [M]. 北京：化学工业出版社，1999.

[9] 洪家宝. 精细化工后处理装备 [M]. 北京：化学工业出版社，1990.

[10] 刘广文. 农药水分散粒剂 [M]. 北京：化学工业出版社，2009.

[11] 刘广文. 现代农药剂型加工技术 [M]. 北京：化学工业出版社，2013.

第三章

液体均化设备

第一节 搅拌设备

搅拌是一种广泛应用于气-液、固-液、液-液混合的单元操作,其工作复杂性在于它的原理涉及流体力学、传热、传质和化学反应等多种过程。由于搅拌器是输入机械能量的装置,如何正确选用搅拌器就成为广为关注的问题。

一、搅拌器在农药加工中的用途

农药液体制剂生产的工艺过程涉及各种不同特性的物料,各种不同的搅拌目的,所选用的搅拌器不同,工艺过程种类多,搅拌器的用途也多。

1. 液体的互溶

两种或数种液体的互溶、混合,固体与液体的溶解。但是均相液体的搅拌又应区分均相混合物中是否进行化学反应,对于没有化学反应的情况,通常称为互溶液体的调和或调匀,水溶性或油溶性液体制剂的生产基本属于此类。对于两种或数种互溶液体间存在化学反应的情形,如一些转位反应、加成反应,为了加速分应或使反应完全,也应进行搅拌,这种搅拌与互溶液体中不存在化学反应的搅拌不同,农药加工中这种情况不多,但微胶囊制剂的生产过程伴有化学反应的产生。

搅拌器选择的好坏,就是评价搅拌效果,一般评价搅拌效果的指标用混合时间来衡量,所用的混合时间越短,搅拌器就选择得越好。

2. 互不相溶液体的分散

这种操作目的是互不相溶的液体相互接触,相互充分分散,以有利于传质或发生化学反应,或制备悬浮剂和微乳剂。

在搅拌作用下进行萃取、传质或化学反应时,其评价指标是传质速率与反应时间,而这时搅拌的作用是使液相分散细化,增大液相接触面积、传质系数和反应速率,在制备悬浮剂和微乳剂时，搅拌使液滴细化，增大相对接触面积。

3. 气液相的接触

这种搅拌的作用与互不溶液体的接触类似，使气体成为微细气泡，在液相中均匀分散，形成稳定的分散体，或提高传质系数，增强液体对气体的吸收，还有气液相发生化学反应等。其评价指标是当气体流速一定时，气体在液相中分散效果好，传质速率高。

4. 固液相的分散

固液相的搅拌用途较广，是制备悬浮剂必须采用的方法，主要是固体的分散，就是要使固体颗粒在液体中均匀地悬浮起来。其评价指标是固体颗粒在液体中悬浮的程度，最好是所有固体颗粒在液体中完全均匀地悬浮。

5. 强化传热效果

有些液体需要加热或冷却，通过搅拌提高液体的传热系数或使液体的温度均匀。有时除了上述内容之外还具有化学反应过程或传质过程，但伴有传热，这时评价指标是时间越短越好。

二、搅拌器的类型

搅拌过程对搅拌器的要求各有不同，搅拌过程的情况千差万别，使用的搅拌器类型也多种多样，以下介绍几种常用的搅拌器类型。

1. 推进式搅拌器

推进式搅拌器常采用整体加工，结构类似于轮船的螺旋桨推进器，常有三片桨叶构成。推进式搅拌器直径取反应釜内径$D_内$的1/4~1/3，切向线速度可达5~15m/s，转速为300~600r/min，最高转速可达1750r/min。一般小直径取高转速，大直径取较低转速。搅拌时能使物料在反应釜内循环流动，所起的作用以容积循环为主，剪切作用小，上下翻腾效果好，当采用挡板或导流筒则轴向循环更强。

2. 涡轮式搅拌器

形式很多，有开启式的和带圆盘的，桨叶分平直叶和弯叶两种。搅拌叶一般和圆盘焊接或用螺栓连接，也有铸造而成，但铸造比焊接困难。圆盘平直叶涡轮式搅拌器已有标准。涡轮式搅拌器直径取反应釜内径$D_内$的1/5~1/2，一般取1/3，桨叶一般为6片，其切向线速度为4~10m/s，转速为10~300r/min，最高转速可达600r/min。涡轮搅拌器使流体均匀地由垂直方向运动改变成水平方向运动，自涡轮流出的高速液流沿圆周运动的切线方向散开，使在整个液体体积内得到激烈的搅拌。当采用挡板时带圆盘涡轮式搅拌器的流体以桨叶为界限形成上下两个循环流。圆盘上下的液体混合不如开启涡轮式。

3. 桨式搅拌器

这是一种结构和加工都非常简单的搅拌器，共两片桨叶，桨叶安装形式可分为平直叶和折叶两种。平直叶就是叶面与旋转方向互相垂直，折叶则是与旋转方向成一倾斜角度。

桨式搅拌器直径取反应釜内径$D_内$的1/3~4/5，一股取1/2。不宜采用太长的桨叶，因为搅拌器消耗的功率与桨叶直径的5次方成正比。桨式搅拌器的运转速度较慢，一般为20~80r/min，圆周速度在1.5~3m/s内比较合适。平直叶搅拌器低速时以水平环向流为主，速度高时为径流型，有挡板时为上下循环流；折叶搅拌器有轴向分流、径向分流和环向分流，一般在层流、过渡流状态时操作。

在料液层比较高的情况下，可装几层桨叶，相邻两层搅拌叶常交叉成90°角安装。在一般情况下，几层桨叶安装位置如下：

一层：安装在下封头对接环焊缝线高度处；

两层：一层安装在下封头对接环焊缝高度处，另一层安装在下封头对接环焊缝与液面之间的1/2处或稍高处；

三层：一层安装在下封头对接环焊缝线高度处，另一层安装在液面下约200mm处，中间再安装一层。

4. 框式和锚式搅拌器

框式搅拌器可视为桨式的变形，水平的桨叶与垂直的桨叶连成一体成为刚性的框架，结构比较坚固。当这类搅拌器底部形状和反应釜下封头形状相似时，常称为锚式搅拌器，搅拌器一般用扁钢或角钢弯制。框式或锚式搅拌器的框架或锚架直径往往较大，通常其直径取反应釜内径$D_{内}$的2/3～9/10，线速度为0.5～1.5m/s，转速为30～80r/min，最高也有达100r/min左右的，但应用角钢型叶可增加桨叶附近的涡流。一般为层流状态操作。有时为了增大搅拌范围，在桨上增加立叶和横梁。

5. 螺带式搅拌器

这种搅拌器专用于高黏度液体的搅拌。搅拌器是由钢带按一定螺距螺旋形绕成，钢带的外缘常做成几乎贴近釜内壁，与釜壁的间隙很小，故搅拌时能不断将黏于釜壁的沉积物料刮掉，一般转速较低，为0.5～50r/min，其线速度小于2m/s。运转时，液体成轴流型，一般是液体沿器壁螺旋上升再沿桨轴而下，浅层流状态操作。

三、搅拌器的选型

搅拌器的选型应既能达到搅拌目的，又保证所需功率较小，如果所耗功率的大小问题不加考虑，选型本身也就失去了它应有的意义，所以选型总是和功率大小联系在一起考虑。

搅拌器在搅拌过程中消耗的能量由电动机提供，它以机械能的形式传送到被搅拌的液体中，使液体产生总体流动和湍流运动。在流动过程中，这些能量最后转化为热能散失在液体中。

为了达到一定的搅拌目的，不同过程对总体流动和湍流强度有不同的要求，并使搅拌过程中所需的能量最小。过多的能量虽能满足要求，但会浪费能量，也会引起一些副作用。

在搅拌器选型时，应大体掌握具体过程对流动的要求或过程的控制因素。例如，有些过程主要是靠总体流动来完成，而对湍流强度要求不高，这时由总体流动控制；另一些过程是靠湍流强度控制，但也不是绝对的，通常一个由湍流强度控制的过程，如果总体流动量太小，这时矛盾可能转化，成为总体流动控制。按过程的控制因素，选用适宜的搅拌器类型、大小和转速。一般搅拌器的选型应从以下几方面考虑：① 有类似应用，且搅拌效果较满意的可选择相同搅拌器；② 生产过程对搅拌有严格要求又无类似搅拌器形式可参考时，则应对工艺、设备、搅拌要求、经济性等做全面评价，找出操作的主要控制因素，选择合适的搅拌器类型；③ 生产规模较大或新开发的搅拌设备，需进行一定的试验研究，寻求最佳的搅拌器类型、尺寸及操作条件，并经中试才能应用于工业装置中。常用搅拌器的性能、特点见表3-1。

表3-1 常用搅拌器的性能、特点

搅拌器类型	图例	性能
螺旋桨叶形3叶片		一般情况下使用2层，使用范围广，轴流大，可获得的循环量也大（混合、调合）
直角桨叶式叶片		常用于大型搅拌机，低-中速旋转。常用2片、3片、4片型桨叶。辐射流（溶解、防止沉淀）
倾斜式板状桨叶叶片（3片）		适用于大型搅拌机，低-中速旋转。角度以45°为主，可自由选择角度，可获得大循环流量
弯曲（平叶）桨叶叶片		适用于中速旋转，产生辐射流（适用于液体为纤维悬浊液或黏度发生变化时）
直叶盘式涡轮形		适用于辐射流为主的搅拌及高容量、高悬浊液、通气搅拌等的中低速旋转（均化、分散）
斜式盘式涡轮形		搅拌效率高，适用于各种用途，可获得均匀的轴流、辐射流、剪切流（均化、分散、反应）
锚式＋桨叶式叶片		中低速旋转，可获得强力循环流。适用于反应、均化、分散
乳化圆盘涡轮形		适用于高速旋转，可获得高剪切效果（分散）
框式叶片		适用于低速旋转，槽内均可获得辐射流（絮状物的生成或防止沉淀）
马蹄式叶轮		用于低速旋转，由于是沿着壁面，剪切力大（最适合防止沉淀、附着的高浓度液体）

搅拌器类型	图例	性能
双螺带叶轮		用于低速旋转，可获得强烈的上下循环流和剪切力。特别是由于沿着壁面运动，效果强大（中-高黏度）
叶片组合式叶轮		适用于中高黏度液体在短时间内溶解、反应。可获得无死角的均匀循环流

如果按搅拌时所产生的流型进行分类，可以分为轴流型和径流型。轴流型就是搅拌时液体向平行于主轴的方向流动；径流型就是在搅拌时液体向径向流动，见图3-1、图3-2。常用搅拌器的主要工作参数见表3-2。

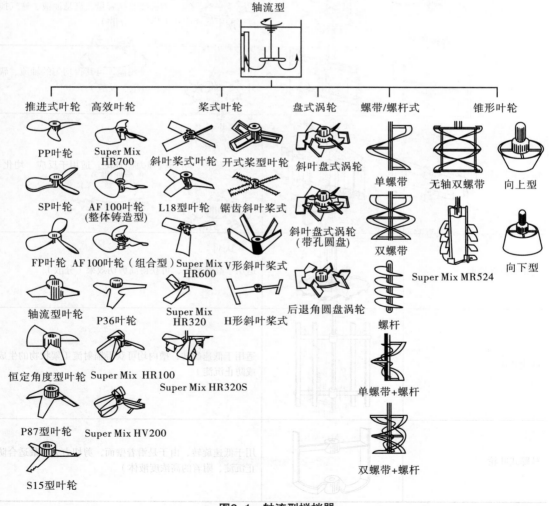

图3-1　轴流型搅拌器

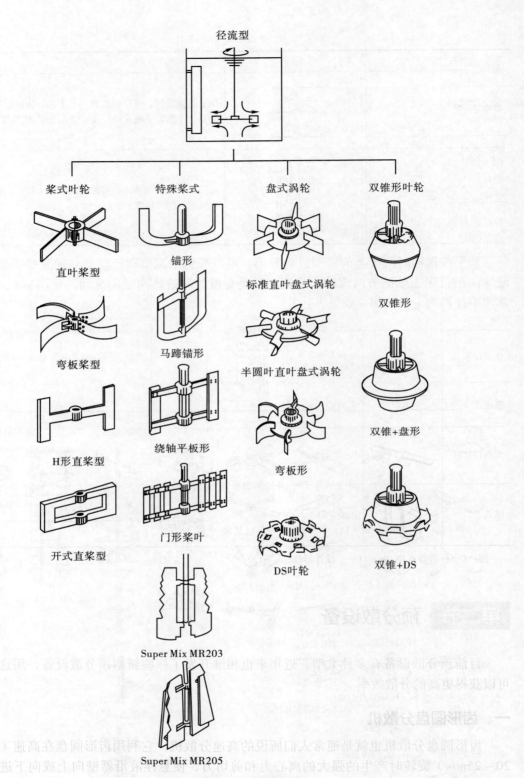

径流型

桨式叶轮　　　　特殊桨式　　　　盘式涡轮　　　双锥形叶轮

直叶桨型

弯板桨型

H形直桨型

开式直桨型

锚形

马蹄锚形

绕轴平板形

门形桨叶

Super Mix MR203

Super Mix MR205

标准直叶盘式涡轮

半圆叶直叶盘式涡轮

弯板形

DS叶轮

双锥形

双锥+盘形

双锥+DS

图3-2　径流型搅拌器

表3-2 搅拌器的主要工作参数

搅拌器名称	搅拌器简图	D_1/D	转速/（r/min）	液体黏度/mPa·s	搅拌目的/过程	搅拌强度/（kW/m³）
锯齿叶片涡轮式		0.25 ~ 0.35	500 ~ 3000	低-高 50000	（液-液）乳化，强分散	7 ~ 20
固定叶片和涡轮叶片式		0.25 ~ 0.35	300 ~ 1000	低-中 1000	（液-固）粉碎分散，快速溶解	5 ~ 10
					（液-气）	
直叶径流圆盘涡流式		0.25 ~ 0.50	50 ~ 300	低-高 30000	（液-液）均化，分散，反应	0.5 ~ 3
斜桨轴流涡轮式		0.25 ~ 0.50	50 ~ 300	低-高 30000	（液-固）分散，溶解	0.5 ~ 2
					（液-气）分散，反应	1 ~ 3
小直径桨式		0.35 ~ 0.50	100 ~ 300	低-中 5000	（液-液）均化，混合，传热，防止分离	0.3 ~ 1
推进式		0.20 ~ 0.35	200 ~ 400	低-中 3000	（液-固）均化，防止沉降	0.2 ~ 1
大直径桨式		0.50 ~ 0.70	20 ~ 100	低-高 50000	（液-气）	
					（液-液）均化，混合，防止分离	0.1 ~ 0.5
锚式		0.70 ~ 0.95	10 ~ 50	低-高 200000	（液-固）均化，结晶，防止沉降	0.1 ~ 0.5
					（液-气）	

注：D——容器直径，m；D_1——搅拌器外径，m。

第二节 预分散设备

目前预分散设备有多种类型，近年来也相继开发了一些新型预分散设备，用这些设备可以获得更高的分散效率。

一、齿形圆盘分散机

齿形圆盘分散机也就是通常人们所说的高速分散机。它利用齿形圆盘在高速（线速度20 ~ 25m/s）旋转时产生的强大的离心力和剪切力，使悬浮液沿器壁向上或向下进行湍流运动，形成涡流循环，农药液体制剂在较短时间内被分散。

分散器的主要参数：

齿形圆盘的线速度为20 ~ 25m/s；

齿形圆盘的上下翻边与圆盘切线夹角取30°；

容器直径D与齿形圆盘直径d之比取2：1～3：1。圆盘距容器底距离h为（0.5～1）d。悬浮液层高H为（1～2）D。齿形圆盘分散机的主要技术指标见表3-3。

表3-3　齿形圆盘分散机的主要技术指标

技术参数	JB-1000	JB-28	JB-47
搅拌轴转速/（r/min）	600、800、1200	680、880、1360	600、800、1200
机架升降高度/mm	1000	1200	1200
机架回转角度/（°）	270	270	270
齿形圆盘直径/mm	250、300	300、350	350、400
主电机功率/kW	10、23、17	18.5、22、28	30、37、47

二、高速分散机

高速分散机由定子（外壳）和转子（叶轮）组成，其结构如图3-3所示。转子的叶片有锋利的棱角，定子的壁上有梳形齿隙结构。当转子以很高的转速旋转时，物料从转子的轴向吸入并由定子的侧面排出，借助定子和转子间的高速相对运动，使物料受冲击、剪切及摩擦等综合作用来实现粉碎、分散和混合等工艺过程。

高速分散机结构如图3-4所示。其中转子和定子系关键部件，转子为带有多个叶片的涡轮，定子是带有多个叶片的开孔圆环。定子的每个叶片需精加工并先镶在轮壳上，然后加工内、外圆，这样就能保证两者之间的间隙较小。

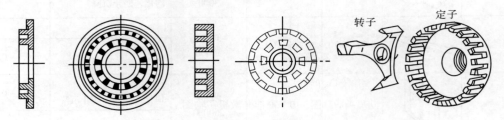

图3-3　转子和定子结构

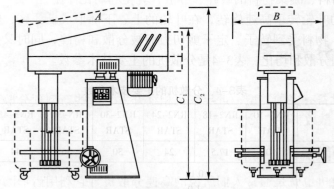

图3-4　高速分散机结构简图

高速分散机的转子高速旋转，液体农药分别由转子的上、下方进入内腔，靠离心力将料液高速甩出，料液在定子和转子产生的剪切力的作用下，被分成无数旋涡，旋涡之间又有相互的冲击和碰撞，使料液受到强烈的湍动，并伴有摩擦，从而使农药颗粒被粉碎。

高速分散机安装在带有冷却水夹套和锚式搅拌器的打浆釜内，可偏心安装、倾斜安装或倒装在釜底，锚式搅拌器的转速为60r/min，电机功率为5.5kW。

高速分散机适用于黏度小于0.1Pa·s、密度小于1500kg/m³的农药、颜料与涂料等浆液的预分散，与砂磨机配套使用，取得十分可喜的效果。

例如，在6m³打浆釜内分别采用剪切型搅拌器的分散机与普通双层桨叶搅拌器（320r/min）对悬浮液进行打浆预分散处理。若达到同样工艺要求的粒度，前者只需2~3h，后者则需5~6h。

采用高速分散机时，最大粒径为20~25μm，在该粒级中占1%~5%，料液粒度分布占60%的粒径为8μm；普通型搅拌器的最大粒径则是30~40μm，在该粒级中也占1%~5%，但其粒径为8μm的粒度分布只有45%。

实践证明，高速分散机可以在较短的时间内完成料液的打浆操作，得到预分散效果好的粒度分布，提高了下一步湿粉碎的效率。

生产实验表明，该打浆机设计合理，结构紧凑，运行平稳，操作简便，维修容易，使用寿命长，是一种理想的预分散设备。图3-5是两种高速分散机的实物图。

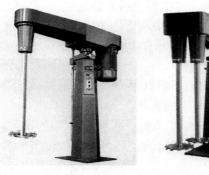

（a）单轴型　　　　　（b）双轴型

图3-5　高速分散机实物图

高速分散机的机头是由有齿牙的一对转子和定子组成的一种高负载新型高速分散器，广泛用于糊浆状物料、凝聚物料的破碎、分散、乳化和均化操作。

由于分散器的叶轮转子高速旋转，在叶轮的上、下部形成低压区，叶轮把物料吸引到转子和定子之间。物料受到转子、定子剪切力而被分散和粉碎，同时又被甩出，经过这样的循环，物料得到分散和均化。表3-4是分散机的主要技术参数。

表3-4　分散机的主要技术参数

参数	RN2-10 STAR	RN2-18 STAR	RN2-24 STAR	RN2-30 STAR	RN-36 STAR	RN3-45 STAR	RN3-55 STAR	RN3-75 STAR
转子功率/kW	10	17.5	24	30	36	44	58	70
调速器功率/kW	0.18				0.18			
液压系统功率/kW	1.0				1.0			
叶轮转子定子直径/mm	300/400				400/500/600			
转速/（r/min）	250~950/200~700				175~700/150~600/125~500			
齿盘直径/mm	300/400				400/500/600			
齿盘转速/（r/min）	450/1550/350~1200				300~1250/250~1000/200~800			

近年来，转子、定子型分散机除上述所介绍的结构外，还有一些新结构出现。它由紧密配合的转子和定子两部分组成。转子上装有多个刀片，转速为1000～3000r/min，根据搅拌要求，其转速也可达3000～5000r/min，甚至更高。定子包在转子外面固定不动，在它上面开有许多孔。转子、定子装配结构见图3-6。

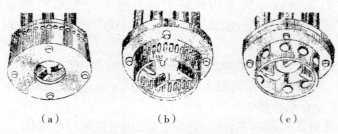

（a）　　　　　　（b）　　　　　　（c）

图3-6　转子、定子装配结构

当转子高速旋转时，即从混合容器的底部吸进物料。在强大的离心力作用下，物料向着刀片的边缘运动，并从定子开口处高速喷出返回到混合物中，然后再回到转子区域，又被转子吸进去。周而复始不断循环，使物料得以充分的混合与分散。

对于中等黏度或需乳化的物料，可采用图3-6（b）和图3-6（c）所示的分散器定子。图3-6（b）中的分散器定子头上开有很多长槽，提供了更多的表面剪切区域，用于中等黏度物料的配制或对物料进行乳化。

图3-6（c）所示分散器定子头上不但有很多孔，而且在内部装有金属网，用于细粉料在液相中的悬浮或液-液相（如油/水）的乳化。

上述3种分散器的定子头可以互换，从而使高速分散机应用更加广泛，物料混合后能取得所期望的效果。根据不同的混合搅拌目的，还可以在该设备的转轴上安装一个或多个螺旋桨叶，用于增加循环并在物料中产生涡流，使漂浮在液面上的轻质固体掺入混合物料中。

由于分散机具有特殊的结构特征和工作原理，因此决定了它具有以下功能：

（1）减小颗粒尺寸　由于在高速转子和定子间产生机械剪切力，因此该机能够减小混合物料中固体颗粒的尺寸。脆性的固体、弹性体等能够得以磨细或破碎，转子、定子结构见图3-7。

（2）溶解物料　由于其具有喷射剪切作用，使混合搅拌的效率大大提高，因此提高了物料在液体中的溶解度。对于某些物料，该机能通过机械剪切作用，迅速破碎这些块状物，大大提高溶解速率。在许多物料的溶解过程中遇到的另一个问题是在邻近固相表面存在着浓度梯度，这个梯度严重地限制了最靠近固相溶剂的活性，降低了被溶解物料返回溶液更稀释区域的速率。喷射剪切作用能减薄这个边界层，使物料迅速溶解。

图3-7　转子、定子结构

（3）分散物料　由于该机的喷射量很大，在同一时间内比常规的混合机能循环更多的流体，因此该机不仅有高的剪切速率，而且还具有较高的循环量，从而加速物料分散。

（4）乳化　由于高速的喷射剪切，对物料产生强烈的撕裂作用，可使液滴的尺寸迅速降到极细的水平。在对液体的不断剪切和撕裂中，分散得以很快实现。釜装、高剪型分散机结构见图3-8、图3-9，安装在反应釜上的形式见图3-10。

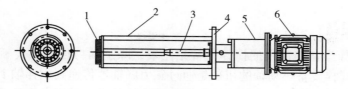

图3-8　釜装分散机结构图

1—乳化机头；2—支架；3—主轴；4—法兰；5—传动箱；6—电机

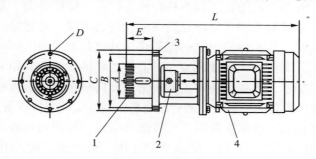

图3-9　高剪型分散机结构

1—转子、定子组（机头）；2—主轴；3—法兰；4—电机

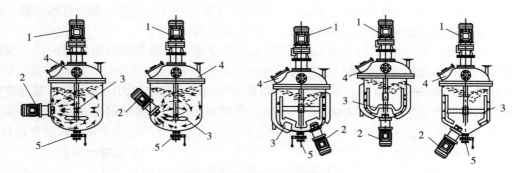

图3-10　在反应釜上的安装形式

1—搅拌电机；2—釜装乳化机；3—搅拌桨叶；4—反应釜；5—阀门

如不需要在反应釜上安装，也可以将物料装入容器内进行分散，见图3-11。

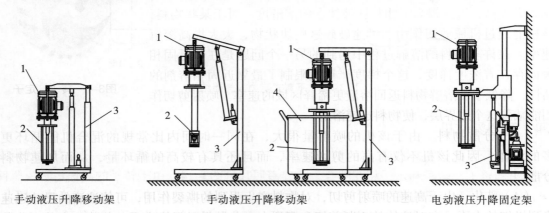

手动液压升降移动架　　　　　　手动液压升降移动架　　　　　　电动液压升降固定架

图3-11　高速分散机结构图

1—电机；2—乳化机头；3—机架；4—容器

三、磁力搅拌设备

磁力传动搅拌设备与惯用的搅拌设备相比较，除了动力传递方式不同外，其余基本相同。磁力传动搅拌设备驱动轴的扭矩是通过磁力联轴器传递到搅拌轴上的，而普通的搅拌设备常用夹壳式联轴器将电动机主轴和搅拌轴直接相连。采用磁力传动搅拌设备最突出的优势是可完全防止搅拌设备内的气体介质通过轴封向外泄漏。

在化工、医药、农药、日用轻工和香料合成等行业，搅拌易燃、易爆、易挥发、有毒及强腐蚀性物料时，常常要求搅拌设备只能微漏，甚至不漏。普通搅拌设备的轴封大多使用填料密封或机械密封，这两种密封结构都无法达到绝对无泄漏，故往往不能满足上述行业特殊生产工艺要求。为此，人们就致力于磁力传动联轴器的开发和生产。如在惯用的搅拌设备中使用磁力联轴器，搅拌设备的主轴所需的旋转扭矩通过磁力联轴器的磁力传动来获得，这样便可将搅拌设备的主轴由动密封改为静密封，实现搅拌设备的零泄漏。

磁力联轴器主要由内、外磁钢和隔离套等部件组成。外磁钢与电动机出轴上的夹壳式联轴器相连，内磁钢与搅拌轴相连。隔离套处于内、外磁钢之间，并将釜内的物料包围起来，不向外泄漏。在隔离套下部平面与筒盖之间用密封垫进行静密封。当电动机带动外磁钢旋转时，其磁力穿过气隙和隔离套对内磁钢产生作用，从而使搅拌设备的主轴与电动机同步旋转，实现了通过非机械接触的方式来完成扭矩的传递。这样磁力联轴器以平面静密封替代了转轴的旋转动密封，彻底消除了对外的泄漏。

下置式磁力搅拌器结构见图3-12，全密封无泄漏，内壁全部由不锈钢制作，无卫生死角。内搅拌器可以方便拆洗，夹套选择蒸汽、水（油）、电加热方式。根据需要，搅拌桨可选用桨式、推进式、锚式。可以独立定制各种规格的下置式磁力传动器。根据需要可选用A型或B型下置搅拌式磁力传动器，釜体连接尺寸可根据用户要求定制。

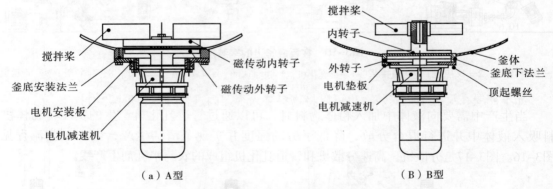

图3-12　下置式磁力搅拌器结构

四、管道乳化机

管道乳化机如图3-13所示。该粉碎机有三级粉碎室，每一级都配有一副各有双层齿圈的转子和定子，转子和定子相互啮合，粉碎室照片见图3-14。由于转子的高速运转，驱使悬浮液在转子和定子的狭窄间隙中产生高频湍动，形成极大的带冲击力的高速流体剪切力。悬浮液中的固体颗粒受到高速剪切、离心挤压、撞击和研磨的共同作用而被粉碎。

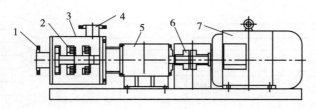

图3-13 管路乳化机

图3-14 粉碎室照片

1—进料口；2—转子定子组；3—乳化室；4—出料口；5—变速箱；6—联轴器；7—电机

管道乳化机在生产中常与分散设备配套使用，以得到更好的效果，在流程中的安装方式见图3-15。

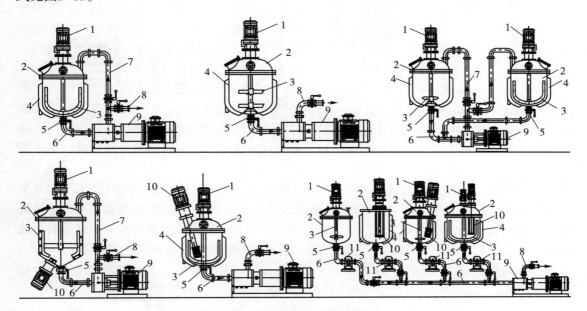

图3-15 管道乳化机的安装方法

1—搅拌电机；2—反应釜；3—搅拌桨叶；4—夹套；5—阀门；6—下料管；7—回料管；8—排料管；9—管道乳化机；10—釜装乳化分散机；11—液体泵

当生产中需要向液体中加入粉体物料时，可以通过管道乳化机产生的负压将粉体物料吸入液体中并进行混合分散，降低了劳动强度并实现了清洁生产，生产工艺流程见图3-16。图3-17是分散机、高速分散机和管道乳化机组成的农药水乳剂生产线。

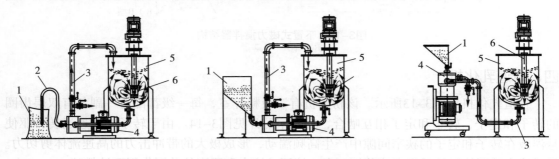

图3-16 可吸入粉体的生产工艺流程

1—料袋；2—料管；3—输料管；4—乳化机；5—料槽；6—均质机

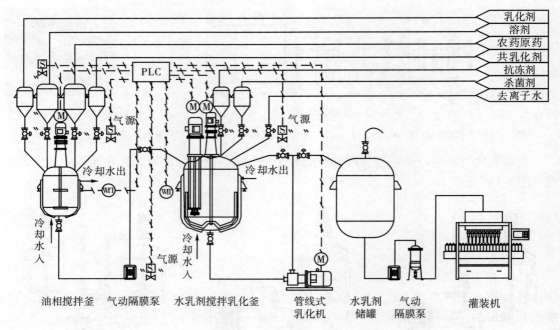

图3-17　水乳剂生产线

五、卡迪磨

卡迪磨结构见图3-18。是一种高速分散设备，其分散原理是使聚集粒子向定子上冲撞和振动，也就是靠动力分散原理。卡迪磨由一个容器和研磨头组成，研磨头装有转子和定子。待分散物料的黏度要很低，悬浮液被迅速旋转的转子吸入，并向外压到定子的槽上。悬浮液中的颗粒在高速旋转下撞击在定子槽的四壁，于是被粉碎。卡迪磨通常用于黏度很低的悬浮液，这是因为用低黏度可获得最好的分散效果。

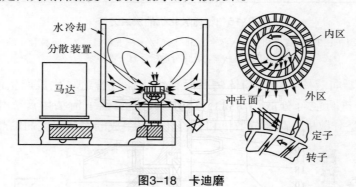

图3-18　卡迪磨

第三节　均质设备

一、胶体磨

胶体磨作为一种超微湿粉碎设备，自20世纪70年代末进入我国，目前已经初步形成系列产品，并随着人们不断地认识和使用，已经广泛地应用在农药湿粉碎的预分散中。

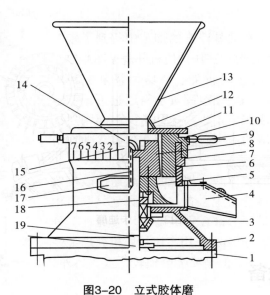

胶体磨又称分散磨，是利用固定磨子（定子）和高速旋转磨体（转子）的相对运动产生强烈的剪切、摩擦和冲击力等。被处理的料浆通过两磨体之间的微小间隙，在上述各力及高频振动的作用下被有效地粉碎、混合、乳化及微粒化，设备外形见图3-19。

胶体磨的主要特点如下：

① 可在较短时间内对颗粒、聚合体或悬浮液等进行粉碎、分散、均匀混合、乳化处理，处理后的产品粒度可达几微米甚至亚微米。

② 由于两磨体间隙可调（最小可达1μm），因此易于控制产品粒度。

③ 结构简单，操作维护方便，占地面积小。

④ 由于固定磨体和高速旋转磨体的间隙小，因此加工精度高。

图3-19　胶体磨照片

胶体磨按其结构可分为盘式、锤式、透平式和孔口式等类型。盘式胶体磨由一个快速转盘和一个固定盘组成，两盘之间有0.02～1mm的间隙。盘的形状可以是平的、带槽的和锥形的，旋转盘的转速为3000～15000r/min，圆周速度可达40m/s，颗粒直径小于0.2mm的物料以浆料形式给入圆盘之间。盘的圆周速度越高，产品粒度越小，可达1μm以下。

图3-20所示为立式胶体磨，物料自料斗13给入机内，在快速旋转的盘式转齿和定齿7之间的空隙内受到研磨、剪切、冲击和高频振动等作用而被粉碎和分散。定子和转子构成磨体，其间的间隙可由间隙调节套10调节，最小间隙为0～0.03mm。表3-5列出了胶体磨的技术特征。

图3-20　立式胶体磨

1—电机；2—机座；3—密封盖；4—排料槽；5—圆盘；6，11—"O"形丁腈橡胶密封圈；7—产品溜槽；8—转齿；9—手柄；10—间隙调节套；12—垫圈；13—料斗；14—盖形螺母；15—注油孔；16—主轴；17—铭牌；18—机械密封；19—甩油盘

表3-5 胶体磨的技术特征

型号	电机功率/kW	转速/（r/min）	电源电压/V	转子最大直径/mm	加工量/（kg/h）	加工细度	应用范围
JTM50AB	1	8000	220	50			稀物料取样用
JTM50AB1	1	8000	220	50			乳化物料取样用
JTM50ABK	1	8000	220	50			黏稠物料取样用
JTM50D	1	8000	220V带调压器	50		2～20μm	小量生产
JTM85D	5.5	3000	380	85	300～500		适用于稀物料
JTM85BCK	5.5	3000	380	85	80～200		适用于黏稠物料
JTM85DG	5.5	3000	380	85	300～500		适用于涂料等硬物料
JTM50D1	1	8000	220V带调压器	50		1～5μm（以水油乳化）	乳化用（无粉碎作用）
JTM85D1	5.5	3000	380	85	500	1～5μm（以水油乳化）	乳化用（无粉碎作用）

　　由于胶体磨的工作原理是被加工物料在重力、离心力的复合作用下，受剪切力、摩擦力、高频振动与定子、转子凸凹面进行激烈的相互撞击而达到粉碎效果。因此，定子和转子的制作精度和表面硬度是能否使被加工物料达到理想粉碎效果的关键。

　　对不同的加工物质，因其表观黏度的不同和物质组织结构的不同，胶体磨的粉碎效果不同。胶体磨磨头主要由定子和转子组成，根据不同的物料选用不同的磨头和转速。胶体磨从安装形式上可分为立式胶体磨和卧式胶体磨。

二、高压均质机

　　近几年，高压均质机在油悬浮剂的加工中得到了较多的使用，值得大家关注和借鉴。高压均质机外观见图3-21。

　　高压均质机（又称高速匀质泵、高压匀浆泵）利用高压（＞40MPa）下使液-液、液-固等物料通过可调节限制口的泄放阀突然失压膨胀，产生高速冲击波引起剧烈扰动等双重作用，将互不溶的液-液或液-固物料破碎、均匀混合，分散和微粒化。

图3-21　高压均质机外观图

　　高压均质机比常用的胶体磨、超声波、高速捣破机效率高，均匀效果好，消耗能量少。它与齿形圆盘分散器相结合（即浆料经圆盘分散器分散，再经高压均质处理）分散油乳，可使油珠颗粒达到0.2μm；用高压均质机处理某些物料可使颗粒达到2μm以下。但是喷嘴磨损较严重，另外，结构复杂，密封容易失效。

　　高压均质机就是利用以上定律和现象设计的一种制备超细液-液乳化液、液-固分散液的通用设备，其均质阀的结构和工作原理见图3-22。

　　物料高压低速进入均质阀，流经阀座和阀杆窄小

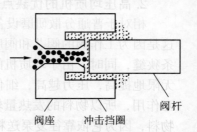

图3-22　均质阀的结构和工作原理图

间隙后进入低压区，根据伯努利定律：压力能转变为动能，巨大的动能把流速提高到300～500m/s，此时压力迅速下降至饱和蒸气压之下，物料中形成气泡，出现空穴现象。在一个巨大的压力下跌的作用下，物料失压、膨胀。在巨大动能的作用下，物料颗粒通过阀件的窄小间隙产生强烈剪切。物料以300～500m/s（100MPa下，可达500～1000m/s）的速度撞于冲击挡圈上，在其他综合因素的作用下，物料颗粒破碎成极细微粒，图3-23是高压均质机的装配图。

由于高压均质机是通过对液体物料施加高压产生高速运动，使其在高速下通过阀座和阀杆间窄小间隙，其间物料会产生一定的温度，料液有不同程度的温升。因此，采用高压均质机的物料配方一定要能够适应这种设备，也就是配方要有一定的耐热性能。适当增加分散剂，特别是木质素分散剂的用量。否则当物料受压升温后，由于粒子的布朗运动加剧，粒子会重新凝聚，反而达不到应有效果。均质粉碎工艺流程见图3-24。

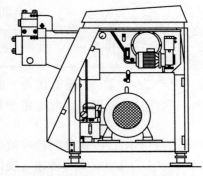

图3-23　高压均质机装配图

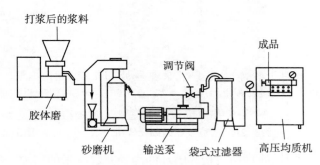

图3-24　均质粉碎工艺流程

1. 高压均质机的使用

① 打浆后的农药浆料经胶体磨加工2～3遍进砂磨机。

② 经砂磨机2遍砂磨（10～20h）其粒径控制在10μm以内。

③ 由输送泵（螺杆泵、齿轮泵、离心泵均可）送至袋式过滤器，泵的流量比均质机流量稍大，过滤网孔径小于50μm，过滤面积要大些。

④ 经过滤的浆料可进均质机加工，进料压力控制在0.1MPa以内，其压力由调节阀调节，均质机压力由调节手柄进行调节。浆料在60～75MPa一遍即可，粒径可达3μm以下。

⑤ 胶体磨作为预分散设备，加工2～3遍后其平均粒径能达到30μm以下。通过砂磨机把颗粒进一步破碎至5μm以下。

2. 高压均质机的优缺点

相对于普通分散研磨设备（如砂磨机），高压均质机的优点是：① 细化作用更为强烈，这是因为工作阀的阀芯和阀座在初始位是紧密贴合的，只是在工作时被料液强制挤出了一条狭缝，同时，由于均质机的传动机构是容积式往复泵，所以从理论上说，均质压力可以无限地提高，压力越高，细化效果就越好；② 均质机的细化作用主要是利用了物料间的相互作用，所以物料的发热量较小，因而能保持物料的性能基本不变；③均质机能定量输送物料，因为它依靠往复泵送料。

缺点是：① 高压均质机耗能较大；② 在压力很高的情况下，均质机的设备部件容易损耗，维护工作量较大；③ 均质机不适用于油悬剂油基黏度很大与固含量很高的情况；④ 高压脉冲后产生的细腻气泡难以消除。

三、密克罗超微细粉碎机

密克罗超微细粉碎机与传统的胶体磨和球磨机是完全不同的，其粉碎时间大大缩短，是一种适用于粉碎至亚微米粒级和使浆状物料达到均质的新型超微细粉碎机，见图3-25。

密克罗超微细粉碎机由磨筒以及在筒中旋转的主轴和与主轴连接的副轴等构成，各副轴上装有多个微小间隙的环状粉碎磨环。这些粉碎磨环的尺寸随设备结构不同而异，每个环外径是25～45mm，厚度在数毫米之间（结构如图3-26所示）。

图3-25 密克罗超微细粉碎机

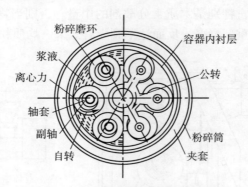

图3-26 密克罗超微细粉碎机结构图

副轴的直径与粉碎磨环的内径有数毫米的间隙，使每个环形成可单独自由活动的状态。起粉碎作用的粉碎磨环，因主轴旋转产生的离心力使其产生径向位移（位移量仅为环内径与副轴外径间隙量），挤压磨筒内壁面。同时主、副轴在磨筒内转动，环在壁面摩擦力等的作用下，自身绕着副轴不断转动。就是说粉碎磨环在磨筒内周而复始地进行自转、公转。

粒子夹在旋转的粉碎磨环与磨筒内壁之间，离心力促使粉碎磨环对其进行碾压。同时受粉碎磨环自转的作用而被磨碎，达到粉碎、分散的目的。

每个粉碎磨环因为可独自、自由地转动，所以能适应原料中的大、小粒径的颗粒，各个磨环都能自由地对粒子进行粉碎。因此，该设备可以获得十分理想的粉碎效率（工作原理见图3-27）。

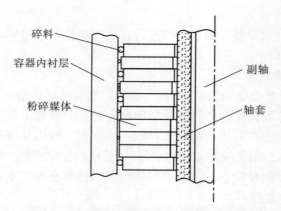

图3-27 密克罗超微细粉碎机工作原理图

在结构设计上，使磨筒能很方便地取出。粉碎磨环拆卸也非常方便，从而使维护、保养十分容易。磨筒为夹套型设计，中间可以通冷却液，从而抑制粉碎过程中物料温度上升。磨筒内壁面及粉碎磨环的材料可采用不锈钢、陶瓷及其他超硬材料，视原料不同而具体选用。本装置间歇或连续运转均可。有防爆型与非防爆型两种，因此可适应各类有机溶剂作分散剂的生产需要。该设备有如下特点：

① 短时间内将物料粉碎至亚微米粒级；

② 粉碎品的粒度分布非常集中；

③ 可适应的浆液浓度很广；

④ 可适应的原料粒径从数微米至数百微米；

⑤ 按被粉碎物料性质不同，接触物料部分材料可选择不锈钢、陶瓷、超硬材等；

⑥ 不需要用球体磨料，内部清洗简单；

⑦ 既可连续也可间歇运转；

⑧ 磨筒为可通冷却水的夹套型结构；

⑨ 机内浆液温度可直接测定，控制温度方便；

⑩ 防爆型的轴封，采用双机械密封的完全密闭型。

参考文献

［1］王凯，虞军. 搅拌设备［M］. 北京：化学工业出版社，2003.

［2］陈志平等. 搅拌与混合设备设计选用手册［M］. 北京：化学工业出版社，2004.

［3］刘广文. 染料加工技术［M］. 北京：化学工业出版社，1999.

［4］赵俊贵. 石油和化工设备选型指南［M］. 北京：中国财富出版社，2012.

［5］刘广文. 现代农药剂型加工技术［M］. 北京：化学工业出版社，2013.

第四章

固体混合设备

第一节　概　述

一、农药混合工艺简述

在农药制剂加工中，混合操作是必不可少的。按混合物的形态分类，可以分为固-固相混合、液-液相混合和固-液相混合。其中固-液相混合中的固-液的量不同，使用的混合设备也不同。一般而言，液-液混合操作相对容易，多采用各类带搅拌装置的釜类容器就可以了（已另辟章节介绍），而另两种情况混合时设备较复杂，操作也较繁琐，本内容主要介绍这两种物料的混合设备。

众所周知，为了改善农药的各种性能，农药制剂由多种组分组成，少则几种组分，多则十几种。其中微量组分含量有时只有0.2%左右，所以混合设备的混合精度对产品的质量均一性和稳定性十分重要。根据具体生产过程和生产特点，合理地选择和设计混合设备也是农药制剂加工工程技术人员的重要任务之一。一般而言，混合设备的确定应遵循以下原则：

1. 混合精度高

混合精度是指多组分混合的均匀程度。因为农药配方中的各组分的粒度、密度、质量均不相同，以50%戊唑醇可湿性粉剂（WP）为例，见配方：

50%戊唑醇WP

戊唑醇（90%）　55.56%

分散剂（Morwet D-425）　6%

分散剂（Borresperse CA-SA）　5%

润湿剂（Morwet EFW）　3%

润湿剂（K12）　3%

崩解剂（硫酸铵）　10%

崩解剂（氯化钠） 10%

载体（白炭黑） 3%

载体（滑石粉） 补齐

从50%戊唑醇WP配方可见，此配方共有九个组分按质量分数组成，其中最多的组分为原药，占55.56%，最少的为Morwet EFW及K12和白炭黑，各只占3%，它们的形态虽然均为固体，但其堆密度、粒度均有很大的差异，最重的为硫酸铵和氯化钠（堆积密度约为1000kg/m³），最轻的为白炭黑（堆积密度约为100kg/m³）。粒度最大的是氯化钠（约为0.5mm），粒度最小的是白炭黑（约为15μm）。组分之间的差异性会造成偏析，导致产品质量不一致，所以混合过程中保证其有可靠的混合精度就保证了产品质量。为防止此类问题的发生，恰当地选择混合设备是成功的先决条件。

2. 更换品种方便

由于生产中会经常更换品种，为防止不同产品间的交叉污染，在更换品种时要对设备进行清洗。为保证清洗彻底，要求设备内无"死角"和清洗"盲区"，以保证产品的安全性。要求设备内壁光滑，无积料和"挂料"现象，物料排放彻底。

3. 清洁生产工艺

多数混合过程均为批次操作，这就要面对加料和出料的问题。在设计混合工艺流程时应控制物料的计量、加料和出料时粉尘的飞扬，以保证清洁生产。对操作者的健康、环境保护、产品安全均有积极作用（这部分内容在第十一章进行介绍）。

二、典型混合工艺

1. 母粉稀释混合工艺

将原药加工成高浓度母粉，再用已粉碎的填料稀释混合成低浓度制剂，比直接生产低浓度制剂可节省能耗。如生产4.5%高效氯氰菊酯可湿性粉剂时，先将高效氯氰菊酯原药、助剂和填料经气流粉碎机加工成18%高效氯氰菊酯可湿性粉剂的母粉，再将它和填料（含适量的助剂）以1∶3混合均匀，制成4.5%高效氯氰菊酯可湿性粉剂，这要比直接生产4.5%高效氯氰菊酯可湿性粉剂节省能耗一半之多。

2. "中间浓度粉末"稀释混合工艺

此工艺主要用于微量有效成分的加工。对一些超高效农药加工成有效成分含量很低的制剂时，往往采用"中间浓度粉末"稀释混合工艺，以节省能耗。如生产0.5%阿维菌素可湿性粉剂时，先将阿维菌素原药、助剂和填料经气流粉碎机加工成40%阿维菌素可湿性粉剂的母粉。以1份母粉和4份填料（已粉碎至320目的粉末）混合制成8%阿维菌素可湿性粉剂的"中间浓度粉末"，再将它和填料以1∶15进行混合，便制得0.5%阿维菌素可湿性粉剂。这要比以1∶79进行混合时达到同样混合精度的时间缩短很多。

3. 混合粉碎工艺

在连续大量处理物料时，单靠一台混合机混合时间较长。为提高混合效率，往往采用混合粉碎工艺，以缩短混合时间，节省能耗。图4-1为先用一台螺旋

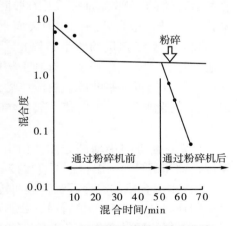

图4-1　混合粉碎的混合精度曲线

混合机混合，中间再经粉碎机将15%拌种灵粉末稀释成3%粉剂的混合曲线状态。显然，经粉碎机混合，产品均匀性迅速提高。

三、混合设备简介

为了满足各种粉体的特性、混合条件、混合目的，相关行业不断地开发出新的混合设备，目前市场上的混合设备有许多种类。混合设备可分为容器回转型和容器固定型（在容器内装有搅拌转子或通入气体）两大类。根据动作的方式分类，可分为容器回转型、固定型以及多维运动这三种类型。

第二节　容器回转型混合设备

一、正立方体型混合机

在旋转型的正立方体容器的对顶点上装上转轴，称为正立方体型混合机。它的粉体运动与双锥混合机、V型混合机有所不同，兼有捏和作用。粉体在容器内反复叠合，混合时间短，转轴与对角线错开，使正立方体无死角，混合情况良好。图4-2是正立方体型混合机的结构简图。

二、V型混合机

1. 结构及工作原理

V型混合机由容器及传动部分构成，见图4-3。容器部分由两个圆筒形的筒体以V字形方式焊接而成，两个圆筒的夹角一般为80°。但对流动性能差的粉粒体，其夹角应减小一些。加料口在V形容器的两端，出料口在V形容器的底部，通常采用O形圈密封。容

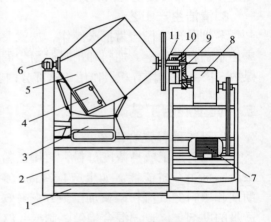

图4-2　正立方体型混合机

1—机座；2—机座轴承架；3—物料接装滑槽；4—物料装卸门；5—正立方体容器；6—轴承座；7—电动机；8—减速器；9—传动齿轮；10—滚动轴承；11—轴承

器内壁需进行抛光处理，使内表面十分光滑，便于粉粒体充分流动，同时也有利于出料和清洗。V型混合机的两个料筒是不等长的，以便更有效地扰乱物料在混合室内的运动形态，增大"紊流"程度，有利于物料的充分混合。另外，为增加混合作用，有时也在容器内部装设挡板、桨叶或强制搅拌桨，对物料进行搅拌和折流，图4-4是内部带构件的V型混合机。强制搅拌桨的转速一般在450～950r/min，其转动方向与筒体回转方向相反，以增加混合速度。

V型混合机的传动部分主要由电动机、减速器和转轴等组成。轴与容器一般用凸缘连接，轴和密封套与混合物不直接接触，以避免润滑油污染物料。

当V型混合机的混合室绕轴做回转运动时，两个料筒内的物料交替发生流动。如V形混合室的连接处位于底部位置时，物料在V形容器底部汇集；当混合室的连接处位于顶部位置时，汇集的物料又分置于两个料筒内。随着混合室的旋转，粉体在V形容器内连续反复地

分割、合并。物料随机地从一区流动到另一区，即反复进行剪切和扩散运动；同时粉体之间产生滑移，进行空间多次叠加，粉体不断分布在新产生的表面上，从而达到混合效果。

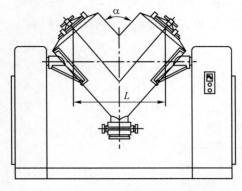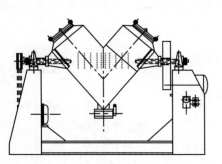

图4-3　V型混合机　　　　　　　　　图4-4　带内部构件的V型混合机

2.V型混合机的应用范围

由于V型混合机是在5～30r/min低转速下"温和"操作，一般情况下不会造成明显粉碎，而且简单的筒体壁面可采用耐磨材料涂层加以保护，因而适用于易磨损、破碎、产品纯净度要求高、物料流动性良好及物性差异（密度、粒度、黏度等）小的粒状物料的混合，且适用于容易凝聚的粉粒体的混合和加入少量液体的混合。该混合机还适用于混合要求不高而又要求混合时间短的物料。V型混合机回转转速一般为临界转速的50%～80%，最佳装料系数为24%～35%。

另一方面，V型混合机的装料、出料、清洗及更换品种非常方便，因此常常用于小批量、多品种、间歇操作的粉状农药的混合。

三、菱型混合机

菱型混合机是国外开发的一种机型，国内见到的并不多。菱型混合机类似两个V型混合机对接，基本传动结构与V型混合机也相似。但装料量比V型混合机大，混合精度也更高一些，见图4-5。凡是适用于V型混合机的物料均可用菱型混合机进行混合。

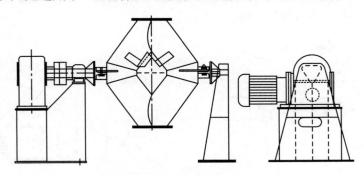

图4-5　菱型混合机

四、双锥混合机

双锥混合机的主要特点是装料筒体垂直安装在主轴上。该混合机与容器固定型混合机相比，具有结构简单、安装维修方便、工作可靠等优点。为了适应混合工艺的需要，也可以制成带夹套的锥形筒体，以通入加热或冷却介质，其基本外形如图4-6所示。该设备主要由筒体、驱动装置和主轴等部件组成。主轴的回转由电机和减速机通过链条或齿轮驱动，也可以通过皮带传递动力。主机的锥形斜度随物料安息角大小而定，一般以小于90°为标准。

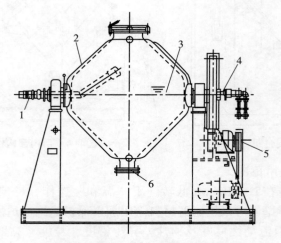

图4-6　筒体垂直安装的双锥混合机

1—真空吸取口；2—夹套；3—筒体；4—加热（或冷却）介质入口；
5—驱动装置；6—进出料口

　　为了增加物料在容器内的紊流程度，以提高混合精度，还可以在内部增设搅拌构件，该混合机的筒体内部结构如图4-7所示。主轴在容器内部有若干个相互间隔且不垂直于轴线的斜板，在筒体主轴旋转时，接近斜板的物料在斜板的作用下落入至勺子状的盛器内，而后这些物料在离心力作用下甩到盛器的外围，并被导流板推到容器的另一侧，在斜板的作用下物料形成循环运动。斜板、勺子状盛器还能对被混合的物料中的颗粒起破碎作用。

　　双锥式混合机的筒体内还可以安装破碎装置和加液装置（见图4-8中点线和实线），以破碎物料中的团块和向物料喷洒液体。

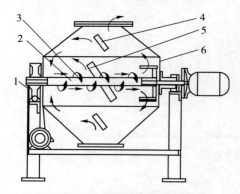

图4-7　设内部构件的双锥混合机

1—传动装置；2—主轴；3—勺子状盛器；4—导
流板；5—斜板；6—筒体

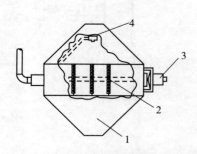

图4-8　具有破碎和加液装置的双锥混合机

1—料筒；2—破碎杆；3—回转轴；
4—喷液装置

在传统双锥混合机的基础上又开发出一些新结构，称为异形双锥混合机，见图4-9。还有的机型容器与水平轴成一定角度安装，可以提高物料的聚并和分散效果，以提高混合精度，见图4-10。还可以在一台设备中安装两台容器，用同一套传动系统驱动，以增加生产能力，见图4-11。图4-12是日本制造的双锥混合机。

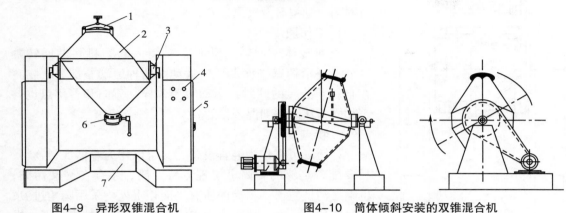

图4-9　异形双锥混合机　　　　　　　图4-10　筒体倾斜安装的双锥混合机

1—加料口；2—料筒；3—主轴；4—控制开关；
5—传动箱；6—出料口；7—机座

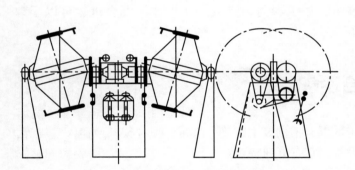

图4-11　筒体倾斜安装的双锥双筒混合机

该类混合设备的主要特点是装料的筒体以一定角度倾斜安装在主轴上。在筒体绕轴旋转时，筒内垂直方向运动的物料受倾斜作用力作用而发生水平方向的移动，物料以螺旋方式运动。而且筒体每转半圈，筒内物料方向改变一次，从而可使物料得到充分的混合。

五、斜轴式滚筒混合机

斜轴式滚筒混合机结构如图4-13所示，圆柱形料筒倾斜放置在混合箍架上，混合箍架的转动带动料筒同时转动。由于料筒与水平面成一定角度，物料在筒内呈三维运动，适用于密度差大、物料混合精度要求高的情况。设备具有结构紧凑、操作简单、清理方便等特点。

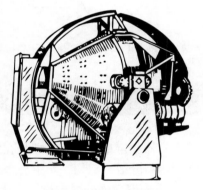

图4-12　双锥混合机

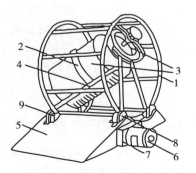

图4-13　斜轴式滚筒混合机

1—支承环；2—绑带；3—盛料筒；
4—筒座；5—机座；6—减速机；
7—电动机；8—从动轮；9—主动轮

六、料筒混合机

料筒混合机由机座、回转体、传动系统、提升系统及定位控制系统组成。其中回转体的水平回转轴与铅垂面呈30°夹角（另一面呈60°），筒内布有料筒自动提升及夹紧装置，见图4-14。

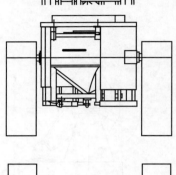

图4-14　料筒混合机

1. 工作原理

当回转体做回转运动时，料筒内的物料除做回转翻动外，还沿筒壁平面做切向运动。两种运动叠加后，物料在自转、公转的同时，运动轨迹各异，方向和着落点也各不相同，从而达到混合目的。

2. 特点

料筒既可以作为混合设备，又可以作为容器周转物料，只要配备足够的料筒可实现专料专筒，不存在交叉污染，也不必清洗料筒。料筒内所有平面相贯处均采用圆角过渡，不存在死角，在充填系数为50%～80%时混合效果良好。操作简单，只要料筒推入转框中，启动开关，料筒便自动提升、夹紧、运转，当达到预先设定的时间后，混合机自动停机，放下料筒，完成一次操作。混合机也可以手动操作。

第三节　容器固定型混合设备

容器固定型混合设备即是在固定的混合槽内装上螺旋、螺带、搅拌桨叶或通入空气等，强制粉料分散、剪切、集中混合的设备，它有下列特点：

① 内聚性强的微粒粉体能达到高精度混合；

② 混合比大时也能达到良好的混合要求；

③ 可添加料液进行润湿混合；

④ 操作空间比容器回转型小；

⑤ 可进行间歇式、连续式两种操作；

⑥ 混合料进出方便；

⑦ 某些型式的混合设备可兼作贮槽。

一、犁刀式混合机

犁刀式混合机由德国洛蒂格公司（Lodige）首先开发成功，因搅拌桨形似犁地的犁而得名，主要用于化工、农药、染料、颜料、石油工业的固-固（粉体与粉体）、固-液（粉体与少量液体）的混合。在农药加工中犁刀式混合机主要用于生产各种粉剂和干法造粒前粉体的混合操作，图4-15是犁刀混合机的三维图。

犁刀式混合机用于农药粉体混合，具有混合精度高、混合效率高、能耗低、运行平稳、密闭操作的特点，并且操作和维修都很方便。不仅能明显提高产品质量、降低生产成本，而且可以改善劳动环境，提高生产效率。电动机通过摆线减速机变速带动主轴转动，犁刀同主轴以80~140r/min的转速旋转，图4-16是犁刀混合机的内部构件图。在筒体上安装有飞刀组，其结构如图4-17所示。工作时以1400~3000r/min的转速高速旋转，起搅拌和粉碎物料团粒的作用。飞刀组有多功能密封结构，能有效防止粉体进入轴承。物料在筒体内受旋转犁刀的高速搅拌作用，沿筒壁周向做湍流运动。当物料与飞刀组接触时，飞刀组立即把团块状物料粉碎，又使物料向主轴方向飞溅。在犁刀和飞刀组两个垂直方向高速搅拌复合力的作用下，强制物料做高速扩散、更迭、交错等运动，增加了物料的湍动，使其在短时间内达到均匀混合。

该机内装有喷加液体用的进液管，管端设有喷嘴，当需加入液体（如造粒）时，可以通过这里加入，增加了混合机的功能，目前这种混合机已经系列化，图4-18为犁刀式混合机的实物图。

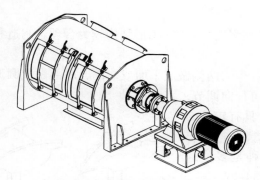

图4-15 犁刀式混合机

图4-16 犁刀式混合机的内部构件

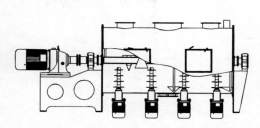

图4-17 犁刀混合机飞刀的安装位置

图4-18 犁刀式混合机实物图

1. 工作原理

当混合机运转时，主轴以适当的转速带动犁刀旋转，飞刀由电动机直接驱动，并高速旋转。筒体内物料受犁刀强烈作用而抛起，一部分物料沿筒壁做圆周运动，另一部分物料被抛向筒体中心或沿犁壁法线方向向筒体两端飞散，进行浮游式扩散混合。同时，物料流经高速旋转的飞刀时，被高速剪碎和强烈扩散，进行剪断扩散混合。因而，粉粒体在该混合机内的运动轨迹纵横交错，互相撞击，产生强烈的涡流，在极短的时间内就达到均匀的混合。粉粒体在犁刀式混合机内的运动轨迹如图4-19所示，图4-20所示为用标准偏差与混合时间t表示的混合特性曲线。从混合特性曲线可看出，该混合机的混合精度是很高的，混合时间也短。

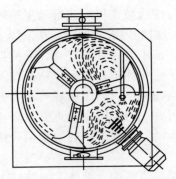

图4-19　粉体在犁刀式混合机内的运动轨迹

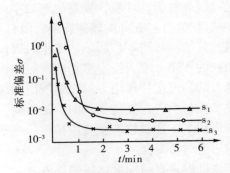

图4-20　犁刀式混合机的混合特性曲线

（s_1、s_2、s_3为试验编号）

2. 结构

（1）筒体　有圆形和U形两种。圆筒体机械强度高一些；U形结构较为合理，制造和使用也较方便。

（2）犁刀　犁刀是该混合机的关键部件，犁刀两侧做成平面或曲面，底部做成圆弧或锯齿，如图4-21所示。犁刀安装在主轴上，可径向调节，以保证犁刀底部与筒壁的适当间隙。犁刀应具有较硬的材质，以免磨损。

（3）飞刀　飞刀有两种结构形式，一种是多片式飞刀，见图4-21；另一种是花瓣形飞刀，见图4-22。

（4）出料阀　出料阀安装在卧式筒体底部中间，一般多采用旋塞阀。为了减少出料残留影响也常用大板阀，阀板须采用无空间死角的结构，见图4-23。

图4-21　犁刀的结构

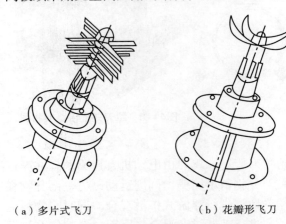

（a）多片式飞刀　　　　　（b）花瓣形飞刀

图4-22　飞刀两种结构形式

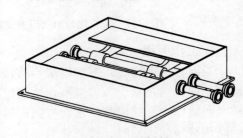

图4-23　翻板阀

二、单转子混合机

　　圆筒型单转子混合机如图4-24所示。U型单转子混合机如图4-25所示。这种混合机主要由装在圆筒形壳体中的一根带有桨叶的转轴构成。该混合机通常采用比较高的线速度（即桨叶顶端的线速度为30.5～45.7m/s），但在某些情况下也采用较低的速度。高速单转子混合机能产生如同粉碎机那样的强烈的冲击粉碎作用，它可用于需要强烈分散和粉碎的场合。这类混合机的壳体有的可以分开，以适应加热、冷却、加入少量液体和内部清理的需要。

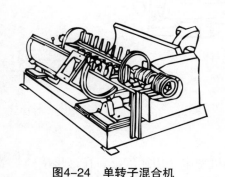

图4-24　单转子混合机

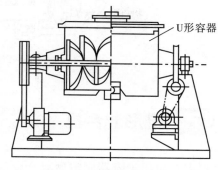

图4-25　U型单转子混合机

三、螺带混合机

单转子混合机的搅拌器结构变化很多，例如，在转轴上固定有螺旋带结构，见图4-26，在内部增设一些搅拌结构，见图4-27。混合机的结构是在固定的U型槽内装有螺带状的混合翼，转速较低。混合槽的长度为宽度的2.3～10倍，长的混合槽在一端进料、另一端出料，连续运转。有的出料口设在混合槽的中心处，外侧螺带回转时使粉体向中心集中，也有的是容器自身倾斜出料。该设备的缺点是混合槽的两端不能很好地混合。

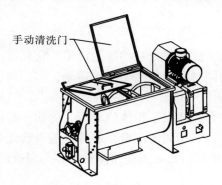

图4-26　螺带混合机

图4-27　内部构件

四、双转子混合机

双转子混合机如图4-28所示。这种混合机主要由装在圆筒形壳体中的两根具有桨叶或螺旋的转轴所组成。两根转轴相向转动，转轴的转速可在较低转速到较高转速的范围内进行变速。根据物料的性质和混合要求应选用不同的转速。

双转子混合机适用于不能自由流动的固体粉料的连续混合，也可以向该混合物料加入液体。混合时对产品的磨损较小。物料可以在进口以外的部位加入，即物料经过的轨迹可根据过程的要求进行改变。这种混合机易于加热或冷却，如在该设备外壳的夹套和主轴内部进行换热，便可在混合过程中进行热交换。双转子混合机有多种规格可供选用。

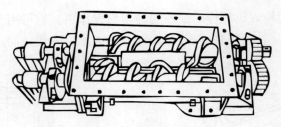

图4-28　双转子混合机

第四节　锥形混合机

锥形混合机属于容器固定型混合设备，但因其机型多，用途广泛，在这里单列一节进行介绍。

由于锥形混合机较其他混合机有混合精度高、效率高、运转平稳可靠、能耗低、容积大、进出料方便等优点，深受操作者的欢迎。锥形混合机用到农药混合中也不过十几年的时间，因其诸多优点其显示出强大的生命力。原来的锥形混合机受技术限制，容积比较小。最近几年开发工作取得较大进展，已经把锥形混合机的容积放大到30m³，加工质量也接近国外水平。螺旋轴也开发出多种类型，轴的数量也从单轴发展到双轴、多轴形式。为满足加入液体农药的需要，在混合机内装有可以喷洒液体的喷嘴。现在锥形混合机已经成为农药企业主要混合设备。

一、锥形混合机混合机理

锥形混合机主要由单螺旋和双螺旋两种结构，此外还有一些派生机型。它是在一个倒锥的容器内装有两根或单根螺旋轴，在做自转的同时又沿锥壁做圆周运动，实现物料在混合机内全方位的混合。

正是由于螺旋在混合机内的公转、自转的组合，造成了粉体的对流、剪切、扩散、混合的复合运动，因此粉料在这种混合机内能迅速达到均匀的混合。靠螺旋的自转能否使物料自锥底形成上升流以及螺旋的圆周表面是否有足够的离心力使粉体排出，与螺旋的升角、自转速度都密切相关。

单螺旋锥形混合机是在一个主轴上安装有一个与锥形筒壁平行的倾斜螺旋轴。一般容积较小的为悬臂式，容积较大的底部加支撑。为了工艺需要，有些设备中安装有喷液装置，可以在混合的同时喷入少量液体，见图4-29。为了提高生产能力，可以将单螺旋锥型混合机制成"双体"型，见图4-30。表4-1是单螺旋混合机混合20%甲氯杀螟粉农药对比试验数据。

表4-1　单螺旋混合机混合20%甲氯杀螟粉农药对比试验数据　　　　单位：%

混合时间/min	单螺旋混合机						平均值	变异系数
	A	B	C	D	E	F		
2	6.48	6.73	9.99	12.24	8.05	3.13	7.77	40.4
6	8.11	8.74	8.21	8.74	8.99	11.05	8.97	11.95

混合时间/min	单螺旋混合机						平均值	变异系数
	A	B	C	D	E	F		
10	9.08	8.92	9.21	9.89	8.86	9.36	9.22	4.80
15	8.99	9.11	9.18	9.31	9.23	9.23	9.18	1.22
20	9.23	8.94	9.23	9.36	9.12	9.01	9.15	1.70

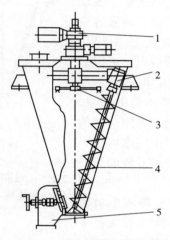 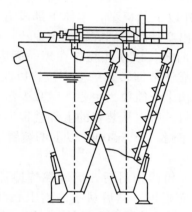

图4-29　单螺旋锥形混合机　　　　　图4-30　"双体"单螺旋锥形混合机

1—传动装置；2—转臂传动装置；3—喷液装置；
4—螺旋轴；5—出料口

二、螺带锥形混合机

螺带锥形混合机是锥形混合机的一种，将混合机内的转动混合部件制成螺带状，见图4-31和图4-32。螺带一般布置在锥形筒壁附近，螺带旋转时，在筒壁处带动物料向上运动，中心产生空穴后物料又向中心跌落，反复更迭，最后使物料混合均匀。

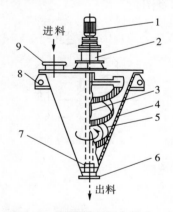 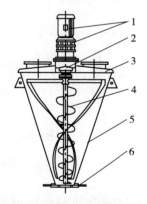

图4-31　螺带锥形混合机（一）　　　　图4—32　螺带锥形混合机（二）

1—电动机；2—减速机；3—中心轴；4—筒体；5—螺带；
6—出料口；7—底部支撑；8—支座；9—加料口

1—电动减速机；2—中心轴；3—筒盖；4—中心螺旋；
5—筒体；6—出料阀

三、双螺旋锥形混合机

（一）对称型双螺旋锥形混合机

双螺旋锥形混合机主要由传动系统、两根倾斜对称排列的螺旋轴、锥形筒体、出料机构、密封装置等部件组成，见图4-33。

设备本体是固定式倒圆锥体容器，沿内壁面左右对称地装有螺旋回转轴。螺旋轴安装在上部回转翼上，用涡流制动器固定，驱动回转翼减速器的位置在设备顶部，驱动器可以无级变速。装置容量在4000L以下的机型，本体下部没有轴承，物料直接从下部排出。通常排出产品时，螺旋轴正向旋转，遇到流动性差的粉末，可以采用反向回转，以便让物料在短时间内排完。螺旋轴的构造是上部悬臂，靠调节回转翼的上下位置以改变螺旋轴和设备本身的间隙，装置结构十分简单，主要考虑减少污染。回转轴的密封采用标准的填料密封，所以从装置的上部就很容易进行维修，根据用途可以采用机械密封。对于5000L以上的装置下部有轴承，采用下侧面排料方式。

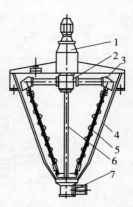

**图4-33 双螺旋锥形
混合机**

1—传动系统；2—分配
箱；3—传动头；4—筒体；
5—螺旋轴；6—拉杆；
7—电动出料装置

投入粉体物料后，启动螺旋搅拌器，物料上升至圆锥形容器的内壁面附近，然后从本体内中心部位沿搅拌轴下降，形成循环流动。这样，装置内的所有物料都在循环流动中得到搅拌混合。

电动机拖动摆线减速机及传动机构运动，使筒体内两根对称螺杆沿锥体内壁进行自转，把粉状农药向上提升，形成两股对称的沿筒壁向上提升的螺柱形物料流。螺杆又沿锥壁公转，把螺旋外的物料和螺旋内的物料不断剪切、错位、更换翻动。被提升的两股物料又不断向中心凹区回落，补充底部物料后被提升产生空穴而形成对流。物料在短时间内得到均匀混合，而且离析少、无死角。锥形混合机的工作主要分为三个过程：①双螺旋的自转运动将物料自下而上提升，形成了螺旋物料流；②螺杆的公转使锥筒内物料都有进入螺柱包络体的机会，使物料全方位混合和扩散成为可能；③被提升物料不断向中央回落补充底部空穴，形成对流循环。图4-34是物料在混合机内翻动示意图。

（a）自下向上螺柱物料流

（b）全圆周方位物料更新和混合

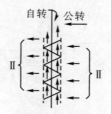
（c）沿轴线运动物料流

图4-34 物料在混合机内翻动示意图

（二）双螺旋非对称锥形混合机

双螺旋非对称锥形混合机如图4-35所示，该机采用了螺旋轴悬臂结构，两根螺旋轴一长一短，直径一大一小，长螺旋轴沿锥体的内壁运动，短螺旋轴靠近锥体中心部位运动。

已在化工、农药、染料、医药、饲料、食品、建材等行业中得到广泛的应用，深受用户欢迎。

双螺旋非对称锥形混合机是行星式混合机，该机混合精度高、能耗低、粉尘密封性好、出料干净、混合后的制剂稳定。对于混合比小、物料密度差大、粒度不同的组分都有较好的适应性，同时对颗粒物料的磨损和挤压也很微小。此外，这种混合机还可以在锥体外加夹套进行加热、抽真空等操作，成为较理想的混合/干燥或反应设备。双螺旋非对称锥形混合机的结构优点及主要技术参数如下。

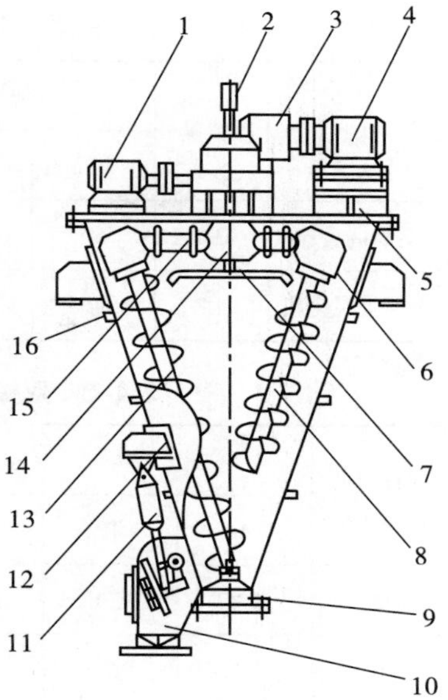

图4-35　双螺旋非对称锥形混合机

1—公转电机；2—万向接头；3—主减速机；4—自转电机；5—电机座；6—转臂头；7—喷液系统；8—短螺旋；9—底支承；10—出料斗；11—卸料机构；12—支座；13—长螺旋；14—分配箱；15—转臂；16—加强圈

1. 采用悬臂螺旋结构

双螺旋非对称锥形混合机双根螺旋轴是悬臂结构，螺旋轴与传动头刚性连接，底部无任何支承，运转时靠物料使之自动定心，不产生摆动，消除了两根螺旋轴之间的影响。螺旋轴的受力状况好，因此大大降低了制造维修成本，提高了生产效率。同时取消铰支装置，使混合机内减少了一个漏油点，因而该机型更适用于卫生要求较高的行业。

2. 悬臂螺旋的非对称排列

混合机两根螺旋轴一长一短，长螺旋轴直径小，短螺旋轴直径大。长螺旋轴靠锥壁安装，短螺旋轴靠中央部位安装，这样扩大了搅拌范围，克服了中间混合薄弱区，使混合机内的全部物料处于四种流动型的复合运动之中，提高了混合的效率。

3. 增加了喷液装置，扩大了使用范围

在混合机设计中增加了喷液系统，使该机型在进行固-固相混合外，还能进行粉体中添加少量液体的混合操作，实现了特殊物料的混合，扩大了该机型的用途。

4. 公、自转的分别传动

混合机公、自转分开传动。使用时先启动自转再启动公转，有利于混合机在有负载的情况下启动，也方便混合过程中取样和观察。

5. 双螺旋混合机的应用

（1）提高生产率　农药粉剂加工用的滚筒混合机，一般要用20～30min才基本混合均匀。而行星式混合机一般用10～15min，双螺旋混合机在混合3～5min时已达到了滚筒的混合水准，提高效率3～4倍。

（2）提高产品质量　混合机混合质量稳定，混合精度高。如用滚筒混合机混合农药可湿粉，其抽样检验的标准偏差$\sigma_{滚}=45.8\times10^{-4}$，用双螺旋混合机则为$3.25\times10^{-4}\sim7.45\times10^{-4}$。

（3）动力消耗低　由于行星式双螺旋锥形混合机内的两根螺旋轴在物料中搅拌缓慢，所以能耗较低。表4-2列出25%速灭威可湿性粉剂混合的现场实测功率。表4-3是双螺旋混合机混合20%甲氯杀螟粉农药对比试验数据。

表4-2　25%速灭威可湿性粉剂混合的现场实测功率

机型	投料量/t	加料		混合		出料		能耗/（kW/t）
		时间/min	平均功率/kW	时间/min	平均功率/kW	时间/min	平均功率/kW	
滚筒混合机	3.0	50	3.6	5	3.6	10	3.6	1.34
双螺旋混合机	4.3	约60	0（停机）	3～5	8.4	2	6.5	0.21

表4-3　双螺旋混合机混合20%甲氯杀螟粉农药对比试验数据　　　　　单位：%

混合时间/min	双螺旋混合机						平均值 μ/%	标准偏差 $\sigma/10^4$	变异系数 C_V/%
	A	B	C	D	E	F			
2	11.87	9.36	10.61	9.79	9.11	7.96	9.78	133.19	13.6
6	9.80	9.71	9.82	9.74	9.74	9.61	9.74	7.45	0.76
10	9.74	9.74	9.86	9.79	9.74	9.66	9.76	6.63	0.68
15	9.74	9.69	9.70	9.69	9.74	9.69	9.71	2.48	0.26

　　根据生产的实际需要，可选择带有喷液装置的锥形双螺旋混合机。在系统配置上，几个混合机的大小不需要一样大。如果在粉碎系统中使用，因为通过气流粉碎后产品体积会增加，所以在气流粉碎机前面的混合机可以相对减小。例如，粉碎机前的混合机为2m³时，粉碎机后面的混合机可以配3m³，这样可以适当控制投入成本。流程布置见图4-36。

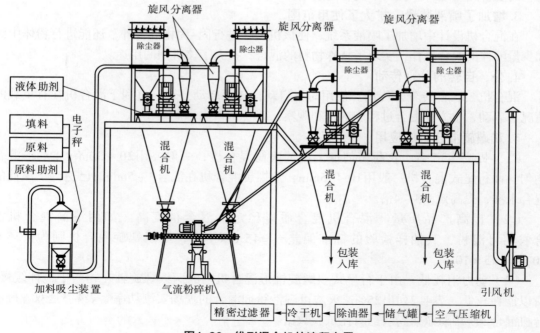

图4-36　锥形混合机的流程布置

一、二维运动混合机

1. 二维运动混合机的工作原理及结构

二维运动混合机其结构如图4-37所示。该混合机主要包括料筒、两套料筒运动机构和安装该两套料筒运动机构用的上、下机架等部件。料筒被固定在上机架上，运动机构一套为料筒圆周运动传动机构，另一套为料筒摇摆运动传动机构。料筒圆周运动传动机构装于上机架，该传动机构由电动机、减速机、链轮、链条和长轴等组成；料筒摇摆传动机构装于下机架上，该传动机构由电动机、减速机、轴和连杆等组成。

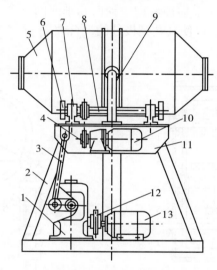

图4-37　二维运动混合机

1—减速机；2—下机架；3—摆动杆；4—链轮；5—料筒；6—驱动轮；7—轴承座；8—长轴；
9—挡轮组件；10—驱动装置；11—上机架；12—带轮；13—电动机

二维运动混合机运动示意图如图4-38所示。料筒在圆周运动传动机构的带动下做圆周运动，同时又在摇摆运动传动机构的传动下绕摆动轴上下摆动，从而使料筒同时获得由自转和摆动这两种互相独立运动所形成的复合作用，以实现对其中物料进行混合。

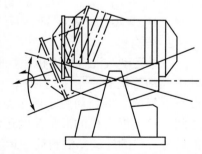

图4-38　二维运动混合机运动示意图

2. 二维运动混合机的特点

① 二维运动混合机结构简单，能耗较少。

② 设备机械强度、刚度较好，稳定性高，容易实现产品规格的多品种和大型化。

③ 运动形式简单、振动小，无须采取减振措施，制造时钢材用量较少，故整机质量轻。

④装料和出料简便，混合效果具有可控性，还可增设加湿、加液、粉碎和加热装置等，以增加设备功能。

二、三维运动混合机

三维运动混合机又称摆动式混合机、多向运动混合机，是一种高效、高精度的新型混合机。三维运动混合机（见图4-39）是国内研制开发的，并已在工业上获得较为普遍的应用。它是三维运动混合机中最主要的一种，共有10种主要规格。这种混合机具有结构简单、造价低、混合性能好的优点，是一种更新换代的产品。

1. 工作原理

三维运动混合机的主体部分是一个典型的空间连杆机构（见图4-40）。除主动轴和从动轴互相平行外，其余相邻转动副的轴线相互正交。当主动轴以等速回转时，从动轴以变速向相反方向旋转，使料筒同时具有平稳、自转和可倒置的翻滚运动，迫使料筒内的物料受到强烈的交替脉冲作用而产生沿筒体环向、径向和轴向的三个方向的复合运动。物料交替地处于聚集和弥散状态之中，以使其达到极佳的混合效果。

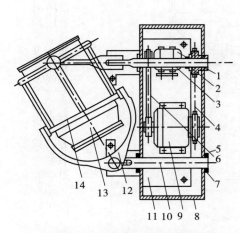

图4-39 三维运动混合机结构简图

1—电动机；2—链轮；3—主动轴；4—链条；5—皮带；6—皮带轮；7—轴承；8—箱体；9—减速机；10—从动轴；11—底板；12—摆叉；13—料筒；14—外摆筒

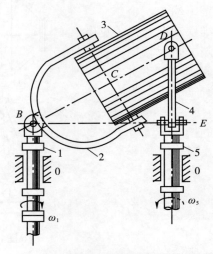

图4-40 三维运动混合机连杆机构

1—从动轴；2—左摆叉；3—料筒；4—右摆叉；5—主动轴

2. 结构

三维运动式混合机由机座、驱动装置、万向摇臂机构、混料筒及电器控制系统等组成。其中驱动系统有一个主动轴和一个从动轴，每个轴带有一个Y形万向节，两个万向节之间设有混料筒，混料筒置于两个空间交叉又互相垂直并分别由Y形万向节连接的主、从动轴之间。这类混合机的混料筒的运动形态是在进行自转的同时还进行公转，并且有上下左右前后全方位的运动。混料筒的运动由如下几种运动方式组合而成：上、下的剪切运动；左、右的平移运动；自转和公转的旋转运动。

3. 结构特点

三维运动式混合机具有以下结构特点：

①内筒为全封闭结构，可实现无菌、无尘操作。

② 料筒内无对物料构成剪切作用的零部件，故温升甚微。特别适用于热敏性物料的混合，同时还有利于保持物料的原来形状。

③ 混合所需的时间短，一般只需其他混合机的1/4混合时间便可达到同样的混合效果。

④ 因无离心力作用，在混合过程中物料不会产生密度偏析以及分层、集聚现象，混合均匀度高达99%左右，是精度较高的固体混合机之一。

⑤ 混料筒装料系数大，装料系数可达85%。

⑥ 设备高度低，回转空间小，占地面积少。

⑦ 设备振动小，噪声低，使用寿命长。

三、双筒式三维运动混合机

单筒式三维运动混合机的滚筒及左、右摆叉在一周运转中产生强烈的不平衡惯性力，即在某处相位A瞬时功率达到峰值，而在相位A后的180°相位B又出现"波谷"。这种功率曲线过大的峰谷差值显然浪费了动力。由于对设备部件的特殊设计，双筒式三维摆动混合机（见图4-41）使不平衡力尽量互相抵消，瞬时功率比较平坦，设备比单筒式更符合节能原则，可不必采取"加重底座"的减振措施，使整机质量减少了1/4 ~ 1/3。

间歇操作的三维摆动式混合机可改进为连续生产的摆动式混合机。此设备在国际市场上已受到普遍欢迎和较好评价。

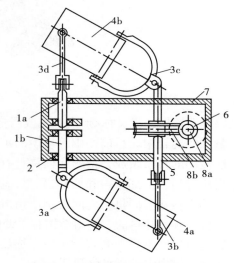

图4-41　双筒式三维运动混合机

1—从动轴（1a、1b）；2—轴承；3—叉形摇臂（3a、3b、3c、3d）；4—滚筒（4a、4b）；5—主动轴；6—电动机；7—轴承箱；8a—蜗杆；8b—蜗轮

第六节　粉体增湿设备

所谓增湿，就是在粉体物料中加入少量液体，通常要求液体与粉体混合均匀，主要用于可湿性粉剂中加入少量液体助剂、WG造粒前加入12% ~ 20%的液体制成软材等。虽然外观仍然是固体特征，但其流动性远不如干粉。另外，加入液体时存在物料结团的可能性，这是生产所不希望的。因此，选择合适的增湿设备、合理的操作方法十分重要。

一、捏合机

1. 捏合机的结构

捏合机的容器一般为槽形结构，内部有两根相向旋转的搅拌捏合装置，主要用于粉体中加入少量液体的均化操作（如生产水分散粒剂前物料的加湿均化），基本结构如图4-42所示。由于捏合过程中可能产生热量而使物料黏稠，一般要增加水冷夹套以使物料降温。投料及出料主要是通过油压（一部分机种是手动操作）使捏和槽倾倒或复位，上盖的开闭也是油压操作（部分机种为手动），投料和出料非常方便。如果在上盖上再开装投料孔，也可以从上部进行投料。

图4-42　捏合机的内部结构

双臂捏合机又称Z形捏合机或西格马转子捏合机，广泛应用于生产水分散粒剂前加入少量水的混合中。目前，中等规模的生产大多使用这类捏合机。它主要由两个在方形槽中反向转动的转子组成，槽的底面是具有鞍形截面的两个纵向半圆柱面，转子的一端或两端由齿轮传动，上部有盖和加料口。最老的机型是通过底部的开门或阀门进行卸料。在不要求全部卸料或不同批料之间无须严格清除的情况下，这种形式仍在采用。但更常见的双臂捏合机是倾斜卸料的，倾斜结构有手动的，也有机械或液压传动的，还有用螺杆连续排料的。底部鞍形钢槽呈夹套式，可通入加热或冷却介质。有的高精度混合室还设有真空装置，可在混合过程中排出水分和挥发物。

双臂捏合机的混合作用是主体运动、刮抹、张拉、叠合、切分和当物料被转子、鞍形面和侧壁拉挤时的复合作用的叠加。转子倾斜，以达到物料的循环，并使物料能够向下翻过鞍脊的转动。转子外缘与混合室壁的间隙约1mm。转子有相切的，也有搭接的。前者两转子外缘运动迹线是相切的，两转子可同向也可异向旋转，两转子以不同速度运行，其速度比为1.5∶1、2∶1或3∶1，相切转子的优点是相对位置不断变化，造成更快的混合。当转子旋转时，物料在两转子相切处和转子外缘与混合室壁间的两个区域受到强烈的剪切，这都有利于分散混合。除此之外，转子对物料的搅动、翻转作用有效地促进了各组分的分布混合。对相切安装的转子而言，单位体积被刮擦的传热面积较大，被带到转子上的物料较少。这种安装方式特别适用于初始状态为片状、条状或块状的物料的混合。搭接式安装的转子，因外缘运动迹线相交，只能采用同速旋转。搭接式安装的剪切分散混合作用也主要发生在转子外缘与混合室壁的小间隙区。由于两转子外缘相交，在相交区物料做交叉运动，故其分布混合比相切式更有效。它适用于粉状、糊状和高黏度液态物料的混合。此外，搭接的转子可以避免黏性物料附着在转子上。

一般认为，由于有两个剪切分散区域，转子相切式安装更适用于分散混合为主的混合过程。转子搭接式安装有一个剪切区域，但分布作用强烈，更适用于分布混合为主的混合过程。

2. 转子类型

转子装在混合室内，转子与驱动装置相连接。转子类型很多，常用的转子类型如图4-43所示。最基本的是图4-43中的（a）类，其状如"Z"形，故称为Z形转子。

转子在混合室内的安装形式有两种，一种为相切式安装，另一种为相交式安装。相切式安装时，两转子外缘运动迹线是相切的。相交式安装时，两转子外缘运动迹线是相交的。相切式安装时，转子可以同向旋转，也可异向旋转，转子间速度比为1.5∶1、2∶1或3∶1。

相交式安装的转子因外缘运动迹线相交，只能同速旋转。相交式安装的转子其外缘与混合室壁间隙很小，一般在1mm左右。在这样小的间隙中，物料将受到强烈剪切、挤压作用。这一作用一方面可以增加混合（或捏合）效果，同时可以有效地除掉混合室壁上的滞料，有自洁作用。

对于转子相切式安装的捏合机，当转子旋转时，物料在两转子相切处受到强烈剪切作用。同向旋转的转子或速度比较大的转子间的剪切力可能达到很大的数值。此外，转子外缘与混合室壁的间隙内，物料也受到强烈剪切作用。所以转子相切式安装的Z形捏合机，主要有两个分散混合区域——转子之间的相切区域和转子外缘与混合室壁间的区域。除了分散混合作用外，转子旋转时对物料的搅动、翻转作用有效地促进了物料各组分间的分布混合。由于转子相切式安装具有上述特点，故此类捏合机特别适用于初始状态为片状、条状或块状的物料的混合。

转子相交式安装的捏合机，它对物料的剪切作用发生在转子外缘与混合室壁间的小间隙内。对物料的分布混合也是由转子的搅动所致。由于转子外缘是相交的，因而可在相交区域促使两个转子所在部位的物料做交叉流动，故其分布混合作用比转子相切式安装更为强烈，搅动范围更大。转子相交式捏合机更适用于粉状、糊状或高黏度液态物料的混合。

Z形捏合机的混合性能不仅取决于转子的安装形式，也取决于转子的结构类型。目前在捏合机中广泛使用着各种适用于不同混合用途的非传统形式的转子［见图4-43中（b）~（l）］。这些转子的出现极大地改进了捏合机的混合能力。

单螺棱转子［见图4-43（b）］可在转子之间、转子与混合室壁之间产生强大的剪切作用，因而对于黏性材料的分散、预混都是较为适合的。

X形转子［见图4-43（h）］，其突棱短且锋利，可用于小型捏合机中的重负荷混合。混合时间可能长一些。

双棱转子［见图4-43（d）］的结构与Z形转子大体相似，其混合作用与Z形转子也类似。有些双棱转子在棱部开有通孔，可增大分布作用。

三棱转子［见图4-43（j）］与Z形转子大不相同。

类螺带转子［见图4-43（f）］的结构与螺带混合机中的螺带相似，混合强度较低，故很适用于粉状物料及黏性材料的混合。由于两根螺带形转子同时转动，所以混合效果比螺带混合机要好。

齿形转子是在转子棱峰上加上锯齿形结构，可用于材料的初混。

爪形转子［见图4-43（c）］的突棱短而尖锐，可使团块物料破碎，适用于易结成块状的物料的混合。

大型捏合机的转子一般设计成空腔形式，以便向转子内通入加热或冷却介质。

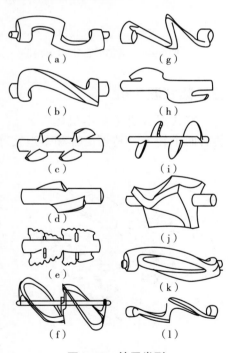

图4-43 转子类型

（a）Z形转子；（b）单螺棱转子；（c）爪形转子；（d）双棱转子；（e）齿形转子；（f）类螺带转子；（g）导向双螺棱转子；（h）X形转子；（i）刀片形转子；（j）三棱转子；（k）中空双棱转子；（l）双向双棱转子

二、槽形混合机

槽形混合机（见图4-44）是安装在水平轴上可以摇摆的U形桶体，桶体中水平安装带桨叶的搅拌轴，通过此轴搅动物料。装料时U形桶体水平放置，盖上盖后启动搅拌轴开始搅拌，并加入少量水进行捏合，出料时桶体旋转一定角度将物料倾倒出来。

本机适用于农药行业的水分散粒剂生产中粉体加水混合制软材的操作（见图4-45）。特别适用于要求均匀度高、物料密度差大的物料的混合。本机与物料接触处均采用不锈钢制造，桨叶与桶身间隙小，混合无死角。搅拌轴两端沿有密封装置，能防止物料外泄，本机具有结构紧凑、操作简单、外形美观、占地面积小、清理方便、混合效果好等特点。

图4-44　槽形混合机内部构造

图4-45　槽形混合机与旋转造粒机配合使用

三、桨式混合机

桨式混合机主要由机体、转子、排料机构、传动部分和控制部分组成。机体内并排装有两个转子，转子由轴和多组桨叶组成。大部分桨叶呈45°安装在轴上，见图4-46。只有一根轴最左端的桨叶和另一根轴最右端的桨叶与轴线的夹角小于其他桨叶，其目的是让物料在此处获得更大的抛幅而较快地进入另一转子作用区。两轴安装的中心距小于两组桨叶长度之和，由于两轴上的桨叶组对应错开，转子运转时，两根轴上的对应桨叶端部在机体中央部分形成交叉重叠，但又不产生碰撞干涉。

机体为双槽形，其截面形状呈W形，机壳用碳钢或不锈钢制造，机体顶盖上有若干个开口，用于排气或观察等。两机槽底部各开有一个排料口，用于快速排空机内混合后的物料。两排料口各有一个排料门，排料门的开关控制有气动或电动两种形式。传动部分一般由一台电机直联型减速器加链传动系统组成，也可采用两台电机直联型减速器分别驱动两轴同步相向

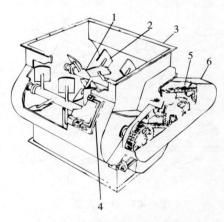

图4-46　桨式混合机三维构造图

1—搅拌轴；2—搅拌桨叶；3—干燥机筒体；
4—检修孔；5—传动装置；6—传动罩

旋转的形式。控制部分主要是控制电机的启停及排料门的开关，排料门的开关控制可与进出料控制连锁。

四、无重力混合机

无重力混合机有与犁刀式混合机相同的应用领域，结构如图4-47所示。机体为卧式简体、双轴多桨结构，混合机的机体制成"W"形，顶部装有喷雾加液装置，物料从顶部加入，混合后由底部出料口出料。

湿法生产WG时首先要将粉状物料通过混合的方法加水捏合成塑性物料，一般采用瞬间失重混合设备，又称WZ系列无重力粒子混合设备，是20世纪90年代初研制开发的新型混合设备。

该混合设备由简体、搅拌轴、桨叶、传动装置、加料口和出料口等组成。它是在具有"W"形状的混合室内装有一对以反方向旋转的轴，该轴由电动机通过减速机、链条（或齿轮）带动。在每根轴上安装具有一定角度、一定数量且呈重叠状的桨叶，内部构件见图4-48。在桨叶达到一定圆周速度时，由于物料的上抛运动，故在混合室内形成流动层。层内的物料在对流混合的作用下进行混合，并产生瞬间失重，使之达到最佳混合状态，然后加水捏合。采用本机可实现负压送料技术，避免人工加料之苦，也无粉尘外逸现象。在设备上方安装两排低压喷头，将水以雾化的方法加到粉料中。另外，捏合时物料受挤压而产生热量，易使物料黏结。本案将设备外壳增加冷却水夹套，及时对物料进行降温，使操作能顺利进行。

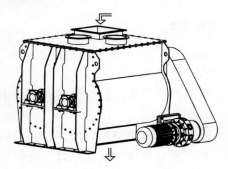

图4-47　无重力混合机

图4-48　内部构件

该类设备的混合性能好，装料系数大，占地面积小，混合速率高，可以在15min内捏合一批物料。

无重力混合机不产生偏析，对密度较小（0.1～0.3g/cm³）的粉体物料也可以有效混合。对于农药和助剂密度差较大（如农药中加入无机载体）的物料的混合也不会产生偏析，混合精度高。对于配比为1:1000的固-固相混合，混合变异系数为3%～4%，混合时间只需1～3min。并且混合过程温和，混合后基本可以保持物料原来的物理状态。设备的装料系数为0.1～0.6，在此范围内均有良好的混合效果。由于采用卧式结构，密封操作，设备运转平稳，噪声低，是农药混合的理想设备。目前已制成6个规格，容积为0.1～4m³。加水增湿时在顶盖处加入若干个喷嘴，将定量水通过喷嘴喷到料层上，使固液混合均匀、高效，液体喷嘴结构见图4-49。

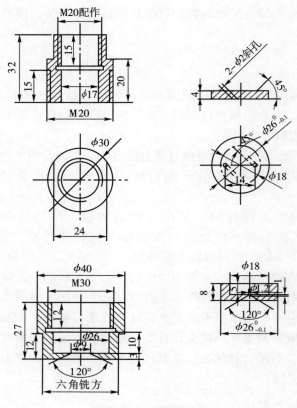

图4-49 液体喷嘴

五、新型卧式双轴搅拌设备

20世纪90年代，欧洲开发了不少新型卧式双轴搅拌设备，这些设备大多是用作高黏度物系的反应设备，也可用作高黏度物料的混合和捏合设备。

瑞士LIST公司生产的新型卧式双轴搅拌设备如图4-50和图4-51所示，它们属全相（all phase）型。既能混合高黏度、面团状的物料，如树脂熔融体，又能混合一些固体，即一些黏稠物料在外表结成硬皮后而成的固体，这两种设备的设计原理基本类似。

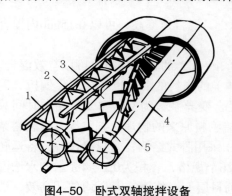

图4-50 卧式双轴搅拌设备

1—捏合杆；2—盘片元件；3—主搅拌器；4—清洁轴；5—捏合框

图4-51 瑞士LIST公司新型卧式双轴搅拌设备

1—主搅拌器；2—清洁轴；3—盘片状元件；4—捏合杆

图4-50中所示设备的两根轴中，左边一根是主搅拌轴，上面有许多与捏合杆连在一起的盘片，捏合杆稍有倾斜，这使物料在做径向混合的同时，又受到一个向前推进的轴向输送力。另一根轴为清洁轴，轴上装有一排倾斜的捏合框，清洁轴以三倍于主搅拌轴的转速进行转动。通过两根轴上元件的相互啮合，使搅拌器具有自清洁功能。搅拌轴和盘片的中间是空的，能通入换热用介质。另外，该设备又有换热用的夹套装置，具有高的换热能力。该装置的装料系数为65%～70%。物料在设备内的流动基本上属于平推流，停留时间可以控制在几分钟到两小时内。

图4-51是LIST公司1994年开发的新型全相型卧式双轴搅拌设备。主搅拌器和清洁轴上都用T形捏合杆，通过两根轴上的T形杆的互相啮合产生自清洁作用，清洁轴的转速是主搅拌轴的4倍。

第七节　混合精度控制及设备选型

一、混合精度的控制

（一）粉体混合的定义

农药的混合是把两种或两种以上的粉体按对流、剪切、扩散混合中的一种或几种机理进行均匀的混合。例如原药、填料和助剂等原材料进入粉碎机前要进行混合，粉碎后的物料一般也要进行混合。其目的是使制剂中的有效成分分布均匀，因此混合是制剂加工中的一个重要的工段。

所谓两种以上组分，可以是不同的物质，也可以是同一物质而有不同的物理特性：如含水率不同、颗粒直径不同、颜色不同等。

粉体混合是一复杂的随机过程，混合质量的评估及测定方法一直是困扰着人们的棘手问题。随着时代的发展，凭人的五官感觉来判定混合均匀度的日子已经过去。用科学定量形式来判定混合均匀度，就是粉体混合的定量分析。要做到定量分析，必然要有取样、检测、统计分析（数据处理）几个过程，从而得到一个单一的量值来表达混合物的均匀度。

（二）取样方法

从混合物中某一位置取出少量的物料，叫"取样"，这少量的物料叫作"观测样品"又称"点样品"，取样的位置称"取样点"。

在同一容器内、同一时间水平上，不同取样点取得的样品组成这一时间水平上的"样本"。点样品的个数即样本的大小。

关于样品的大小：在满足检测需要的量并可能对取样点周围物料具有代表性的前提下，样品越少越好。样品过多，不仅浪费物料，且对定量分析的正确性不利。

关于样品个数多少（即样本的大小）：样品个数越多，即样本越大，定量分析结果越可靠，误差率越小。但迄今为止，最佳样品个数尚未确定。据美国化学工程协会建议，要求5～15个样品，也有人认为至少需要20～50个样品。我国习惯上取5～10个样品。关于取样点位置，在物料处于静止状态下取样时，取样点应尽可能均布在物料的各个位置。如果能在混合物的运动流中取样，则比静止状态下取样所得分析结果要准确。所以，在条件许可的情况下（如最佳混合时间已经确定），在混合设备出口物流中取样较好。

（三）样品检测

将取得样品用化学或物理方法测定各组分尤其是关键组分——示踪物的含量：X。如果样品个数是5，则检测到5个结果：X_1、X_2、X_3、X_4、X_5。关于检测方法，应由组分的性质、混合的目的和实际条件来决定。

（四）统计分析

将上述检测结果用统计学的方法进行计算，得出单一的数值，来评估混合物的混合质量，叫统计分析法。

1. 算术平均值，又称样本均值（$\overline{X}$）

$$\overline{X} = \frac{1}{n} \sum_{n-1}^{n} X_i \tag{4-1}$$

式中　n——点样品数（样本大小）；

　　　X_i——第i个样品测得的参数，如质量、含水量、颗粒数等。

2. 方差（σ^2）

$$\sigma^2 = \frac{1}{n} \sum (X_i - X)^2 \tag{4-2}$$

3. 标准偏差

$$\sigma = \sqrt{\sigma^2} = \sqrt{\frac{1}{n-1}} \sqrt{\sum_{i=1}^{n} (X_i - X)^2} \tag{4-3}$$

在20世纪40年代以前，一直用σ来定义（评估）粉体混合质量，σ值越小，混合越均匀。然而，实践表明，这一定义在某些情况下很不精确，误差较大。

4. 相对标准偏差（V）

V有很多种算法，以下仅提供3个常用算法。

算法1　　　　　$$V = \frac{\sigma}{X} \times 100\% \tag{4-4}$$

算法2　　　　　$$V = \frac{\sigma}{\sigma_0} \times 100\% \tag{4-5}$$

式中　σ_0——极限情况之一（完全分离时）下的σ值。并可用式（4-6）求得：

$$\sigma_0 = \sqrt{P(1-P)} \tag{4-6}$$

式中　P——混合物中关键组分（示踪物）的理论含量。

算法3　　　　　$$V = 1 - \frac{\sigma}{\sigma_0} (\times 100\%) \tag{4-7}$$

习惯上，将算法1和算法2算得的V称作"变异系数"，V越接近于0，说明越均匀；将算法3算得的V称作混合精度或混合指数。

$$M = 1 - \frac{\sigma}{\sigma_0} (\times 100\%) \tag{4-8}$$

M值接近于1（或100%）说明越均匀。

几种算法算得结果虽然不一样，但含义相同，都反映了标准偏差相对于某一个基本量的相对值。算法2、算法3比较好，它受样本大小影响较小。算法3接近人们的思维习惯（"1"或"100%"是"完美"标准）。

二、自动称重设备

采用在设备支座上加装称重模块的方法，可以对混合设备中物料的质量进行实时计量。

（一）称重模块简述

1. 称重模块定义

称重模块是一种新型传感器应用结构。它将高精度剪切梁传感器、负荷传递装置与安装连接板等部件合为一体，既保证了剪切梁传感器精度高、长期稳定性好的特点，又解决了因安装不当造成称量误差的问题。

无论使用的是混合机、料斗、容器还是机械平台秤，都可利用称重模块改造成一台全电子秤，其关键在于称重模块独特的机械结构设计能保证传感器始终垂直受载，因而称量精确，重复性好。

2. 称重模块的分类

常用的称重模块有两种：FW静载称重模块和CW动载称重模块。FW静载称重模块主要适用于静态载荷称重场合，在这种场合下模块所受的侧向应力很小；CW动载称重模块可使用在水平冲击力较大的场合。

3. 称重模块的特点

称重模块一个突出的特点在于其简单合理的设计，没有需焊接的部件，保证快速地进行安装。

（二）FW静载称重模块

FW静载称重模块由顶板、底板、剪切梁称重传感器、传感器承压头及支撑螺栓等部件构成（如图4-52所示）。在称量时，载荷作用于顶板，通过传感器承压头施加到传感器上。模块的容量依据其所用传感器而定，FW称重模块的容量有0.5t、1t、2t、5t、10t、15t、20t、30t及50t。

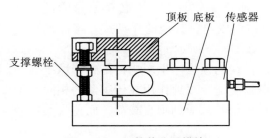

图4-52　FW静载称重模块

1. FW静载称重模块的结构类型

FW静载称重模块根据传感器的不同组装方式可分成三种类型，分别称为固定式模块、半浮动模块和浮动式模块。这三种类型模块的组合可使称重系统免受热胀冷缩的影响，保证传感器的受力点不变。如果容器的支撑脚多于3个，可以添加浮动模块。

（1）固定式模块　如图4-53所示，固定式模块通过一固定点连接传感器和顶板，使传感器不能平移，但可以围绕固定点旋转。在系统中，刚性管道和电气连接必须放在固定式模块附近，以确保准确称量。

（2）半浮动模块　如图4-54所示，半浮动模块阻止秤体围绕固定式模块转动，但允许秤体因热胀冷缩而产生径向移动，减少由此而导致的称量误差。顶板在切线方向受限位以防止秤体的转动。

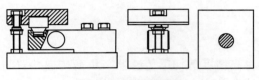

图4-53　固定式模块

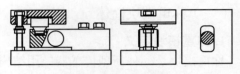

图4-54　半浮动模块

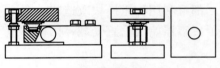

图4-55　浮动式模块

（3）浮动式模块　如图4-55所示，浮动式模块只承受垂直载荷，其顶板相对于传感器可以做任何方向的移动，移动幅度受支撑螺栓头与沉孔间隙的限制。

一套简单的称重系统必须由一只固定式模块、一只半浮动模块及一些浮动式模块组成。另外，半浮动模块必须安装在固定模块的对角上且其自由轴指向固定式模块。

2. 支撑螺栓

支撑螺栓的主要作用是抵御上抬力和倾覆力，另外它还能防止传感器在运输和安装过程中受力。模块安装好以后，应松开螺栓上部的螺母，使容器的作用力传递到传感器上。

如果容器是空的，支撑螺栓可作千斤顶使用。只需逆时针拧动螺栓上部的螺母，将顶板往上顶，就可以进行传感器的更换和维护。松动螺母降下顶板，则重新恢复到使用状态。

3. 秤体的热胀冷缩

静态秤体，如混合机和料斗等，通常都是钢制的，且结构非常紧凑，以维持承载点之间的联系。这些秤体在温度变化时会发生膨胀和收缩，对于传统的称重系统而言，应考虑热胀冷缩带来的影响。有了FW静载称重模块，可以最大限度地消除这个影响。因为整个系统只有一个传感器是刚性连接（固定式模块），秤体可以通过其他的浮动式、半浮动模块来承受膨胀和收缩（如图4-56所示）。

秤体热胀冷缩只会对模块的顶板产生影响，传感器承压头依然保持垂直，这样载荷就能重复地作用在传感器的相同位置。传感器的盲孔设计确保其只受到垂直载荷，而免受其他方向作用力的影响。

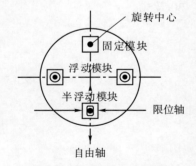

图4-56　秤体的热胀冷缩

三、混合机的自动称重系统的安装

固体农药剂型加工中，粉体混合是重要的操作工序。在自动操作流程中，需要对混合机内的物料进行全程监控，以保证混合设备内的物料具有相同的质量。防止设备超载、重载和满载，并使生产过程稳定。其方法是在混合设备的基础支座上设置工业传感器，信号通过电子仪表进行捕捉采集以达到监控目的。通过控制仪表设定基数对有一定配比的物料实现自动填充。工业仪表接受来自传感器的电压信号并转换成数字信号、模拟信号以及通信协议，供中央数字设备数据共享以实现自动化操作。称重系统的安装见图4-57、图4-58。

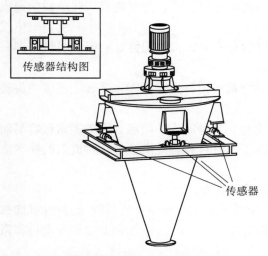

图4-57　传感器在锥形混合机上的安装方法

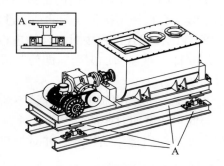

图4-58　传感器在槽形混合机上的安装方法

第八节　混合设备的选型

混合设备选型时，首先要了解该混合操作过程在整个生产中所处的位置、混合目的、最终要求达到的混合精度、粉粒体的物性和处理量以及其他相应的工作条件。这些工作条件主要包括：间歇式还是连续式操作、物料是否对剪切敏感、有无腐蚀性或特殊的结构材料、是否允许粉粒体尺寸的减小、热量的移出或加入、环境要求、混合设备的维护清洗要求等。同时还必须结合混合设备本身的特性来选用合适的混合设备的类型。一般情况下，可根据下列基本原则进行选型。

一、根据过程的要求进行选型

混合设备在选型时，很少仅仅根据一系列独立实验中得到的混合物质量来确定设备类型。通常要综合考虑混合物质量和不同混合设备类型对过程的相容性，初始选择时首先将不相容的混合设备淘汰。这些相容性主要指以下内容。

1. 产品的纯净度

在很多工业生产中，产品的纯净度是最重要的。为避免批量操作之间的污染，每次使用后，混合设备有时要清洗。为适应这一条件，混合设备内部形状要光滑，内表面应进行高精度抛光处理，而且要易于清洗操作。为避免润滑油可能产生的污染，轴承与密封件不应与混合物直接接触或安放在混合物上面。回转筒式混合设备——即常见的立方形、双锥形、V形和Y形混合设备能满足上述的所有要求，具有简单的外形，并且混合设备内部与旋转部分无接触。而带有复杂叶轮装置的低速对流混合设备，不仅存在着清洗问题，而且所有对流混合设备均存在混合物与润滑表面接触的可能性。

2. 密闭性

混合设备选型时，除要考虑能提供高纯度的产品外，还必须考虑粉尘逸出并污染环境等环保问题。从健康、安全及经济角度考虑，应尽可能减少粉尘逸出，将粉料全部密闭在封闭的混合容器中操作。但加料和卸料操作时，密闭必须打开，此时将有一些细粉尘逸出弥散到周围空气中，也应采取相应措施尽量减少污染。

回转式混合设备因回转轴封属静密封，所以容易密封，且密闭性好。但该类设备同时也有许多不足之处，主要表现为以下几点。

① 不利于在工作期间向内部添加物料。这类设备加料时大多需停止运转，或者在旋转容器上装一套机械结构很复杂的轴向进料系统。

② 难以在混合过程中对混合物进行加热和冷却。这是因为转筒混合设备通常很容易制作单层筒体，难以增加夹套。即使制成了，也存在如何对容器提供稳定旋转流向的换热流体等问题。

③ 难以对混合物质量实施连续不断的目测或机械监测。

与此形成鲜明对照的是，静止外壳、低速、对流式的混合设备在进行混合过程的同时，能很方便地向内部添加物料，并对加料过程实施监控，而且在筒体外壳上增加夹套也非常容易。

3. 粉碎作用

有时混合设备选型时还要考虑混合过程应避免或促使颗粒尺寸减小的问题，即混合设备的粉碎作用。一般情况下，转筒式混合设备和低速对流式混合设备的"温和"操作不致造成明显的粉碎；但高速叶轮冲击颗粒的混合设备或有强烈剪切作用的混合设备具有较强的粉碎作用。因此，如果要求设备的粉碎作用较小时，应避免选用高速叶轮混合设备以及叶轮与混合设备器壁间隙很小的混合设备。

4. 温升问题

带有大量能量输入的粉碎型混合设备，可能会使混合物产生可观的温度上升。若设备内混合物遇热会产生分解，则不宜选用该类设备，这类混合设备在农药加工中较少使用。

5. 磨损问题

对于研磨性能很强的颗粒，设备的磨损问题比颗粒磨细更重要，甚至与这类混合物的粉尘接触都可能引起轴承损坏。在这方面，转筒式混合设备具有较大的优越性，这是因为混合物与润滑表面不接触，而且简单的筒体壁面可采用耐磨损衬料涂层加以保护。

6. 混合湿粉料

若要混合湿粉料（如生产WG造粒前的增湿作业），可选用不依靠自然循环的对流式混合设备，即用强制对流混合设备。如在转筒式混合设备中增加湿度，为避免大量物料团聚结块，可在设备内部加装搅拌叶轮。

7. 工作方式

连续混合操作时，产品规格不会经常变动，设备的清洗功能也不太重要，关键是工作期间具备连续装料和卸料功能。通常螺带状搅拌器或流化床混合设备等结构的对流式混合设备可用于连续式混合工艺，而密闭型结构如转筒式混合设备等不太适应连续化操作，在农药加工中采用连续混合操作的情况不多。

另外，连续式混合设备的设计标准也与间歇式混合设备有较大差别。主要表现为：在选用不同的加料控制系统类型情况下，连续式混合设备有时希望在混合设备内有大量的返混发生。在所有连续式混合设备中，流化床混合设备的返混性能最佳，螺带状搅拌器的返混性能则与搅拌桨叶的几何形状有关。

二、根据混合物的质量要求选型

混合物的混合质量与混合设备效率是相辅相成的，只有有了混合物的混合质量，才有混合设备的效率；而比较混合设备效率的唯一合理基准是平衡混合物的质量。不同混合设备达到这一平衡条件所需的时间有很大差异，可以采用一种标准混合物，通过比较各混合设备的性能来综合评价其效率。

以扩散混合或剪切混合作为主要混合机理的混合设备，常会出现分级，以对流混合起主要作用的混合设备则较少出现分级。由于农药混合精度要求高，而且各组分的质量、密度、粒度差别较大，因此，农药加工中多用对流混合设备。任何一种依靠转动或搅拌作用的混合设备，例如旋转筒体或垂直搅拌混合设备都可产生相当程度的分级，但螺带状搅拌器可减小分级倾向。

另外，分级程度还取决于组分特性。假如物料因过细或潮湿使流动性变差时，采用任何一种结构类型的混合设备生产出的混合物质量都不会有太大差异。此时，结构选型将主要根据价格及过程的要求而定。但如果物料流动性好，并有较宽的粒度范围，则必须从不会发生分级现象的混合设备中选型，以获得最佳的混合效果。

在选用用于黏性粉料的混合设备时，主要应考虑混合速率，它比平衡混合物的质量更为重要。而且须注意的是，同一混合设备其不同方向的混合速率有可能是不一样的，如转筒式混合设备的径向混合速率相对较高，而轴向混合速率较低。但对于流动性能好的混合物，因单个颗粒的移动性能较强，故混合速率与起始加料方式关系不大。

同时，评价混合设备性能时，还不能忽略混合设备必须完全卸空这一操作特点。这是因为排空操作常涉及颗粒在倾斜表面上的向下扩散，并且经常牵涉到混合物主体中的剪切作用。这些因素将促使分级，所以有可能使原来在混合设备内为高质量的混合物因卸料过程而被破坏。

参考文献

［1］卢寿慈. 粉体技术手册［M］. 北京：化学工业出版社，2004.

［2］陶珍东. 粉体工程与设备［M］. 北京：化学工业出版社，2003.

［3］刘广文. 现代农药剂型加工技术［M］. 北京：化学工业出版社，2013.

［4］陈志平. 搅拌与混合设备设计手册［M］. 北京：化学工业出版社，2004.

［5］刘步林. 农药剂型加工技术［M］. 第2版. 北京：化学工业出版社，1988.

［6］卢寿慈. 粉体加工技术［M］. 北京：中国轻工业出版社，1999.

［7］刘广文. 染料加工技术［M］. 北京：化学工业出版社，1999.

［8］刘广文. 农药水分散粒剂［M］. 北京：化学工业出版社，2009.

［9］洪家宝. 精细化工后处理装备［M］. 北京：化学工业出版社，1990.

［10］张长森. 粉体技术及设备［M］. 上海：华东理工大学出版社，2007.

第五章

造粒技术及设备

第一节 造粒基础

一、概述

水分散粒剂（water dispersible granual，WG）是目前农药行业开发的热点剂型之一。由于该剂型具有无粉尘、贮存运输不产生偏析、水基化的特点，已被市场所接受，目前有许多商品制剂已成功开发出来并实现了工业化。以水分散粒剂为代表的粒状剂型的普及，大规模工业化生产的需要，对造粒技术提出了更高的要求。同时，对造粒设备的需求也日益增加，凸显造粒技术及设备在农药加工中的重要性。

由于水分散粒剂在生产中要经过造粒（亦称制粒）工序，加工配方与造粒方法、造粒设备和操作技术都有密切关系，在生产中常出现这一工段所造成的产品质量（如分散性、崩解性、悬浮率、润湿性）问题或生产效率低、劳动强度大、生产环境差等问题。

应该说，到目前为止，许多企业已经掌握了水分散粒剂配方的开发等技术，生产方法也基本掌握。但水分散粒剂的生产过程中影响产品质量的因素很多，除配方因素外，对造粒设备、操作者的操作技能有很强的依赖性，经常发现生产中存在各种问题，导致产品不稳定或质量不佳，出现问题后原因又很难查清楚。本章对造粒设备的选择、造粒方法与配方的协调性进行介绍，为该剂型开发提供参考。

在水分散粒剂生产过程中，除了对配方的开发外，生产过程主要包括气流粉碎、混合、捏合、造粒、筛分、计量包装等多道工序，而且各工序间物料的转运是间歇的，生产过程比较繁琐。在所涉及的设备中，配方与造粒设备的匹配、造粒设备的选择和造粒过程的操作是关键。目前常用的造粒设备主要有螺旋挤出造粒机、旋转造粒机、摇摆造粒机和流化床造粒机等。水分散粒剂在开发过程中经常出现下列情况：① 小试确定的配方在大生产中不理想；② 配方的组成与造粒方法不协调；③ 造粒方法选择不恰当；

④ 选择造粒设备时不知道控制哪些关键结构和尺寸；⑤出现生产异常情况时不知如何分析和处理。

水分散粒剂的生产不论是采用哪种造粒方法，造粒前都需将活性成分粉碎至10μm左右。在造粒过程中，受粒子之间的相互作用、黏结剂的作用以及机械力的挤压作用，基本粒子团聚在一起。但在应用过程中，颗粒入水后应迅速恢复到基本粒子状态，以最大限度地发挥其药效，这是加工技术中最终追求的目标。因此颗粒入水后，要经过润湿、崩解、悬浮等几个阶段。由于造粒过程中物料不可避免地受到机械力挤压、黏结及干燥时受热等影响，造粒的过程对水分散粒剂应用时的几个阶段均起到副作用。这也是剂型工作者需要解决的主要问题。在解决这些问题的同时，还要保证各项经济指标，以较低的生产成本达到最终的应用效果是剂型开发追求的终极目标。

二、造粒设备的发展趋势

随着我国乃至世界农药生产格局的变化以及人们对提高水分散粒剂产品质量和加强环境保护等意识的进一步提高，对水分散粒剂的造粒技术要求也越来越高。造粒设备的趋势是向设备大型化、结构紧凑化、功能多样化、生产高效化、生产系统密闭化和控制系统自动化方向发展。

（1）设备大型化　随着单品种生产量的加大，生产装置大型化的优点越来越明显，同时，自动控制技术的机电一体化为造粒设备的大型化提供了坚实的技术保障。

（2）结构紧凑化　造粒设备的另一个发展趋势是结构紧凑化。设备的结构设计更合理，更紧凑，更符合农药造粒的要求。从而降低了制造成本，减少了占地面积，提高了劳动效率。

（3）功能多样化　水分散粒剂生产技术是一个包括多学科、多门类的诸多单元操作的系统工程，要求造粒设备的选用最好能减少中间工序，以节约投资；同时，产品的市场化需求也要求生产厂家能提供多种形式的产品，这就要求造粒设备功能的多样化。

（4）生产高效化　随着人们节能意识的提高，对造粒设备的效率提出了更高的要求。要求这类设备不但要满足功能需求，而且还要节能、耐用，使用、保养、维修费用低，以降低产品成本。

（5）生产系统密闭化　农药造粒过程极易产生粉尘，这将直接产生四个方面的危害：一是产生交叉污染，影响农药使用安全；二是对操作者人身产生危害；三是污染生产环境；四是产生更多的废水。生产系统设计成密闭形式，会最大限度地改善生产状况，可以做到清洁生产。

（6）控制系统自动化　随着水分散粒剂生产量的增加，连续作业和自动化控制已成为衡量农药后处理技术和设备先进与否的重要指标。采用自动化控制，不但可以保证生产工序的流水作业，减轻操作人员的劳动强度，而且可以提高产品质量，降低设备故障率。实现混合、粉碎、加料、捏合、造粒、干燥及包装等流程的自动化操作，可通过设备的开发和优化来实现。

水分散粒剂生产技术追求的目标是造粒设备、与设备相匹配的配方组成和合理的生产工艺条件的高度协调性。由此可见，水分散粒剂配方的开发、设备的改进优化、加工工艺的研究是农药制剂工作者的重要课题，是改善水分散粒剂生产技术的努力方向，这几个因素的进步必将极大地提高水分散粒剂的生产水平。

三、造粒基础

1. 水在农药粉体中的存在形态

在造粒过程中，往往都要加进一定量的水。其实水本身并无黏性，但因有些物料被水溶解后使黏度增加，因此水也就起到黏结剂的作用。显然，水是造粒的必要条件。

活性成分、助剂、填料加水后经捏合形成有一定塑性的材料，这里称之为"软材"。水量少时，软材是固、液、气三相共存的混合物，水量增加到一定量时它们的体积比例将发生变化。水加入量的多少与造粒方法相关，表5-1示出了水与造粒方法的关系。这种充填结构不但表示粉体的水量的增减，而且成为分析物料的特性、流变学特性、微粒的凝集特性等性质的基本依据，同时与造粒方法的关系很密切。

表5-1 水在粉体中的充填量与造粒方法的关系

含液量		水分0				→100%
充填状态	粉体	连续	连续	连续	不连续	不连续
	水	不连续	连续	连续	连续	连续
	空气	连续	连续	不连续	零	零
	充填区域	钟摆状区域	索带状区域		毛细管状区域	液滴状区域
与造粒方法的关系	螺旋挤出造粒法	好	良好	良好	差	差
	旋转造粒法	良好	好	好	良好	差
	摇摆造粒法	差	差	差	差	好
	流化床造粒法	良好	好	好	良好	差

2. 粉体润湿的状态

可流动水可在粒子间产生界面张力和毛细管力，因此水的加入量对造粒的影响较大。水的加入量可用饱和度（S）表示，它表示在颗粒的空隙中水所占体积（V_L）与总空隙体积（V_T）之比，即$S=V_L/V_T$。水在粒子间的充填方式由水的加入量决定，造粒时粉体间充填的水分使其呈现出多种状态。当固体粉末被润湿时，可有以下几种情况，见图5-1。

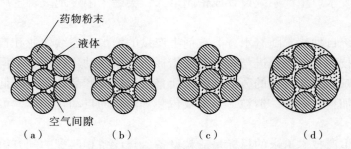

图5-1 黏结剂成粒示意图

（a）当水较少时呈钟摆状；（b）水量较多时呈索带状；（c）水量更多时呈毛细管状；（d）水量达到饱和后，形成液滴，此时主要靠水的表面张力结合在一起

（1）钟摆状或悬垂态　当$S \leqslant 0.3$时，水在粒子空隙间充填量很少，粉粒间的空隙仅部分地为水所充填。由于表面张力和毛细管的负压作用使湿润粉体的水形成液桥，水以分散的液桥连接颗粒，空气成连续相。

（2）索带状或绳股状　是处于钟摆态和毛细管态之间的中间态。水加入量$0.3 < S < 0.8$时，液桥相连。水成连续相，空隙变小，空气成分散相。

（3）毛细管状　$S \geqslant 0.8$时，水量增加到充满颗粒内部空隙，水扩展到空隙的边沿，粉粒间空隙也完全为水所充满。但颗粒表面还没有被水润湿。其作用为粉粒的结合力和水的毛细管负压。

（4）液滴态或泥浆状　当水充满颗粒内部与表面时，$S \geqslant 1$。粉粒表面完全为水所包围，其结合力完全为水的表面张力。

水分散粒剂在采用各种挤出造粒（如旋转造粒、摇摆造粒和螺旋挤出造粒）方法时水的润湿状态是在钟摆状与索带状之间，但当采用流化床造粒时润湿状态在索带状与毛细管状之间。而喷雾造粒生产DF时润湿状态为液滴状。

3. 颗粒形成的途径

造粒时，粉体物料加入黏结剂（必要时）捏合后，在外力作用下多个粒子黏结而形成颗粒。粉末之间的结合有黏附和内聚之分，前者指的是异种物料颗粒的结合，或将颗粒黏合到固体的表面。后者指的是同种物料颗粒的结合。湿法造粒时向固体粉末原料中加入水和黏结剂，通过黏结剂中的水将物料粉末表面润湿，使粉粒之间产生黏着力，形成架桥，以制备均匀的塑性物料"软材"。然后在水架桥与外加机械力（喷雾造粒和喷雾流化造粒除外）的作用下形成一定形状和大小的颗粒。颗粒形成的途径以及水在粒子间的填充特性和结合力有以下几种不同方式。

（1）通过自由可流动水作为架桥剂进行造粒　粉粒与水混合时，随着加水量的不同，固体、水和空气的填充状态存在差异。即随着水充填量的增加而成为钟摆状、索带状、毛细管状、液滴状等。钟摆状、索带状是固体、水和空气共存的状态；毛细管状、液滴状是只有固体和水共存的状态。一般在颗粒内水以钟摆态存在时，颗粒松散；以索带态存在时，颗粒松紧度适宜；以毛细管态存在时，颗粒较黏稠。可见水的加入量对造粒结果有重要影响。因此，在湿法造粒时，造粒物软材多呈索带态。

喷雾流化造粒时，首先是水将粉粒表面润湿，造粒时颗粒的长大对含水率非常敏感。有研究表明，含水率与粒度分布有关。

（2）不可流动水产生的附着力与黏着力　有些配方中加入一定量的填料，一般填料不具有黏性，也就是说成粒性不佳。当不能达到预期目的时，常加入某些物质作为黏结剂。黏结剂附着于粉体表面，颗粒黏结长大，后固结成粒。

不可流动水包括高黏度液体和吸附于颗粒表面的少量液体层（不能流动）。高黏度液体的表面张力很小，易涂布于固体表面，靠黏附性产生强大的结合力。吸附于颗粒表面的少量水层能改善颗粒表面粗糙度，增加颗粒间接触面积或减小颗粒间距，从而增加颗粒间的引力。

（3）粒子间形成固桥

在挤出造粒等操作中，液体状态的黏结剂固化而形成的固体架桥使粉体最终黏结成粒。常见的固体架桥产生在黏结剂固化后。由液体架桥产生的结合力会影响粒子的成长过程和制得颗粒的粒度分布。而固桥的结合力直接影响颗粒的强度和其他性质，如分散性、崩解性等。

（4）从液体架桥向固体架桥的过渡　在造粒时使用的架桥液经固化形成一定强度的颗粒。从液体架桥到固体架桥的过渡主要有以下两种形式：① 架桥液中被溶解的物质（包括可溶性黏结剂和助剂）经析出结晶而形成固体架桥。② 高黏度架桥剂靠黏性使粉末聚结成粒后黏结剂溶液中的水分经干燥蒸发除去，残留的黏结剂固结成为固体架桥。

4. 造粒方法的选择

造粒方法是制得粒状制剂的必要手段，这里介绍的是农药制剂加工中常用的造粒方法，见表5-2。

表5-2　典型造粒法的比较

类目	螺旋挤出造粒	摇摆造粒	旋转造粒	喷雾流化床造粒
概要	软材由螺旋加料器产生压力，由端部或侧面孔板挤出形成颗粒	软材由水平旋转框轮对其挤压产生压力，通过筛网后形成不规则球形	将细粉和水混合成软材后通过转轮挤压制得	将黏结剂水溶液喷雾在悬浮于流化床中的细粉上使细粉黏结成粒
颗粒形状	短圆柱形	不规则	短圆柱形	近球形
粒径/mm	0.8~1.2	0.8~2	0.8~1.2	0.5~2
优点	产量大，适用于大量生产的产品	密度合适，耐压性中等	耐压性好，密度高	密度适中，易得到好的崩解效果
缺点	密度高，特别是前挤出式更易产生大的挤出压力，易影响产品的崩解性能和悬浮性能	生产能力低，筛网易破损，软材易变黏稠	断面不规整，软材易受热变黏稠	耐压性能差，成粒率不高，产量低

第二节　螺旋挤出造粒

螺旋挤出造粒机是利用螺旋杆的转动推力，将软材压缩后输送至一定孔径的孔板前部，通过小孔强迫挤出而造粒。该机械分成三个功能区，即加料区、压缩区和挤出区。螺旋挤出造粒机有前挤出型和侧挤出型两种类型，两种挤出造粒机的螺旋轴及叶片类型有一定区别，前挤出型螺旋角较小，而侧挤出型的螺旋角较大。一般前挤出型制成的颗粒直径较大，硬度也较高。侧挤出型可制得较小直径的颗粒，但硬度较前挤出型低一些。值得注意的是前挤出型物料易升温，如果粉体物料中有热敏性成分或受热易黏稠的物料应特别注意。

加料区由加料斗等部件组成，主要功能是将软材引入螺旋槽中。软材进入螺旋槽中后，由螺旋轴把软材送至压缩区。螺旋轴分单轴和双轴两种类型，单轴型制得的颗粒有较高的密度。双轴型能较好地避免加料口物料的架桥现象，保证造粒的连续化且产量较大。

一、侧挤出螺旋造粒机

1. 单螺旋侧挤出造粒机

以单螺旋侧挤出造粒机为例，介绍其工作原理。如图5-2所示，捏合好的物料由加料口加入，再由螺旋7输送到挤出部分，输送螺旋只起输送物料的作用，螺旋是单头等螺距结构。当物料在挤出螺旋绞刀槽2中充满整个空间时，由于螺旋绞刀槽是不等深的，物料经过压缩通过孔板3被挤成圆柱条。挤出螺旋绞刀是三头等螺距不等深的结构。颗粒的大小和长短及产量与孔板的孔径和厚度有关。一般孔板孔径为0.8～1.2mm，孔板厚度为0.8～2.5mm。在挤出螺旋绞刀的端部设有返料螺旋4，其作用是增加挤出压力，通过更换孔板可以得到不同直径的颗粒。

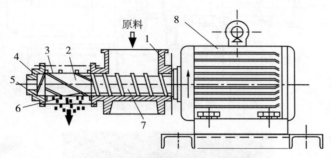

图5-2 螺旋挤出机工作原理图

1—箱体；2—挤出螺旋绞刀槽；3—孔板；4—返料螺旋；5—端压盖；
6—孔板支承架；7—输送螺旋；8—电机

2. 双螺旋侧挤出造粒机

图5-3是双螺旋侧挤出造粒机的示意图，两个螺旋轴等速相向旋转，将物料刮到外缘的孔板上。通过旋转产生的挤压力将物料经孔板强制挤出，形成相同直径的颗粒。

图5-4是侧挤出造粒机的孔板结构图，一般侧挤出造粒机的孔板为两片180°瓦状弧板，两块孔板可通过边缘的法兰连接。两孔板紧固后形成一个带孔的筒体，再通过端面的法兰固定在造粒机上，这样的结构既装拆及清洗非常方便，又能满足造粒时的强度要求。

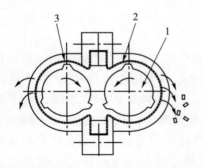

图5-3 双螺旋侧挤出造粒机工作示意图   图5-4 侧挤出造粒机筛筒

1—螺杆；2—多孔圆筒；3—加强筋

二、前挤出螺旋造粒机

图5-5为单螺旋前挤出造粒机示意图。单螺旋前挤出螺旋造粒机的外形图及造粒效果见图5-6。前挤出螺旋造粒机是通过螺旋的旋转将软材推向端部孔板，软材从孔板中强行挤出，即可制得强度更高、表面更光滑的料条。颗粒直径在0.8～1.2mm内可选，机头压力超过1MN。

前挤出螺旋造粒机也有单螺旋和双螺旋之分，双螺旋前挤出造粒机见图5-7。

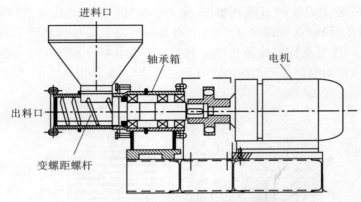

图5-5 单螺旋前挤出造粒机示意图

（a）外形图

（b）造粒效果

图5-6 单螺旋前挤出螺旋造粒机的外形图及造粒效果

图5-7 双螺旋前挤出造粒机
外形图

三、挤出造粒机的应用

　　两种类型螺旋挤出造粒机在水分散粒剂造粒中均有应用，产品为短柱状。该机单机生产能力大，适用于大品种生产（例如90%莠去津等多采用此机造粒），其中侧挤出式生产能力大于前挤出式。由于螺旋的挤出力较大，产生的颗粒致密性很高，对于崩解性能较差的物料应慎重使用。从机械强度和使用角度平衡考虑，孔板厚度以2～3mm为宜，孔径为0.8～1.2mm较合适。由于物料在造粒时受到挤压后会升温，升温会使物料变黏稠，造成生产能力下降、颗粒崩解速率下降、润湿性、悬浮性变差等副作用，配方中应注意以下几点：① 加水量应严格控制，以少水量为佳，一般制软材加水量为12%～15%；② 配方中水溶性助剂的量也要有一定控制，以防止软材受热变黏稠；③ 应加入一定量的润湿剂和分散剂，但尽可能少加木质素分散剂；④ 为了控制物料升温，螺旋轴应有变频控制功能；⑤ 一般不需要加入黏结剂；⑥ 在孔板保证机械强度的同时，应加大开孔率；⑦ 可加入一定量的无机填料作为骨架材料以防止物料变黏稠。操作的关键是控制物料升温，否则产品性能会有一定下降。

　　侧挤出型螺旋叶片的螺旋角很大，有输送物料及挤压物料的作用。侧挤出造粒机圆筒下部和上部产生颗粒的性能会有区别，一般上面出料的性能优于下面，但上面不及下面的出料量多，使用时应特别注意。

前挤出造粒机的端部孔板有两种类型，一种为平板式，孔板的内侧有与轴同步旋转的刮刀，清除孔板上的物料以降低造粒压力。由于孔板靠中心部位有轴头和刮刀，一般中心部位不出料，孔板为环形出料。另一种为半球形孔板，在半球形孔板上全方位出料，这种结构颗粒受力更均匀。

四、操作实例

90%莠去津WG配方如下：

莠去津原药　90.0%

崩解剂（尿素）　2.0%

润湿剂（壬基酚聚氧乙烯醚）　1.0%

悬浮剂（丙烯酸铵和丙烯酸酯的共聚物）　1.0%

分散剂（木质素磺酸钠）　0.5%

填料（膨润土）补足100%

分散剂（烷基萘磺酸钠）　0.5%

采用挤出造粒制造工艺，其工艺流程见图5-8。

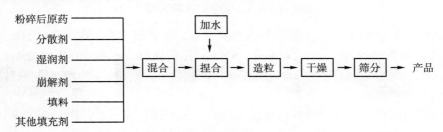

图5-8　挤出造粒工艺流程

首先将原药、助剂及填料混合后制成超细可湿性粉剂，然后将此可湿性粉剂与水以一定的比例同时加入捏合机中捏合，制成可塑性的软材。再将此料送进挤出造粒机中进行造粒，湿颗粒经干燥通过筛分得到产品。

此工艺制备的高浓度90%莠去津水分散粒剂热贮稳定性好，热贮分散率<5%，悬浮率在热贮后仍然≥90.0%。

第三节　旋转造粒

一、旋转造粒机的结构及工作原理

如图5-9所示，带冷却功能的旋转造粒机主要由料斗、冷却管、筛筒、接料盘、传动箱、控制面板、底座、冷却水管等组成。料斗由不锈钢板制成，中间由压料桨叶、转轮刮刀组成。筛筒上、下端圆周上有两种规格的筛孔能选择使用，因此，一只筛筒能制造两种规格的颗粒。压料桨叶为逆时针旋转，并成一定的角度，能使物料向下压入转轮刮刀间隙中。转轮刮刀为顺时针旋转，十字螺旋叶上装有刀片，一端紧贴在筛筒上。当转轮刮刀旋转时，十字螺旋叶便将物料推向筛筒壁，再通过刀片将物料从筛孔挤出而形成颗粒。

工作时，将混合好的可塑性物料投入造粒室，压料螺旋将物料向下压至旋转叶片的空隙中。旋转刮刀的形状呈渐开线形，因此将中心的物料推向带孔的圆筒附近，转轮刮刀旋转产生的压力将其从小孔压出形成圆形条状颗粒。旋转造粒机的结构也有立式和卧式之分。

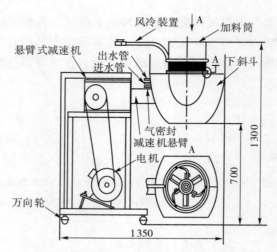

图5-9 带冷却功能的旋转造粒机

旋转造粒机是目前生产水分散粒剂的主要设备，主要机型有250、300、500三种规格，该造粒机的筛筒直径有250mm、300mm、500mm几种规格，孔径为0.8～1.2mm，产量为100～500kg/h。所得产品以光滑、均匀的短柱状颗粒为主，经过继续加工可制成球状或其他形状颗粒。

图5-10为农药造粒过程。图5-11是旋转造粒后的干燥颗粒（水分散粒剂），图5-12为颗粒分散入水后的效果。

图5-10 农药造粒过程

图5-11 旋转造粒产品

图5-12 颗粒分散入水后的效果

二、卧式旋转造粒机

图5-13是卧式旋转挤出式刮板造粒机，物料（软材）经料斗加入造粒机内，在料斗下

方是螺旋输送机，主要作用是将物料输送到造粒室。在造粒室内与螺旋同轴上安装有刮刀，将物料通过带孔的圆筒挤出机外，形成一定直径的颗粒。

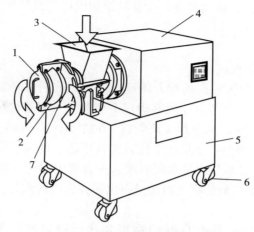

图5-13　卧式旋转造粒机

1—端盖；2—孔板；3—料仓；4—传动筛；5—机箱；6—脚轮；7—螺旋及刮刀

工作时，先将物料粉末加水和适当的黏结剂（如果需要）制备软材，使物料具有塑性。将软材加入料仓内，在旋转刮刀的强制作用下，通过具有一定大小筛孔的孔板造粒，制得粒径范围在0.8～1.2mm的短圆柱状颗粒。

三、旋转造粒机结构控制及配方的要求

旋转造粒机的生产能力适中，大量生产时也可以多台同时生产。选择这种造粒方法应注意以下几点：① 筛筒的孔径一般为0.8～1.2mm。孔板的厚度：孔径为0.8mm时孔板厚度为0.8mm；孔径为1.2mm时孔板厚度为1.2mm。孔板超过一定厚度时物料经过孔板受到的压力大而影响产品分散性、崩解性和悬浮率。② 筛筒的椭圆度不应超过1mm，否则会造成周向出料不均。为保证筛筒不变形，筛筒不应太宽，最好不超过100mm，并用加强圈加强（见图5-14）；转轮刮刀一般为4个叶片，直径较大的筒体（300mm以上）为5～6个叶片，叶片过多会影响造粒效果。③ 转轮刮刀应有变频装置，可根据造粒效果调节转速。④ 由于转轮刮刀对物料的频繁挤压会使物料升温，所有水分散粒剂软材均有升温变稠的倾向，为了控制软材升温，最好选用带水冷却腔的结构和筛筒外面装有冷风环管的结构（见图5-9），以降低湿颗粒的温度，防止湿颗粒黏结。⑤ 转轮刮刀旋转外缘与筛筒内壁的间隙在2～4mm之间较合适，转轮刮刀旋转正面曲面与筛筒的夹角为30°～45°。这种造粒机如果设备匹配合理，可以设计成半连续生产线。

采用本设备时，配方中一般少加或不加木质素类分散剂（因为木质素分散剂有减水效果，加入此分散剂后加水量不易掌握），也不需要加入黏结剂（低含量除外），需加入无机盐类崩解剂，但最多不应超过6%。加水量一般为固体质量的12%～16%，如配方中有白炭黑或轻质碳酸钙成分时，加水量会有所增加。但轻质碳酸钙和白炭黑有使成粒率下降的趋势，必要时通过加入黏结剂改善成粒性。例如：

20%氟啶脲水分散粒剂的优化配方为：原药（氟啶脲）20%，润

图5-14　筛筒外形图

湿剂（二丁基萘磺酸盐）5%，分散剂（DT-80）5%，崩解剂（尿素）3%，黏结剂（可溶性淀粉）3%，填料（轻质碳酸钙）补足100%。造出的颗粒符合标准（0.2~2.0mm）。在本配方中，由于加入了白炭黑，就需要加入少量黏结剂以提高成粒性。

四、应用实例

70%甲基硫菌灵水分散粒剂

① 70%甲基硫菌灵水分散粒剂的配方确定　根据分散剂、润湿剂、崩解剂及用量的筛选结果，结合原料来源等综合考虑，最终确定下列配方：甲基硫菌灵70%，润湿剂（BX）5%，分散剂（聚羧酸盐）5%，崩解剂（硫酸铵）6%；填料（高岭土）补至100%。

② 造粒过程及结果　按照一定量的配比首先将原药、助剂、填料等经过气流粉碎制成可湿性粉剂。然后可湿性粉剂与定量水同时放入捏合机中捏合，制成可塑性的软材，其中水的质量分数为15%~20%。最后将此料送进挤出造粒机进行造粒。通过干燥、筛分得到水分散粒剂产品。

按所选配方制备的样品具有良好的物理和化学稳定性。加速贮藏试验表明，产品的各项技术指标均能达到要求：润湿时间8~10s；悬浮率达到90%以上；崩解时间<1min；热贮[（54±2）℃，2周]分解率<4%（国家标准为<5%）。

五、常出现的问题及原因

常出现的问题是生产产品的质标低于小试样品的质标。这主要是因为生产时软材因连续长时间受更多的机械力而升温，造成软材黏稠。造粒过程中挤出了大量本应存在于软材内部的空气，成粒后内部孔隙减少，润湿剂作用较弱。另外，受热后水溶性助剂和崩解剂溶解度增加而加快溶解，崩解剂固化后晶体远小于原来的粒径，使其遇水后产生的溶解空穴也比原体积小，所以分散性和崩解性能下降。一般出现这种情况需要通过适当增加填料加以改善，根据许多品种原药制备水分散粒剂的结果，填料以高岭土为首选。表5-3是造粒时常出现的问题及解决方法。

表5-3　造粒时常出现的问题及解决方法

现象	原因	解决方法
崩解性差	①润湿剂用量不当；②分散剂用量不当；③造粒压力过大；④造粒加入水量过大；⑤黏结剂用量过大；⑥干燥温度过高；⑦填料搭配不当	①调整润湿剂用量；②调整分散剂用量；③减小造粒挤压压力；④减小造粒用水量；⑤减小黏结剂用量；⑥降低干燥温度；⑦调整填料比例
硬度大	①挤压压力过大；②造粒加入水量过多；③黏结剂用量过多；④干燥温度过高；⑤颗粒太干	①减小挤压压力；②减少造粒用水量；③减少黏结剂用量；④降低干燥温度；⑤减少干燥时间
易碎	①造粒加水量太少；②颗粒太干；③填料搭配不当	①增加造粒加水量；②减少干燥时间；③调整填料
分散性差	①选错分散剂；②分散剂用量太少；③选错润湿剂；④润湿剂用量少；⑤载体搭配不当	①改用其他分散剂；②增加分散剂用量；③改用其他润湿剂；④增加润湿剂用量；⑤调整填料比例
润湿性差	①选错润湿剂；②润湿剂用量少；③药粒粒径小；④载体搭配不当	①改用其他润湿剂；②增加润湿剂用量；③调整填料比例；④调整填料比例
湿筛量大	①选错分散剂；②分散剂用量太少；③选错润湿剂；④润湿剂用量少；⑤载体搭配不当	①改用其他分散剂；②增加分散剂用量；③改用其他润湿剂；④增加润湿剂用量；⑤增加水溶性填料

现象	原因	解决方法
悬浮率低	① 药粒粒径太大；② 药粒粒径分布范围太宽；③ 分散剂用量少；④ 分散剂选择不对；⑤ 载体选择不当；⑥ 水质的硬度大	① 减小药粒粒径；② 减小药粒粒径分布范围；③ 提高分散剂用量；④ 改用其他分散剂；⑤ 改用其他载体；⑥ 改用硬度小的水
分解率高	原药降解	① 加入稳定剂；② 调整助剂；③ 调整载体；④ 调整pH值
凝集	① 选错分散剂；② 分散剂用量太少；③ 选错润湿剂；④ 润湿剂用量少；⑤ 载体搭配不当	① 改用其他分散剂；② 增加分散剂用量；③ 改用其他润湿剂；④ 增加润湿剂用量；⑤ 调整填料比例
变色	① 干燥温度太高；② 干燥温度不均匀；③ 水溶性填料过多；④ 颗粒太干	① 降低干燥温度；② 调整干燥温度；③ 减少水溶性填料用量；④ 降低干燥温度
泡沫多	① 润湿剂加入量太多；② 润湿剂、分散剂问题	① 减少润湿剂用量；② 更改润湿剂、分散剂种类；③ 加入消泡剂

第四节 摇摆造粒

一、摇摆造粒机简介

摇摆造粒机加料斗的底部装有一个钝六角形棱柱状的框轮，框轮主轴一端连接于一个半月形齿轮带动的转轴上，另一端则用一圆形帽盖将其支住。借机械动力做摇摆式往复转动，使加料斗内的软材压过装于框轮下的弧形筛网而形成颗粒，颗粒落于盘内。经摇摆式造粒机造出的颗粒为实心颗粒，一般粒度为1～2mm。摇摆造粒机造粒示意见图5-15。

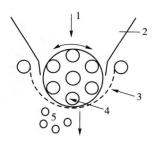

图5-15 摇摆造粒机造粒示意图

1—材料；2—加料斗；
3—筛网；4—往复转动轴；
5—颗粒

摇摆造粒机挤压软材时，软材被加压，空气部分被压缩，水分从表面渗出。由于水分的润滑作用，软材很容易通过筛网，通过筛网的细孔以后，成型物（湿颗粒）恢复到常压（由于内部空气膨胀，表面的水分又被吸回到内部）。表面一旦没有水分，湿颗粒相互之间也难以附着，造粒操作才能顺利地进行。为此，软材必须保持适当的液体量，也必须使固体、液体和空气搅拌均匀。由于所用原药及助剂性质不同，软材的质量很难制定出统一规格。生产中软材的干湿程度多凭熟练技术人员或熟练工人的经验控制，一般认为以手握能成团而不黏手，用手指轻压能裂开为度，但其可靠性与重现性较差。

摇摆造粒采用较细筛网（14～20目），一般只要通过筛网一次即可完成造粒。但对有色物料或润湿剂用量不当以及有条状物产生时，一次过筛不能得到均匀或粗细松紧适宜的颗粒，这时可采用多次造粒法。对于一些黏性较强的物料也可采用分次投料法造粒，即将大部分物料（80%左右）和黏结剂置于混合机中混合制成适宜的软材，然后加入剩余的物料，即能制得较紧密的湿颗粒。

这是较为普遍和容易的造粒方法，它要求粉体农药能与黏结剂混合成较好的塑性材料，适用于黏性物料的加工。所制得的颗粒的粒度由筛网的孔径大小调节，粒子形状为近似球状，粒度分布窄，但长度和端面形状不能精确控制。挤压压力不大时硬度比挤压造粒低，可制成松软颗粒，在水分散粒剂中也有应用。摇摆造粒的缺点是黏结剂、润滑剂用量大，水分高，网板磨损严重。造粒过程包括混合、制软材等，程序多、劳动强度大。

二、摇摆造粒机的结构及工作原理

摇摆造粒机结构如图5-16所示，外形见图5-17。主要由加料斗、框轮、置盘架、半月形齿轮、小齿轮、转轴、偏心轮、皮带轮等组成。通过机械传动，框轮做往复转动，加在料斗中的湿物料在框轮的反复刮压下从筛网挤出而成粒。这种造粒机的成粒形状近似于球形，一般制成的颗粒粒度为筛网孔径的0.8倍。缺点是粒度分布较宽，成粒率不高，约为70%。

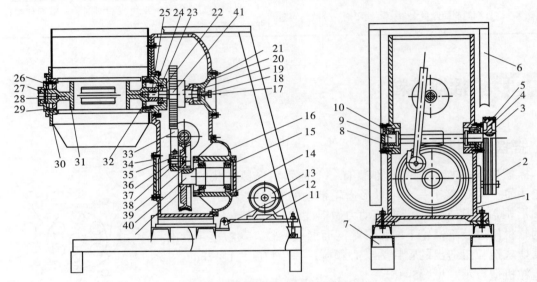

图5-16 摇摆造粒机结构详图

1—壳体；2—电机带轮；3，24，38—平键；4—蜗杆带轮；5—三角皮带；6—机架；7—脚撑；8，15，19，27，35—轴承；9—蜗杆；10—蜗杆端盖；11—电机底板；12—铰链座；13—电机；14—轴承座端盖；16—轴承座；17—螺栓；18—后盖调节板；20—滑道架；21—齿轮轴后端盖；22—齿轮轴前端盖；23—齿轮前压盖；25—后轴节；26—前轴承座；28—前轴节；29—密封端盖；30—料斗；31—滚筒；32—"O"形圈；33—齿条；34—维修孔盖；36—齿条压盖；37—隔套；39—蜗轮轴；40—蜗轮；41—齿轮轴

图5-17 摇摆造粒机外形图

三、摇摆造粒配方的组成及设备结构控制

摇摆造粒机在水分散粒剂的生产中也有较多使用，但因产量不大，使用受到一定限制。这种造粒方法适用于小批量间歇式生产，产品形状为近似球形。如果造粒后在水分存在下快速抛丸，可以制成球形度很高的直径为0.8～1.2mm的球形颗粒。摇摆造粒机目前规格不多，有框轮刮刀直径为100mm和160mm等几种机型。摇摆造粒机有单筒和双筒之分，图5-18为双筒摇摆造粒机的外形图。

图5-18　双筒摇摆造粒机外形图

凡与筛网接触部分均用不锈钢制成，筛网具有弹性，应控制其与滚轴接触的松紧程度，软材加料斗中的软材用量与筛网装置的松紧程度与所制成湿颗粒的松紧、粗细均有关。如加料斗中软材的存量多而筛网装得比较松，滚筒往复运动时可增加软材的黏性，制得的湿颗粒大而硬，反之则细而疏松。若调节筛网松紧或增减加料斗内软材的存量仍不能制得适宜的湿颗粒时，可调节黏结剂浓度用量或增加通过筛网的次数。一般过筛次数愈多，所制得湿颗粒愈紧且坚硬。造粒时黏结剂或润湿剂用量稍多并不严重影响操作及颗粒质量。此种机械装拆和清洗比较方便，在大生产中应用较多。

选用这种造粒方法应注意以下几点：① 配方中应控制加水量，宁少勿多，视其效果酌定；② 控制水溶性助剂的加入量，特别注意软材受热后变软的程度，一旦有这种倾向，要通过增加填料的方法加以控制；③ 框轮主轴要增加变频控制装置，根据生产效果调节框轮转速；④ 筛网的结构有编织网和冲孔网两种，一般采用冲孔网，以提高其使用寿命，所制得的颗粒粒径为孔径的0.6～0.8倍；⑤ 配方中不需加黏结剂，其他常用助剂均需加入，通过填料量改变成粒性；⑥ 由于是敞开式操作，生产现场粉尘飞扬较严重，应有相应的防尘设施。

四、应用实例

53%苯噻草胺水分散粒剂

原药（折百）	53%
润湿剂（拉开粉BX）	1.2%
崩解剂（硫酸铵）	4%

分散剂（木质素分散剂）	22%
渗透剂（OP-10）	4%
其余	高岭土补齐100%

将原料和助剂混合后经气流粉碎机粉碎，细度控制在5～15μm并混合均匀，将水及润湿剂加入粉体中，投入捏合机中捏合制成软材，加水效果以紧握成团为准。摇摆造粒机筛网孔径为20目，将软材投入造粒机中进行造粒，造粒后得成品，干燥温度控制在70℃左右。

五、摇摆造粒常见问题及处理方法

一般说来，摇摆造粒的工艺过程依次为混合、制软材、造粒、干燥等工序。混合、制软材（捏合）是关键步骤，在这一工序中，将水加入粉料内，用捏合机充分捏合。制软材要有一定的经验以把握捏合程度，否则还会影响产品的崩解、分散等性能。黏结剂用量少时不能制成完整的颗粒而呈粉状，因此在制软材的过程中选择适宜的黏结剂及用量是非常重要的。但是，软材质量往往靠技术人员或熟练工人的经验来控制，可靠性与重现性较差。捏合效果的好坏将直接影响摇摆造粒过程的稳定性和产品质量，一般来说，捏合时间越长，产品性能越稳定。

从摇摆造粒的机理上讲，摇摆造粒是挤出造粒的一种形式，其过程都是在外力作用下原始微粒间重新排列而使其密实化。所不同的是摇摆造粒需先对原始物料进行塑性化处理，摇摆过程中随着模具通道截面变小，内部压应力逐渐增大，相邻微粒界面在黏结剂的作用下形成牢固的结合。

常出现的问题及解决方法：

（1）成粒率低　成粒率主要与软材的水分及配方中的黏结剂的加入量有关，制软材时加水量很敏感。适当调整配方中黏结剂的加入量也能提高成粒率。另外与制软材时捏合的均匀度有关，应制成水分分布均匀的软材。

（2）造粒时黏网　摇摆造粒使物料交变受力，可能有一部分物料反复受力后内部水分被挤到表面而形成表面水，使物料变黏稠而通过网孔困难，有时通过网孔后也黏附在其后面不能自行脱落。还有一个原因就是配方中有较多的水溶性成分，受力并受热后溶解变黏稠。解决方法是控制造粒机转轴的转速，尽可能避免物料升温。另外配方中应多加矿物填料以改善软材的成粒性。

（3）产品崩解性和悬浮率下降　主要是造粒时软材温度过高、硬化引起的，在使用冲孔的孔板时易出现这种情况。另外，黏结剂过量、崩解剂溶解也会出现此类情况，应注意调整润湿剂和崩解剂的加入量。

第五节　喷雾流化造粒

喷雾流化造粒是在造粒过程中细粉在液桥和毛细管力的作用下经喷雾流化形成微核，喷雾流化的微核在床体内低速转动，在所产生的摩擦力和滚动冲击力作用下不断地在粉料层中回转、长大，最后成为一定大小的球形颗粒。喷雾流化造粒法的优点是处理量大，设备投资少，运转率高。缺点是颗粒密度不高，难以制备粒径较小的颗粒。在希望颗粒形状为球形、颗粒致密度不高的情况下，大多采用喷雾流化造粒。

一、喷雾流化造粒理论基础

如上所述，在喷雾流化造粒中细粉在液桥的作用下喷雾流化在一起形成微核，进而生长成颗粒，因此液桥的作用在喷雾流化造粒中是很重要的。

喷雾流化造粒等湿法造粒首先是黏结剂中的液体将粉料表面润湿，使粉粒间产生黏着力，然后在液体架桥和外加机械力作用下形成颗粒，再经干燥以固体桥的形式固结。在造粒过程中，当液体的加入量很少时，颗粒内空气成为连续相，液体成为分散相，粉粒间的作用来自于架桥液体的气-液表面张力，此时液体在颗粒内呈钟摆状；适当增加液体量时，空隙变小，空气成为分散相，液体成为连续相，颗粒内液体呈索带状，粉粒的作用力取决于架桥液体的表面张力与毛细管力；当液体量增加到刚好充满全部颗粒内部空隙而颗粒表面没有润湿液体时，毛细管负压和界面张力产生强大的粉粒间结合力，此时液体呈毛细管状；当液体充满颗粒内部和表面时，粉粒间结合力消失，靠液体的表面张力保持形态，此时为泥浆状。一般来说，在颗粒内的液体以钟摆状存在时颗粒松散，以毛细管状存在时颗粒发黏，以索带状存在时得到较好的颗粒。以上通过液体架桥形成的湿颗粒经干燥可以向固体架桥过渡，形成具有一定机械强度的固体颗粒。这种过渡主要有3种形式：将亲水性粉料进行造粒时，粉粒之间架桥的液体将接触的表面部分溶解，在干燥过程中部分溶解的物料析出而形成固体架桥；将非水溶性粉料进行造粒时，加入的黏结剂溶液作架桥，靠黏性使粉末聚结成粒，干燥时黏结剂中的溶剂（多为水）蒸发，残留的黏结剂固结成为固体架桥；为使含量小的粉料混合均匀，将配方中的某些粉料溶解于适宜的液体架桥剂中造粒，在干燥过程中溶质析出结晶而形成固体架桥。

二、影响喷雾流化造粒的因素

1. 原料粉体的影响

原料粉体的比表面积越大，孔隙率越小，作为介质的液体表面张力越大，一次颗粒越小，所得喷雾流化颗粒的强度越高。因此，为了获得较高强度的颗粒，对原料粉体有两点要求：① 一次颗粒尽可能小，粉料比表面积越大越好，粉料不能太细。② 要获得较小的空隙率，所用粉料的一次颗粒最好为无规则形状，这有利于粉体的密实填充，具有一定粒度分布的原料也能达到降低空隙率的目的。由机械粉碎方式得到的粉体恰恰能满足这一要求。

2. 黏结剂的影响

填加黏结剂是提高喷雾流化造粒强度的重要措施之一，常用的黏结剂及选用与挤出造粒类似。其中水是常用的廉价黏结剂。黏结剂通过充填一次颗粒间的孔隙，形成表面张力较强的液膜而发挥作用。有些黏结剂还可以与一次颗粒表面反应，形成牢固的化学结合。黏结剂的选用除了要选择适宜品种外，还应注意量的问题，过少不起作用，过多则可能影响应用性能。对于某些适宜的产品，有时为了促进微粒的形成，在配方中加入一些膨润土细粉，利用其遇水后膨胀和表面浸润性好的特点改善颗粒强度。

3. 水分的影响

水分是形成原始颗粒间液桥的关键因素，喷雾流化成型前粉料的预湿润有助于微核的形成，并能提高造粒质量。

三、流化床造粒原理

在喷雾流化造粒中，细粉在液桥和毛细管力的作用下喷雾流化形成许多微核是喷雾流化造粒的基本条件，微核的聚并和包层是颗粒进一步增大的主要机制，微核的增大究竟是聚并还是包层以及其表现程度取决于其操作方式（间歇或连续）、原料粒度分布、液体表面张力和黏度等因素。在间歇操作中，结合力较弱的小颗粒在喷雾流化中常常发生破裂现象，大颗粒的形成多是通过这些破裂物进一步包层来完成的。与此相反，当原料平均粒径小、粒度分布也较宽时，颗粒的聚并则成为颗粒变大的主要原因。这类颗粒不仅强度高，不易破碎，而且经过一定的时间滚动后，过多的水分渗出到颗粒表面，更容易在颗粒间形成液桥和使表面塑化，这些因素都促进了聚并过程的进行。随着颗粒变大，聚并在一起的小颗粒之间分离力增加，从而降低了聚并过程的效率，因此很难以聚并机制来提高形成较大颗粒的速度。在连续操作中，从筛分系统返回的小颗粒和破裂的喷雾流化体常成为造粒的晶核，由于原料细粉中的微粒在水分的作用下易与晶核颗粒产生较强的结合力，因此原料粉体在晶核颗粒上的包层机制在颗粒增大过程中起着主导作用，如图5-19所示。

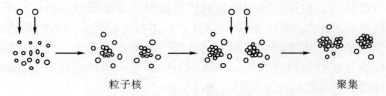

粒子核　　　　　　　　　　　　　　　聚集

图5-19　粒子形成过程

压缩空气和黏结剂溶液按一定比例由喷嘴喷出雾化并喷至流化床层上正处于流化状态的物料粉末上，其造粒工艺包括：混合、粒化和干燥三个阶段。首先液滴使接触到的粉末润湿并聚结在其周围形成粒子核，同时再由继续喷入的液滴落在粒子表面产生黏合架桥作用，使粒子核之间相互结合，逐渐形成较大的颗粒。干燥后，粉末间的液桥变成固体桥，此过程不断重复进行，即得到理想、均匀、外形圆整的多孔球形颗粒。因流化床造粒全过程不受外力作用，仅受床内气流影响，因此制得的颗粒密度小，粒子强度低。但颗粒的粒度均匀，流动性好。

在流化床造粒机中，可采用三种使颗粒粒度增大的方式：

（1）喷雾流化法　即以溶液作为黏结剂使粒核间相互黏结。通常以喷雾流化法制取的颗粒粒度不匀，且机械特性较差，这种造粒方法主要在以喷雾为主的喷雾流化床中出现较多。

（2）涂层法　即在母粒周围反复涂涂层以使颗粒增大，因而称为"葱皮"结构。在涂层过程中，每隔一定的时间涂覆一层厚液膜，然后使各涂层固化。

（3）喷涂法　即在母粒上连续喷涂细小液滴，使颗粒增大。喷涂是一个使颗粒连续增大的过程，不同于涂层法那样逐步进行，这意味着每一个颗粒都由大量的细小液滴组成。

目前采用的雾化器主要是两流体式，雾化器的安装位置，也就是雾化器到床层的距离，是操作的敏感参数。理论上，雾化器的安装高度应使雾滴到达床层时即能使粒子相互黏结（喷雾流化造粒）或均匀涂布于粒子表面（涂布造粒），又不致产生过大粒子。过高或过低都影响造粒效果，工作原理见图5-20。

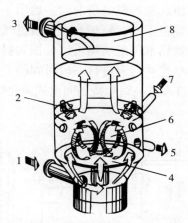

图5-20 流化床造粒工作原理图

1—压缩空气入口；2—喷嘴；3—压缩空气出口；4—空气导流盘；5—物料出口；6—粒子在空
气冲击下的运动；7—物料入口；8—过滤器

四、现代复合型流化床造粒技术

复合型流化床造粒技术兼有流化、搅拌、转动、喷雾等多种造粒方法的机理。① 加入容器中的药物粉末（一次粒子）在流化过程中，与喷雾的黏合液接触之后凝聚，逐渐长大成所需的颗粒（二次凝聚粒子）。这种粒子松软、不规则，如图5-21（a）所示。选择适当的搅拌、转动、循环、喷雾、流化等条件，可以制备由轻质不定形颗粒到重质球形颗粒的任意粒子，如图5-21（b）所示。② 包衣造粒以粉体的一次粒子作为核心粒子，其表面被喷雾黏合液润湿后与其他粉末接触。粉末黏附于颗粒表面形成粉末包衣颗粒，包衣颗粒的表面再次与喷雾液及粉末接触，层层包粉逐渐长大成所需的球形颗粒，如图5-21（c）所示。

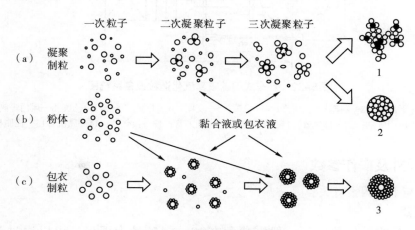

图5-21 颗粒的生成过程

1—轻质粒子，不定形；2—重质粒子，球形；3—包衣粒子，球形

五、料车式间歇喷雾流化造粒机

图5-22是料车式间歇喷雾流化造粒机，目前较多地用于水分散粒剂的生产。将物料加入底部的料车上，将料车推到设备下端，料车与上部通过气缸进行密封。设备内部设有内置布袋除尘器，喷水（或液体黏结剂）的喷嘴可以根据物料的成粒情况调节其高度，通过底部进入的热风流化物料。一般造粒后要进行一段时间的干燥，生产一批的时间为2~4h，然后再将料车推出。图5-23是日本某公司制造的间歇式流化床造粒装置的外形图。

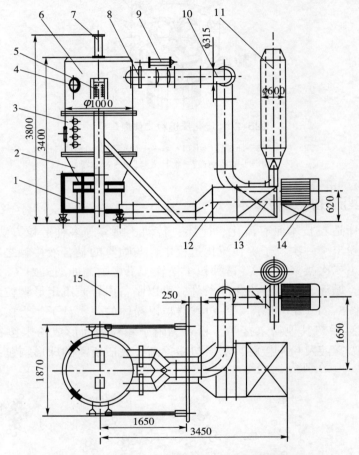

图5-22　料车式间歇喷雾流化造粒设备系统图

1—下风室；2—料车；3—中室；4—视镜；5—支座；6—上室；7—抖灰气缸；8—风门蝶阀；
9—风门气缸；10—排风管；11—消声器；12—圆方管；13—换热器；14—风机；15—控制柜

六、关键尺寸及操作参数

成粒率与下列因素有关。

1. 雾化器

① 雾化器的雾化角度，一般雾化角在30°~45°最为理想，可以通过改变雾化器内部构件来实现；② 雾化器与床层的高度，一般以雾群投影直径为床层直径的0.8倍为宜，生产中高度可以调节；③ 雾滴直径控制在50~100μm为宜，通过控制压缩气体

压力和气液比（气体与喷出液体的质量比）来控制雾滴直径，一般气液比越高雾滴粒径越小。

图5-23　喷雾流化造粒机外形图

2. 床层孔板的开孔形式

常用的有冲孔床板、编织网和叶片床板。其中，片叶形床板可以产生旋转气流（特别是正压操作时），使颗粒在床板上有滚动，颗粒的球形度更高。

3. 流化用的热风温度

流化用的热风温度不能太高，一般控制在70～100℃，在干燥的后期更要控制温度。温度太高成粒率会下降，产品质量、颗粒强度也受影响。

此设备生产能力不大，装料、出料时间较长，劳动强度大，产生的粉尘也较多，应有相应的除尘通风设施；喷出的液体中可以是清水，也可以是与造粒成分一致的悬浮液，这两种方法视具体物料而定。目前圆形喷雾流化造粒机均设内置布袋除尘器，这种结构是为制药行业所设计。用于水分散粒剂的生产，因布袋离粉体较近，滤袋容易被堵塞而使系统风阻陡增，选用时应保证有足够的过滤面积。一般过滤负荷为55～70m³/（m²·h），过滤风速为0.8～1.2m/min；喷雾流化造粒的颗粒直径一般以0.5～2mm居多，一批的生产时间为3～4h，成粒率一般为50%～70%，筛余物料还要重新处理。

七、配方的组成

在几种常用的造粒设备中，只有喷雾流化造粒机是造粒、干燥在一机内完成。这种机型有两种结构，一种为连续式，由于操作难度较高，一般使用较少，目前使用的多为间歇式造粒机。采用两流式喷嘴居多，产品球形度较高。采用这种设备时配方组成应注意以下几点：① 由于造粒时无任何机械力，仅依靠配方组分中的液桥固化后产生的固桥力而使细粉黏结成粒，并要求有一定的机械强度，因此，必要时配方中可以加入少量黏结剂；② 如果必须加入填料，最好回避白炭黑等成粒性较差的组分；③ 所加入的组分应有相近的密度，以防止流化造粒时产生偏析现象造成产品含量不均；④ 可以加入一定量的木质素分散剂以增加粉体遇水后的黏性，提高成粒率。

八、生产实例

66%二甲戊灵WG的配方：

二甲戊灵原药（≥95%）66%

润湿剂LS（二元复合型）3%

分散剂（木质素磺酸钠）6%

崩解剂（硫酸铵）2%

黏结剂（水溶性聚乙二醇）1.5%

载体（高岭土）补至100%

（1）加工方法　将原药、润湿剂、分散剂、崩解剂、载体称量好后，混合均匀，经超微气流粉碎机粉碎成超微粉，加入流化床造粒机中。用15%含10%黏结剂的水溶液，在20~40℃的流化床造粒机中造粒、筛分后得到产品。流程见图5-24。

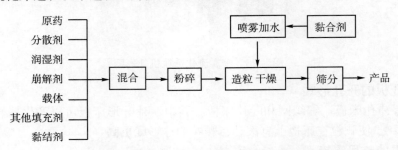

图5-24　二甲戊灵WG流化床造粒流程

（2）性能测定

① 产品质量控制项目指标　外观：黄色球形颗粒，颗粒直径为0.5~2.0mm；二甲戊灵含量：66%；pH值：5~7；水分≤1%；悬浮率≥90%；分散性（量筒混合法）颠倒次数≤10次；润湿性≤60s；崩解性≤3min。

② 分散性　在20℃时稍加搅拌即可分散，分散体系2h内比较稳定，24h后能很好地再分散。

③ 热贮稳定性　将66%二甲戊灵水分散粒剂样品密封于安瓿瓶中，放置在（54±2）℃恒温箱中贮存2周后进行检测分析，计算热贮分解率，结果见表5-4。

表5-4　热贮稳定性实验结果

样品编号		1	2	3	4	5	6
贮前	含量/%	66.4	66.5	66.1	66.7	66.0	66.6
	悬浮率/%	93.7	94.1	93.5	93.6	92.9	93.2
贮后	含量/%	64.0	64.3	64.6	65.1	63.9	94.5
	悬浮率/%	89.4	90.5	89.2	90.1	88.9	89.1
热贮分解率/%		3.61	3.31	2.27	2.40	3.20	3.15

由表5-4结果可见，66%二甲戊灵水分散粒剂热贮稳定性较好，热贮分解率<5%，悬浮率热贮后降低幅度<5%。喷雾流化造粒设备车间布置三维图见图5-25。

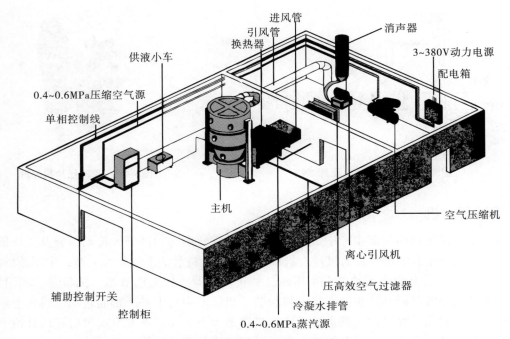

图5-25　喷雾流化造粒机布置三维图

压片技术及压片机

压片设备主要用于生产泡腾片剂、熏蒸片剂、水分散片剂以及一些卫生杀虫剂片剂等。

压片是片剂成型的主要过程，也是片剂生产的关键部分，压片操作由压片机完成。压片机有单冲压片机、旋转式多冲压片机和高速压片机，下面分别予以介绍。

一、单冲压片机

单冲压片机只有一副冲模，利用偏心轮及凸轮机构等的作用，其旋转一周即完成充填、压片和出片三个动作。推片调节器用以调节下冲抬起的高度，使其恰好与模圈的上缘相平；片重调节器用以调节下冲下降的深度，借调节模孔的容积来调节片重；压力调节器则是调节上冲下降的距离，上冲下降多，上下冲间的距离近，压力大，反之则小。

单冲压片机的压片过程如图5-26所示。首先上冲抬起来，饲粉器移动到模孔之上，下冲下降到适宜的深度，饲粉器在模孔上面移动。颗粒填满模孔后，饲粉器由模孔上移开，使模孔中的颗粒与模孔的上缘相平。然后上冲下降并将颗粒压缩成片，上冲再抬起，下冲随之上升到与模孔上缘相平时，饲粉器再移到模孔上，将压成的片子推开，并进行第二次饲粉，如此反复进行。

这种压片机是小型台式机，产量为100片/min，适用于小批量、多品种生产。由于该机的压片采用上冲头冲压制成，压片受力不均匀。上面的压力大于下面的压力，压片中心的压力较小，使片子内部的密度和硬度不一致，片子表面易出现裂纹。设备外形见图5-27。

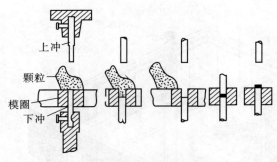

图5-26　单冲压片机压片过程　　　　　　　　　图5-27　单冲压片机外形

二、多冲压片机

多冲压片机是目前片剂生产中最主要的设备。主要由动力部分、传动部分及工作部分组成。工作部分中有绕轴旋转的机台。机台分为三层，机台的上层装着上冲，中层装模圈，下层装着下冲。另有固定不动的上下压轮、片重调节器、压力调节器、饲粉器、刮粉器、推片调节器以及吸粉器和防护装置等。机台装于机器的中轴上并绕轴而转动，机台上层的上冲随机台而转动，并沿固定的上冲轨道有规律地上下运动，下冲也随机台转动并沿下冲轨道做上下运动。在上冲上面及下冲下面的适当位置装着上压轮和下压轮，在上冲和下冲转动并经过各自的压轮时，被压轮推动使上冲向下、下冲向上运动并加压。机台中层之上有一固定位置不动的刮粉器，固定位置的饲粉器的出口对准刮粉器，颗粒可源源不断地流入刮粉器中，由此流入模孔。压力调节器用于调节下压轮的高度，下压轮的位置高，则压缩时下冲抬得高。上下冲间的距离近，压力增大，反之则压力小。片重调节器装于下冲轨道上，调节下冲经过刮板时的高度以调节模孔的容积。

下冲转到饲粉器之下时，其位置较低，颗粒流满模孔。下冲转动到片重调节器时，再上升到适宜高度，经刮粉器将多余的颗粒刮去。当上冲和下冲转动到两个压轮之间时，两个冲之间的距离最小，将颗粒压制成片。当下冲继续转动到推片调节器时，下冲抬起并与机台中层的上缘相平，片子被刮粉器推开。多冲旋转式压片机设备结构见图5-28。

旋转式压片机的压片过程可分为三个阶段：

（1）加料　下冲在加料斗下面时，颗粒填入模孔中，当下冲行至片重调节器的上面时略有上升，被刮粉器的最后一格刮平，将多余的颗粒推出。

（2）压片　下冲行至下压力轮的上面，同时上冲行至上压力轮的下面时，两者距离最小，此时模圈内颗粒受压成型。

（3）推片　压片后上下冲分别沿轨道上升，当下冲行至出片调节器上方时，将片子推出模孔，经刮粉器推出导入盛器中，如此反复进行。

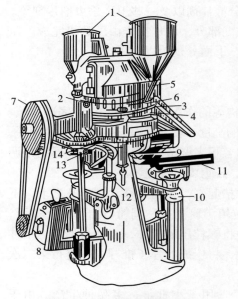

图5-28　多冲旋转式压片机

1—加料斗；2—上冲；3—中横盘；4—下冲；5—饲料管；6—刮料器；7—皮带轮；8—电动机；9—片重调节器；10—安全装置；11—置盘架；12—压力调节器；13—开关；14—下滚轮

旋转式多冲压片机有多种型号，按冲数（转盘上模孔数目）分，有16冲、19冲、27冲、33冲、55冲等，按流程分有单流程和双流程。单流程的压片机仅有一套压轮（上下压轮各一个）；双流程的有两套压轮，每一副冲（上下冲各一个）旋转一圈可压两个片子。双流程压片机的能量利用更合理，生产力较高。国内使用较多的是ZP-33型压片机。该机结构为双流程，有两套加料装置和两套压轮。转盘上可装33副冲模，机台旋转一周即可压制66片。压片时转盘的速度、物料的充填深度、压片厚度均可调节。机上装有机械缓动装置，可避免因过载而引起的机件损坏。机器内配有吸风箱，通过吸嘴可吸取机器运转时所产生的粉尘，避免黏结堵塞，并可回收原料重新使用，设备外形见图5-29。

图5-29　多冲压片机外形

三、制片剂常用助剂

如果生产泡腾片剂，需要酸源、二氧化碳源，有时还需要加一些润滑剂。

（1）酸源　柠檬酸、酒石酸、富马酸、己二酸、柠檬酸二氢钾、酒石酸二氢钾、富马酸钠等。

（2）二氧化碳源　碳酸钠、碳酸氢钠、碳酸钾、碳酸氢钾、碳酸钙等。

（3）润滑剂　润滑剂按其作用不同，分为润滑剂、助流剂和抗黏结剂三类。但在应用中很难将这三种作用分开，况且一种润滑剂又常有多种作用，因此，在选择时应根据情况灵活掌握。影响这三种作用的因素是相互关联的，多由摩擦力所决定，只是摩擦力作用部位或表现形式不同而已。因此，可以用压片时力的传递与分布的变化来区分和评价润滑剂的性能。表5-5是一些常用非水溶性润滑剂的压片参数。

表5-5　常用非水溶性润滑剂的压片参数

润滑剂	推片力/kN	冲力比	熔点/℃	剪切力/MPa
硬石蜡	150	0.94	50	—
硬脂酸	220	0.94	54	1.37
棕榈酸	240	0.95	57	1.23
合成蜡	260	0.84	105	5.05
油酸锌	400	0.93	170~174	—
硬脂酸钠	380	0.93	240~243	3.3 9
硬脂酸锂	410	0.95	215~218	0.60
硬脂酸钾	430	0.94	252~255	3.13
硬脂酸锌	450	0.94	120	0.93
硬脂酸钙	480	0.93	140	1.5
硬脂酸镁	500	0.93	186	2.0
硼酸	3460	0.63	—	7.30
滑石粉	3530	0.59	—	—
不加润滑剂	3710	0.55	—	—

选择润滑剂时，应考虑其对片剂硬度、崩解速度的影响。通常情况下，片剂的润滑性与硬度、崩解时间是相互矛盾的。润滑剂降低了粒间摩擦力，也就削弱了粒间的结合力，使硬度下降，润滑效果越好，影响越大；多数润滑剂是疏水的，能明显影响片剂的润湿性，妨碍水分浸入，使崩解速率延长。因此，在能满足要求的前提下，尽可能少用润滑剂，一般用量在1%~2%，必要时可增加到5%。表5-6为常用水溶性润滑剂的用量范围。

表5-6　常用水溶性润滑剂的用量范围

品名	常用量/%	品名	常用量/%
硼酸	1	油酸钠	5
苯甲酸钠+醋酸钠	1~5	苯甲酸钠	5
氯化钠	5	醋酸钠	5
聚乙二醇4000	1~5	硫酸月桂酯钠	1~5
聚乙二醇6000	1~5	硫酸月桂酯镁	1~2

（4）助流剂　压片前加入，以降低颗粒间的摩擦力，助流剂的主要作用是增加颗粒的流动性，使之顺利通过加料斗进入模孔，便于均匀压片，以满足高速转动的压片机的填充速率，也能保证片重均匀。一般多以气相微粉硅胶为主。

四、原料的前处理

在压片前物料要进行造粒（特殊物料也可以直接压片），目的是脱气，有利于压片，同时提高物料的流动性。造粒的方法有挤压后破碎造粒、流化床造粒和搅拌造粒。原药和各种填加剂混合后加入造粒机中，喷入适量的黏结剂，在高速搅拌下物料黏结成粒，还有部分不能成粒，这正满足压片的需要，之后进入压片机进行压片。

第七节　圆盘造粒

一、圆盘造粒机简介

在给定情况下应选用哪种造粒装置没有形成一套确定的规则，一般凭经验对具体应用仔细考虑后最终选定。圆盘造粒机的主要特点是有分级作用。在离心力作用下，团聚的物料在盘中以直径减小的螺旋形式运动，直到球粒达到所需尺寸后才从盘边排出。细的物料通过大的球粒筛落下来，并一直留在盘中。一般倾斜盘能生产很均匀的产品，所以无须再筛分。设备外形见图5-30。

在圆盘造粒设备中，转圆盘造粒（或称盘式造粒）是最常见的一种。图5-31是工业上常用圆盘造粒机的圆盘类型。

图5-30　圆盘造粒机外形

（a）普通盘　（b）多段盘　（c）变形盘　（d）球面盘　（e）多层盘　（f）圆锥盘

图5-31　常用圆盘的类型

二、圆盘造粒设备

圆盘造粒机（见图5-32）是由倾斜的成粒圆盘、驱动装置、圆盘倾角调整机构、机架、加料管、料液喷洒器、刮料板等部件组成的。圆盘造粒机倾斜角的一般调节范围为35°~55°，转速为10~18r/min。

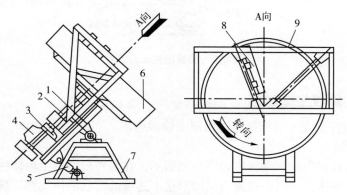

图5-32　圆盘造粒机

1—机架；2—主轴；3—电动机；4—减速器；5—调整装置；6—造粒盘；7—机座；8—刮刀；9—刮刀臂

圆盘造粒机是将圆盘倾斜地安装在位于盘心的中心轴上，中心轴支承在机架的轴承上，由传动装置带动旋转的造粒机。圆盘的倾角可根据要求由角度调节手轮控制的调节机构来调节。盘面上装有刮刀，固定于刮刀架上。刮刀架可以对刮刀进行上下调节，以便及时清理盘面和盘边。

倾斜圆盘造粒机另一些值得提到的优点是设备造价低，对操作控制敏感，易于观察成粒效果，所有这些优点使其适用于团聚许多不同的物料，团粒直径为0.16~6cm。圆盘造粒机的缺点是对粉料和有化学反应的物料不易处理。

最重要的是液体含量和在设备中的滞留时间。在正常的操作范围内液体量增加将使团块尺寸约成指数量级增加，所以此过程对液体含量是非常敏感的。当液体含有可溶性组分的物料，总的溶解相是控制因素，而不仅仅是所用水的量。此外，溶解度也受温度影响。

增加滞留时间可形成较大和较密的团粒，并具有较高的湿强度。团粒尺寸、滞留时间、生产率和湿含量之间的相互作用定性地示于图5-33中，数值随不同的应用而变化。对倾斜圆盘造粒机增加盘的深度和旋转速度或减小盘的斜度可增加滞留时间。

只有当团聚设备均匀操作时才有可能得到性能稳定的均匀产品，此时需要稳定地加入原料和液体。

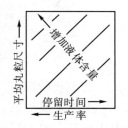

图5-33　圆盘造粒机平均球粒尺寸与滞留时间的关系（该关系以液体含量为参变数）

图5-34是圆盘造粒工艺流程，圆盘倾斜角度可调节，当倾斜角小、盘圈高、转速低、加水量大时形成的颗粒大而软，反之可得到较小颗粒。其中粒度大小与其机械强度直接有关，颗粒粒径与强度之间存在一定的关系。所以粒径越小，强度越低。

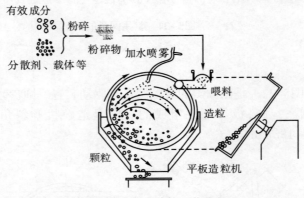

图5-34　圆盘造粒工艺流程

三、圆盘造粒的颗粒生成过程

圆盘造粒的颗粒生成过程概括地讲由三个阶段组成。

1. 核生成阶段

物料在圆盘造粒机内的运动轨迹如图5-35所示。在造粒机内供给粉体物料，使液体与每个粉体粒子会合。粉体粒子间的接触点周围形成不连续的凹状液体架桥，最初形成疏松的凝集体［见图5-36（a）］。在转动中，凝集体依次被紧固，使粒子间空隙逐步减少。因加入的液体是喷洒在局部区域，使这些粒子互相接触，就很容易附着黏结形成大的凝集体［见图5-36（b）］，这就是核生成阶段。这个阶段产生的核的总数，经过分裂集合过程，几乎与生成颗粒的总数相一致。而颗粒成长的稳定程度，对颗粒的大小将有很大影响。

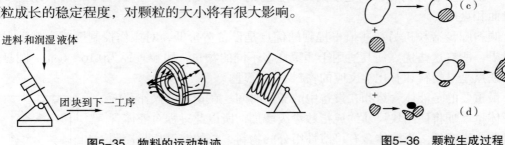

图5-35　物料的运动轨迹　　　　　　　　　　　图5-36　颗粒生成过程

2. 成长阶段

上述生成的核，粒子间的液体几乎是均匀地分布于间隙中，形成的颗粒保持可塑性。由于在其表面上有过剩的液体膜，如果再与其他的小的颗粒冲撞，就会产生变形、拥挤推压对方［见图5-36（c）］。如果对方较脆弱，就会使其破坏成碎片，重新排列充填到自己的表面上［见图5-36（d）］成为一体，再经往复循环转动使其球形化。当再和具有同样大小和强度的颗粒冲撞时，由于表面相互摩擦，颗粒逐渐受压而致密化，构成了高强度的颗粒，这就是颗粒的成长阶段。

3. 完成阶段

当第二个阶段停止供给液体时，粒子间的液体达到理论饱和量的90%左右。此时过剩的液体从造粒物表面向内部渗透，使表面毛细管力增大，从而增强了造粒物的内部结合力。同时由于转动作用使液体量逐步减少，在造粒物表面已经没有液体膜。当与其他颗粒冲撞时，几乎不自行变形，而黏附其他粒子的能力也消失了，此时造粒物停止成长，即是颗粒成型的完成阶段。

四、特殊形状的圆盘造粒机

1. 多段盘

多段盘见图5-37（a），此造粒机分为内侧、中段、外侧三段造粒盘，物料在内侧盘造出较小的球体后向中段盘、外侧盘移动，在移动的过程中球粒进一步增大。此设备有利于造出较大的球体颗粒，造粒的粒度分布曲线见图5-37（b）。

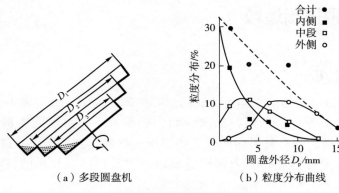

（a）多段圆盘机　　（b）粒度分布曲线

图5-37　多段盘

2. 多层盘

如图5-38所示，在单盘造粒机中，也存在造粒和成型的两个过程，但这两个过程并不明显，特别对于一些易变形的球体不易控制，为此开发了双层圆盘造粒机。粉体物料加入内盘后加水造粒，成球后的颗粒从内盘逸出被甩到外盘中。外盘主要进行球形化和密实球体。此设备造出的颗粒球形度好，表面光滑。

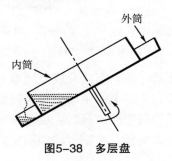

图5-38　多层盘

3. 锥形盘

此造粒盘强调了球粒在盘内的滚动和停留时间，使颗粒更圆、更光滑、更致密。图5-39是锥形造粒盘的外形图，图5-40是锥形造粒盘的工作原理图。

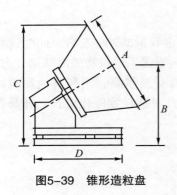

图5-39 锥形造粒盘

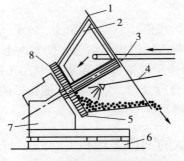

图5-40 锥形造粒盘的工作原理

1—锥形盘；2—刮刀；3—传送带；4—喷嘴；5—大齿轮；6—机架；
7—动力箱；8—小齿轮

第八节 对辊挤出造粒

一、对辊挤出造粒机

对辊挤出造粒机通常为两个相对旋转的空心筒体，其中一个布满小通孔，是成型辊，另一个为光滑筒体，作为挤压辊，见图5-41。将带有一定湿度的粉料置于两辊之间的空隙中，两辊的相对运动将粉料向两辊之间挤压，物料受到挤压后穿过成型筒的小孔形成短柱状颗粒，从筒体内侧由刮刀切断后出料，对辊挤出造粒机的传动原理如图5-42所示。

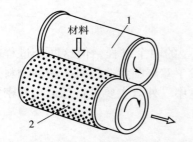

图5-41 滚筒形滚压式挤出造粒机简图

1—挤压辊；2—成型辊

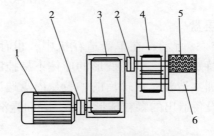

图5-42 对辊挤出造粒机的传动原理

1—电机；2—联轴器；3—减速机；4—传动箱；5—成型辊；6—挤压辊

此造粒机主要由电机、减速机、传动箱以及成型筒辊和挤压辊组成。电机通过减速机减速后与传动箱的输入主轴直联，主轴上的主动齿轮与副轴上的从动齿轮啮合。两齿轮的机械参数相同，从而主轴带动副轴同速反向旋转。成型辊与主轴输出端相连接，挤压辊与副轴相连接。电机的转动带动主轴旋转，主轴带动副轴旋转，从而完成对物料挤出造粒的基本操作。

对辊挤出造粒机可挤出直径为1.2～2.0mm的短柱状颗粒，成型辊的开孔率为20%～50%，成型辊壁厚为1.5～3mm。开孔率越高，成型辊壁厚越薄，所造颗粒越疏松。颗粒长度由成型辊内侧的刮刀与筒体的间隙进行调节，这种造粒机产量较高。

二、对齿挤出造粒机

对齿挤出造粒机是两个相互啮合的齿轮，两个齿轮的模数相同，在齿轮的每个齿根部分均开有一排小孔。塑性物料加入两个齿轮中间时，利用两个齿轮啮合时在齿间产生的挤出压力，受齿轮的咬合作用进入齿根部分。并受到另一齿轮齿顶部分的挤压穿过小孔，在自身的孔中连续挤出造粒。在齿轮的内侧设有刮刀，将挤出的条状颗粒切断。目前此造粒机多用于塑料、农药、催化剂等行业，基本工作原理见图5-43，造粒模头见图5-44。

电机为变频调速，根据造粒时的效果调节电机转速。更换不同孔径的齿轮可以得到相应直径的颗粒，调整刮刀与齿轮内侧的距离可以控制颗粒的长度。此机多用于泡腾剂颗粒的造粒。

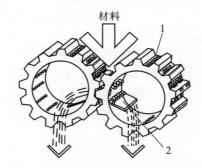

图5-43 对齿挤出造粒机基本工作原理图

1—造粒齿轮；2—刮料板

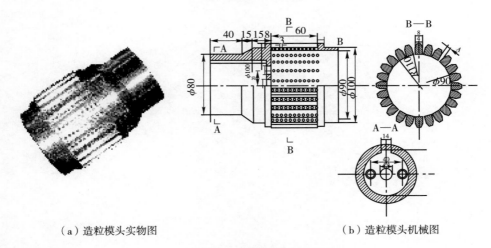

（a）造粒模头实物图　　　　　　（b）造粒模头机械图

图5-44 造粒模头

参考文献

［1］化学工学协会（日）编. 化学工学便览［M］. 丸善株式会社，1978.

［2］别册化学工业新增补. 造粒［M］. 化学工业社，1985.

［3］粉体工业协会（日）编. 造粒便览［M］. 1975.

［4］［加］Capes C E. 造粒技术［M］. 钱树德，等译. 北京：化学工业出版社，1992.

［5］刘广文. 喷雾干燥实用技术大全［M］. 北京：中国轻工业出版社，2001.

［6］刘广文. 干燥设备设计手册［M］. 北京：机械工业出版社，2009.

［7］新一代的Rotofrm造粒系统［M］. SANDVIK公司说明书.

［8］Continuous fluid bed spray granuater with classifying device［M］. 大川原制作所说明书.

［9］流化床技术［M］. Glatt公司说明书.

［10］多用途流化床技术［M］. Glatt公司说明书.

［11］流动床干燥装置［M］. 大川原制作所说明书.

［12］Specialists in mixing, agglomerating and thermal processing［M］. 苏吉公司说明书.

［13］刘广文. 造粒工艺与设备［M］. 北京：化学工业出版社，2011.

［14］刘广文. 农药水分散粒剂［M］. 北京：化学工业出版社，2009.

［15］刘广文. 现代农药剂型加工技术［M］. 北京：化学工业出版社，2013.

［16］李范珠. 药物造粒技术［M］. 北京：化学工业出版社，2007.

［17］赵存梅. 药物泡腾剂技术［M］. 北京：化学工业出版社，2007.

第六章

农药干燥及供热设备

第一节　简　述

　　农药干燥设备与其他化工产品的干燥设备有许多不同之处。首先，农药的剂型较多，除液体剂型之外，固体剂型有粉状、粒状、块状、条状、片状等。对于农药，干燥绝不仅仅是蒸发水分，而是在干燥过程中形成不同的固体形态，所以干燥过程也是制剂制造的过程，因此所使用的干燥设备比较复杂。其次，有毒、有味甚至易燃易爆是农药产品的基本特征，干燥现场作业人员的安全及环境保护十分重要。再次，干燥操作时气体排放物也要严格控制。比如高效除草剂的干燥，如果生产现场周围有农田时要保证农作物的安全。最后，干燥尽可能选用经济型热源，特别是附加值较低的农药更要控制生产成本。

　　农药企业所用干燥设备主要分为三种情况，第一种情况是农药合成后，过滤干燥得到固体原药，在原药过滤后干燥时所需要的干燥设备。第二种情况是各种物料造粒的同时或造粒后物料干燥所需设备，许多制剂在制成颗粒时要加入一定的湿分（多为水分），制粒后又需将其干燥除去，这时需要干燥设备。第三种情况是在生产干悬浮剂制剂时，由于物料是从悬浮液直接制成固体，所以需要干燥设备。农药的干燥具有如下特点：

　　（1）熔点低　因为化学农药是化学合成的产物，许多原药具有熔点低的特点，如苯草酮原药，其熔点只有106 ℃，干燥设备的选择和操作均有一定难度，如果处理不当，可能会导致产品不合格。

　　（2）易燃、易爆　有一些农药活性较强，干燥时具有易燃、易爆的特点，如代森锰锌等原药具有这样的特性；还有，当生产泡腾粒剂时，在造粒前要加入一定量的乙醇等溶剂，造粒后又需通过干燥除掉这些溶剂，乙醇具有易燃、易爆的特性，干燥设备的安全性就非常重要了。

　　（3）有毒、有味　有毒、有味是农药的普遍特性，特别是一些杀虫剂更为明显。从保护环境和人身健康的角度出发，对干燥设备的要求高于其他行业。设备的类型、结构、流程布置、自动化水平、进料、出料方式、尾气处理均要满足安全、清洁生产的要求。

（4）粉尘对环境的危害性　除上面提到的特点以外，农药粉尘对环境有特殊的危险性。干燥过程中，会有部分农药粉尘随排出的尾气进入大气中，这些粉尘（特别是高效除草剂）对植物会有相当大的威胁，甚至极微量的粉尘都可能杀灭动植物形成安全隐患，所以对所产生的粉尘应有可靠的安全措施。

所有这些性质构成了农药干燥设备和工艺流程设计的复杂性，有些操作也带有相当的技术含量，必须针对具体物料进行设计和操作才能保证安全生产。

第二节　热传导干燥器

由于传导型干燥器具有热效率高、尾气排放量少、带出粉尘少等优点，所以在农药生产中应用较多。

一、双锥回转干燥机

（一）双锥回转干燥机简述

双锥回转干燥机是20世纪80年代初开发成功的一种传导传热型干燥设备，可在常压和真空状态下间歇工作。双锥回转干燥机具有节能、高效、缩短操作时间、减轻劳动强度、减少损失和杂物混入等优点，能获得较高纯度产品。双锥干燥机目前已经有系列产品，常用的容积有500L、1000L、1500L。常用材质有不锈钢和搪瓷。近几年该干燥机广泛用于农药、化工、食品等行业。

本干燥机是使有夹套的对称圆锥形容器回转，并借助于内部的提升器或圆锥体本身的倾斜不断翻动、混合物料。通过旋转接头由空心旋转轴的一侧进入蒸汽或热载体，利用传导和辐射加热进行干燥，介质换热后从另一侧排出。干燥机内上部设有带过滤网的排气管，此管从另一端的轴中心排出气体。

（二）双锥回转干燥机的特点

① 双锥回转干燥机适用于粉状和粒状物料的干燥（不适用于黏状、浆状等物料）。

② 进料的含水率在15%左右。一般可由离心机脱水后，湿粉直接加入干燥机内。若有结块可用打粉机粉碎后再进行干燥。

③ 该干燥机可以用来干燥含水率低或含结晶水以及含溶剂的物料。而且溶剂可以回收利用，既节约又安全。

④ 该干燥机特别适用于热敏性物料的干燥。夹套除用蒸汽加热外，可用热水来加热，也可用冷水进行冷却。可根据工艺要求调节真空度、温度、干燥时间。

⑤ 该机适用于对晶体形状有严格要求的物料。因为干燥机材质是不锈钢或搪玻璃。内壁光滑，转速为4~6r/min，物料以"菱形轨迹"运动。没有物料晶体之间的冲击，不会破坏晶体形状。

⑥ 该干燥机使干燥粉体受热均匀。可以得到含水率低于0.5%~0.1%的物料。干燥前后色级相同，其他质量指标稳定。

⑦ 该机将物料干燥后，夹套要通冷却水冷却到常温出料。还可以用来混合物料，替代混合机。设备结构见图6-1。

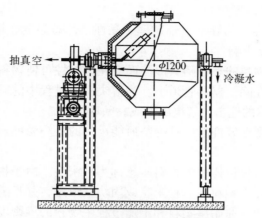

图6-1 双锥回转干燥机设备结构简图

（三）双锥回转干燥机的工作原理

双锥回转干燥机按对物料的处理方法分类属于移动床式干燥设备类，是一种高效节能、间歇式操作的机型。该机在结构设计上采用传导加热的方法去除物料中的液体，在真空状态下，用较低的温度得到较高的干燥速率。在回转的容器内进行真空操作，使物料通过容器夹套壁的传导热及器内真空作用形成的气体分子的热运动进行能量交换，提高传热效率。促进水分在密闭容器内扩散、蒸发，转变为蒸汽被迅速排出而实现物料的快速干燥。

双锥干燥机的结构由带夹套的双层容器（本体）、驱动系统、加热装置、真空吸引装置和机架等部分构成。本体结构设计采用了双圆锥定轴回转式无机械搅拌的重力混合容器结构，利用物料流动所产生的重力形成物料间自然摩擦层流的混合方式，同时结合密闭容器易进行真空操作的特点。基于这样的条件，设计时充分考虑干燥功能与混合功能的协调关系。从使用经验中可以证实以下两点：

1. 兼有混合作用

对于混合来说，回转（或搅拌）的速度越快混合效果并不一定就越好。当回转速度达到某一极限转速时，物料会产生离心或堆移现象，这时即使延长混合时间也难以达到所要求的混合度。因此回转速度对混合和干燥来说具有一个共同点，它不仅影响物流的变化，还可影响传热、蒸发等过程。由此可能导致出现被干燥物料内部水分不易渗透传递或物质表层局部过热的情况。

2. 可在真空下工作

在干燥中也应控制温度，尤其是对热敏性物料的干燥。真空技术的应用解决了低温蒸发问题，从而解决了热敏性物质的干燥问题。双锥干燥机的性能虽是取决于真空系统对湿物料在容器中水分蒸发的速率，但在很大程度上还依赖于混合功能所形成的物流状态。双锥干燥机与常压下直接加热或间接加热的固定床式干燥设备相比，在热稳定、防空气氧化方面显示出很大的优越性。因此，是具有重力混合器及真空干燥机双重特点的优化结构。不仅可用于干燥、混合、浓缩、化学反应，还可对高品质的物料进行低温干燥和无菌操作的干燥。

（四）双锥回转干燥机的操作技术

1. 物料的物性

物料湿含量、比热容、热导率、辐射率、黏性、热敏温度、堆密度、滑移角等性能，对干燥机的应用都有重要影响。

（1）物料的黏性　物料的黏性随其湿分而变化，黏性可使物料团聚成块、黏着在干燥室壁上，干燥后易黏附在除尘器和管道上。为解决干燥过程中的黏性，可将钢球与物料一起装入干燥机，利用钢球的撞击力解决团聚或黏壁现象。

（2）物料的热敏温度　容许温度是物料所能承受的最高温度。超过该温度，将导致物料损伤、分解破坏。

（3）物料的堆密度　单位体积的物料质量称为堆密度。由于物料是绝干物料与湿分的混合物，绝干物料又往往为颗粒状、粉末状或固块状形态，并且随着物料中湿分不同绝干物料颗粒间的间隙也不同。原始湿物料和干燥过程中物料的堆密度有很大差别，选择干燥机时应予注意。

（4）物料的滑移角　堆放颗粒状或粉状物料时，当物料堆斜面与底面间夹角增大到某个角度时，将发生侧面物料向下滑落的现象。这个发生物料滑落的斜面与底面的夹角称为该物料的滑移角。滑移角与物料组成、湿含量、粒度和黏性有关。选择双锥干燥机时，可以参考物料的滑移角选择锥体的角度大小。

2. 干燥温度

随物料的物性不同，可选择适当的温度。通常可选用变温干燥法，在干燥初期温度低，逐渐提高温度，以增大干燥速率。

3. 工作真空度

通常选用（1～10）×10^3Pa。真空度高，物料中湿分汽化温度低，干燥速度快。但真空度过高，导致抽气系统成本增加，干燥后的物料价格增高，经济上不合算。

4. 充填率

实际装料容积与干燥室容积之比称为充填率。双锥回转真空干燥机的充填率通常在30%～50%。

5. 干燥机功能的改进

为适应用户的需要，可在普通双锥回转真空干燥机上增加搅拌功能、内设导热元件和造粒功能。

在筒体转动的过程中，固定在抽气管上的搅拌叶片迫使物料从其两侧面流过。这样，在物料沿筒壁滑动的同时，增加了径向运动。因此，有效地提高了混合和搅拌物料的效果，加快了湿分汽化，提高了干燥速度，均匀了干制品的粒度和质量。

在粉状物料干燥工艺结束时，可由干燥机外部经管道注入由喷嘴以雾状喷出的相应黏结剂，将粉末状干物料制成粒度均匀的颗粒状制品，然后由出料口排出。控制黏合剂的流量和筒体转速，可以控制喷雾造粒的制品粒度和均匀度。

二、斜筒回转干燥器

1. 斜筒回转干燥器的工作原理及结构

斜筒回转干燥器如图6-2所示，是一种间歇式传导干燥设备。它由机座、干燥容器、动力装置和变速传动装置等组成。干燥器为筒形旋转容器，并设有夹套以通入加热介质。容器转轴的轴线与容器的构成旋转轴线有一定角度，因此看上去干燥器为倾斜放置。干燥器通过其两端的转轴安置在机座的轴承架上，由电动机通过变速传动装置驱动干燥器做低速回转。加热介质通过旋转接头进入或排出加热夹套，物料中的湿分接受器壁的传热后蒸发，并通过排湿口排出。

干燥容器为斜放圆柱体形，容器上有进、出料口，位于旋转轴的垂直线上。干燥器内的物料初始时位于干燥室底部，随着容器的旋转而升起。由于离心力的作用，物料趋于靠近壁面，使物料间以及物料与容器壁间的作用力增大，与器壁接触并滑动以接受器壁传递的热量。当物料上升到一定高度时，在重力作用下落到底部，物料在干燥室内上下翻转运动。同时因干燥室内底角度不断变化，迫使物料在做上下运动的过程中同时产生轴向移动，于是产生了上下纵横多方向的运动。物料在干燥室内交替进行分离、混合以及相互剪切、滑移、翻转等运动，从而达到均匀干燥物料的目的。

2. 应用方式及特点

斜筒回转干燥器的干燥原理与双锥干燥器相似，其装料系数为30%～50%，回转速度一般控制在临界转速的50%～80%内。

斜筒回转干燥器可以处理含水或其他有机溶剂的物料。流程可以设计成常压敞开式，也可以设计成闭式真空干燥方式。加热介质可以用蒸汽，也可以用热水或导热油。该机除具有干燥功能外，还有很好的混合作用。

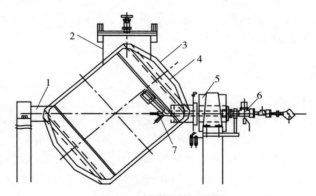

图6-2 斜筒回转干燥器

1—主轴；2—加料、卸料口；3—夹套；4—筒体；5—机架；
6—旋转接头；7—排湿口

3. 应用

双锥回转真空干燥设备干燥农药代森锰锌，其主要参数如下。

干物料密度 0.7g/cm³	初含水率 26%
终含水率 2%	容积 1.5m³
转速 4r/min	蒸汽压力 0.5MPa
蒸汽温度 151℃	产量 50kg/h
装料量 265kg	充填率 23.3%

将代森锰锌的湿物料装入干燥机后，启动真空系统抽真空，开启蒸汽阀门加热筒体，同时转动筒体，开始对代森锰锌进行真空干燥。干燥过程可分为升温Ⅰ、

恒温Ⅰ、升温Ⅱ、恒温Ⅱ和降温五个阶段，各阶段的平均工艺参数和对应于干燥温度的水的饱和蒸气压见表6-1。

表6-1　代森锰锌平均干燥工艺参数

阶段	时间/min	真空度/MPa	干燥温度/℃	蒸汽压力/MPa	饱和蒸气压/MPa
升温Ⅰ	30	0.019	46	0.29	0.010
恒温Ⅰ	45	0.024	63	0.43	0.024
升温Ⅱ	30	0.018	81	0.44	0.051
恒温Ⅱ	75	0.015	93	0.40	0.081
降温	30	0.007	95～70	0	0.087～0.032

升温Ⅰ阶段是加热物料，使其升温的预热阶段。在该阶段中，物料中水分汽化量很少。

恒温Ⅰ阶段是恒速干燥阶段。在该阶段中，物料中的自由水、表面水和毛细管水等大量汽化。因此，温度和真空度曲线呈恒定状态，且真空度与该干燥温度下水的饱和蒸气压近似相等。

升温Ⅱ阶段是加热物料迁移内部水分至物料表面的过程，由于汽化的水分很少，导致物料温度升高，真空度也随之提高。

恒温Ⅱ阶段是汽化物料包裹水和部分结晶水阶段。由于水分迁移率与汽化率相当，故温度曲线和真空度曲线均呈现平直状态。

降温阶段开始时，关闭加热蒸汽，通以冷却水至筒体夹套中，冷却筒体使其内部物料温度下降，以便卸出干燥制品。

三、桨叶式干燥机

1. 桨叶式干燥机概述

桨叶式干燥机是一种以热传导为主的卧式搅拌型连续干燥设备。因搅拌叶片形似船桨，故称为桨叶式干燥机，国外也称槽形干燥机或搅拌干燥机，见图6-3。

早在20世纪70年代国内就进行了桨叶式干燥机的开发，限于当时技术条件和所设计的热轴结构过于复杂，因此中途停止。随着国外设备的引进，国内这方面技术资料不断增多，于是又对其结构进行了新的开发，目前已成为系列化机型。

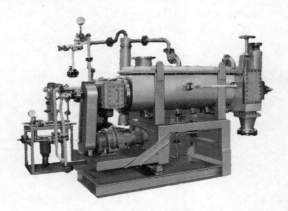

图6-3　桨叶式干燥机

国外对桨叶式干燥机已经开发多年，目前这种机型以日本产品为代表，已开发出单轴、双轴和四轴三种结构、几十个规格的系列产品。

因该设备干燥所需热量依靠热传导间接供给，因此干燥过程不需或只需少量气体以带走湿分，极大地减少了被气体带走的这部分热量损失，提高了热量利用率，是一种节能型干燥设备。它适用于颗粒状及粉末状物料的干燥，对膏状物料也能进行干燥。

2. 桨叶式干燥机的性能及特点

① 由设备结构可知，干燥所需热量是依靠夹套及叶片壁面间接供给，因此，干燥过程可不用或仅用少量气体以携带物料蒸发的水分，热量利用率可达80%～90%。

② 本设备传热面由叶片和壁面两部分组成，其中叶片传热面占大部分，所以设备结构紧凑，单位容积的传热面大，占地面积小，可节省投资费。

③ 干燥过程用气量少、流速低，被气体带走的粉尘少。因此干燥后气体中粉尘回收方便，而且回收设备简单，节省设备投资。对于有溶剂回收的干燥过程，可提高气体中溶剂浓度，使溶剂回收设备减小或缩短流程。

④ 由于桨叶结构特殊，物料在干燥过程中交替受到挤压和松弛，强化了干燥。另外，当两叶片反向交错旋转时，具有自清洁作用，因此对黏性较高的膏状物料也适用。

⑤ 干燥机内物料存留率很高，停留时间通过加料速率、主轴转速、存料量等调节，在几分钟到几小时之间任意调节，因此对易干燥和不易干燥的物料均适用。另外，干燥机内虽有许多搅拌桨叶，但物料在干燥机内从加料口向出料口呈活塞流运动，停留时间分布很窄，因而产品干燥均匀，图6-4是用于农药干燥的流程。

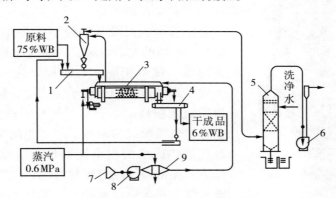

图6-4　用于农药干燥的流程

1—混合供料机；2—旋风分离器；3—干燥机；4—出料螺旋；5—湿式除尘器；6—排风机；
7—空气过滤器；8—鼓风机；9—加热器

3. 桨叶式干燥机的结构

以双轴式为例介绍其结构。它由带夹套的W形端面壳体、上盖、两根有叶片的中空轴、两端的端盖、通有热介质的旋转接头、金属软管以及包括齿轮、链轮的传动机构等部件组成。基本结构见图6-5。

此设备的核心是两根空心轴和焊在轴上的空心搅拌桨叶。桨叶形状为楔形的空心半圆形，可以通入加热介质。除了起搅拌作用外，也是设备的传热体。桨叶的两主要传热侧面为斜面，因此当物料与斜面接触时，随着叶片的旋转，颗粒很快就从斜面滑开，使传热表面不断更新，强化了传热。在桨叶的三角形底部设有刮板，可将沉积于壳底的物料刮起，防止产生死角。

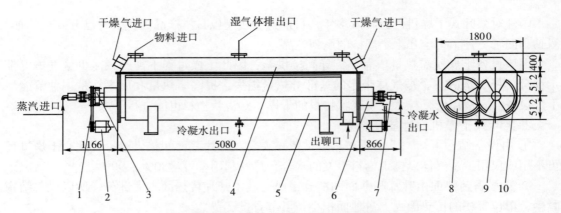

图6-5　桨叶式干燥机基本结构简图

1—链条及链轮；2—电动机及减速机；3—斜齿轮；4—上盖；5—外壳；6—轴承及填料箱；7—旋转接头；
8—空心桨叶；9—空心轴；10—内筒

　　桨叶的布排和各部位尺寸均有一定要求，而且在进料区、干燥区、排料区除桨叶外另设有辅助机构，以保证整机操作稳定，干燥均匀。此外，停留时间亦可调节。

　　本设备加热介质既可以用蒸汽，也可用热油或热水，但热载体相态不同，其中空轴结构也不同。当用蒸汽加热，热轴结构简单；当用热水加热，轴结构比较复杂，尤其当需要考虑管内液体流速时更是如此。

图6-6　楔形桨叶干燥机内部结构照片

　　图6-6所示为楔形桨叶干燥机，楔形形状较为独特，它是由两片扇形侧板、一个三角形圆弧盖板、一个矩形侧板以及其上的刮板共五块薄板焊接而成。桨叶扇形面的左右两端，一端呈矩形，另一端为尖角，为同轴上螺距相同、旋向相反的两部分螺旋面相交而成，其投影像一只楔子。当设备运行时，桨叶的尖角端插入物料。由于扇形侧板的螺旋面为一倾斜面，在与物料颗粒或粉末接触时产生的撞击力分散，使附着在加热面上的粉末能够自动清除，维持加热面的光洁，保持高效的热传导性能。搅拌桨叶交替、分散地压缩（在楔形斜面处）和膨胀（在楔形空隙处）搅拌桨叶面上的物料，因此，靠近传热面处的颗粒或细粉搅拌非常剧烈，传热系数很高。

　　在中空搅拌轴的设计上，考虑热载体的不同，其结构分为蒸汽型（S）和液体型（L）两种，如图6-7所示。由于蒸汽冷凝传热系数较大，传热由壁面的热传导和物料侧的颗粒运动联合控制，可以不用考虑提高蒸汽侧的传热系数，所以轴内腔设计成中空型。为使轴和搅拌桨叶内的蒸汽和冷凝液流动畅通，在每个轴内腔和桨叶内腔之间有两根长短不一的短管相连。其中较长的管内走蒸汽，此管的一端伸入轴内，另一端伸入桨叶内腔，以防止轴内或桨叶内的冷凝液回流而阻碍蒸汽流通，其伸出长度分别视轴内冷凝液深度和桨叶旋转一周产生的冷凝液量来确定，保证管口不被淹没。另一根较短管内走冷凝液，其一端伸入轴内，作用与较长管相同，另一端与轴外表面平齐，保证桨叶内的冷凝液及时排出。

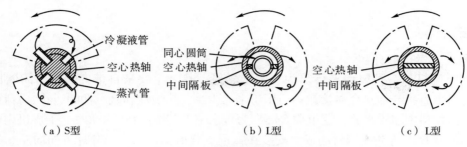

图6-7　中空搅拌轴的结构

当用液体作为热载体时，中空轴的结构采用L型。图6-7（c）的结构为轴内设置中间隔板，使进入桨叶的载热液体与离开搅拌桨叶的冷液体各行其道，互不相混，而轴上只开小孔即可。在大型设备中，由于轴内空间较大，采用图6-7（b）的结构。在轴内设置一同心圆筒，其两端用板蒙上，用两块较窄的隔板与内外筒相连，冷热液体走环隙。这种结构既可提高轴内液体流动速度，强化轴表面传热，又可减轻冷热液体经中间隔板热传导产生"内耗"。

桨叶干燥机有两轴型和四轴型两种，轴中心距视物料性质而异。对于黏性小、较松散的物料，轴中心距可略大于桨叶外径。对于流动性较差的物料，中心距应小于桨叶外径，使两轴桨叶呈错列状。这样在设备运行时，两根轴上的桨叶交替地插入物料层，强化了转热作用。

4. 工作参数

传热桨叶与对应轴的传热叶片有部分重叠，叶片外缘线速度一般在0.1～1.5m/s。这种结构用于高水分、强附着性物料的干燥时，在传热面上可防止形成物料附着。另外，搅拌、混合使物料翻动剧烈，从而获得高的传热系数。传热系数与载热体种类、原料特性关系密切，一般干燥处理时在120～350W/（m²·℃），操作温度一般在60～300℃。冷却时传热系数为60～130W/（m²·℃），温度一般在5～32℃。当温度要求在200℃以上时采用导热油，部分农药和载体的干燥参数见表6-2。

表6-2　桨叶式干燥机对部分农药和载体的干燥参数

物料名称	蒸汽压力/MPa	转速/（r/min）	进料含水率/%	产品含水率/%	蒸发强度/［kg/（m²·h）］
陶土	0.4	5	5	0.3	0.42
高岭土	0.4	3	40	0.5	5
杀螟丹	0.3	5	21.8	2.5	2.23
淀粉	0.3	0.5	同时反应		7
白炭黑	0.5	7	80	<5	20

应用实例：

被干燥物料　膨润土　　　　　　　干燥器面积　22m²

物料含水　17.5%　　　　　　　　产品含水　0.4%

产品粒度　350目　　　　　　　　蒸汽压力　0.4MPa

处理湿物料量　1256kg/h　　　　　蒸汽消耗　300kg/h

电耗　13.38kW·h　　　　　　　　单耗　92.5kg（湿物料）/（kW·h）

四、耙式干燥机

1. 耙式干燥机简介

耙式干燥机是一种以传导传热为主的干燥机，热量主要来自带夹套的内筒壁面的传导热。物料不直接与加热介质接触，适用于干燥少量、热敏性和氧敏性的泥状、膏状物料，含水率（因物料中多为水分，这里称含湿率为含水率）范围为15%～90%。干燥机内水平耙式搅拌器的叶片由铸铁或钢材制成，安装在方形或圆形轴上，一半叶片方向向左，另一半向右。轴的转速为7～8r/min，由带减速箱的电动机带动。同时采用自动转向装置，使主轴的转动每隔5～8min改变一次搅拌器的转动方向。

操作时，先开动搅拌器，加入被干燥的物料，并将加料口关闭。同时通入蒸汽（或导热油）加热，加热蒸汽的压力一般为0.2～0.4MPa（表压）。用真空泵抽出蒸汽和不凝气体，一般物料干燥时，真空度约为700mmHg（1mmHg=0.133kPa，余同）。这种干燥机的水分蒸发强度随物料性质、含水率、加热蒸汽压力及真空度等的不同而异。例如，在真空度为700mmHg，加热蒸汽压力为0.2MPa（表压）时，将马铃薯淀粉从初水分为40%干燥到20%，干燥机的蒸发强度为5～7kg（水）/（m²·h）。

耙式干燥机的操作比箱式干燥器的劳动强度低，能回收物料中的湿分，操作条件好，管理比较方便。其缺点是生产能力低、设备结构比较复杂、搅拌器叶片易损坏等。这种干燥机在染料和医药工业中应用较多。

2. 耙式干燥机的主要结构及流程

耙式干燥机主要有壳体、夹套、搅拌器和传动装置组成。湿物料由干燥机加料口加入，利用耙齿与轴线的夹角使物料翻动，同时还做轴向往复移动，并充满干燥机（主要是下部）。热载体通入夹套，通过器壁向物料传导热量。汽化的蒸汽（或溶剂）与物料经过滤器进行分离，干燥后产品由耙齿推向放料口放出，属于传导型间歇操作设备。图6-8是真空耙式干燥机结构图，图6-9是真空耙式干燥典型流程。

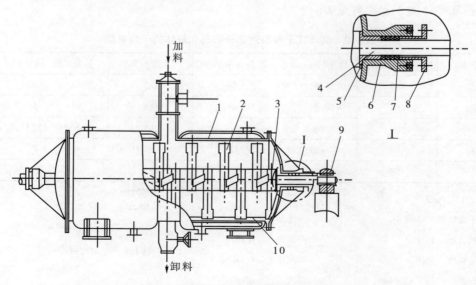

图6-8　真空耙式干燥机结构图

1—壳体；2—耙齿（左向）；3—耙齿（右向）；4—传动轴；5—压紧圈；6—封头；7—填料；8—压盖；9—轴承；10—无缝管

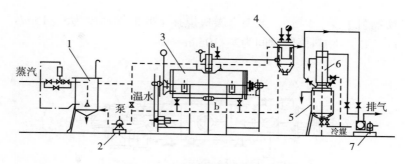

图6-9 真空耙式干燥典型流程

1—温水槽；2—水泵；3—耙式干燥机；4—过滤器；5—液体储槽；6—冷凝器；7—真空泵

3. 真空耙式干燥机的性能

耙式干燥机可以制造成真空干燥设备，此时对物料的干燥显示出特有的作用。真空耙式干燥机用蒸汽夹套和中空轴耙齿间接加热物料，并在高真空度下排气，因此特别适用于热敏性、在高温下易于氧化的物料或干燥时易产生粉尘的物料，以及干燥过程中排出的蒸汽必须回收的干燥作业。被干燥物料的状态有浆状、膏状、粒状、粉状，也可以是纤维状。这些物料干燥后的含水率一般可达到0.1%，甚至更低。

被干燥物料从壳体上方加料口加入，在不断转动的耙齿的搅拌下，物料与壳体壁及耙齿接触时，表面不断更新，被干燥物受到蒸汽（或热水等）间接加热，使物料水分汽化，汽化的水分由真空泵及时抽走。由于操作真空度较高，一般在4000～7000Pa，被干燥物料表面蒸汽压力远大于干燥壳体内蒸发空间的蒸汽压力，有利于被干燥物料水分子的热运动，从而有利于被干燥物料内部水分和表面水分的排出，达到干燥目的。

采用蒸汽夹套及空心轴加热物料，增加了传热面积。滑动轴承座直接装在两端拱盖上。拱盖与筒体法兰连接并与主轴采用填料密封，整机较为紧凑。中空轴耙叶与筒体内壁间隙不大于2mm；另外，中空轴管上分段挂有链条圈，清除积料，因而提高了传热系数。进料口接管上有温度计插管，主轴轴管上焊有耙管，上焊耙叶。主轴转动时，耙叶将物料推向两端。反转时，物料从两端耙向中间，反复循环，水分从加料口真空泵接口处带走。水分中夹带的粉尘由冷凝器、捕集器收集，下部出料口出料。

五、新型热传导型干燥机

1. 圆筒形搅拌干燥机

图6-10所示为一种圆筒形热传导式搅拌干燥机。在水平安装的带有夹套的圆筒体内，沿设备中心设置一根旋转轴，轴上装有许多搅拌桨叶，轴的两端由筒外两侧的轴承支撑。加热面为圆筒夹套，中心旋转轴内为不同热载体。在物料出口处可以通过改变搅拌桨叶方向和角度来调节物料在筒内的滞留时间。

2. 螺旋形搅拌干燥机

此类干燥机是在水平螺旋输送器的基础上改制而成的，筒体上增设夹套，内通载热介质。物料在绞龙输送的同时达到加热干燥的目的。螺旋输送器可以是单轴也可以是双轴。

以上两类干燥机由于搅拌器不输入热载体，加热面仅来自干燥室壳体夹套，物料的干燥是借助高速搅拌桨叶旋转产生的离心力，将湿物料分散到容器内表面的夹套部位，与加热面反复接触使物料干燥。因此，该类干燥机搅拌桨叶的线速度为5～15m/s，传热系数为116～456W/（m²·℃），物料停留时间为2～10min。

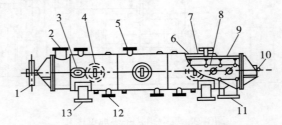

图6-10　圆筒形热传导式搅拌干燥机

1—传动装置；2—排湿口；3—加料口；4—检修口；5—热介质入口；6—筒体；7—夹套；8—旋转轴；
9—搅拌桨；10—轴承；11—产品出口；12—热介质出口；13—支座

3. 管形搅拌干燥机

管形搅拌干燥机如图6-11所示。干燥室为圆筒形，在一根中空轴上设置若干组空心圆环作为搅拌器，每组由内外两个同面同心圆环组成，由径向辐射管连通。干燥所需的热量由轴和圆环表面及夹套通过热传导传入。相邻两组圆环之间设置一根与筒壁相连的固定杆，以清理附着在圆环和轴上的物料。

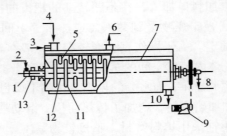

图6-11　管形搅拌干燥机

1—活接头；2—热介质入口；3—气体入口；4—加料口；5—固定杆；6—排气口；7—筒体夹套；
8—热介质出口；9—电机；10—产品出口；11—环状桨叶；12—旋转轴；13—轴承

4. 圆盘搅拌桨叶干燥机

此型的干燥室为U形槽，中空轴上的搅拌器为空心圆盘形，如图6-12所示。在两圆盘之间亦设置焊在器壁上的固定杆，防止物料"抱轴"。加料口设在干燥室上部一端，在另一端底部排出。在出料口处设有溢流堰和溢流阀，以控制物料的存留量。干燥所需的气体或在加料口随物料一并加入，或单独设口加入，排气口为单独设置。

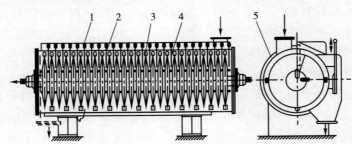

图6-12　圆盘搅拌桨叶干燥机

1—空心转轴；2—静刮板；3—动刮板；4—加热转盘；5—加热夹套

5. 捏合式干燥机

捏合式干燥机的主要特点是具有对高黏度物料的高强度混合、搅拌的功能和单位容积传热面积大。研制这类干燥机的目的是克服普通传导干燥机无法处理高黏度流体的缺陷。

捏合式干燥机目前已研制开发出单轴和双轴、连续或间歇式几种类型，以及双轴同向和逆向捏合式干燥机等不同的机型。

图6-13所示是单轴捏合式干燥机，该干燥机由一个水平筒形壳体和一个中心搅拌轴组成。搅拌轴上附有与其相垂直并带有捏合杆的搅拌桨。当搅拌轴旋转时，位于壳体上的静态钩形杆与轴和搅拌桨相交，起到清除设备表面结垢的作用。

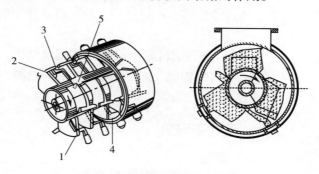

图6-13　单轴捏合式干燥机结构三维图

1—搅拌器；2—捏合杆；3—静态钩；4—捏合区；5—指形杆

双轴逆向捏合式干燥机和双轴同向捏合式干燥机具有两个水平轴。特点是工作容积和传热面大，并且传热面具有自除垢功能。图6-14为双轴逆向捏合式干燥机，图6-15为双轴同向捏合式干燥机。

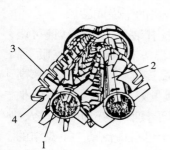 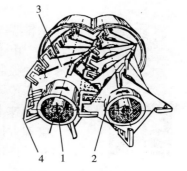

图6-14　双轴逆向捏合式干燥机

1—主搅拌轴；2—清理轴；3—搅拌轴；4—捏合杆

图6-15　双轴同向捏合式干燥机

1—主搅拌轴；2—清理轴；3—搅拌桨；4—捏合杆

在"8"字形截面的壳体内，两搅拌轴相互啮合，并以中等速度同步旋转。搅拌桨叶顶端焊有多个"U"形捏合杆。旋转时，这些"U"形捏合杆与另一搅拌桨在两轴之间相遇，"U"形捏合杆与另一搅拌桨叶轴表面及桨叶表面之间产生很高的剪切应力。这一作用不仅提高了对高黏度流体混合和搅拌的强度，并且可刮掉堆积在表面上的结垢，即自清洁作用。双轴旋转过程中所产生的动态轮廓可确保在设备中无死角。为了在提供强力混合的同时又推动物料（包括高黏度物料）逐渐推移，搅拌桨、捏合杆须按一定的角度以螺旋状排列。

为了尽可能地提高单位设备容积的传热面积，捏合式干燥机的桨叶都能通导热介质，因此物料都能被加热或冷却。强力的混合和捏合作用很容易分散团块。该作用与具有自除垢功能的传热面相结合，从而确保热质传递所需的高表面更新速率。

为了给气相的气-液分离和流动留有足够的自由空间，捏合式干燥机的操作装料率通常在60%~80%之间，设备内的平均填料高度取决于出料端的堰板高度，自由调节堰板高度以控制料层高度。与螺旋桨叶类设备不同，捏合式干燥机内物料的轴向输送速度与搅拌轴转速无关，为两个互相独立的变量，从而有可能优化传热和停留时间，并且减少设备的磨损。

按特定方式排列的搅拌桨叶不仅不会影响物料的轴向前移，而且能有效地阻止反向流动，使物料在设备中的流动接近活塞流，从而能一次性地将液体原料干燥为自由流动的固体颗粒。

图6-16自清洗轴干燥机是主副轴结构，双轴反向旋转，并产生自清洗作用，及时清除桨叶上的物料，使之始终保持高的传热系数。

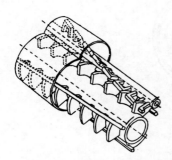

图6-16　自清洗轴干燥机工作原理

六、盘式干燥机

1.概述

盘式干燥机又名多层圆盘干燥机，系一种多层圆盘、转耙搅拌、竖型连续干燥装置，属传导干燥型接触干燥机，见图6-17。该设备是在固定床传导干燥机以及耙式搅拌型干燥机等的基础上不断改进发展而成的。干燥过程就是将载热体通入固定的多层空心圆盘内，借助传导间接加热金属盘面上所接触的湿物料，并在类似铧犁形耙叶的机械搅拌作用下，使不断向前翻滚移动物料内的水分处于操作状态时的沸点下进行蒸发汽化。蒸汽从排湿口离开设备，从而在底部得到合格的干燥成品。

由于盘式干燥机采用了立式转耙搅拌装置，主轴转速可调，单独控制各层温度，末期兼用冷却降温等有效措施，克服了固定床传导干燥机的缺点，因而具有产品连续输送、传热效率高、干燥速率大、温度分布可控、产品质量好、占地小、污染少、管理方便、适用范围广等优点，适用于具有良好加热条件及物料允许较长时间接触加热的场合。对于可自由流动、不黏结的、极细粉末（100目以下）及粒度分布宽的粒状物料的处理颇为合适。真空操作时，还可加工热敏性物料及回收溶剂。盘式干

图6-17　盘式干燥机照片

燥机既能干燥、冷却兼用，又能用于焙烧、升华之类的加热反应过程，诸如活性炭、染料、农药、合成树脂、塑料、蔗糖等多种产品的热加工。近年来，国外在化学、化工、医药、农药、染料、食品、农业等国民经济生产中的应用日趋广泛。

2.结构及工作机理

盘式干燥机结构类型按加热方式分有接触传导型、热风对流型及对流传导混合型。按操作压力分，有常压型、气密及真空型。既可作干燥机，又可作冷却器，或两者兼用。

典型的盘式接触干燥机结构如图6-18所示。主要由壳体及框架、空心加热盘、主轴及

搅拌臂与耙叶、上下轴承、联轴器、变速驱动装置、加料器、热载体进、出口管及其控制仪表、检视门及出料装置等组成。若为对流干燥时，还装有风扇、加热器或燃烧室、通风箱之类部件。真空干燥时，配套有真空、分离或冷凝设备。

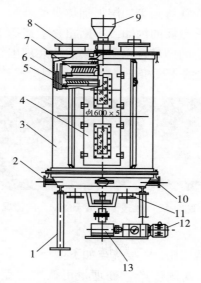

图6-18 盘式干燥机结构

1—支座；2—排水口；3—干燥机本体；4—检修门；5—加热盘；6—进气管；7—耙叶；
8—排气口；9—加料口；10—进气口；11—排料口；12—电机；13—变速驱动装置

设备壳体为立式圆筒形或多边形筒体。真空或气密操作时，考虑到设备的受力情况，通常呈圆筒体。内部装有框架，以固定安放多层水平环形空心加热盘。上下盘间距一定，空心加热盘的中空部分可通入蒸汽、热水或热油之类载热体，中间加装隔板或支撑杆，以增加刚度和强度。每层加热盘上均有进出口管，可串联、并联或串并联组装，单独控制各层加热盘的温度，调节设备内温度分布。如果工艺需要，底部加热盘，可通入冷却剂，降低产品温度，回收热量，避免固定床后期料温趋于加热盘壁温而过热变质的现象产生。

每层加热盘上皆附有2~4根搅拌臂，臂上设有若干个铧犁形的耙叶。搅拌臂水平放置，彼此交错固定在中心主轴上，并由外部变速驱动装置带动，以1~8r/min的转速回转。耙片的形式及数量视工况要求及停留时间而定，其结构应可做弹性运动，使其底刃在板面上做随偶浮动。铧犁形耙叶的作用在于：

① 不断移动每层加热盘上物料，使物料沿阿基米德螺线轨迹运动，均匀地布满于板面上，从而增加了接触加热的长度，达到连续输送和干燥的目的。

② 不断地翻动搅拌物料，使同批物料层内物料有效混合，避免料温不均匀，防止物料与加热盘面间的沸腾现象出现。避免物料黏结于盘面上，降低了热阻，提高了传热系数和传热效率。

③ 不断地翻动搅拌物料，有利于提高传质速率。

总之，搅拌时间越短，搅拌就越激烈，传热系数就越大，干燥速率大，并使产品质量均匀，干燥周期大大缩短。耙片的底刃一般与搅拌臂呈45°或135°倾斜角，使物料在耙片的作用下，在奇数层小加热盘上由里向外移动，在偶数层大加热盘上由外向里移动。

被干燥物料由顶部加料器连续不断地从加料口加入设备内，首先落到最上面第一层加热盘内圈盘面上，在中心主轴驱动的搅拌耙片的机械作用下，边翻动搅拌混合，边连续地由里向外缘推进移动，使物料以5～20mm薄层均匀地布满于整个加热盘面上，有效地接触传导干燥；而后不断地从外缘跌落到第二层大加热盘的外缘，再在耙片作用下，将物料从外向里移动到内圈，落到下层盘面的内圈。不断重复上述运动，一层层地不断移动和干燥物料，直至最底层，达到规定的产品含水率。最后从底部出料口由螺旋输送机排出，获得合格的干燥产品。图6-19是盘式干燥机干燥物料的情况。

图6-19　盘式干燥机干燥物料的情况

3. 盘式干燥机的特点

盘式干燥机与箱式干燥器相比，主要优点如下：

① 物料通过机械输送，连续生产，处理量可调。避免了繁重的装卸料及人工翻盘工作，劳动强度轻，劳动条件好，管理方便。

② 干燥效率高，通常总传热系数可达240～544kJ/（m² · h · ℃），平均蒸发强度为7～25kg/（m² · h）。

③ 立式安装，保温完善，热源和废热利用率高。蒸发每千克水仅需1.1～1.4kg蒸汽。此外所需动力仅为回转圆筒干燥机的1/10左右，经济可行。

④ 占地面积小，结构紧凑，设备安装简单，室内外均可就地使用。

⑤ 尾气或蒸汽的排出速率低，粉尘飞扬少，能达到"三废"排放标准要求，改善劳动环境。对于农药原药的干燥尤为适宜，不必附装除尘设备。

⑥ 加热盘数及主轴转速可调，物料在干燥机内停留时间可根据工艺要求自由选定。

⑦ 各层料盘温度可控，达到规定的温度分布。干燥冷却并用，能获得质量均匀、机械应力小的干燥产品。

⑧ 设备部件标准通用化，根据工况要求组装，适应性强。

⑨ 若与其他设备进行适当组合，还可回收溶剂及干燥糊状物料。还能用于焙烧、升华等多种产品热加工过程。

盘式干燥机的不足之处在于：

① 机械传动机构较复杂，活动部件多，加工要求相对较高。若设计、制造或安装不良，搅拌耙叶与加热盘间易磨损，尤其是干燥坚硬物料时更加严重。

② 由于加热盘腔内需承受一定的压力，用材较多，有一定的加工难度，设备的一次性投资较大。

③ 不断地机械搅拌输送，易使物料破碎，粒径减小，因而不适宜加工脆性物料或有粒度要求的物料。

④ 易黏结或结垢、污染加热面或易过热焦化的物料不适用此设备。图6-20是真空盘式干燥机流程。

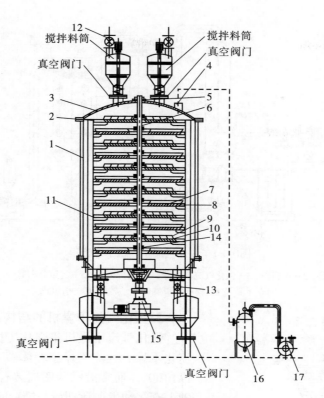

图6-20 真空盘式干燥机流程

1—壳体；2—框架；3—顶盖；4—真空口；5—顶轴承；6—主轴；7—大加热盘耙子组件；8—大加热盘；9—小加热盘耙子组件；10—小加热盘；11—加热盘支架；12—加料阀；13—出料星形阀；14—传动机座；15—减速机；16—缓冲罐；17—真空泵

第三节 对流干燥器

一、强化气流干燥机

　　膏糊状物料的干燥历来是个难题，适用于此类物料的干燥机较少。强化气流干燥机使许多膏糊状物料得以直接干燥，大大提高了热效率。现在，这一机型已普遍用于农药（如多菌灵、草甘膦原粉）、染料、颜料、医药、化工、食品、建材等行业。其干燥操作原理类似于旋转闪蒸干燥机。

　　1. 设备简介

　　强化气流干燥机是在干燥管底部装有分散、粉碎物料的装置，用以打碎滤饼状物料，增大热空气与物料的传热面积，强化干燥过程。同时，高速旋转的分散装置产生高速湍动的气流，使物料与热空气始终保持较高的相对速度，也强化了干燥作用。另外，强化气流干燥机可以设计成较大直径，节省了建筑空间。干燥系统由加热器、加料器、干燥机（主机）/粉碎机、旋风分离器、袋式除尘器、引风机等组成，见图6-21。

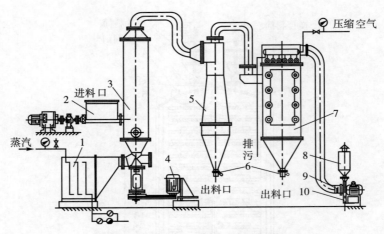

图6-21 强化气流干燥机干燥流程

1—加热器；2—加料器；3—强化气流干燥器；4—粉碎电机；5—旋风分离器；6—出料阀；
7—袋式除尘器；8—消声器；9—风门；10—引风机

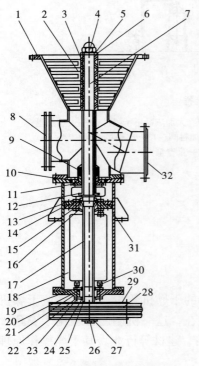

图6-22 强化气流干器机

1—定齿；2—动齿；3—键；4—螺母；5—止动垫圈；6—垫圈；7—轴；8—闷盖；9—填料；10—密封座；11—压环；12—挡尘盘；13—上压盖；14—双唇骨架油封；15—轴承；16，23—下压盖；17—轴套；18—机架；19—上压盖；20—双唇骨架油封；21—下座；22—轴承；24—毡圈；25—压圈；26—圆螺母；27—止动垫圈；28—"V"形皮带；29—大带轮；30—油环；31—中间座；32—进风口

2. 强化气流干燥机的结构

强化气流干燥机集强化（搅拌、粉碎）干燥、流化干燥、气流干燥于一体。下部锥形为强化区，锥角60°，通常沿锥壁四周装有多档固定齿，搅拌轴上有活动齿，活动齿与锥壁间隙为5mm，活动齿与下固定齿间隙为6~8mm，转速为250~450r/min。热空气进口接近锥形底部，气速应控制在20~35m/s，结构见图6-22。高气速可以阻止较大颗粒下落积聚在锥底，强化区依靠活动齿与固定齿及锥壁的高速相对运动产生巨大剪切力，使较大颗粒、半干物料得到粉碎，并与进口高温气流接触，大大强化了传热和传质的效果。

3. 工作原理

湿物料经定量螺旋加料器，由螺旋片的推力挤压成片状或条状，连续输入干燥机内，在下落的过程中与热空气相遇，部分水分即蒸发，使物料的黏性下降。结成块状的物料不断落入强化器，经粉碎机粉碎再干燥。粉状湿物料悬浮在热空气中，物料不断翻滚，加大了传热面积，提高了传热系数，干燥时间短。干燥后的粉体随气流继续上升进入旋风分离器收集，尾气经袋式除尘器过滤放空。该系统把预干燥、粉碎、最终干燥结合在一起，解决了膏状物料在干燥设备内因黏结而不能流化的问题。图6-23为强化气流干燥机主机，表6-3是干燥部分农药的主要技术参数。

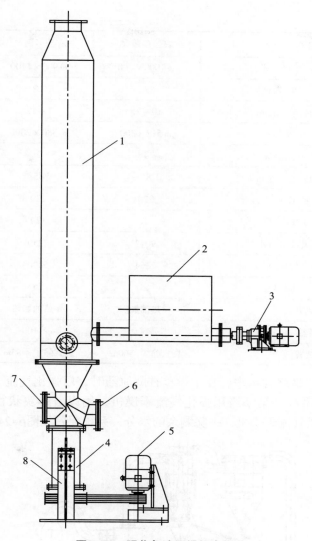

图6-23　强化气流干燥机主机

1—干燥机主机；2—加料器；3—加料电机；4—轴承座；5—粉碎电机；6—进风口；7—检修孔；8—机架

表6-3　干燥部分农药的主要技术参数

物料名称		农药多菌灵	农药多菌灵	草甘膦
生产能力/（kg/h）		300	1000	3900
物料含水率/%		25～30	25～30	10
产品含水率/%		0.3	0.2	0.5
干燥机	规格/mm	$\phi\,900\times4000$	$\phi\,400\times620$	$\phi\,1500\times10000$
	强化器功率/kW		7.5	7.5
	转速/（r/min）	400		320

物料名称		农药多菌灵	农药多菌灵	草甘膦
定量加料器	规格/mm	$\phi 1000 \times 800$	$\phi 900 \times 1100$	250
	功率/kW	3	2.2	4
	转速/(r/min)	10~25	1~12	20~48
双螺旋加料器	规格	$\phi 512 \times 300$	$\phi 380 \times 2000$	
	功率/kW	4	3	
	转速/(r/min)	85	85	
进风温度/℃		220	220	150
尾气温度/℃		110	120	85
风机	风量/(m³/h)	9047	2250	76700
	风压/Pa	7364	5800	6000
	功率/kW	45	55	110
空气加热方式		导热油加热	导热油加热	饱和蒸汽
旋风分离器/mm		$\phi 600$	$\phi 1100$	800（两台）
捕集装置		袋式除尘器60m²	袋式除尘器85m²	袋式除尘器360m²

为了保证产品的最终含水率，在干燥草甘膦原药时，以强化气流干燥机、旋风气流干燥机组成两级干燥系统。第一级用强化气流干燥机，用以破碎块状物料和干燥掉大部分水分。第二级用旋风气流干燥机，去除剩余的水分，系统配置见图6-24。

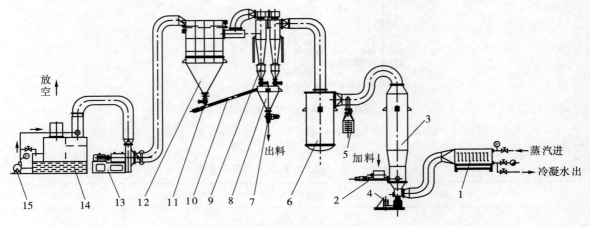

图6-24 草甘膦干燥流程

1—蒸汽换热器；2—加料器；3—强化气流干燥机；4—粉碎电机；5—蒸汽换热器；6—旋风气流干燥器；7，11—星形出料阀；8—料仓；9—旋风分离器；10—送料器；12—布袋除尘器；13—引风机；14—湿式除尘器；15—循环水泵

用强化气流干燥机生产农药扑虱灵，分解温度在90℃左右，属热敏性物料，需低温干燥。进料含水量为25%左右，用QF-50型强化气流干燥机干燥后，粉状物料的含水率达到出厂要求，物料回收率达到99.8%以上。与箱式干燥器和流化床干燥机相比，能耗仅需1/3；与振动流化床相比，无结块物料，改善了劳动条件，也降低了环境污染。

二、旋转闪蒸干燥机

1. 旋转闪蒸干燥机的工作原理

旋转闪蒸干燥机是一种带有旋转粉碎装置的气流干燥设备，是能一次完成膏糊状、滤饼状物料粉碎、干燥、分级的高效快速型干燥装置。目前，该设备已用于巴丹、杀虫单、代森锰锌、扫满净、灭多威、精喹禾灵、三环唑、苯噻草胺、多效唑、莠去津、莠灭净、硫酸铜、高岭土、膨润土、碳酸钙、吡虫啉的干燥。

设备主体为圆筒形结构。由底部粉碎段、中部干燥段和顶部分级段组成。底部粉碎段装有水平回转的搅拌器，由外置驱动电机驱动，转速为200~500r/min（可调）。它主要有两个作用：一是支持从外侧空气分配器输入的热风所形成的流化床层；二是产生强烈的粉碎和搅拌作用，强化传热和传质，使底部湿料迅速干燥。外侧附有蜗壳式空气分配器，切向送入的热风通过环形器壁上的导向缝隙均匀地切向输入干燥室内作为干燥介质。中部干燥段上设有具有分散作用的螺旋加料器，顶部分级段出口处下面配有一个直径可改变的锐形分级环，以获得所需细度的产品，主机结构见图6-25。

螺旋输送器送入的湿料落到干燥机底部，块状的滤饼被回旋搅拌器破碎，干燥用的空气沿切线方向进入空气分配器，产生的高速回转气流流经干燥机。又湿又重的块状滤饼被迫沿着干燥机的壁面向上运动，但又因沉降速度高而很快降落到干燥室底部。

滤饼块表面先被干燥，搅拌器的机械冲击力和干燥空气的湍动气流共同形成了一个平衡的流化状态，从原始湿料到最终产品之间的各种中间状态都处于流化之中。

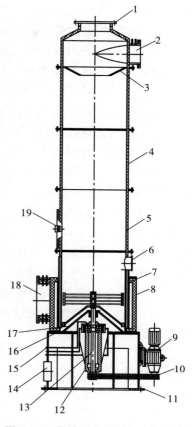

图6-25　旋转闪蒸干燥机主机结构简图

1—清洗口；2—排风口；3—分级环；4—筒体；5—视镜；6—加料口；7—风室；8—搅拌桨；9—动力系统；10—传动系统；11—底座；12—轴承箱；13—主轴；14—检修门；15—压缩空气管；16—底板；17—倒锥体；18—检修门；19—入孔

破碎的颗粒因沉降速度降低而被空气带到干燥机顶部离去，被干燥后的小颗粒向干燥室内涡流轴线移动，所以只要改变干燥室出口下面的分级环通径，便能在某种程度内改变产品的粒径。

根据旋转闪蒸干燥机的结构，可以把工作过程分为破碎、气固混合、干燥、分级四个阶段，这四个工作过程也是其他干燥机所不能同时具备的。

（1）破碎　由于旋转闪蒸干燥机主要用于膏糊状物料的干燥，物料进入干燥机后立即受到搅拌桨叶和高速气流的破碎，以最大限度地增加物料的分散度和单位体积湿物料的表面积。

（2）气固混合　旋转闪蒸干燥机一般以空气为载热体，能否有效达到气固混合是影响干燥速率的主要因素。旋转闪蒸干燥机的搅拌桨把物料破碎并产生弥散作用，同时进入干燥机的空气也处于高度湍动状态，很快达到气固混合。同时，块状物料在重力作用下向下掉落。由于干燥机底部为倒锥结构，气流的速度很大，最高可达60m/s，能保证块状物料处于良好的流化状态而被热空气包围。

（3）干燥　物料粉碎后，被来自底部高速旋转的热气流吹起，在干燥室内形成了一个相对稳定的流化床，在物料与热空气之间进行传热传质的干燥过程，大部分水分在这一阶段蒸发掉。含水率高、比表面积小的物料密度大，在干燥室内向下掉落。由于底部的气速高，沉降到一定位置后下落速度为零，此时重力与浮力平衡。受到进一步破碎和干燥后浮力大于重力，物料开始向上运动，分级后排出干燥机。

（4）分级　分级器是装在干燥机出料口下部的环形挡板，物料随气流上升，由于受到离心力的作用，大块、未干的物料受离心力作用旋转半径增大。当旋转半径大于分级环半径时物料被挡在干燥室内，直至满足要求才能通过分级器排出干燥机。当物料加入干燥机后，处于旋转的流态化状态，团块受到粉碎后直径迅速减小，水分被蒸发。物料在气体的夹带下做螺旋上升运动，粒径较小并干燥的物料在内环，较大较湿的物料产生的离心力大，在外层靠近器壁。但外层的大颗粒在不断被粉碎干燥，离心力变小后也向内环运动，当水分满足要求后被气体带出。

综上所述，旋转闪蒸干燥机的热效率高、干燥迅速的主要原因是：

首先，由于回转搅拌器的机械冲击和固体颗粒之间不断地互相碰撞和摩擦，碾磨成细粉粒，比表面积大幅度增加；

其次，由于高速螺旋热空气的激烈湍动作用，气固间相对运动和紧密有效的接触，并加大了气固间的相对速度，进一步强化传热和传质，干燥过程进行得极其猛烈而迅速，从而能在短时间内达到干燥目的。

2. 基本流程简介

如图6-26所示，来自前道工序的湿料（譬如滤饼）直接投入加料器4，在加料器中，湿料稍许散开，并被搅拌均匀后挤入螺旋加料器。螺旋加料器采用无级变速，将湿料送入闪蒸干燥机5进行干燥。新鲜空气由空气过滤器1处进入，被直接或间接加热器3加热，从空气分配器的环形缝隙进入干燥室的热空气进行流化。干燥机底部的搅拌器转速为200～500r/min，也强化了湿料流态化。尾气带着粉末从干燥机顶部离去，经过旋风分离器6和布袋除尘器7排出干燥机，图6-27是带控制点的旋转闪蒸干燥流程。

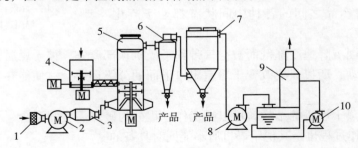

图6-26　旋转闪蒸干燥流程图

1—空气过滤器；2—鼓风机；3—加热器；4—加料器；5—闪蒸
干燥机；6—旋风分离器；7—布袋除尘器；8—引风机；9—湿式
除尘器；10—水环泵

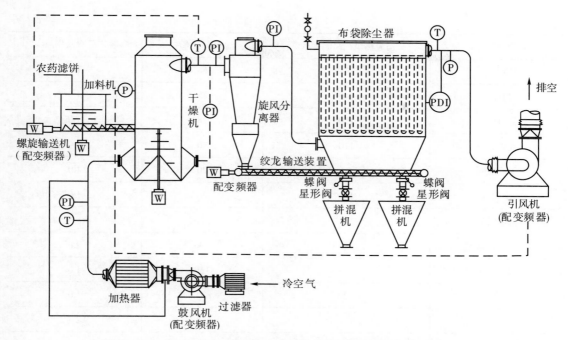

图6-27　带控制点的旋转闪蒸干燥流程（用于多菌灵原药干燥）

3. 旋转闪蒸干燥机的应用

　　干燥室上部设有分级环，其主要作用是使颗粒较大或没干燥的物料与合格产品分离，挡在干燥室内，能有效保证产品粒度和水分要求。更换不同通径的分级环可以满足各粒级产品粒度要求。锥底热风入口处设有冷风保护，防止物料与高温空气接触产生过热变质。干燥系统为封闭式，而且在微负压下操作，粉尘不外泄，保护生产环境，安全卫生。表6-4是旋转闪蒸干燥机处理部分物料的干燥强度，表6-5是部分物料用旋转闪蒸干燥机的操作条件。

表6-4　旋转闪蒸干燥机处理部分物料的干燥强度

物料名称	物料含水率/%	产品含水率/%	蒸发强度/［kg（水）/（m³·h）］
三氯异氰尿酸钠	30	1.0	92.2
二氯异氰尿酸钠	25	0.2~2	70.9
代森锰锌	30	1.0	99.3
杀虫单	30	1.0	71

表6-5　部分物料用旋转闪蒸干燥机的操作条件

物料名称	适应热风最高温度/℃	物料含水率/%	产品含水率/%
阿特拉津	160	40	1.0
杀螟丹	150	20	1.0
杀虫单	140	30	1.0

物料名称	适应热风最高温度/℃	物料含水率/%	产品含水率/%
精喹禾灵	50	58	1.0
扫螨净	140	25	1.0
三环唑	120	28	1.0
代森锰锌	110	30	2.0
灭多威肟	70	20	1.0
多效唑	120	26	1.0
漂粉精	60	150	6.0
二氯异氰尿酸	25	200	2.0
三氯异氰尿酸	20	160	1.0
杀虫单	120	30	1.0
二氯异氰尿酸钠	180	25	0.2 ~ 2
三氯异氰尿酸钠	150	30	1.0

4. 部分农药的干燥工艺条件

（1）杀虫单　进口热风温度：120 ~ 140℃；

出口温度：80 ~ 90℃；

空气流量：2000m³/h；

进料含湿量：8% ~ 15%；

干品湿含量：1%；

干品产量：140 ~ 160kg/h；

干品细度：80目；

尾气排放量：10mg/m³。

与箱式干燥机的经济指标比较见表6-6。

表6-6　杀虫单用闪蒸干燥机与箱式干燥机干燥的比较

机型	闪蒸干燥机	箱式干燥机
干燥周期	1 ~ 5s	12h
汽耗	0.75t/t产品	2t/t产品
电耗	80kW·h/t产品	25kW·h/t产品
物料损耗	—	1%
杀虫单含量	90% ~ 94%	88%
综合成本	99.85元/t产品	163.5元/t产品
环境污染	无粉尘	污染严重

（2）多菌灵　多菌灵闪蒸干燥设备配置及主要指标见表6-7。

表6-7　多菌灵闪蒸干燥设备配置及主要指标

干燥器直径/mm	ϕ600	ϕ900
有效高度/mm	3000	4000
粉碎机转速/（r/min）	360	400
引风机型号	9-26-5.6A-18.5	9-19-11.2D-37
加热器面积/m²	300	550
旋风分离器	CLK-600	MB-1100
布袋除尘器面积/m²	60	85
热风进口温度/℃	220	220
尾气温度/℃	100~120	110
进料湿含量/%	25~30	25~30
产品湿含量/%	0.3	0.2
干燥产量/（kg/h）	300	1000
产品粒度/目	80	80
导热油温度/℃	280	280

第四节　流化床干燥设备

一、圆筒式流化床干燥器

单层流化床干燥器可分为连续、间歇两种操作方法。连续操作停留时间分布广，实际需要的平均停留时间较长，因而多应用于比较容易干燥的产品或干燥程度要求不是很严格的产品。

单层圆筒形流化床干燥器一般用于较易干燥或对产品含水率要求不严格的产品。由于流化床内粒子接近于完全混合状态，为了减少未干燥粒子的排出，就必须延长平均停留时间，于是流化床干燥器高度必有所增加，压力损失也随着增大。由于这一特性，就必须使用温度尽可能高的热空气以提高热效率，进而适当减低床层高度。故单层圆筒形流化床干燥器只适用于干燥含表面水及对产品含水率度要求不严格的物料。单层圆筒形流化床干燥器见图6-28，多用于水分散粒剂的干燥。

含有水分的颗粒物料与热气流接触，由于气体中的蒸汽分压低于物料颗粒表面的蒸汽分压，蒸汽就由物料颗粒表面向气体介质中扩散。只要两相间存在着蒸汽分压差，扩散就不断进行。压差愈大，扩散进行得就愈快，干燥效率就愈高。

为了使物料与空气之间保持良好的传热与传质，就必须使物料保持良好的流化状态。稳定的流化状态要求分布板上有许多均匀分布的小孔，而且这些小孔还必须对通过它的气流产生必要的压降，气流的静压在通过小孔时转变成动能。当气流射出小孔时，首先把一部分动能传递给物料颗粒，使物料沿气流方向运动，一部分速度能造成射流柱周围的低压区，使气固混合物向气流柱中心移动。当气流射出一定距离，动能全部传递给物料后形成小气泡，小气泡又合并成较大的气泡。这时气泡依靠气固相之间的密度差继续向上运动，从而使物料形成剧烈的循环运动状态。

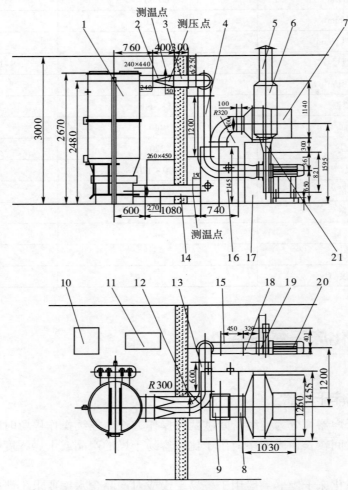

图6-28 单层圆筒形流化床干燥器外形尺寸图

1—流化床干燥器；2，21—变径管；3—水平风管；4—垂直风管；5—排气管；6—消声器；7—过滤器；8—方直管；9—方弯管；10—料液桶；11—电控柜；12—弯管；13，15—直管；14—方管；16—换热器；17—过滤器支架；18—软连接；19—短管；20—引风机

由于流化干燥使固体颗粒在气流作用下处于剧烈的循环运动状态，气固之间呈现出很大的接触表面积，这些接触表面又不断得到更新，因而促使传热和传质的良好进行。然而这一切必须是气相动能与物料床层质量有一个合适的平衡。否则分布板就不能建立起流化的条件，或者已建立的起始流化条件不能保持下去，气相动能的大小取决于分布板的实际开孔率。所以在其他条件不变的情况下，增大分布板的小孔气速或缩小分布板的开孔面积一般就能达到稳定流化质量的目的。但小孔气速也不宜过大，否则不但增加动力消耗，而且造成气流柱直径的膨胀比变小，有可能把较薄的床层射穿，同样引起气体介质分布不均，流化质量下降。相反，开孔率太高，气速太低，动能小，就会造成漏料现象。内置布袋的圆筒式流化床干燥器结构见图6-29、图6-30。

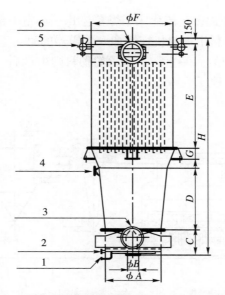

图6-29 国外内置布袋的圆筒式流化床干燥器结构图

1—进液口；2—压缩空气；3—流化空气进口；4—进料口；5—反吹压缩空气；6—排气口

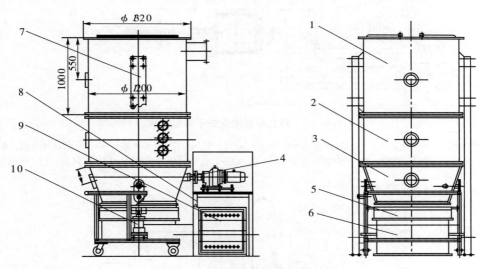

图6-30 圆形流化床干燥器结构图

1—上筒体；2—中筒体；3—料车；4—搅拌装置；5—密封圈；6—热风室；7—立柱；8—控制箱；
9—加热器；10—气缸

二、卧式流化床干燥器

1. 设备简介

卧式流化床干燥器为一矩形箱式结构，底部为多孔孔板（简称孔板），其开孔率一般为3%～13%，孔径一般为1.5～2.0mm，近年来又开发出一些异形的孔板结构。干燥室有两种结构，一种是矩形床，孔板为长方形，称为卧式单室流化床干燥器，见图6-31。另一种为孔板上方有竖向挡板，将流化床干燥器分隔成若干个小室。每块挡板均可上下移动，以调节与孔板的间距，称为卧式多室流化床干燥器。每一小室下部有一个进气支管，支管上有调节气体流量的阀门。湿料由加料机连续加入干燥器的第一室，由于物料处于流化状态，所以可自由地由第一室移向最后一室。干燥后的物料则由最后一室卸料口卸出。图6-32为闭路循环流化床干燥系统流程。

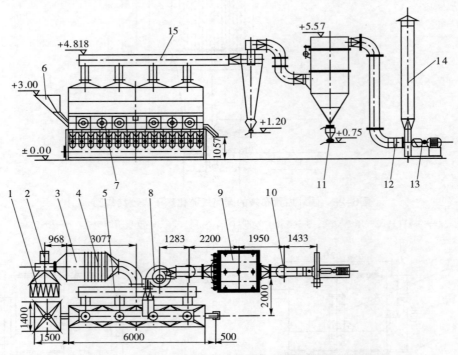

图6-31　卧式单室流化床干燥器流程

1—空气过滤器；2—鼓风机；3—电加热器；4—蒸汽换热器；5—热风分配管；6—加料斗；7—流化床主机；8—旋风分离器；9—布袋除尘器；10—引风管；11—集料斗；12—软连接；13—引风机；14—排风管；15—回风管

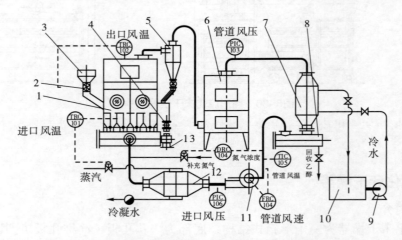

图6-32　闭路循环流化床干燥系统流程

1—卧式流化床干燥器；2，4—星形出料器；3—料斗；5—旋风分离器；6—布袋除尘器；7—冷凝器；8—溶剂贮罐；9—磁力泵；10—冷水箱；11—离心风机；12—空气加热器；13—振动筛

空气经过滤器、加热器加热，由每个支管分别送入小干燥室的底部，通过多孔板进入干燥室，使多孔板上的物料受到流化干燥。尾气由干燥室顶部排出，经旋风分离器、布袋除尘器由引风机排出。

卧式多室流化床干燥器所干燥的物料大部分是4~14目的散粒状物料。初始含水率一般为10%~30%，终了含水率为0.2%~3%。由于物料在流化床干燥器中摩擦碰撞的结果，干燥后物料粒度有变小的趋势。当物料的粒度分布在80~100目或更细小时，干燥器上部需设置扩大段，降低风速以减小细粉的夹带损失。同时，分布板的孔径及开孔率亦应缩小，以改善其流化质量。

2. 卧式多室流化床干燥器的特点

卧式多室流化床干燥器的优点如下：

① 结构简单、制造方便，没有任何运动部件；

② 占地面积小，卸料方便，容易操作；

③ 干燥速率高，生产弹性大；

④ 对热敏性物料，可使用较低温度进行干燥，颗粒不会被破坏。

当然，卧式多室流化床干燥器也有不足之处：

① 热效率与其他类型流化床干燥器相比较低；

② 对于多品种、小产量物料的适应性较差。

为克服上述缺点，常用的措施有：

① 采用栅式加料器，可使物料尽量均匀地散布于床层之上；

② 干燥器内加工光滑，以圆角过渡为好，消除各室孔板的死角；

③ 操作力求平稳，有时采用振动加料器，可使床层流化良好，操作稳定。

3. 卧式流化床干燥器的工作原理

在干燥室里，物料颗粒被堆放在一块多孔金属孔板上，有一定的厚度，称为床层。孔板底下送入热空气，经过孔板的小孔通过床层。当通入空气量较小时，物料颗粒保持静止状态，颗粒间相互接触、支承，并且有一定的空隙率（单位体积颗粒物料中空隙所占的百分比），这时称固定床阶段。当气体流速继续增大时，流经空隙的空气对粒子的作用力刚好等于粒子的重力，全部物料开始悬浮于向上运动的流体中，这时粒子不再相互支承而各自运动，此时的气流速度叫作临界流化速度。床层开始膨胀但仍保持一个明确的床层界面，粒子不会被气流带走，这时称流化阶段。若将气流速度减小，固定床状态得以重建，体积稍有增大。经吹松重建的床层的空隙率称为临界空隙率。如增大气流速度达到颗粒沉降速度，则颗粒被气流带走，这时的速度称为带出速度。只要气流速度在临界流化速度与带出速度之间，物料颗粒层始终保持流化状态，颗粒在床层内热空气中上下翻动，似液体流化，故这时的床层亦叫作流化床干燥器。颗粒周围滞流层几乎全消除，因此气固传热效果好，热效率高。水分以表面蒸发为主的物料热效率可达70%，结合水为主的物料热效率可达30%~50%，见图6-33。

三、振动流化床干燥机简介

振动流化床干燥机是近十几年逐渐发展并扩大应用的新型设备，正日益成为干燥设备中的主要机型。振动流化床干燥机是将符合特定要求的振动源施加于普通流化床干燥机上的新型干燥装置，这个振动源的激振方法分为电机法、电磁感应法、曲轴或偏心轮法、气

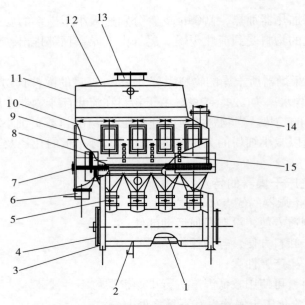

图6-33 卧式流化床干燥器装配图

1—料槽；2—托梁；3—下床体；4—进风总管；5—蝶阀；6—出料阀；7—孔板；8—溢流板；9—视镜；
10—箱体；11—扩大段；12—顶盖；13，14—接管；15—隔板

动或液压法等。前人的大量研究和工程实践证明，振动流化床干燥机克服了普通流化床干燥机气速要求较高、对流传热系数较低以及可能产生沟流、腾涌等缺点，在很大程度上强化了干燥操作的传热与传质速率，从而达到理想的干燥效果。

由于振动流化床干燥机使用机械的振动力，所以具有以下特征：

① 很少有粒子的破坏；

② 在输送物料的同时可以达到干燥和冷却目的；

③ 脱水和分级可以在同一台设备中进行；

④ 处理物料的范围广，从粉状到颗粒状均可以；

⑤ 由于用风量小，所以热效率高，热容量系数大；

⑥ 由于是振动流动，可以防止物料架桥和出料堵塞。

振动流化床干燥机是一种很成功的改型流化床，床层可以垂直振动、水平振动或与床层轴线成一定角度进行振动，波形可为正弦形或其他类型。振动流化床干燥机与一般流化床干燥机相比具有以下优点：

① 通过控制振幅和振动频率可以比较容易和准确地控制颗粒在床层中的停留时间（特别是颗粒度分布广的粉粒），在连续操作时可得到活塞流；

② 振动促进流化，使空气需要量减少，从而使颗粒夹带量降低，也可以减小或取消捕集设备；

③ 对于含水率大、易于团聚、黏结的颗粒，振动有助于使之分散，从而改善流化和干燥效果；

④ 可以较缓和地处理物料，使颗粒的破碎和磨损较少。

此外，振动流化床干燥机操作具有固体颗粒混合好、气固两相的传热传质表面积大等优点。其主要不足是：

① 处理的颗粒粒径应大于50～100μm；

② 颗粒粒度分布宽时，尾气夹带严重；

③ 颗粒含水率较大时容易形成结块或团聚；

④ 非球形颗粒及有黏结性的颗粒不能很好地流化。

振动流化床干燥机有多种不同的结构和布置方式，可如下分类：操作类型有间歇式或连续式；床形有直形槽或螺旋形槽；空气通过床层的动力和方向有真空装置、鼓风装置；气流平行于床面、气流自下而上或自上而下通过床层；供热方法有传导、对流、辐射及其他方法等；振动方法有装置整体振动、仅底部振动或采用振动搅拌器等。

振动流化床干燥机是支承在一组弹簧上，由激振电机提供动力的一种振动机械。投入干燥机的散状物料在多孔板上受激振力的作用由加料端向出料口运动。通气式振动流化床干燥机中由多孔板下吹入的热空气从物料层中通过，将热量传给物料，并携带从物料中汽化的水分由排气口排出，从而使物料干燥。由于物料在振动流化床干燥机中受机械振动的作用，处于运动状态，只需鼓入适量的热空气便可以达到动态干燥，因而热效率高。

对于初始含水率很高的物料，若采用箱式干燥需10～20h，采用带式干燥机需2h，采用振动流化床干燥机一般只需30min便可达到干燥要求。相比之下，使用振动流化床干燥机不仅节省大量能源，而且产品受热温度低，使产品质量更好。大型振动流化床干燥机在干燥高含水率果蔬切片时，每小时可以从物料中排出1000kg水分。

由于在干燥过程中由机械振动帮助流态化，不仅有利于形成边界层湍流、强化传热传质，而且还确保了干燥设备在相当稳定的流体力学条件下工作。这种设备除具有很好的干燥功能之外，还能根据工艺需要附加地完成物料造粒、冷却、筛分和输送等工序。许多生产量较大的WG制剂的干燥采用振动流化床干燥机，如苯噻草胺、莠去津等。

如果有料层放在振动空间，就会出现以下现象：最初随着振动加速度的增加，料层逐渐被压实；当加速度值接近重力加速度（9.81m/s²）时，料层密度达到最大；如果进一步增加振动加速度，料层便开始膨胀，并出现所谓振动流化状态。这时，放在振动表面的物料产生强烈混合，并且很容易做水平或倾斜移动，也可沿螺旋面向上（或向下）输送。在此条件下，若利用传导、对流、辐射或其中两者复合方式向料层输入热量，即可达到物料干燥的目的。

振动流化床干燥机（见图6-34）就是在物料流化的基础上增加床层的振动，使物料有一个抛掷和松动的过程，两者有机地结合起来，以达到低床层流化效果。它与传统流化床干燥机的不同点在于普通流化床干燥机的物料输送与流化完全借助于风力（热空气）来完成，振动流化床干燥机则主要通过振动力来完成，可以使物料的最小流化速度降低。尤其是靠近底部的颗粒先流化，改善了颗粒在底部的流化质量，使一些难以流化的物料能进行正常的干燥操作。

经过滤的空气由高压离心风机通过调风阀送入加热器，再通过热风管道分多路流入进风室（根据干燥机床体长度确定进风管数）。随后通过水平安装的空气分布板的小孔进入物料颗粒床层内的间隙。在此床层中，热空气与颗粒物料充分进行热量和质量的传递，然后从干燥机顶部出风口风道排至捕集系统，回收被气体夹带出来的细颗粒物料。湿物料由给料器送入进料口，在振动电机激振力的作用下，以需要的速度均匀、连续地向出料口移动。当物料与正交的热空气充分接触而被干燥后，最终由卸料口排出，再进行收集和包装。

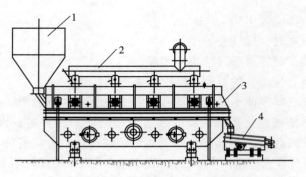

图6-34　振动流化床干燥机结构图

1—加料斗；2—排风管；3—主机；4—振动筛

第五节　箱式干燥器

箱式干燥器器属于静止床干燥设备。所谓静止床干燥就是物料在干燥过程中与设备呈相对静止状态，几乎没有相对运动。虽然静止床干燥设备种类并不多，但其作用是其他设备不能取代的。静止床干燥设备的最大优点是不存在干燥过程中物料的撞击破碎和摩擦破损等现象，能够完好地保持物料的形状和粒度。

一、箱式干燥器简介

从操作方式上分类，箱式干燥器属于间歇干燥设备，根据物料的需要可制造成各种类型。箱式干燥器结构简单，在干燥中使用较为广泛。依被干燥物料的性质，可使用不锈钢或普通碳钢制作。在精细化工中常使用不锈钢作壳体，箱式干燥器的外层为保温绝热层。无论室内或者室外放置均要求有良好的保温效果，力求减少热量损失。

图6-35所示为水分散粒剂专用烘箱，干燥箱内放置盛装湿物料的托盘。这些托盘可置于箱内预先焊制的固定架上，也可以放置在托盘小车上。每个小车可盛放数十个托盘，连同小车一同推入干燥器内。托盘可由不锈钢板压制成型，传热方式以对流和传导传热方式为主。新鲜空气由风机送入，经加热器预热均匀地在物料上方掠过而起干燥作用。部分尾气经排出管排出，余下的循环使用，以提高热利用率。尾气循环量可以用吸入口及排出口的挡板进行调节，生产规模较大的，可制成箱式烘房。

箱式干燥器的主要不足之处：

① 箱式干燥器多为间歇操作，而且由于物料是静止的，所以干燥时间长，设备利用率较低。

② 装料和卸料均为手工劳动，因而劳动强度大，劳动环境恶劣，会造成部分物料损失。

③ 干燥器热风与物料的接触常常是平行流，故传热、传质效率低。一般箱式干燥器的面积蒸发强度为0.2～2.0kg（水）/（m²·h）。

④ 干燥后物料为块状，有时还需要粉碎。

但由于箱式干燥器结构简单、成本低廉、便于维修，特别是适用于小批量多品种的化工产品，因此箱式干燥器的应用较为广泛。

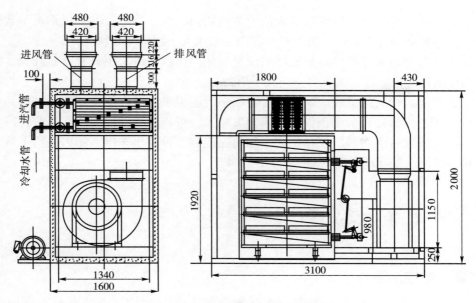

图6-35 水分散粒剂专用烘箱

二、箱式干燥器的基本类型

（1）平行流箱式干燥器 箱内设有风扇、空气加热器、热空气整流板及进出风口。物料盘置于小车上，小车可方便地推进推出。盘中物料填装厚度为20~50mm。平行流的风速为0.5~3m/s，一般情况下取1m/s为宜。

（2）穿流箱式干燥器 穿流箱式干燥器不同于平行流式，其差别在于料盘底部为金属网或多孔板。热风可以垂直穿过料层，干燥效率高。但物料必须具有良好的透气性以使气流能顺利通过。

（3）真空箱式干燥器 传热方式大多为间接加热、辐射加热、红外加热或感应加热等。间接加热是将热水或蒸汽通入加热夹板或加热盘管，再通过传导加热物料。箱体在密闭减压状态下工作，以热源和物料表面之间温差计算的面积传热系数为40~60kJ/（$m^2 \cdot h \cdot ℃$）。一般物料以片状、颗粒状、短纤维状为主。如果是细粉状物料，则应先挤制成型（可制成$\phi 0.5 ~ 2mm$短圆柱），置于盘中方可操作。风速为0.6~1.2m/s，料层高50~70mm。对于特别疏松的物料，可填装高度达300~800mm。据统计，干燥速率为平行流式的3~10倍。

容积传热系数：

粉粒状物料：25~32×10^3kJ/（$m^3 \cdot h \cdot ℃$）；

泥状物料：5~12×10^3kJ/（$m^3 \cdot h \cdot ℃$）。

三、箱式干燥器的选用

箱式干燥器内部结构种类繁多。应根据物料的性质、状态和生产能力的大小选用适当结构。例如：

干燥少量的物料或不允许结晶受到破坏以及贵重的物料，一般采用内部结构为支架的箱式干燥器。物料装在浅盘里，置于支架上。空气由风机送入，经预热器加热至所需温度，吹过物料表面使之干燥。空气吹过表面的速度由物料的粒度决定，一般以物料不致被气流带走为宜。这种结构的干燥器，因为产量较小，常用人工加料和卸料。

对于生产能力不大、物料是热敏性的或易氧化的情况，可采用具有密封外壳、在真空条件下操作的箱式干燥器，又称真空箱式干燥器。

对于生产能力较大的箱式干燥器，盘架很多，若再采用箱内固定支架的结构，装卸料时均需在干燥器内操作，劳动条件差，热损失也大。可以将内部的固定支架改为带支架的小车。车架上安放装满物料的浅盘，人工加料完成后，再将小车推入箱内进行干燥。这种干燥器目前多用于催化剂、酶制品、颜料的干燥。

第六节　喷雾干燥设备

一、喷雾干燥技术简介

出于不同的需要，喷雾干燥器也有许多分类方法，如按气液流向分为并流式（顺流式）、逆流式和混流式；按雾化器的安装方式分为上喷下式、下喷上式；按系统分类有开放式、部分循环式和闭路循环式等。众所周知，目前喷雾干燥的雾化器有多种类型，按其雾化机理分类，雾化器分为离心式、压力式和气流式三种。习惯上，人们常对喷雾干燥器按雾化方式进行分类，也就是按雾化器的结构分类。将其分为转盘式（离心式）、压力式（机械式）、气流式（双流体或三流体式）三种类型。

目前离心式喷雾干燥器处理量为每小时几千克到几十吨，已经形成了系列化机型，生产制造技术基本成熟。压力式喷雾干燥器所得产品为微粒状，在生产干悬浮剂（DF）上已成功使用，目前国内已经建成了几套工业化生产设备。

喷雾干燥器是处理溶液、悬浮液或泥浆状物料的干燥设备。它是用喷雾的方法使物料成为雾滴分散在热空气中，物料与热空气呈并流、逆流或混流的方式互相接触，使水分迅速蒸发，以达到干燥目的。采用这种干燥方法，可以省去浓缩、过滤、粉碎等单元操作，可以直接获得 $30 \sim 500\mu m$ 的粒状产品。干燥时间极短，一般为 $5 \sim 30s$。不仅适用于耐高温物料的干燥，同时也适用于热敏性物料和料液干燥过程中易分解的物料，能有效改善产品流动性和速溶性能。

喷雾干燥器中气固两相接触表面积大，两相呈稀相流动，故容积传热系数小，一般为 $100 \sim 400kJ/（m^3 \cdot h \cdot ℃）$。热空气进口温度在并流操作时为 $150 \sim 500℃$，逆流操作时为 $150 \sim 300℃$。工业规模的喷雾干燥器，热效率一般为 $30\% \sim 50\%$（带有废热回收的喷雾干燥器的热效率可以达到70%）。

喷雾干燥的基本流程是料液通过雾化器，形成雾滴分散在热气流中。空气经鼓风机送入空气加热器预热，然后进入喷雾干燥器，与雾滴接触干燥。产品中一部分落入塔底与气体分离，另一部分由引风机吸入旋风分离器，经分离将尾气排空，少量物料从旋风分离器出料口收集。

喷雾干燥的产品为细粒子，为了适应环境保护的要求，有时系统中只用旋风分离器分离产品、净化尾气还是不够的，一般还要用布袋除尘器净化，使尾气中的含尘量低于 $50mg/m^3$（气体）。或用湿式洗涤器，可将尾气含尘量降到 $15 \sim 35mg/m^3$（气体）。

二、离心式喷雾干燥

1. 离心式喷雾干燥简述

离心式喷雾干燥器因配备有离心式雾化器而得名。离心式喷雾干燥器是目前工业生产中使用较广泛的干燥器之一，喷雾干燥系统流程如图6-36所示。在高速旋转的分散盘上加入料液，液体受离心力作用被甩成雾滴后在干燥器中干燥，见图6-37。在分散盘的表面，液体呈薄膜状扩散，并且在圆周边缘处以高速甩出，雾化效果取决于雾化盘边缘线速度和加料速率，还与料液的某些物理特性等因素有关。

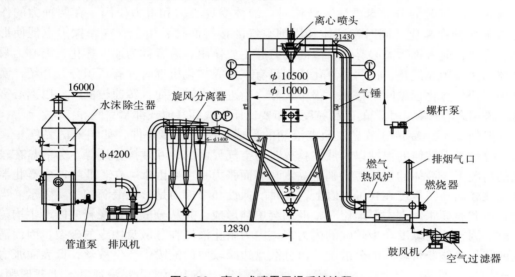

图6-36　离心式喷雾干燥系统流程

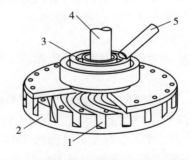

图6-37　离心式雾化器液体分配盘三维构造图

1—喷孔；2—转盘；3—分配槽；4—主轴；5—进料管

离心式喷雾干燥器的特点基本是由雾化器决定的：

① 离心式喷雾干燥器料液不需要严格的过滤设备，料液中如无纤维状固体颗粒基本不堵塞料液通道；

② 可以适应较高黏度的料液（与压力式喷雾干燥器相比）；

③ 因雾化器的转速很容易调节，所以比较容易控制产品粒度，并且粒度分布也较窄；

④ 在调节处理量时，不需要改变雾化器的工作状态，对进料率在25%以内的波动可以获得相同粒径的产品；

⑤ 因离心式雾化器产生的雾群基本在同一水平面上，雾滴沿径向和切向的合成方向运动，几乎没有轴向的初速度，所以干燥器的直径相对较大。径、长比较小，可以最大限度地利用干燥室的空间。

离心式喷雾干燥器有如下缺点：

① 雾滴与气体的接触方式基本属于并流形式，分散盘不能垂直放置；

② 分散盘的加工精度要求较高，要有良好的动平衡性能。如平衡状态不佳，主轴及轴承容易被损坏；

③ 与压力式喷雾干燥器相比，产品的堆密度低一些，产品的粒度也较小。

当向高速旋转的分散盘内注入液体时，液体受离心力和重力作用，在两种力的作用下得以加速分裂雾化。同时在液体和周围空气的接触面处，由于存在摩擦力也促使形成雾滴。为此，前者称为离心雾化，以离心力起主要作用。后者称为速度雾化，离心力只起给液体加速作用。但是，这两种雾化作用只有在研究雾化机理时才有意识分开介绍，实际操作中，两种雾化现象同时存在，很难区分。当进料量较小而且转速较低时，以离心雾化为主。采用离心式雾化生产的产品粒度分布要比压力式和气流式都窄一些。

一般情况下，旋转分散盘表面上液滴的形成取决于许多条件，如料液的黏度、表面张力、分散盘上液体的惯性以及液体释放时与空气界面的相互摩擦作用等。分散盘在较低转速的情况下，液体的性质，特别是黏度和表面张力是主要因素。在工业生产中雾化器的转速往往较高，线速度在100m/s以上，此时的惯性和摩擦力是形成液滴的主要因素。当料液的黏度和表面张力占主要地位时，液滴会单独形成，并从分散盘边缘释放以产生均匀的雾滴群。因料液的黏度产生较强的内力，该内力阻止液体在分散盘边缘的破裂，因而需要较大的能量才能获得较高的分散度。由分散盘边缘较厚的液膜中产生液丝，低表面张力会使液丝拉长，断裂时产生较小的液滴。对于高黏度、高表面张力料液通常产生球形颗粒，并且通过改变操作条件比较容易控制雾滴直径。离心式雾化器产生的雾群基本在同一水平面上，不像另外两种雾化器喷出液体时有一定的角度。

2. 离心式雾化器的雾化机理

离心式雾化机理基本可以归纳为料液直接分裂成液滴、丝状体断裂成液滴和膜状分裂成液滴三种情况。

（1）料液直接分裂成液滴　当料液的进料量较少时，料液受离心力作用，迅速向分散盘的边缘移动，分散盘周边上隆起半球状液体环。形状取决于料液的黏度、表面张力、离心力及分散盘的形状和光滑程度。当离心力大于表面张力时，分散盘边缘的球状液滴立即被抛出而分裂雾化，雾群中伴随有少量大液滴，见图6-38（a）。

（2）丝状断裂成液滴　当料液流量较大而且分散盘转速加快时，半球状料液被拉成许多液体丝。流量增加，分散盘周边的液丝数也在增加。如果液体达到一定量后，液丝就会变粗，而液量不再增加，抛出的液丝也不稳定。液丝运动的波动和不均匀性，在分散盘边缘附近使之断裂，受表面张力的作用收缩成球状［见图6-38（b）］。

（3）膜状分裂成液滴　当液体的流量继续增加时，液丝数量与丝径都不再增加，液丝间相互黏合形成薄膜。离心力将液膜抛出分散盘周边一定距离后，液膜分裂成分布较广的液滴。若再进一步提高转速，液膜便向分散盘周边收缩，液膜带变窄。若液体在分散盘表面上的滑动减到最小，可使液体以高速度喷出，在分散盘周边与空气发生摩擦而分裂雾化，称为速度雾化［见图6-38（c）］。

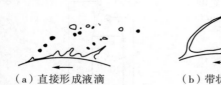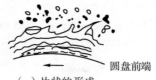

| （a）直接形成液滴 | （b）带状的形成 | （c）片状的形成 |

图6-38　旋转雾化器的微粒化原理

从上面的分析可以看出，三种雾化机理可能出现在不同的操作阶段，也可能同时出现，但总有一种是主要的雾化形式。以哪一种为主要雾化形式则与分散盘的几何形状、直径、转速、进料量、料液的表面张力和黏度有关。

3. 离心喷雾干燥在农药工业的应用

（1）高岭土　高岭土又称高岭黏土，是一种以高岭石为主要成分的黏土，是农药加工中常用的填充剂之一。料液含固率为35%，pH值为7～8。用0.14%分散剂六偏磷酸钠调整料液状态，用离心式喷雾干燥器生产。进口热风温度为300～320℃，尾气出口温度对产品含水率影响很大。尾气出口温度高时产品含水率就低。经济温度应控制在100℃，热效率达到66.67%。雾化器转速为30000r/min时产品粒度可以达到420目。

（2）杀菌剂　采用离心式喷雾干燥器，干燥器直径为9.5m，高度为16.3m。原料含水率为70%～80%，生产量为650kg/h，产品水分为2%，相对密度为0.3～0.4。热风进口温度为300℃，尾气出口温度为150℃，水分蒸发量为2500kg/h。

（3）木质素磺酸盐　木质素是造纸工业产生的废料，但把木质素提取出来通过磺化的方法进行改性处理，形成木质素磺酸盐，就是用途广泛的添加剂及助剂。木质素磺酸盐主要有木质素磺酸钠和木质素磺酸钙两大类，是农药加工的主要助剂，见表6-8。

表6-8　木质素分散剂喷雾干燥的主要技术参数

干粉名称	木质素磺酸钙	木质素磺酸钠
产量/（t/a）	5000	7000
制浆造纸原料	木材	麦草
黑液浓度/%	45	40
黑液温度/℃	55～60	60～75
进风温度/℃	250	270
尾气温度/℃	80～90	100
干燥器直径/m	6.87	6.87
干燥器高度/m	5.00	6.00
产品含水率/%	<8	<7

（4）杀虫双　杀虫双属于沙蚕毒内吸杀虫剂，对水稻、蔬菜、果树等作物上的多种害虫有很好的防治效果，因而深受农民的欢迎。

采用离心式并流喷雾干燥器制取杀虫双粉剂，设备直径为900mm，直筒高度600mm。用电加热控制温度。雾化器为气动式，分散盘直径为50mm，转速为20000r/min。热风进口温度为280℃，出口温度为90℃，生产能力为3kg/h。雾化压力为0.3MPa，蒸发水量为4kg/h。

三、压力式喷雾干燥器

1. 压力式喷雾干燥简述

压力式喷雾干燥器（因设备高大而呈塔形，又称喷雾干燥塔）在生产中使用最为普遍。

压力式喷雾干燥器的产品呈微粒状，一般平均粒度可以达到100～300μm。产品有良好的流动性、润湿性、复水性、分散性等应用性能，产品质量优良。

压力式喷雾干燥器主要是由压力式雾化器的雾化状态所决定，使这一干燥系统有自己的特点。由于压力式喷雾干燥所得产品是微粒状，不论是雾滴还是产品的粒径都比其他两种类型大，雾滴所需干燥时间比较长。另外，喷出的雾化角也较小，一般在30°～70°，所以干燥器的外形也以高塔形为主，才能使雾滴有足够的停留时间。因需给料液施加一定的压力，通过雾化器雾化，所以系统中要有高压泵。另外，因雾化器孔径很小，为防杂物堵塞雾化器孔道，一定要在料液进入高压泵之前进行过滤。采用压力式喷雾干燥，多以获得颗粒状产品为目的。因此，经压力式喷雾干燥的最终产品都有其独特的应用性能，装置流程见图6-39。

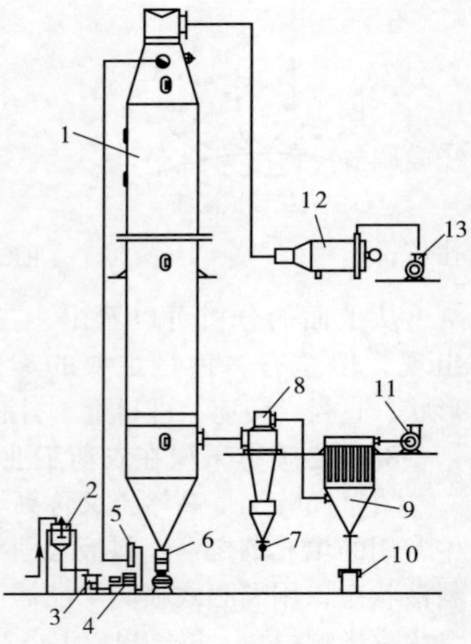

2. 压力式雾化器的雾化机理

压力式雾化器是压力式喷雾干燥器的重要部件，雾化机理一般这样描述：液体在高压泵的作用下从雾化器的切向通道高速进入旋转室，使液体在旋转室内产生高速运动。流体遵守旋转动量矩守恒定律，旋转速度与旋转室的半径成反比，因此越靠近轴心处旋转速度愈高，静压力也愈小。当旋转速度达到某一值，雾化器中心处的压力等于大气压力，雾化器喷液孔处的液体被离心力甩向边缘处，中心形成空气心。喷出的液体就形成了绕空气心旋转的倒锥形环状液膜。随着液膜的延长，空气的剧烈扰动所形成的振动波不断发展，液膜分裂成细线。加上湍流径向分速度和周围空气相对速度的影响，最后导致液膜破裂成丝。液丝断裂后受表面张力和黏度的作用，最后形成由无数雾滴组成的雾群。雾滴飘浮在空气中，受热风的传热传质作用表面水开始汽化，达到临界含水率后表面开始结壳而形成颗粒，内部水分汽化受阻。随着内部蒸汽压力的增高，蒸汽从外壳的薄弱部位逸出，得到中空的颗粒。

多年来，国内外许多干燥专家对压力式雾化器的结构进行了大量的研究，目前也开发出许多结构类型。压力式雾化器的共同特点是液体在高压下进入旋转室进行高速旋转，获得足够的离心力后从雾化器喷液孔处喷出。常用的结构主要分为旋涡压力式和离心压力式两大类，这两种雾化器都能使液体在雾化器内部产生旋转，只是结构略有不同，压力式雾化器构造图见图6-40。

图6-39 压力式喷雾干燥器流程

1—压力式喷雾干燥器；2—料槽；3—过滤器；4—高压泵；5—稳压器；6—振动筛；7—星形阀；8—旋风分离器；9—布袋除尘器；10—料桶；11—引风机；12—热风炉；13—鼓风机

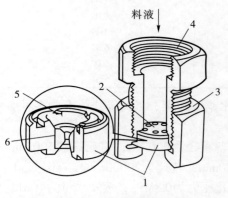

图6-40 压力式雾化器构造图

1—喷嘴体；2—孔板；3—螺母；4—管接头；5—旋槽；6—喷嘴孔

料液

3. 压力式喷雾干燥器的缺点

① 在生产过程中流量调节能力较差，流量的决定因素主要是雾化器出口的孔径和操作压力，操作压力的改变会影响产品的粒度，因此，如果改变流量，只能改变雾化器出口孔径或调节操作压力；

② 压力式喷雾干燥器不适用于处理纤维状或含大颗粒料液，这些料液易堵塞雾化器孔道；

③ 不适合处理高黏度料液或有固-液相分界面的悬浮液，它会造成产品含量的严重不均；

④ 与其他两种类型相比，压力式喷雾干燥器的容积蒸发强度较低。

目前，压力式喷雾干燥器已成功地将硫磺、苯噻草胺-苄嘧磺隆合剂、苯噻草胺-吡嘧磺隆合剂、二氯喹啉酸、百菌清、甲维盐、代森锰锌等产品制成了干悬浮剂。

第七节　热源的性质及应用

一、热源及其性质

干燥操作离不开热源，干燥设备的技术经济指标不仅取决于本身的设计和操作，而且在很大程度上还与所选用的热源及其利用方式、热效率密切相关。因此在大力研究各种干燥设备的同时，还应当重视热源的合理选择与使用。

在干燥作业中，热源主要有各种燃料同空气的燃烧产物（烟道气）、蒸汽、热水、电能和具有一定热量的废气、废液等。由于被干燥物料的性质和生产工艺不同，以及干燥设备类型和工厂条件的差异，所要求的热源及其利用方式也不尽相同，见表6-9。

表6-9　热源的分类

热源	加热方式	备注
固体燃料 液体燃料 气体燃料	直接燃烧式（直燃式） 间接加热式（间接式）	直接采用燃烧气体 利用热交换器间接换热 加热气体
蒸汽、温水 及热油等	用于产生热风 送入干燥器的加热部	热风干燥器 传导加热干燥器
电能	电加热 红外加热 高频加热	小型热风干燥器 辐射干燥器 高频加热
热泵	低热源的升级	主要用于40~50℃的热风干燥
太阳能	热交换，产生热风	主要用于热风干燥
废热	直燃式或间接式	焚烧炉，锅炉废气

每种热源在使用中都有自己的可利用性，应针对设备的性质及所涉及的物料选择相应的热源，见表6-10。

表6-10 热源特性

热源种类		温度调节	洁净度	设备费
液化天然气	（小口径）	◎	○	中
城市煤气	（大口径）	◎	○	中
柴油	直燃式	◎	○	低
	间接式	○	◎	中
重油	直燃式	◎	△	低
	间接式	○	◎	中
蒸汽	产生热风	◎	◎	中
温水	传导加热	◎	◎	中
电气	热风	◎	◎	中
	辐射，传导	○	◎	中
	高频加热	△	◎	高
	热泵	○	◎	高
太阳能		△	◎	高
废热	直燃式	△	△	低
	间接式	△	◎	中

注：◎表示最好，○表示较好，△表示最差。

二、常用能源简介

1. 蒸汽

蒸汽是一种清洁、安全和廉价的热源。如果可提供0.4~0.8MPa的蒸汽，就可通过换热器将干燥介质（空气、氮气等）加热至150~160℃。以蒸汽为热源，往往采用间接换热，以各种类型的换热器为供热设备。工程实践证明，换热后的干燥介质的温度低于蒸汽的饱和温度5~10℃。

换热器一般制成翅片排管和"U"形管形式。为防止腐蚀和增加传热效率，钢制品一般镀锌，铜制品镀锡。但这类换热器的使用温度高于180℃时，容易产生镀层熔化和脱落。

上述换热器的传热系数一般为80~250kJ/（$m^2 \cdot h \cdot$℃），主要随被加热空气的质量流速而变化，比较经济的空气质量流速为4~10kg/（$m^2 \cdot s$）。若有可能利用热电站或企业的废蒸汽时，上述加热方式更显得经济合理。

应当指出，这种换热器还必须配备良好的自动疏水系统，并注意经常维修。一般认为，疏水器排水量应超过换热器冷凝水量的3~4倍。另外，换热器不用时应将其中的剩水放尽，以免在冬季因结冰而胀裂翅片管。

2. 热水

如果热水或废液的温度达90~130℃，则可认为它有一定的利用价值。主要可用于操作温度较低的某些干燥作业（如真空干燥）和作为某些干燥设备的辅助性热源。可通过上述或其他类型换热器将热量传给干燥介质或物料，热水温度通常在50~90℃。

3. 电能

电能主要用于小型干燥设备的供热或与其他热源组成二级加热系统，它利用电热器的辐射、对流传热将干燥介质直接加热，最高可达400℃。电能具有清洁、方便和易于控制温度的优点。但目前电力紧张，应用受限制。

电热器通常由电热元件和加热室组成。带金属护套的管状电热元件，其结构简单，安全耐用，并允许将空气加热至400℃，实际可在350℃左右使用而不影响工作寿命。操作中应掌握先开风机后升温的工作程序，停机时应先切断电加热器的电源，待加热设备的温度降至50℃以下后方可停止风机，以防电热元件因过热而损坏。

4. 烟道气

烟道气（包括某些高温废气）一般由固体或液体燃料燃烧产生，它们多半含有一定量灰尘和炭黑等。除少数情况外，它们一般以间接加热形式被使用。根据不同的烟气温度，通过高温换热器可将干燥介质加热至250～450℃，最高可达600℃左右。

换热器的类型有列管式、板式、套管式、翅片式和整体式多种，它们的传热系数一般为40～100kJ/（m²·h·℃）。实际生产中使用列管式换热器居多，但事实上套管式换热器结构最合理，可以推荐应用。换热器管内气速一般为6～15m/s，阻力为300～3000Pa；管外烟气流速通常为1～4m/s，阻力为30～100Pa。换热器工作寿命同烟气性质、加热温度、换热器类型和材质有关，通常为3～5年。各种材料允许的使用温度可参阅相关文献。

烟气的热利用率主要取决于尾气温度、设备和管路的保温情况、燃料损耗和所用换热器的类型等。为了提高热利用率，有时还将部分排放气返回燃烧室，但此时需安装耐高温风机和增加电能消耗。总之应根据生产规模、投资大小、操作费用、烟气温度和热源可得性等综合考虑。

5. 气体燃烧产物

这些气体燃料具有相当高的热值，例如，煤气为14650～16330kJ/m³，天然气为35580kJ/m³左右。它们的主要优点是燃烧产物可直接用作干燥介质，并可达到很高的温度（通常为300～800℃），燃烧设备金属消耗量少，易于控制和实现自动化。

燃烧过程通常是借助烧嘴在燃烧室内进行，燃烧室内设有冷风口，以便调节燃烧气温度。应当指出，在计算干燥装置用燃烧室尺寸时，单位容积的放热量一般应较锅炉用燃烧室小，其值推荐为$8 \times 10^5 \sim 8 \times 10^6$ kJ/（m³·h）。关于烧嘴的形式，在化工和医药工业中多半采用各种结构的低压烧嘴。高压烧嘴虽然燃烧速度快、温度高，但需要较高的风压，使用时噪声较大，而且容易发生回火。

对于被干燥物料不允许接触微量硫的场合，可将煤气或天然气在燃烧前进行精脱硫，以消除对产品的不良影响。这样做尽管需要增加一个脱硫器，但比起烟气间接加热和电加热仍然经济得多。烟气在间接加热时热利用率为30%～60%，而采用电加热更不合算，其经济费用比使用煤气高三倍。目前，能够将煤气中含硫量脱至1mL/m³以下的干法脱硫剂主要有氧化铁、氧化锌和活性炭等。

对于某些含硫量较高的天然气或有特殊要求的情况，最好先用活性炭脱硫，再用氧化锌脱硫。这种物理吸附和化学反应吸收相结合的净化方法，已被工业实践证明是最可靠的方法。

6.复合热源

对于有些干燥设备，通常情况下提高进口温度可大大增加设备的生产能力，而不影响产品（即使是热敏性物料）的质量。在这种情况下，如果没有合适的高温干燥介质，就可采用蒸汽-电复合热源。干燥介质先经蒸汽换热器加热至150～160℃，再用电能进一步将其加热至所需的更高温度。

由于使用高的进口温度，使干燥过程大大强化，因此干燥设备本身及其附属设备（如除尘器和风机等）的投资都可相应降低。另外采用蒸汽-电复合热源，给工作过程中调温也带来很大方便，而且容易实现操作稳态化和自动化。

第八节 供热设备

一、电加热器

电加热器是电能转换成热能，与空气进行辐射和对流传热的加热设备，用于加热空气的电加热器由多根管状电热元件组成，结构见图6-41。管状电加热元件是在金属管中放入电阻丝，并在空隙部分紧密填充具有良好耐热性、导热性和绝缘性的结晶氧化镁粉，再经其他工艺处理而制成。具有结构简单、机械强度高、热效率高、安全可靠、安装简便、易实现温控自动化等特点。用于加热相对湿度不大于95%、无爆炸性、无腐蚀性气体。工作电压不应大于额定值的1.1倍，加热空气温度不应超过300℃。可以独立使用，也可以作为第二级加热设备，经常与蒸汽换热器组合使用。

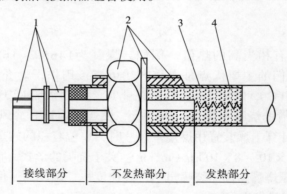

接线部分　　　　不发热部分　　　　发热部分

图6-41　电加热管结构图

1—接线轴；2—紧固装置；3—金属管；4—结晶氧化镁

电加热器已有定型产品，应按式（6-1）确定所需要的功率：

$$E = \frac{(C_a + C_g x_0)(t_1 - t_0)}{3600\eta} L_a \tag{6-1}$$

式中　E——电加热器总功率，kW；

$\quad\quad C_g$——蒸汽的比热容，kJ/（kg·℃）；

$\quad\quad L_a$——绝干空气质量流量，kg/h；

3600——热功当量，$1kW \cdot h = 3600kJ/h$；

  x_0——空气环境湿度，kg/kg；

  t_0——空气环境温度，℃；

  t_1——热空气温度，℃；

  C_a——绝干空气的比热容，kJ/（kg·℃）；

  η——电加热器热效率，取0.95。

  根据需要，电热元件可以制成"U"形、"W"形、"一"字形以及各种特殊形状。图6-42是W形电热元件组成的电加热器。

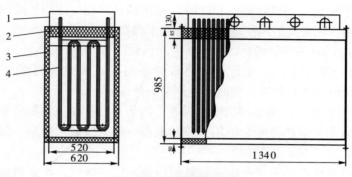

图6-42　电加热器装配图

1—加热器上盖；2—电加热管安装板；3—箱体；4—电加热管

  值得一提的是，由于电加热管与空气直接接触，而且加热管的表面温度很高（可以达到几百摄氏度），如果空气中有机气体的浓度达到某一特定值时，随空气进入电加热器后会导致起火爆炸。所以在选择电加热器作为热源时，要确认车间无有机气体存在，也不使用任何溶剂，以杜绝安全隐患。

二、电热带

  三相恒功率电热带和单相恒功率电热带的原理基本相同，不同之处是单相带采用单相供电，三相带采用三相三角形供电。三相带除有单相电热带的特点外，特别适用于长距离、大口径管道的伴热和保温。

1. 产品结构与工作原理

  电热带如图6-43所示，三根平行绝缘铜铰线为电源母线，在内护套绝缘层外缠绕电热丝，并将该电热丝每隔一定长度（即"发热节长"分别依次与电源母线反复循环连接，在每三相间形成连续并联电阻。当母线通以三相电后，各并联电阻同时发热，因而形成一条连续三相供电的加热带）。

2. 产品特点

  三相恒功率电热带单位长度的发热量恒定。使用的电热带越长，输出的总功率越大。它能在现场按实际需要长度任意剪切，并将多余的电热带剪下。此外，它富有柔软性，能方便地紧贴管道表面敷设。外层的金属

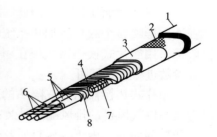

图6-43　电热带结构图

1—加强护套；2—铜丝编织网；3—外护套绝缘层；4—电阻丝；5—电源线绝缘层；6—电源线；7—母线连接处；8—内绝缘层

屏蔽层是防止静电产生的安全接地，它不仅提高电热带整体强度，还起着传热和换热的作用。

由于电热带内的电源截面有限，为避免压降过大，单点电源单向输出，最长使用长度有一定限制。当单点电源双向输出，使用长度能增加一倍。例如，RDP$_3$-J$_3$-50型单点电热带单向输出使用最长为130m，如采用单点电源双向输出，最长使用长度可达260m。如果需要伴热的管线更长，则可采用多点电源供电。

三相电热带有如下优点：

① 单相电热带使用长度过长时，在电热带首端电流会很大，尾端电压降严重，从而使整个长度发热量不均匀。当导线截面相同时，三相带是单相带使用长度的三倍，发热均匀性较好，所以使用三相带能增加使用长度，降低工程费用。

② 在大规模应用电热带的场合，能均衡电网负载。

③ 由于采用三根芯线，三相带使电热带更趋扁平，增大换热面，降低了表面发热负荷，增加对伴热设备的热传导，提高了电热带的传输效率。

④ 使用三相带有利于控制电器的配套设备。因为单相控制电器额定容量小，而三相控制电器额定容量较大。电热带配套使用的控制电器一般有过载、短路、接地、漏电和温度保护。

加强型三相恒功率电热带是在电热带外层包覆一层绝缘层，产品机械强度更高，防腐能力增强。

3. 产品应用场合

三相恒功率电热带与单相恒功率电热带一样，能用于管道和阀门等的防冻和保温。具体应用场合也与单相带相同。但需特别指出的是：当对长距离、大口径管道进行伴热保温时，采用三相带比单相带更经济，更合理，更能显示出使用三相带的优越性。

系统中有些液体物料要在高温管路里输送，此管路可用电热带伴热保温。另外，小型传导型干燥设备也可用电热带作为加热的热源。

由于电热带的发热元件封闭在防火材料的护套内，所以可以用于任何场合。

三、蒸汽换热器

1. 蒸汽换热器的类型

在载热体加热式热风系统中，热风的获得是通过载热体（蒸汽或导热油）在换热装置内将空气加热而实现的。因此，换热装置（即换热器）的性能及配套是否合理，将在很大程度上影响整个载热体加热系统的性能。为提高换热效率，在载热体加热式热风系统中一般都采用翅片式换热器。现在翅片式换热器已定型，因此，只需要根据热风系统的热容量等参数进行选型即可。

翅片式热换器由装在隔热的金属壳体内的翅片式或螺旋形翅片式的换热排管制成。通常装在供气风机的排风端或是装在热风使用设备的前端（全负压操作条件下），往往由多组串联排列而成。由于金属材质及翅片结构形式不同，它有各种形式。绕片式：钢制CL型和SRZ型、铜制S形和U形。挤压式：钢铝复合SRL型、KL型和FUL型。还有浮头式油换热器、串片式、TLS型铜铝串片式等热交换器。

以SRZ型换热器为例，介绍蒸汽换热器的基本性能及使用情况。SRZ型换热器既适用于蒸汽系统又适用于热水系统。如以蒸汽为载热体，蒸汽的工作压力为0.03~0.8MPa，主要由三排交错排列的螺旋翅片管组成。翅片管均用$\phi21mm\times2mm$无缝钢管绕制上$15mm\times0.5mm$的皱折钢带而成，呈螺旋状，外形图见图6-44。

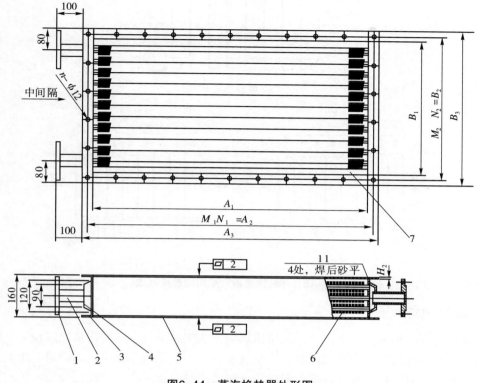

图6-44　蒸汽换热器外形图

1—法兰；2—短管；3—竖边框；4—汽包；5—横边框；6—翅片管；7—扁钢

2. 蒸汽换热器的安装方法

蒸汽换热器一般为多组连在一起，安放位置主要有立式串联和卧式串联两种。立式串联就是换热器的迎风面与水平面平行，空气垂直水平面通过换热器。卧式串联是空气平行水平面通过换热器，换热器各组之间用螺栓连接。为检修方便，推荐采用卧式安装。

按蒸汽进入加热器的方法，又可分为串联、并联、串-并联连接三种方法，如图6-45所示。

串联连接就是蒸汽逐一通过换热器，能充分利用能源，冷凝水排出温度很低。但需要增加换热面积，系统升温速度较慢，有时需几个小时才能达到规定温度。

并联连接是蒸汽同时通过各组换热器，又同时排出，使蒸汽换热器与空气保持较大的温差，传热速率高，升温速度快。但冷凝水的排出温度高，能量利用率较低。

综合上述两种方法，采用串-并联连接的方法更为合理。蒸汽先同时通过几组换热器，经过换热器的蒸汽再串联通过另外几组，克服了前两种方法的缺点。经过测试，当采用三组换热器时，进气方法为前两组并联，再与后一组串联。当总换热面积为125m²，饱和蒸汽压力为0.6～0.8MPa（158.1～169.6℃）时，换热后空气的出口温度为160℃左右，冷凝水温度为35～65℃。

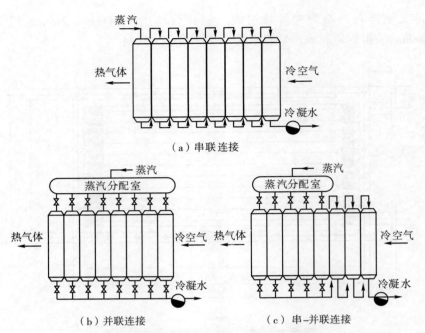

（a）串联连接

（b）并联连接　　　　　　　　（c）串–并联连接

图6-45　蒸汽换热器常采用的连接方法

四、燃煤热风炉

以煤为燃料的热风炉，多数是以间接换热的方法加热空气。在间接换热过程中一般有两种情况，一种情况是炉内设有通风管，冷空气走管层，烟道气走壳层。煤燃烧产生的热量对管的外壁进行辐射，热量通过管壁传向内管，然后再对内管的冷空气进行加热。炉的进口为冷空气，经加热从另一口出来的为高温洁净空气。另一种为燃煤式导热油炉，导热油被加热后流向另一个换热器（如翅片换热器），再与冷空气进行换热，导热油循环使用。间接换热的特点是得到的热气体洁净度较高，在换热过程中空气无湿度变化，仍保持冷空气的湿度。

燃煤热风炉结构比较简单，加煤方式也有多种。根据工艺需要或换热量的不同采取不同的加热方式。由于火焰与换热管直接辐射，烟气内又有硫等腐蚀性较强的化学物质，对换热管的材料有一定要求。这种热风炉有高温炉和低温炉之分，当要求出口热风温度在300℃以上时，换热管的材料要选用耐高温、耐腐蚀的材料。另外，管内空气的运行路径也应尽可能避免换热管有局部高温的存在，否则会影响热风炉的使用寿命。

以GRL热风炉为例，说明其流体的换热过程。烟道气通过管壁向管层内的冷空气进行传导传热和辐射传热。冷空气在炉内运行四个行程，有三个行程与高温烟气进行热交换，其中有两个行程可以与两侧高温气体同时进行热交换，因此换热效率高，烟气的排出温度很低，设备的结构如图6-46所示。图6-47是某型号燃煤热风炉的流程图。

五、燃气热风炉

以煤气、天然气及液化石油气为燃料的加热过程，采用直燃式热风炉具有热效率高、设备结构简单的特点。在换热器工艺计算过程中，主要是确定热空气的状态，然后就可求出所需的空气量及热量。

燃气热风炉具有结构简单、热效率高、易于控制等优点，图6-48～图6-50是部分燃气热风炉的基本结构。

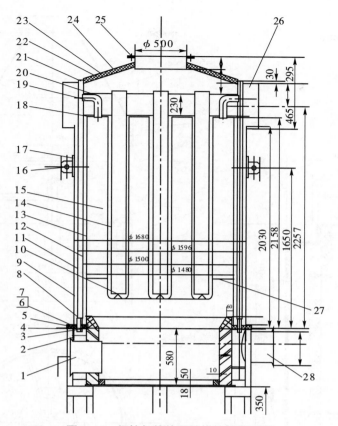

图6-46　间接加热热风炉换热器装配图

1—加煤口；2—隔板；3—降尘管；4—法兰；5—垫片；6—螺栓；7—螺帽；8—底板；9—外筒体；10—封头；11，12—换热筒体；13—内壁；14—内管；15—外管；16—挂耳；17—垫板；18—下花板；19—弯管；20—上花板；21—顶盖；22—内锥体；23—外锥体；24—保温层；25—排风口；26—进风口；27—支撑板；28—排烟口

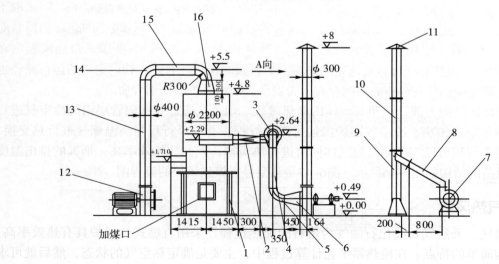

图6-47　某型号燃煤热风炉装置流程

1—燃煤热风炉；2—方接圆管；3—旋风分离器；4—烟气管；5—弯头；6—变径管；7—烟气引风机；8—排烟管；9—烟囱底座；10—烟囱管；11—防雨罩；12—鼓风机；13—风管；14—弯头；15—水平管；16—变径管

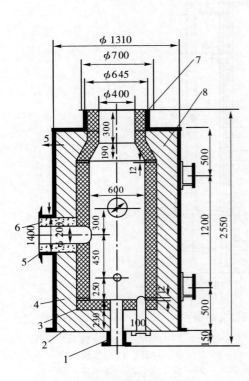

图6-48 煤气热风炉

1—喷嘴固定板；2—壳体；3—耐火砖；4—硅
藻土保温层；5—法兰；6—耐火泥；7—耐火砖；
8—硅藻土保温层

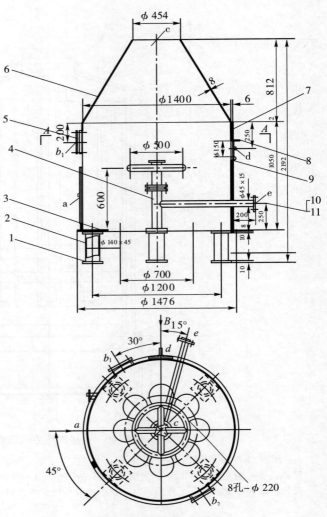

图6-49 天然气热风炉

1—底板；2—钢管；3—钢板；4—燃烧器；5—视镜；6—上锥体；
7—筒体；8—插板；9—栓块；10—法兰；11—接管

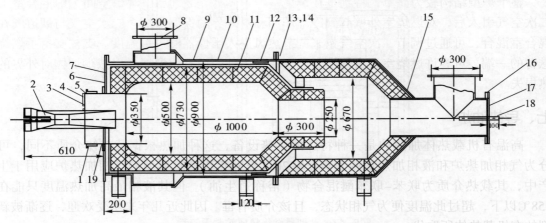

图6-50 液化石油气热风炉

1—调节器；2—液化器喷嘴；3—点火孔盖；4—半圆头铆钉；5—喷嘴固定罩；6—端盖板；7—石棉板；8—进风口；9—外
壳；10—内壳；11—耐火砖；12—石棉板；13—螺栓；14—螺帽；15—石棉绳；16—垫片；17—小端盖；18—测温孔；19—螺栓

六、燃油热风炉

直接式燃油热风炉是将燃烧重油、柴油之类的矿物油所产生的烟道气与冷空气混合后，产生热空气的设备。由于燃油热风炉具有投资少、生产能力大、热能利用合理、操作简便等优点，故在无煤气的地区广泛使用。

1. 工作原理

液体燃料由高压空气在燃烧器内雾化后喷入炉膛燃烧，所产生的烟道气与来自环形夹套的冷空气在混合室内混合，形成干燥过程中所需要的热风，再将热风送入干燥系统。液体燃料热风炉工作原理见图6-51。

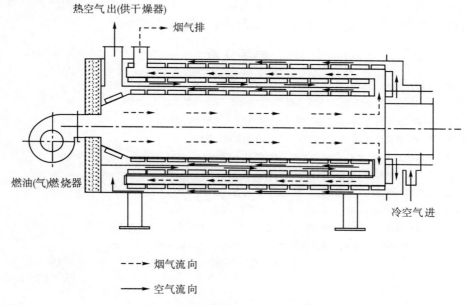

图6-51 液体燃料热风炉工作原理

2. 炉型特点

整个炉型结构较为简单，特别是在燃烧室与炉体外壳之间有一环形空间（即混合室），二次空气引入后，对燃烧室外壁起到冷却作用和对外界的保温作用。二次空气与烟道气在混合室混合，可通过调节二次空气量来调节热风进入干燥器的进口温度。支柱支持了燃烧悬臂的一端，可容许燃烧室自由伸缩。混合室炉体外壳设有保温层，以减少炉体对外界的热损失。

七、导热油炉

高温有机载热体加热炉是一种特殊的供热设备，这种加热根据载热体介质不同，可分为气相加热炉和液相加热炉两大类。在20世纪50年代就有典型的气相加热炉应用于生产中，其载热介质为联苯-联苯醚混合物（俗称道生油）。但其液相最高加热温度只能在258℃以下，超过此温度便为气相状态，且该介质有毒。因此近几年来不受欢迎，逐渐被新型的有机载热体所取代。

导热油炉在加热系统中主要起到传递热量的作用，导热油在炉内盘管中被预热到所需的温度，并连续加热。导热油在整个换热系统中通过热油泵被强制循环使用，进行"加热→放热冷却→再加热→再使用"的循环过程。这样既能满足设备的供热要求，导热油的余热又被循环使用而不浪费。

导热油从炉下部进液口进入炉底夹层，再分别同时进入四层盘管（$\phi 45mm \times 3.5mm$）。导热油在0.6MPa压力下由下向上强制流动，其流速一般不低于2～3m/s，流体呈湍流状态，再由上部汇入缓冲器，经出液口接通主循环管进入用热设备（换热器）。换热后的导热油经热油泵循环输送到加热炉再升温，继续循环使用。本设备热源为管道煤气，它和空气经一定比例混合点火燃烧形成高温气流，在炉体内与四层盘管以辐射和对流形式进行热量交换。

导热油炉有如下优点：① 节约能耗。导热油放热后又沿循环管回到加热端，所放出的热量只有有效放热和管路热损失，因此热效率高；② 当采用直燃式加热方法加热导热油时，可以将燃烧设备远离生产现场而封闭起来，保证了生产安全。

参考文献

［1］金国森. 干燥器［M］. 北京：化学工业出版社，2008.

［2］张继宇. 旋转闪蒸干燥与气流干燥技术手册［M］. 沈阳：东北大学出版社，2005.

［3］刘广文. 喷雾干燥实用技术大全［M］. 北京：中国轻工业出版社，2001.

［4］刘广文. 干燥设备设计手册［M］. 北京：机械工业出版社，2009.

［5］刘广文. 染料加工技术［M］. 北京：化学工业出版社，1999.

［6］刘广文. 农药水分散粒剂［M］. 北京：化学工业出版社，2009.

［7］刘广文. 现代农药剂型加工技术［M］. 北京：化学工业出版社，2013.

［8］王秉铨. 工业炉设计手册［M］. 第2版. 北京：机械工业出版社，2000.

［9］黄森炎. 燃煤热油加热炉的选型和制造［J］. 化工设备设计，1986（2）：49-52.

［10］渭文. 简介一种用燃煤加热高温载热体的设计［J］. 医药工程设计，1986（1）：15.

［11］马进良. RH-系列高效燃煤热风炉——干燥工艺的新型热源［J］. 化工装备技术，1999（2）：52.

第七章

物料的输送

气力输送工艺设计

一、气力输送系统的设计

气力输送系统的设计计算是指风量、风压、管径的确定。在确定过程中必须合理选择和计算固气混合比、压降、颗粒悬浮速度及管内风速等有关参数。由于气力输送涉及两相流计算，理论研究大多以固体颗粒与空气的均匀混合流为基础。对输送过程中两相流的真实状态还不十分清楚，因而压降等理论公式往往很繁琐，用这些公式计算的结果往往偏离实际值。学者们提出的公式也很不一致，而经验公式又往往带有局限性，使用时应当注意。

当输送方式已确定，根据被输送物料的物性，选定合适的输送风速，继而进行以下的设计计算。

1. 混合比的确定

混合比（μ_s）的定义值取决于物料性质、输送方式、输送条件（距离、高度等）。μ_s值大，输送效率高、管径小、投资低、耗气量少。但μ_s值过大会产生堵塞，操作不可靠。当高压输送粉状物料时，μ_s可参考图7-1选取。低压输送时（<50000Pa）取$\mu_s<10$，对密度较小的物料μ_s应取小值。

$$\mu_s = \frac{G_s}{G_a} = \frac{G_s}{\rho_a L} \tag{7-1}$$

式中 μ_s——粉料与空气的混合比，即固气比，kg料/kg气；

      G_s——粉体物料输送量，kg/min；

      G_a——输送所需空气质量流量，kg/min；

      L——输送所需空气体积流量，m³/min；

      ρ_a——空气的密度，kg/m³。

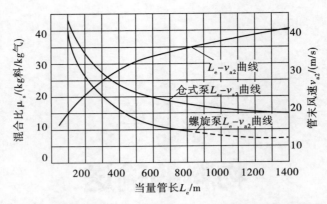

图7-1　输送距离（L_e）与混合比（μ_s）、风速（v_{a2}）的关系

2. 输送风量的确定

输送风量为：

$$L = \frac{G_s}{\mu_s \rho_a} \tag{7-2}$$

3. 输送管道直径的确定

输送管道内径可按下式计算：

$$D = \sqrt{\frac{\dfrac{G_s + 600}{\rho_m}}{3600 \times \dfrac{\pi}{4} v_{a2}}} \approx \sqrt{\frac{L}{60 \times \dfrac{\pi}{4} v_{a2}}} \tag{7-3}$$

式中　D——输送管道内径，m；

　　　G_s——输送物料量，kg/h；

　　　L——空气消耗量，m³/min；

　　　ρ_m——物料密度，kg/m³；

　　　v_{a2}——输送管道内空气末速度，m/s。

4. 总压力损失计算

气力输送压力损失计算的目的是合理地选择风机和保证正常操作。影响压力损失的因素有气体、固体对管壁的摩擦阻力、颗粒间彼此碰撞、摩擦、回返、旋转以及启动和保持颗粒处于悬浮状态等所造成的压力损失。

压力损失计算中重要的一项是管道压力损失，对于稀相悬浮高压输送，总压力损失采用下式计算与实际较为接近。

$$\Delta p_T = \Delta p_h + \Delta p_v + \Delta p_{xp} + \Delta p_{ex} + \Delta p_p \tag{7-4}$$

式中　Δp_T——总压力损失，Pa；

　　　Δp_h——水平管的压力损失（包括弯头阀门等管件），Pa；

　　　Δp_v——垂直管的压力损失，Pa；

　　　Δp_{xp}——分离器的压力损失，Pa；

　　　Δp_{ex}——管道出口的压力损失，Pa；

　　　Δp_p——发送装置的压力损失（包括物料加速损失），Pa。

5. 水平管的压力损失

$$\Delta p_h = \Delta p_{fa} + \Delta p_{fs} \tag{7-5}$$

式中　Δp_{fa}——水平管中气体的摩擦阻力损失，Pa；

　　　Δp_{fs}——水平管中固体的摩擦阻力损失，Pa。

$$\Delta p_{fa} = \lambda_a \frac{L_e}{D} \times \frac{v_a^2}{2} \rho_a \tag{7-6}$$

$$\Delta p_{fs} = \lambda_s \frac{L_e}{D} \times \frac{u_s^2}{2} \rho_m \tag{7-7}$$

式中　λ_a——气体的摩擦系数（无量纲）；

　　　λ_s——固体颗粒的摩擦系数（无量纲）；

　　　L_e——包括弯管阀门的管道当量长度，m，可计算或查表7-1；

　　　D——管道内径，m；

　　　v_a——气流平均速度，m/s，一般 $v_a = \dfrac{v_{a1} + u_s}{2}$；

　　　v_{a1}——输送空气起始速度，m/s；

　　　u_s——固体颗粒表观速度，m/s；　$\phi\ uvsa = \leqslant 1$

　　　ρ_a——空气平均密度，kg/m³，一般 $\rho_a = \dfrac{\rho_{a1} + \rho_{a2}}{2}$；

ρ_{a1}, ρ_{a2}——输送管道起始与末端处工况条件下的空气密度，kg/m³；

　　　ρ_m——悬浮体的密度，kg/m³。

因 $\rho_m \approx \rho_a$，$\varepsilon = \mu_s \dfrac{v_a}{u_s} + 1$，令 $\phi = \dfrac{u_s}{v_a} \leqslant 1$（称为速度比），且孔隙率 $\varepsilon \approx 1$。当 μ_s 较大时：

$\rho_m \approx \dfrac{\rho_a \mu_a}{\phi}$，将此关系式代入式（7-7）得：

$$\Delta p_{fs} = \lambda_s \frac{L_e}{D} \times \frac{v_a^2}{2} \rho_a \mu_s \phi \tag{7-8}$$

故式（7-5）可写成

$$\Delta p_h = \lambda_a \frac{L_e}{D} \times \frac{v_a^2}{2} \rho_a + \lambda_s \frac{L_e}{D} \times \frac{v_a^2}{2} \rho_a \mu_s \phi = \lambda_a \frac{L_e}{D} \times \frac{v_a^2}{2} \rho_a \left(1 + \frac{\lambda_s}{\lambda_a} \mu_s \phi\right)$$

$$= \lambda_a \frac{L_e}{D} \times \frac{v_a^2}{2} \rho_a (1 + K_h \mu_s) \tag{7-9}$$

式中　K_h——因固体存在而附加的阻力系数 $\dfrac{\lambda_s}{\lambda_a} \phi$，与物料性质、管径、气流速度等因素有关。从实验可知，λ_s 与弗兰德数 Fr 有关（$\lambda_s \propto Fr^{-1} = gD/u_s^2$），一般情况，$K_h = 0.3 \sim 1.0$。$\lambda_a$，$L_e$ 可按下法求得，λ_a 可查有手册或按下式计算：

$$\lambda_a = e\left(0.0125 + \frac{0.0011}{D}\right) \tag{7-10}$$

式中　e——光滑管，$e=1.0$，新焊接管 $e=1.3$，旧焊接管 $e=1.6$；

　　　D——管道内径，m。

表7-1　当量长度选取表

曲率半径R=2m	90°	60°	30°	阀门
当量长度L_e	10	8	5	20

对由水平转向垂直向上的90°弯管的压力损失可直接计算如下：

$$\Delta p_h = i \frac{G_s}{3600}(1+\phi^{2n})\frac{v_a^2}{2} \quad (7-11)$$

式中　G_s——输送物料量，kg/h；

ϕ——固体悬浮液冲击弯管时的流速降低率，一般取为0.7；

n——理论冲击次数，与曲率半径R和管道直径D之比有关，可按表7-2选用；

v_a——管中气流平均速度，m/s；

i——弯管个数。

表7-2　曲率半径R和管道直径D之比

R/D	0.5	1	2	3	9	20
n	0.75	0.94	1.22	1.67	2.04	3

Δp_h也可按式（7-12）计算：

$$\Delta p_h = \xi \frac{v_a^2}{2}\rho_m \quad (7-12)$$

式中　ρ_m——气固混合物密度，kg/m³；

ξ——阻力系数，按表7-3选用。

表7-3　阻力系数ξ的选取

R/D	2	4	6	>7
ξ	1.5	0.75	0.5	0.38

对60°弯头$\Delta p_h' = 0.8\Delta p_h$；

对30°弯头$\Delta p_h'' = 0.5\Delta p_h$；

对由垂直向上转向的弯头可将上述结果乘以系数0.7；

对在水平面内的弯管则可将上述结果乘以系数0.83。

6. 垂直管的压力损失

$$\Delta p_v = \Delta p_{fa} + \Delta p_{fs} + \Delta p_{hs} \quad (7-13)$$

$$\Delta p_{fa} = \lambda_a \frac{H}{D} \times \frac{v_a^2}{2}\rho_a$$

$$\Delta p_{fs} = \lambda_s \frac{H}{D} \times \frac{v_a^2}{2}\rho_m = \lambda_s \frac{H}{D} \times \frac{v_a^2}{2}\rho_a \mu_s \phi'$$

$$\Delta p_{hs} = \rho_m Hg = \rho_a(1+\frac{\mu_s}{\phi'})Hg$$

$$\phi' = \frac{u_s'}{v_a} \leq 1$$

式中　H——垂直管的有效高度，m；

Δp_{hs}——垂直提升物料的附加压力损失；

u_s'，ϕ'——垂直提升管中固体颗粒表观速度及速度比。

其余符号意义同前。

故：

$$\Delta p_v = \lambda_a \frac{H}{D} \times \frac{v_a^2}{2} \rho_a + \lambda_s \frac{H}{D} \times \frac{v_a^2}{2} \rho_a \mu_s \phi' + \rho_a (1 + \frac{\mu_s}{\phi'}) Hg$$

$$= \lambda_a \frac{H}{D} \times \frac{v_a^2}{2} \rho_a (1 + \frac{\lambda_s}{\lambda_a} \phi' \mu_s) + \rho_a (1 + \frac{\mu_s}{\phi'}) Hg \qquad (7-14)$$

或：

$$\Delta p_v = \lambda_a \frac{H}{D} \times \frac{v_a^2}{2} \rho_a (1 + K_v \mu_s) + \rho_a (1 + \frac{\mu_s}{\phi'}) Hg \qquad (7-15)$$

式中　K_v——垂直管中因固体存在而附加的阻力系数。

它与速度比 ϕ' 及弗兰德数有关。由于垂直管中 u_s 值一般较水平管内小（或实际混合比较大），所以物料摩擦阻力损失也较大，此关系为：

$$K_v = \frac{\lambda_s}{\lambda_a} \phi' \propto \frac{Fr^{-1}}{\lambda_a} \times \frac{u_s}{v_a} = \frac{gD}{\lambda_a u_s v_a} \qquad (7-16)$$

根据实验可取 $u_s' \approx 0.9 u_s$，故实用公式中取 $K_v = 1.1 K_h$。

7. 管道出口压力损失

$$\Delta p_{ex} = (1 + \mu_s) \frac{v_{a2}^2}{2} \rho_a^2 \qquad (7-17)$$

式中　v_{a2}——出口处风速，m/s。或直接选取 $\Delta p_{ex} = 3000 \sim 5000 Pa$。

二、文丘里供料器

图7-2所示为文丘里供料器，使用于低压的压送系统中。在渐扩和渐缩管段中间，连接有一圆柱管段，这里空气和物料混合，所以又称为混合室。在圆柱管段上直接装置加料斗，工作时，由于渐缩管截面不断减小，即空气速度不断增加，该处输送用空气的静压转变为空气的动压；在混合室圆柱管中的静压与大气压相平衡，因而可与大气压的料斗相连接而进行直接加料。图中曲线 p、v_a、u_s 分别表示静压、气速和料速的变化。例如，空气速度 u_a 在渐缩管的末端达最大值，在圆柱部分则速度保持不变，在渐扩管中逐渐下降到输送管中的速度；物料速度 u_s 在加料处为零，至渐扩管的终端到达最大值，而后又稍下降而变为输送的 u_s 值。

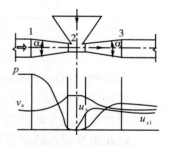

图7-2　文丘里供料器

若空气的密度不变，则可写出空气流过文丘里管的流量连续方程式为：

$$Q = A_1 v_{a1} = A_2 v_{a2} = A_3 v_{a3} \qquad (7-18)$$

式中　A_1，A_2，A_3——相应截面的面积，m^2；

　　　v_{a1}，v_{a2}，v_{a3}——相应截面的气流速度，m/s。

按照伯努利方程，可以写出轴线方向各断面间的压力降方程：

在截面1—2之间：

$$\Delta p_{1-2} = p_1 - p_2 = \frac{\rho_a (v_{a2}^2 - v_{a1}^2)}{2} + \xi_{1-2} \frac{\rho_a v_{a1}^2}{2} \qquad (7-19)$$

式中　ξ_{1-2}——渐缩管的压损系数；

　　　p_1，p_2——相应截面的压力，Pa；

ρ_a——气体密度，kg/m^3。

在截面2—3之间：

$$\Delta p_{2-3} = p_2 - p_3 = \frac{\rho_a(v_{a3}^2 - v_{a2}^2)}{2} + \xi_{2-3}\frac{\rho_a v_{a2}^2}{2} + \Delta p_{sa} \qquad (7-20)$$

式中 ξ_{2-3}——渐扩管的压损系数；

Δp_{sa}——物料流动的加速压损。

ξ_{1-2}和ξ_{2-3}由实验得到。ξ_{1-2}按收缩角α关系得到［见图7-3（a）］，ξ_{2-3}是在中心扩散角固定为10°的条件下，按D_2/D_3的关系得到的［见图7-3（b）］。计算时可按上述实验关系直接查得。图7-4是喷射器图例。

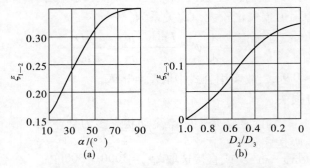

图7-3 压损系数ξ_{1-2}、ξ_{2-3}的计算关系

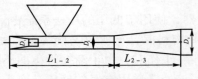

图7-4 喷射器图例

由于截面2的供料处$p_2=0$，因而由式（7-20）可得：

$$p_3 = \frac{\rho_a(v_{a2}^2 - v_{a3}^2)}{2} - \xi_{2-3}\frac{\rho_a v_{a2}^2}{2} - \Delta p_{sa} \qquad (7-21)$$

在截面3处的总压p_{a3}为：

$$p_{a3} = p_3 + \frac{\rho_a v_{a3}^2}{2} = (1 - \xi_{2-3})\frac{\rho_a v_{a2}^2}{2} - \Delta p_{sa} \qquad (7-22)$$

Δp_{sa}是物料从供料处$u_s=0$加速至u_{s3}的压损，可写为：

$$\Delta p_{sa} = 2\frac{u_{s3}}{v_{a2}}\mu_s\frac{\rho_a v_{a2}^2}{2} \qquad (7-23)$$

式中 u_{s3}——截面的物料速度，m/s。

μ_s——固气比。

由于$p_2=0$，因而式（7-19）为：

$$p_1 = \frac{\rho_a(v_{a2}^2 - v_{a1}^2)}{2} + \xi_{1-2}\frac{\rho_a v_{a1}^2}{2} \qquad (7-24)$$

在截面1的总压p_{a1}为：

$$p_{a1} = p_1 + \frac{\rho_a v_{a1}^2}{2} = \frac{\rho_a v_{a2}^2}{2} + \xi_{1-2} \frac{\rho_a v_{a1}^2}{2} = (1 + \xi_{1-2} \frac{v_{a1}^2}{v_{a2}^2}) \frac{\rho_a v_{a2}^2}{2} = (1 + \xi_{1-2} \frac{A_2^2}{A_2^1}) \frac{\rho_a v_{a2}^2}{2}$$

文丘里管截面1和3之间的总压损力：

$$\Delta p_t = p_{a1} - p_{a3} = (1 + \xi_{1-2} \frac{v_{a1}^2}{v_{a2}^2})(\frac{\rho_a v_{a2}^2}{2} - \left[\quad - \xi_{2-3}) \frac{\rho_a v_{a2}^2}{2} - 2\frac{u_{s3}}{v_{a2}} \mu_s \frac{\rho_a v_{a2}^2}{2} \right]$$

$$= (\xi_{1-2} \frac{v_{a1}^2}{v_{a2}^2} + \xi_{2-3} + 2\frac{u_{s3}}{v_{a2}} \mu_s) \frac{\rho_a v_{a2}^2}{2} \qquad (7-25)$$

第二节 气力输送零部件

为了更清楚地阐述各种管道气力输送装置的输送机理、系统主要组成部件的构造、最优选择和合理设计，将对低压式气力输送和高压式气力输送分成两节分别加以介绍。在低压式气力输送系统中，动能输送是主体，流动状态多为悬浮流，混合比较低，输送压力以0.05MPa为界，且有吸送式和压送式之分。

一、取料装置

取料（供料）装置是低压式气力输送系统的主要部件之一，用以将被输送的物料连续或间歇地供入输送管道。取料装置有各种不同的构造类型，容量也大小不一。取料（供料）装置的选定和合理设计，对系统能否达到设计的输送量目标是极为重要的。一般在系统确定之后，取料（供料）装置的类型也大致能确定。对吸送式系统，由于管道内处于负压状态，对取料较为有利。通常将吸送式系统的取料装置称为吸嘴。按照其用途的不同，又有固定式和移动式之分。对于压送式系统，虽然在供料处的压力不是太高，但在存在低压压差的条件下，要将被输送物料供入输料管道内，仍要采用一定构造的文丘里混料器、具有一定气密性的旋转供料器或喷射式混料器。

1. 吸嘴

吸嘴是吸送式气力输送系统的取料部件，是确保装置系统的输送能力和改善输送性能的重要部件。

（1）直吸嘴　直吸嘴（见图7-5）的进料与补风吸嘴是个取料口。当气源启动后，整个系统便产生一定的真空度。由于存在压力差，吸嘴周围的部分空气便从物料的间隙中透过，同时把物料带入吸嘴，常把这部分空气称为一次气体。另有部分空气从吸嘴的补充风量口进入，由此，料气混合成一定比例的气固两相流，沿输料管系统在真空的作用下被输送。不同物料的粒度、形状不一，流动性也相异，显然，将它正常输送所需的携带风量也不相同。因此，对粒度较均匀、流动性较好的物料的吸送效果较好。对于流动性较差、粒度不一且易结聚成块的物料，或粒度虽均匀但透气性较差的粉料，如无特殊的措施，吸送就困难。因此，设计好一个直吸嘴，应满足如下要求：

① 对一定的吸送风量，要具有高的取料能力，且压力损失要小；

② 能高效地连续取料，通过较简单的操作可调节取料能力；

③ 质量较轻，要易于操作；

④ 装拆要简便。

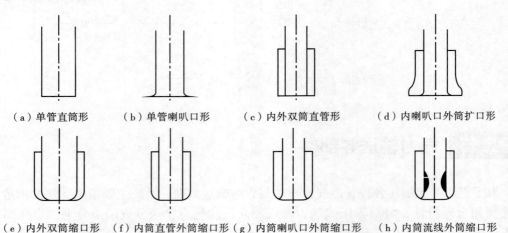

（a）单管直筒形　　（b）单管喇叭口形　　（c）内外双筒直管形　　（d）内喇叭口外筒扩口形

（e）内外双筒缩口形　（f）内筒直管外筒缩口形　（g）内筒喇叭口外筒缩口形　（h）内筒流线外筒缩口形

图7-5　各种构造的取料吸嘴

图7-6是目前常用于颗粒状物料的吸嘴。这种吸嘴的特点是进料阻力小，圆滑流畅，并可调节补充风量。

由图7-6可见，补充风量是从内外筒之间的环形空间经内外筒端面的间隙进入，且与物料相混合后进入输料管的。因此，通过对进入环形空间的补风口开闭度以及端面间隙的调节，就可改变补充风量的大小。补充风量口又称二次进风口，一般用吸嘴环状空间进入的补充风量就能使空气与输送物料很好地混合。为了适应狭窄取料困难的场所，也采用有角吸嘴、横型卧式吸嘴、清舱吸嘴等多种形式，见图7-7。

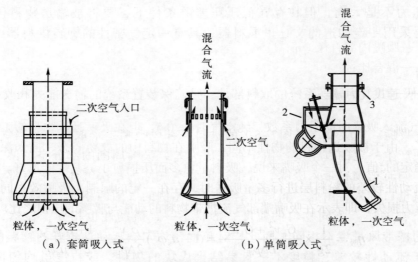

（a）套筒吸入式　　　　　　　　　　（b）单筒吸入式

图7-6　双筒圆弧喇叭口形吸嘴

1—吸嘴内管；2—吸嘴外管补风口；3—吸嘴外管

 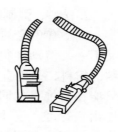 

（a）角吸嘴　　　　（b）清舱吸嘴　　　　（c）平口形横倾斜吸嘴

图7-7　带有补风结构的各种吸嘴

由图7-7可见，在转动的直吸嘴外筒圆周适当高度处，装有松料部件。吸嘴取料工作时，吸嘴的下端部垂直下落在被吸送的物料上，先由吸嘴取料口处的松料部件松动物料；之后，当吸嘴横向移动时，其上部的松料部件使物料塌落集聚在吸口周围，以供连续吸送之用。

（2）直吸嘴的压损与效率　　直吸嘴的压损（Pa）主要由空气和被输送物料的加速压损和空气进入输料管的流入压损组成。可表示为：

$$
\begin{aligned}
\Delta p_{吸} &= \frac{\rho_a v_a^2}{2}\left(1 + \xi + \lambda_a \frac{L_H}{D}\right) + \frac{\rho_s u_s^2}{2}\left(1 + \lambda_s \frac{L_H}{D}\right) \\
&= \frac{\rho_a v_a^2}{2}\left[\xi + \left(1 + \lambda_a \frac{L_H}{D}\right) + \mu_s \phi\left(1 + \lambda_s \frac{L_H}{D}\right)\right]
\end{aligned}
\tag{7-26}
$$

式中　ρ_a——空气的密度，kg/m^3；

　　　ρ_s——物料的密实密度，kg/m^3；

　　　v_a——输送气流速度，m/s；

　　　u_s——物料在输料管中的速度，m/s；

　　　λ_a——纯气流沿程阻力系数；

　　　ξ——空气流入吸嘴时的阻力系数；

　　　λ_s——由于输送物料存在引起的附加阻力系数；

　　　L_H——吸嘴的长度，m；

　　　D——吸嘴内筒直径，m；

　　　μ_s——混合比；

　　　ϕ——速度比，$\phi = \dfrac{u_s}{v_a}$。

ξ是空气流入吸嘴时的阻力系数，纯空气时$\xi \leqslant 0.5$。但在吸嘴吸送物料的工作状态下就完全不同了。由于被吸送物料的物性不同，吸嘴在物料中的取料姿态、插入深度不同，就无法给出确定的ξ值。对一个吸嘴来说，吸料量愈多而压损愈小，其性能愈好。但是，要对透气性或流动性较差的粉料层进行多量吸送时，存在一定的限制。吸嘴效率同时用来考虑吸料量和压力损失，即表示在吸嘴端部气流携带物料的动能与吸嘴的压损之比。

$$
\eta_{吸} = \frac{1}{2g} \times \frac{G_a v_a^2 + G_s u_s^2}{L \Delta p_{吸}} = (1 + \mu_s \varphi^2)\frac{\rho_a v_a^2}{2\Delta p_{吸}} = \frac{1 + \mu_s \phi^2}{\xi + \mu_s \phi}
\tag{7-27}
$$

式中　L——气体体积流量，m^3/h。

吸送处于静止状态的粉粒料时，压力损失较大。一般吸嘴的压损在3～10kPa。

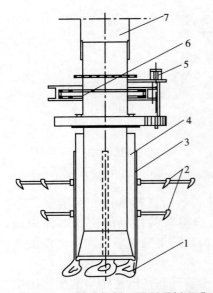

图7-8 机械式松料、强制喂料吸嘴

1—喂料刀；2—松料刀；3—吸嘴；
4—补风道；5—电机；6—转台；7—输料管

2. 松料、强制喂料吸嘴

对于有一定的湿度和黏性、粒度分布宽且形状又不一、流动性很差的物料，以及透气性差或易固结的粉料，采用直吸嘴进行吸送的实际吸送效果差，只能在料堆上如同"打井"一样，吸出一个口子或挖出一个坑，采用松料、强制喂料吸嘴之后就能使取料能力和吸送效率大为提高。图7-8是机械式松料、强制喂料吸嘴的工作原理。它由三部分组成：带有补充风量且可调节结构的直吸嘴、松料驱动装置及松料和强制喂料部件。

二、喷射泵

喷射泵供料器的构造和原理如图7-9所示。它应用熟知的文氏管原理，压缩空气从喷嘴高速喷出（约声速的一半），在喷嘴的出口处形成负压，将粉状物料引入并使之随喷出气流进行输送，这种混料方式具有如下优点：

① 没有运动部件，设备结构简单，体型小。
② 受料口处于负压区，所以上部料斗可以敞开、物料可连续吸入。
③ 在扩散管前方变为正压，分离器构造可以简单（与正压吹送优点相同）。

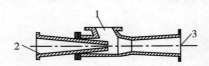

图7-9 喷射泵供料器

1—物料进口；2—空气进口；3—物料出口

喷射泵是靠喷嘴高速动能在扩散管中转换成压力能进行输送的，但转换率较低，仅1/3左右。所以输送量与输送距离受到限制，为使效率不致过于降低，喉部扩散角 θ =8°为宜，收缩角为25°～30°，喷出速度一般取130～150m/s。喷射泵的缺点是：空气消耗量大，效率低，对硬粒物料则喉部磨损严重，对距离短（＜100m）、输送量小的软质物料可以采用高压风机作动力，系统比较简单。

由于带有大量固体粒子的喷射泵供料器的理论尚未成熟，设计时可先按气体喷射器的理论确定大致尺寸，再按经验数据决定喷射器的具体尺寸。

压缩空气从喷嘴高速喷出，靠喷射器的作用对粉粒状物料进行吸引，物料随喷出的空气一起进行输送。

这种供排料装置具有其他形式的供排料装置所没有的特点，该装置内部没有运动构件，由于粉料的受料口处于负压，所以没有空气的上吹现象。因此，上部的料斗可以处于敞开状态，物料可以连续地供入或排出，从而不间断地进行压送，可以向有正压的地方输送物料。图7-10是各种带供料器的喷射器。

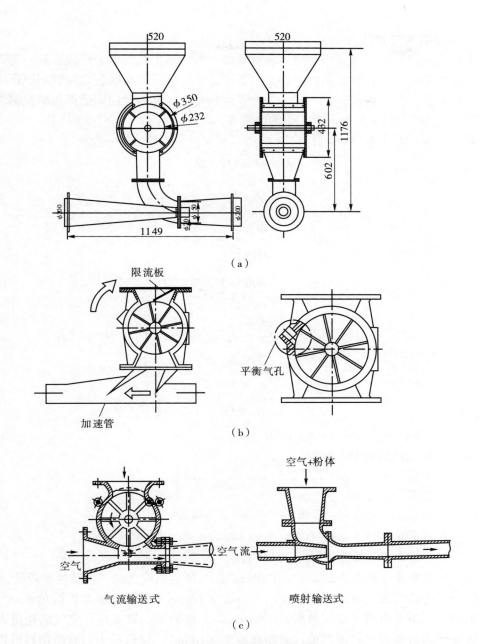

图7-10 带供料器的喷射器

1. 供料器的供料能力计算

$$G_s=V\rho_s \tag{7-28}$$

式中　V ——供料器的容积供料能力，m^3/h；

　　　ρ_s ——物料的堆积密度，kg/m^3。

$$V=60V_bn\eta \tag{7-29}$$

式中　V_b ——叶轮旋转一周的几何卸出容积，m^3/r；

　　　n ——叶轮的转速，r/min，一般取$n=15\sim45$；

　　　η ——容积效率。

2. 供料器的漏气量计算

要求旋转叶轮式供料器完全密封是较困难的。漏气量由两大部分组成：其一是卸空后的转叶格室带回的空气；其二是由于存在上下压力差，从壳体与叶轮之间的间隙产生的空气泄漏。后者又可分为两部分：一部分是由壳体与叶轮之间的径向间隙产生的泄漏量；另一部分则是由壳体与叶轮两侧间隙产生的泄漏量。

总漏气量 Q_L 可由式（7-30）计算：

$$Q_L = Q_1 + Q_{21} + Q_{22} \tag{7-30}$$

$$Q_1 = V_b n$$

$$Q_{21} = A_{21} \frac{600.463}{\rho_a \sqrt{zT_a}} \sqrt{p_0^2 - p_1^2}$$

$$Q_{22} = A_{22} \frac{600.463}{\rho_a \sqrt{zT_a}} \sqrt{p_0^2 - p_1^2}$$

$$V_b = \frac{\pi}{4}(D_1^2 - D_2^2)L_1 - NtlL_1$$

$$A_{21} = \varepsilon L_1$$

$$A_{22} = 2\delta\beta$$

$$\beta = a\pi D_1$$

式中　A_{21}——叶轮与壳体之间的间隙面积，m^2；

A_{22}——叶轮两侧的泄漏面积，m^2；

D_1——叶轮的直径，m；

D_2——轴径，m；

L_1——叶轮的长度，m；

l　——叶轮的宽度，m；

N　——叶轮的叶片数量；

p_0，p_1——叶轮上下的绝对压力值，10^5Pa；

Q_L——总漏气量，m^3/min；

Q_1——叶轮旋转带入的空气量，m^3/min；

Q_{21}——叶轮端部处的漏气量，m^3/min；

Q_{22}——叶轮的一个侧面的漏气量，m^3/min；

t　——叶轮的厚度，m；

z　——同时保持气密的间隙个数，一般取$z=2\sim3$；

δ　——叶轮侧板的端部间隙长度，m；

ε　——叶轮与壳体之间的间隙，m；

T_a——压力高侧的热力学温度，K；

ρ_a——空气密度，kg/m^3；

β　——叶轮侧板空气泄漏部分的周长，m；

α　——空气泄漏部分长度与叶轮侧板总周长之比。

三、三通换向阀

三通换向阀主要由阀体、叶轮、上端盖、下端盖等部分组成，见图7-11、图7-12。是专为气力输送设计的，适用于粉末和颗粒物料的输送系统，广泛应用于化工及其他相关行业。叶轮有旋塞式和板式叶轮，根据不同物料选择合适的叶轮形式，输送通道平滑光洁，确保物料顺畅流通，阻力小。通过气动驱动提高自动化控制水平，定位感应传感器可以监测叶轮位置。

工作压力：−0.098 ~ +0.35MPa
介质温度范围：−25 ~ +120℃
环境温度范围：−10 ~ +40℃

图7-11 三通换向阀

换向结构形式

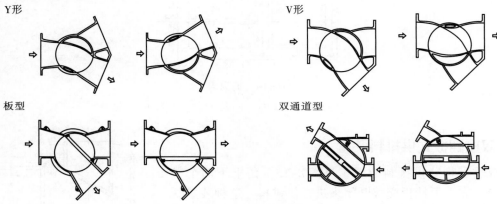

Y形　　　　　　　　　　　　　　　V形

板型　　　　　　　　　　　　　　双通道型

图7-12 三通换向阀结构

四、双级锁风阀

双级锁风阀又名锁风喂料机，由气缸或减速器带动传动杆，通过曲柄、凸轮及连杆分别带动上、下两传动轴旋转，交互开启。通过配备的杠杆系统或拉伸弹簧，保证阀板可靠复位，防止野风吹入，依确定开闭频率完成系统的给卸料。该机结构紧凑，工作平稳可靠。普遍适用于化工、电力等行业，作为各类除尘设备的灰斗卸料装置及各种磨机、干燥机、料仓等设备的给卸装置，见图7-13。

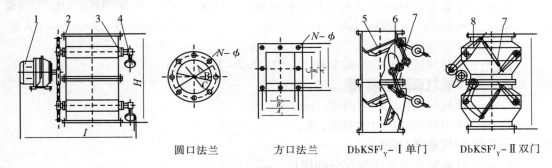

圆口法兰　　　　方口法兰　　　DbKSF$_Y^J$－Ⅰ单门　　DbKSF$_Y^J$－Ⅱ双门

图7-13 双级锁风阀

1—减速器；2—阀体；3—阀轴；4—重锤；5—阀板；6—凸轮；7—连杆；8—曲柄

五、插板阀

插板阀结构简单，质量轻，操作灵活，装拆方便。其强度高，性能好，使用寿命长，丝杆采用不锈钢材料，减少外界粉尘影响。

该门主要由框架、丝杆螺母、手轮、闸板组成，转动手轮，丝杆带着丝杆螺母和闸板做水平方向的往复运动，达到阀门的启闭目的。广泛用于粉状物料流量控制的管道上，是控制粉尘物料流量的理想设备。见图7-14。

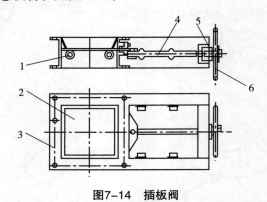

图7-14　插板阀

1—滑轮；2—插板；3—阀框；4—丝杠；5—螺母；6—手轮

六、双重翻板式供排料装置

双重翻板式供排料装置（见图7-15）由上下两个料斗构成，靠上下挡板交替开闭来进行供排料。这种装置既能保证前后段的气密性，又能使物料下落。所以可用于存在压差场合的供、排料。挡板一般由钢板制成，高压时用橡胶密封。为了保证密封，上下板必须按一定的周期动作。

该装置的上部短管直径一般为200～400mm，总高度为1～1.5m，大型的双重供排料装置也有高达3m的。因此体积较大，而且自动控制相当麻烦。但它可用来处理旋转叶轮供排料装置难以处理的磨削性大的物料。当上下压差不大或对密封性要求不高时，采用靠物料自重开启，并由重锤关闭的双重式装置，其结构则较简单。

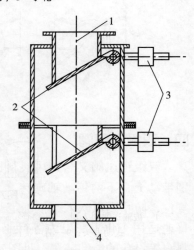

图7-15　双重翻板式供排料装置

1—进口；2—翻板；3—平衡锤；
4—出口

第三节　气力输送装置

一、真空式空气输送装置

真空式空气输送装置广泛用于化工、医药、食品、农药、材料等领域超细粉体和普通粉体的输送，其种类很多，其典型结构如图7-16所示。

该装置的工作过程是，在引风机的作用下，分离器及管道内呈负压真空状态；粉体由吸料管7吸入旋风分离器4内，气体与粉体沿旋风分离器内壁做旋转运动，粗粒粉体向下运动流入风门6处，极细粉尘向上运动，至分离器叶轮处，由于强离心力作用，粉尘被甩离分离器叶轮，向下运动流向风门6；只有空气和极少量的微粒进入引风机过滤器中。该装置的特点是：

① 使用旋转式阀门，可以自动控制定量输送；

② 用一根输送管可以进行水平、垂直、倾斜等各种形式的输送；

③ 占地面积小，操作简单；

④ 只有极少量的粉尘进入引风机过滤器，因而输送效率高，能耗低，损失量少，可长时间连续输送而不必经常清洗或更换过滤器。

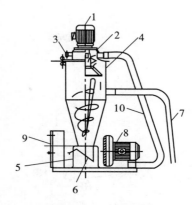

图7-16　真空式空气输送装置的典型结构

1—驱动装置；2—上部本体；3—空气调整器；4—旋风分离器；5—本体支撑台；6—风门；7—吸料管；8—引风机；9—操作盘；10—引风管

二、简易式空气输送装置

简易式空气输送装置也是粉碎领域较广泛采用的一种输送装置，典型结构如图7-17所示。

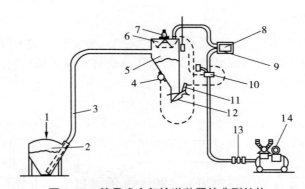

图7-17　简易式空气输送装置的典型结构

1—被输送物料入口；2—料仓；3—输送软管；4—振动器；5—接料斗；6—布袋除尘器；7—电机；8—喷气式动力头；9—消声装置；10—切换阀；11—气缸；12—阀门；13—调节阀；14—空气压缩机

该装置的工作原理是：利用压缩空气通过喷射器时产生的负压吸力，使粉体吸入分离器内，分离器内装有袋式分离装置，使粉体与空气分离。分离器内装有振动装置，及时清除过滤袋上的积存粉尘，使输送操作能连续长久进行。其特点是，以压缩空气通过喷射器时产生的负压吸引输送粉体，克服了粉尘易进入引风机中的缺点。

三、串联供料装置

双级串联旋转供料输送装置是罗茨风机、压缩空气的气力连续输送装置，见图7-18。适用于粉、粒料近程、远程输送。双层锁气阀既保证定量供料的稳定均一，又保证了气力输送的耐压密闭性。轴部采用氮气保护（适用于易燃、易爆介质）气封，可以使介质与外界空气隔绝。

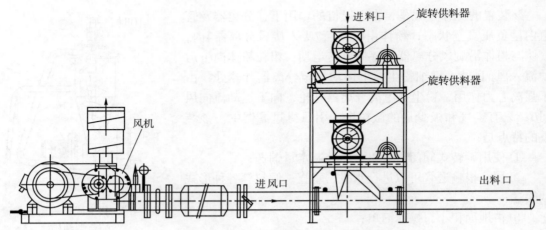

图7-18　双级串联旋转供料器输送装置

　　阀体、叶轮采用耐磨材料，保证其使用寿命；输送高磨耗介质，供料阀体设有可更换衬桶，以提高使用寿命，且更换方便。

　　介质输送压力：$-0.098 \sim 0.5\text{MPa}$；

　　输送介质温度：$-25 \sim +120℃$；

　　环境温度：$-10 \sim +40℃$。

四、螺旋式气力输送泵

　　螺旋式气力输送泵的构造如图7-19所示。主轴3水平安装，轴上焊有螺旋叶片8，叶片的螺距向出料端逐渐缩小，在螺旋出料端圆形孔口处有重锤闸板12封闭，闸板通过缠绕在重锤闸板轴11上的重锤杠杆14紧压在卸料口10上。

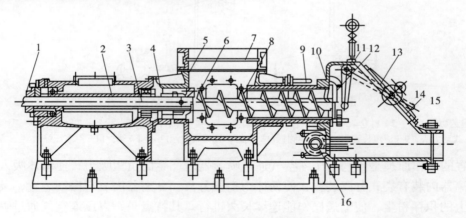

图7-19　螺旋式气力输送泵

1—轴承；2—衬套；3—主轴；4—防灰盘；5—加料管口；6—密封填料函；7—喂料平闸板；8—螺旋叶片；9—料塞厚度调节杆；10—卸料口；11—重锤闸板轴；12—重锤闸板；13—检修孔盖；14—重锤杠杆；15—泵出口；16—管道

　　前部扩大的壳体称为混合室，其下部配置上下两行圆柱喷嘴，由管道16引入的压缩空气经喷嘴进入混合室，与粉料充分混合。

　　加料管口5用来支承料斗，为了调节装料量有喂料平闸板7，螺旋泵用电动机直接启动，转速约为1000r/min。

粉料由加料管口5加入后，随着螺旋的转动向前推进，到卸料口10时，闸板在物料的顶压下开启，物料进入混合室，被压缩空气流带动并与之混合，最后送至泵出口15，由管道输送至卸料处。

螺旋制成变螺距是为了使物料在推进过程中趋于密实，形成料封，以阻止混合室的压缩空气倒吹入螺旋泵内腔和料斗内。

螺旋泵按所用螺旋的个数分单管和双管两种。

重锤闸板12的自动封闭作用也是为了当进料中断时，避免压缩空气从混合室内进入螺旋泵的内腔。

螺旋泵与仓式泵相比其优点是：设备质量较轻，占据空间较小，也可装成移动式使用。其缺点是：当输送一些坚硬的物料时，螺旋叶片磨损快，动力消耗较大（包括压缩空气及螺旋泵本身动力消耗），并且由于泵内气体密封困难，不宜用于高压长距离（＞700m）输送。

螺旋泵的输送能力可按下式计算：

$$G_s = 60K\frac{\pi}{4}(D^2 - d^2)(S - \delta)n\rho_m \qquad （7-31）$$

式中　G_s——输送量，kg/h；

K——系数，K=0.35~0.40；

D——螺旋叶片直径，m；

d——螺旋轴杆直径，m；

S——螺旋出口端螺距，m；

δ——螺旋叶片厚度，m；

n——螺旋转速，r/min；

ρ_m——物料容积密度，kg/m³。

第四节　机械输送

一、螺旋供排料装置

螺旋供排料装置又称为绞龙，常用于输送固体物料。在农药加工生产过程中应用很多，其优点是结构简单，横截面尺寸小，密封性能好，便于设备的进料和出料，操作安全方便，制造成本较低，其结构按使用场合不同可分为实体螺旋、带式螺旋和叶片形螺旋等，螺旋结构见图7-20。

螺旋轴在一圆筒状壳体内转动，旋转时螺旋片将物料推进，螺距一般为直径的0.8~1.2倍，为减少渗漏可以用以下方式：① 制成不等距螺旋，从进料口到出料口螺距逐渐减少以达到封料的目的，物料在前进过程中被逐渐压实起到封料作用；② 螺旋比外壳短，端部堆积物料被压实作为密封段，但采用上述两种方式，加料器功率增大，叶片磨损加剧；③ 外壳制作时与螺旋外径间隙小，几乎靠近；④ 将螺旋制成间断的结构；⑤ 采用溢流形螺旋器，物料翻越一个比螺旋管上壁高的溢流闸板来形成一个料封，达到气封的目的。螺旋供排料装置的供排料能力按下式近似计算：

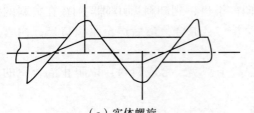

（a）实体螺旋

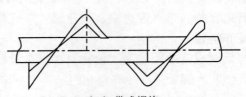

（b）带式螺旋

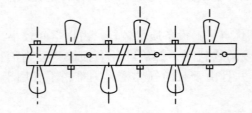

（c）叶片形螺旋

图7-20　螺旋结构

$$G_s = 47D^2 S\rho_m nC\phi \tag{7-32}$$

式中　G_s——供排料能力，kg/h；

D——螺旋体的螺旋外径，m；

S——螺旋叶片的螺距，实体螺旋取$S=0.8D$，带式螺旋取$S=D$，叶片螺旋取$S=1.2D$；

ρ_m——物料的堆积密度，kg/m³；

C——螺旋器在倾斜工作时，输送量的校正系数，见表7-4；

ϕ——物料的填充系数，见表7-5；

n——螺旋转速，r/min，$n \leqslant \dfrac{K}{D}$，K见表7-5。

表7-4　螺旋器倾斜工作物料向上输送的校正系数

倾斜角α	0°	≤5°	≤10°	≤15°	≤20°
C	1.0	0.9	0.8	0.7	0.65

表7-5　物料的特性K值和填充系数

物料形状	磨削性	典型物料	推荐的螺旋面形式	特性K值	填充系数（ϕ）
粉状	无或小	面粉、苏打、纯碱、石墨	实体	75	0.35～0.40
粉状	较大	水泥、白粉、干炉渣	实体	35	0.25～0.30
粒状	无或小	食盐、谷物、泥煤、木屑	实体	50	0.25～0.35
粒状	较大	型砂、炉渣、造型土	实体	30	0.25～0.30
团状	黏性易结块	含水糖、淀粉质的团块	带式	20	0.125～0.20

螺旋供排料装置一般不单独使用，通常连接在料斗的下部组成加料器，图7-21是带料仓的单螺旋加料器，图7-22是双螺旋加料器。图7-23为防止物料架桥的加料器，图7-24为带倾斜角度的向上的螺旋加料器。

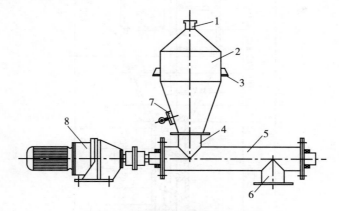

图7-21　带料仓的单螺旋加料器

1—加料口；2—料仓；3—支座；4—下料管；5—螺旋输送器；6—出料口；7—振击器；8—传动装置

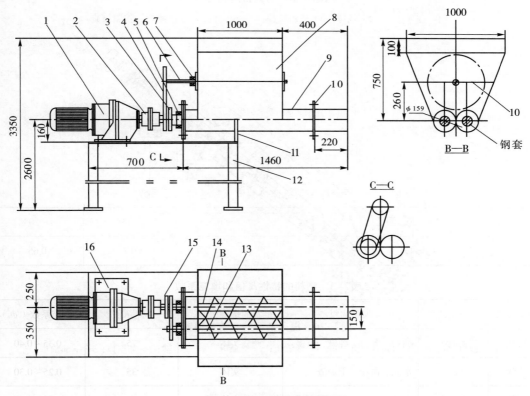

图7-22　双螺旋加料器

1—变频调速电机；2—联轴器；3—传动齿轮；4—链条；5—带座轴承；6—搅拌轴；7—带座轴承；8—下料斗；9—加料管；10—法兰；11—平台；12—支座；13—从动轴；14—主动轴；15—链轮；16—支撑板

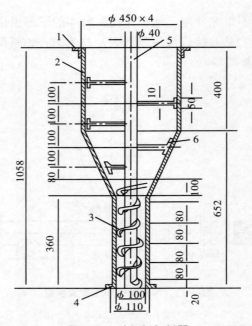

图7-23 防架桥加料器

1—加强法兰；2—筒体；3—压料螺旋；4—出料口；5—主轴；6—拨料螺旋

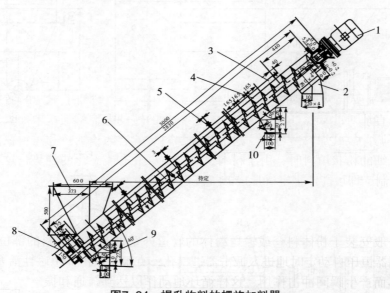

图7-24 提升物料的螺旋加料器

1—传动机构；2—出料口；3—加强筋；4—螺旋筒；5—螺旋叶片；6—主轴；7—加料口；8—下部轴承；
9—下支座；10—上支座

二、强制加料装置

对于那些堆密度较低的物料，有时为了防止物料架桥，要采用强制加料装置。图7-25所示为强制加料装置示意图。

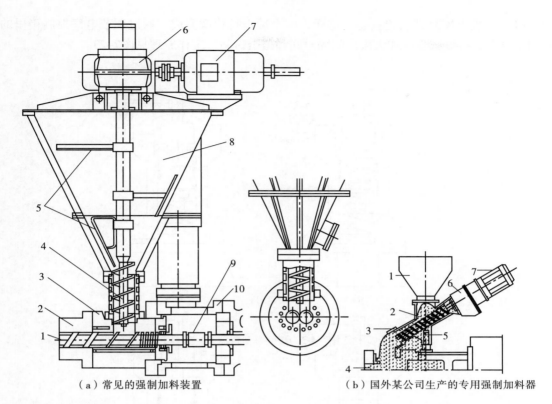

（a）常见的强制加料装置

（b）国外某公司生产的专用强制加料器

1—螺杆；2—机筒；3—料座；4—螺旋；5—桨叶；6— 1—料斗；2—输送螺杆；3—连接螺母；4—加料口；
减速器；7—电机；8—料斗；9—联轴器；10—连接体 5—转动轴承；6—齿轮箱；7—电机

图7-25 强制加料装置

　　图7-25（a）所示为常见的强制加料装置，它在料斗中增加了旋转的螺旋，且螺旋在加料口上方垂直地对准双螺杆的上啮合区，靠螺旋的转动把物料强制地加入加料口内。由于螺旋转速可调，故其加料量可调。这种强制加料装置有防止架桥和物料在加料口沉积的作用。当加入细的粉状填料时，由于粉料易夹带空气并有流态化的趋势，这种立式强制加料器受一定限制，即可能产生空气形成的气流。

三、振击器

　　振击器一般安装于粉体料仓或输送粉体的管道外壁处的易积粉料的部位，见图7-26。外气源经控制器恒压自动定时地进入振击器进气孔，克服了振击器中磁性活塞的强大磁力，使其迅速脱落而产生瞬间冲击作用，这样循环地动作以达到疏通和振落粉体的目的。

　　在气动振击器没有通入压缩空气（0.3MPa以上）的状态下，磁性活塞1借助强磁力贴紧固定在基板2上。三通电磁阀通电时，压缩空气流入气锤本体，本体内的压力增高，当大于磁力时，磁性活塞1高速脱离基板2，由于强磁力的反作用力产生很强的反力。高速落下的磁性活塞撞击基板，其冲击力传给料仓，并且用强的冲击力击落附着的粉尘。三通电磁阀停止通电时气锤本体内的压缩空气通过三通电磁阀排出，于是借助返回弹簧4将磁性活塞1缓慢上升再靠近基板2，通过磁

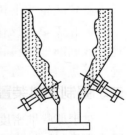

图7-26 振击器安装位置

力密接在基板上恢复到初始状态。这样，一个冲击行程就完成。通过调节电气控制箱里的时间继电器，可以减少或加大敲击间隔时间和敲击时间。工作原理见图7-27。

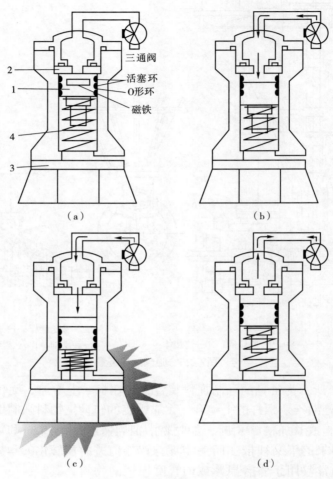

图7-27　气动振击器工作过程

1—活塞；2—基板；3—基座；4—弹簧

四、旋转叶轮式供料器

旋转叶轮式供料器又称星形阀或关风器，在农药生产中，有些粉状物料需经历输送或干燥等化工单元操作的过程，因此需供排料装置。供排料装置的主要作用是按要求定量、连续或间断地供料和排料，使系统能连续运行。供排料装置有各种不同的类型和容量，正确选择供料装置对于生产过程是非常重要的，将直接关系到生产过程能否运转和整个生产的性能，进而影响到设备的生产经济性。

作为供料器，旋转叶轮式供料器应用广泛。在吸送式气力输送系统中用于分离器、收尘器下部的卸料；在压送式气力输送系统中用于输送端起始部的供料。其特点如下。

① 结构较简单、使用保养方便；

② 结构较紧凑、外形尺寸小，安装空间小；

③ 通过对其转速的调节，易于改变供料量；

④ 随物性的改变和上部分离器等存料量的变化，其卸料量变化甚微；

⑤ 具有一定程度的气密性；

⑥ 几乎不会造成被输送物料的破损；

⑦ 温度＜300℃时物料均能被输送。

（一）普通式

普通式旋转叶轮供排料装置结构简单，其只有外壳与内部旋转叶轮。当出料口的压力大于进料口时，会有气体向上冒，不利于物料下落，因此应尽量减小叶轮与外壳的间隙，以保证良好的气密性，其动配合的间隙不应超过0.05mm，还可将叶轮和外壳在轴向做成一定的锥度，使叶轮与外壳之间的间隙可以任意调节，叶轮安装定位靠轴两端固定挡圈来完成。

旋转叶轮供排料装置如图7-28、图7-29所示。这种旋转叶轮供排料装置可用于与大气间有压差的设备中，使物料连续供料或连续排料，同时达到锁气的作用。通常用于干燥、粉碎、气力输送等系统中。

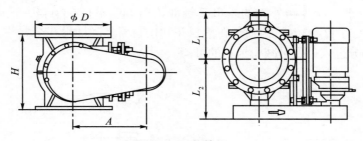

图7-28　旋转阀

同样，在由叶轮向下方卸料时，如叶轮的圆周速度过大，则卸下的粉粒料未落下又被带了回去。具有特殊构造的旋转叶轮式供料器通常仅用于非磨损性或稍有磨损性的物料，其壳体和端盖的材质一般采用耐磨铸铁，叶轮既可以由钢材焊接制造，也可整体铸成。当用于输送粉体农药时，一般不允许混入任何铁锈，则壳体和叶轮等与物料接触部分的材质均应采用不锈钢。为了减轻质量，大型旋转叶轮式供料器的壳体多用钢材焊接制成。不论采用何种制造方法和材料，壳体内部和叶轮的叶片端部都应加工到规定的精度。至于上下的进、排料口，可以是圆形、方形，也可以是长方形的。根据工作要求不同，为防止发生事故，有多种类型和特殊的构造，以适应各种使用条件。

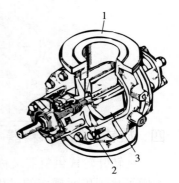

图7-29　旋转给料器结构

1—壳体；2—端盖；3—叶轮

（二）防卡构造

落料过量或物料中存在异物会造成进料口部位卡死故障。图7-30所示是在叶轮的进口部位装有减少和防止物料嵌入的挡板的结构。图7-31所示也是一种防止过载的构造类型，保护和保证了叶轮与壳体之间的间隙。其构造特点是：以可动的导向板1来替代以往叶轮壳体的固定接触内壁。当叶轮卡住异物时，导向板1克服压簧的作用而绕销轴4摆转，这样就起到过载保护作用。当故障消除时，其在弹簧2的作用下复位。

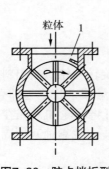

图7-30　防卡挡板型

1—防卡挡板

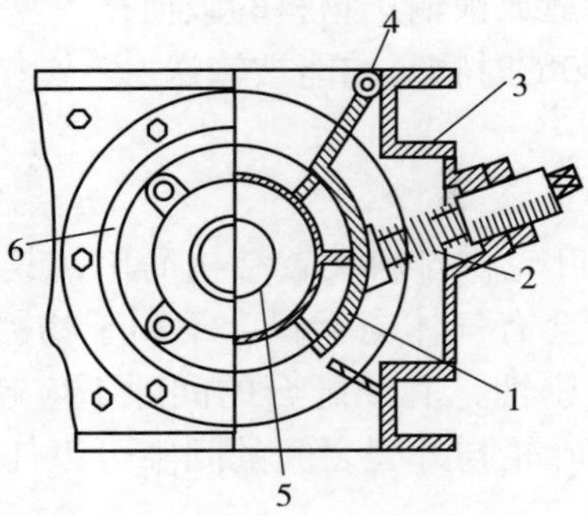

图7-31　可动壳体型

1—可动导向板；2—弹簧；3—壳体；4—销轴；5—轴；6—端盖

也可将上述防卡挡板制成弹性体的构造。由于它将供料器入口部叶轮间充填的物料上部刮动了一下，于是叶片与外壳的入口接触部位前方就不存在物料，这就减少了卡料的可能，见图7-32。图7-33的结构则是在落料斗和供料器之间插设一个漏斗，这时物料进料时集中在中心部分进入，也可减少卡料的可能。

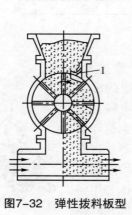

图7-32　弹性拨料板型

1—弹性拨料板

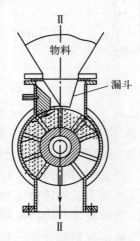

图7-33　插入漏斗型

（三）防黏附构造

其用作超细粉体供料器时，应注意构造的设计应使其不易滞留黏附粉体。当叶轮直径小时，粉体易集结在叶片之间。这时一般宜用直径较大的叶轮，再按所需的容量在叶片之间制成隔底结构，见图7-34。图7-35是将钢球置入叶轮的内壁以利用其旋转时的自振动来减少粉体的黏附。

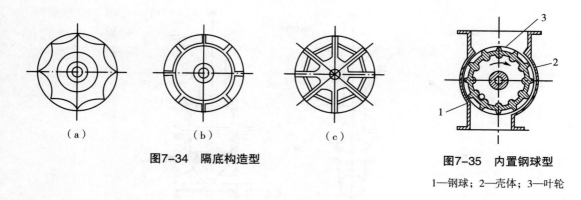

图7-34　隔底构造型

（a）　　　　　　　　（b）　　　　　　　　（c）

图7-35　内置钢球型

1—钢球；2—壳体；3—叶轮

（四）防漏气和耐高压密封构造

以叶轮与壳体的加工精度和配合公差来保证气密性，随着工作时间的延长和磨损的发生而失效。为此，就产生了种种可更换调节叶轮与壳体之间的间隙，以及可更换壳体磨损部位的结构，图7-36所示结构是将叶片的端部做成可附装或嵌上板条的构造。板条材质可选用黄铜、氯丁橡胶或特氟隆等。黄铜板条材质较壳体和端盖软，因而磨损必先出现在这些板条上，只需要再加工或更换板条，就能很容易地恢复到设定的间隙值。

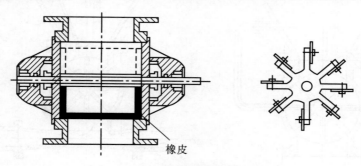

橡皮

图7-36　可更换板条的构造

（五）密封刮板式

它的结构特点是在叶轮的每个叶片端都镶一个橡胶皮垫或装有可拆卸式的聚四氟乙烯板，在转动时，叶轮几乎与外壳保持接触状态。虽密封性好，但易磨损，适用于进出口压差大的场合。

（六）密封外壳式

它的结构主要是叶轮轴支承在上下可以活动的轴承上，因此叶轮相对密封外壳上部进行接触旋转，即使叶片磨损也不会增加漏气量。但由于结构复杂，只限于密封性能要求高的场合。

（七）空气旁通式

叶轮基本上与普通式相同，只在外壳上装有空气旁通道，这样可使叶轮内部与大气连通，物料下落方便，见图7-37。

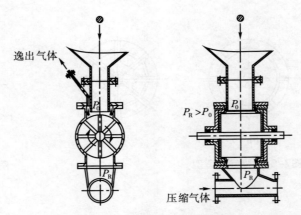

图7-37 排出气体的输送结构

一般情况下，由于叶轮与壳体之间存在间隙，当下部压力较上部高时，可能产生泄压倒流现象，破坏旋转叶轮式供料器的正常供料。这种现象在输送粉体时尤为显著。为了消除上述现象，保证旋转叶轮式供料器的正常工作，就装设了均压管，如图7-38所示。

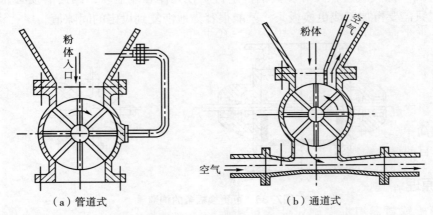

图7-38 均压管输送阀

（八）旋转叶轮供排料的能力

旋转叶轮有刚性和弹性之分。弹性叶轮的叶片是用弹簧钢板固定在叶轮上，因而在回转腔内密封性较好，保证了均匀进料。刚性叶轮的叶片与叶轮铸成一个整体。旋转叶轮供排料的能力按式（7-33）计算：

$$G_s = 60V\rho_m n\phi \qquad （kg/h） \tag{7-33}$$

式中　G_s——供排料能力，kg/h；

　　　V——阀门的有效贮料容积，m^3；

　　　ρ_m——物料的堆积密度，kg/m^3；

　　　n——叶轮转速，r/min；

　　　ϕ——物料的充装系数，一般为0.5～0.85，对细粒状物料取高限，对粉粒状物料取低限。

通常，它适用于流动性较好、磨损性较小的粉粒料和小块状物料。叶轮外端的圆周速度在一定的数值范围内时，供料器的能力大致与叶轮的转速呈正比；而当超过该数值时，供料器能力随转速的增加而减少。图7-39示出了叶轮的圆周速度与供料量之间的关系。这种现象被认为是当叶轮端部的圆周速度超过某一数值时，物料由叶轮飞逸而出，且不能均匀地下落到叶片之间的容积中而造成的。除采用计算方法外，还可以查图7-39进行估算。

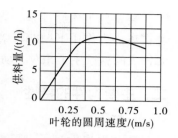

图7-39　叶轮的圆周速度与供料量之间的关系

第五节　挠性螺旋输料器

挠性螺旋输料器是挠性螺旋体作为运送构件，由电动机直接带动旋转（或经减速器减速驱动）输送物料，适用于输送粉状、颗粒状、球状、片状等物料。该螺旋输送机可以直线输送，也可以弯曲输送，这种高度灵活性让使用者非常方便。挠性螺旋体是该输送机唯一的运动部件，无论距离输送多远，输送管中没有轴承等其他运动部件，因此该输送机性能可靠，几乎不需要维修，其最突出的优点在于可以输送不允许接触油污的固体物料（也可输送黏性液体），不会发生润滑油污染输送物料这类问题。可以在水平、垂直、"S"形和其他弯曲形状的管线上输送物料。挠性螺旋输送机另一显著特点是清洗方便，一个人可进行清洗工作。单台挠性螺旋输送机输送物料，垂直高度可达10m，水平距离可达25m。如将多台输送机串联起来，则可输送更远、更高距离。

其结构简单，使用方便，灵活性大。此外，它还可以同时完成混合、分配、干燥或冷却等工序。目前该种输料器已在化工等工农业部门得到广泛应用。

一、工作原理

挠性螺旋输料器根据螺旋元件数目和旋转方向不同，可分为单螺旋、双螺旋和三螺旋等多种类型。它们均由挠性管壳、螺旋元件、进料嘴、出料口和传动头等部件构成。图7-40所示是一种最简单的单螺旋输料器。这种输料器管壳内只有一个螺旋元件，并向一个方向旋转。相应地，双螺旋输料器的管壳内有两个螺旋元件，它们的转向相反。三螺旋输料器的管壳内则有三个螺旋元件，其外螺旋和内螺旋的转向相同，而中螺旋的转向与两者相反。

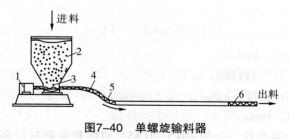

图7-40　单螺旋输料器

1—电机；2—料斗；3—进料嘴；4—螺旋元件；5—挠性管壳；6—出料口

装置的工作原理是，当物料通过进料嘴进入设备时，即被高速旋转的螺旋元件加速，并在离心力作用下抛向管壁。由于物料层同旋转元件之间存在着速度差，于是物料与螺旋元件之间就产生了相对运动，从而使物料沿管壁连续向出料口排出。

二、主要构件的特性

1. 管壳

系一根挠性管子，可由橡胶管、塑料管或内壁涂复耐磨层的金属软管制成。为保持输料器灵活性，管壳直径不宜过大，一般在25～125mm较适宜。此外，管子长度也有一定限制。如果输料器在水平和略倾斜条件下工作，则一根管子长度一般应小于12～15m；在陡直输料条件，管长不宜超过4～5m。假如实际需要输料管线较长，则可将两级输料器串联使用。此时输料距离可达20m。一个简单的串联方法如图7-41所示。输料器生产能力同管壳直径有关。

值得指出的是，在输送粒度较大、磨损和黏附性物料时，应选配较大的管壳。

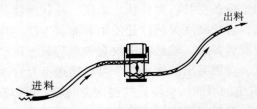

图7-41 挠性螺旋输料器串联简图

2. 螺旋元件

系一组普通弹簧，可由圆柱形碳素钢、不锈钢和黄铜等材料制造。在特殊条件下，它还可由钢带制造。为改善输料器工作，在弹簧中心辅以软轴机构。经过大量研究和实际应用，弹簧的工作参数大致可确定如下：

对于单螺旋输料器，弹簧外径

$$D_c = (0.6 \sim 0.9) D_p$$

弹簧丝直径

$$\delta = (0.14 \sim 0.2) D_c$$

弹簧螺距

$$S = (0.75 \sim 1.5) D_c$$

式中　D_p——管壳内径，mm；

D_c——弹簧外径，mm；

δ　——弹簧丝直径，mm；

S　——弹簧螺距，mm。

在选择弹簧外径时，如遇物料松散性好和供料均匀的情况，则可取较大D_c值。但为了避免工作机构卡住，必须保持管壳和弹簧之间的间隙为最大粒子尺寸的3～4倍。对于输送黏附性和磨损性物料的情况，最好取用较小的D_c值。在输料管线具有复杂空间形状或弯曲半径较小和管线较长的场合，为减少启动力矩和磨损，推荐采用中等D_c值。

弹簧丝直径主要取决于被输送物料性质和管线特点。对于物料易于输送、管线弯曲半径较小和管线不太长的情况，可采用较细的弹簧丝。反之，应取用较大的丝径。但后者会引起抗弯刚度增加，设备灵活性降低，并增加功率消耗。当弹簧丝直径$\delta<0.14D_e$时，由于弹簧强度较低，在使用中应限制供料。一般来说，只要弹簧丝直径在上述推荐范围内，它的大小对生产能力并无影响。

螺距对生产能力呈非线性关系，$S=(1\sim1.2)D_e$为最佳螺距值。此时设备生产能力最大，相应的单位能耗也最低。大量实验表明，采用推荐范围内的螺距值，能很好满足弹簧的疲劳强度要求。当$S=(1.35\sim1.4)D_e$时，弹簧抗弯刚度显得较大，这时可能会因疲劳破坏引起设备过早损坏。另外，当管线弯曲剧烈和管长不大时，推荐螺距值$S=(0.75\sim0.85)D_e$。

双螺旋输料器的主要螺旋参数及其选择准则大致如下：

外弹簧直径　　　　　　　　　$D_{01}=(0.7\sim0.9)D_p$

外弹簧螺距　　　　　　　　　$S_1=(0.8\sim1.5)D_{c1}$

外弹簧丝直径　　　　　　　　$\delta_1=(0.12\sim0.16)D_{c1}$

内弹簧直径　　　　　　　　　$D_{c2}=(0.75\sim0.85)(D_{c1}-2\delta_1)$

内弹簧螺距　　　　　　　　　$S_2=(1\sim1.5)D_{c2}$

内弹簧丝直径　　　　　　　　$\delta_2=(0.14\sim0.2)D_{c2}$

在选择弹簧直径时必须注意，一般小尺寸弹簧的刚性和耐久性相对较好，可以用来输送难运送及磨损性物料。在输送粗粒物料时，为避免弹簧卡住，两弹簧径向间隙应取最大粒子尺寸3~4倍。在长管线或垂直管线条件下工作时，两弹簧间隙也应适当取大一些。

内外弹簧螺距的比例直接涉及输料阻力系数。试验表明，当外弹簧螺线升角略小于内弹簧时，设备具有最小阻力系数。由此出发，它们的螺距值分别规定为：

$$S_1=(0.8\sim1)D_{c1}$$

$$S_2=(1\sim1.2)D_{c2}$$

除此之外，尚应注意两弹簧应具有相等的疲劳强度。

两弹簧丝直径的选择，主要取决于被输送物料性质及管线情况。对于物料易于输送、管线较短和弯头较平滑情况，可适当采用较小的δ_1和δ_2值。反之，就必须取用较大的丝径。

三螺旋输料器主要用于输送和混合联合过程。它的管壳直径较大，一般为100~200mm，相应地生产能力超过20m³/h。其螺旋元件工作参数规定如下：

外弹簧直径　　　　　　　　　$D_{c1}=(0.8\sim0.9)D_p$

外弹簧螺距　　　　　　　　　$S_1=(0.8\sim1)D_{c1}$

外弹簧丝直径　　　　　　　　$\delta_1=(0.12\sim0.15)D_{c1}$

中弹簧直径　　　　　　　　　$D_{c2}=(0.75\sim0.85)(D_{c1}-2\delta_1)$

中弹簧螺距　　　　　　　　　$S_2=(1\sim1.2)D_{c2}$

中弹簧丝直径　　　　　　　　$\delta_2=(0.15\sim0.18)D_{c2}$

内弹簧直径　　　　　　　　　$D_{c3}=(0.75\sim0.85)(D_{c2}-2\delta_2)$

内弹簧螺距　　　　　　　　　$S_3=(1.2\sim1.4)D_{c3}$

内弹簧丝直径　　　　　　　　$\delta_3=(0.18\sim0.2)D_{c3}$

式中　D_{c1}——外弹簧直径，mm；

　　　S_1 ——外弹簧螺距，mm；

δ_1 ——外弹簧丝直径，mm；

D_{c2} ——中弹簧直径，mm；

S_2 ——中弹簧螺距，mm；

δ_2 ——中弹簧丝直径，mm；

D_{c3} ——内弹簧直径，mm；

S_3 ——内弹簧螺距，mm；

δ_3 ——内弹簧丝直径，mm。

3. 传动头

由电机和减速机构组成。其中减速机构有皮带轮、摩擦轮和减速箱等多种。设备的工作转速主要取决于被输送物料的物理化学性质、管线形式和输料器结构参数等。通常的工作转速为800～1500r/min。值得指出的是，设备生产能力同转速的关系为生产能力先是随转速的提高而增大，随后其增量渐减少；当生产能力达到最大值之后，再提高转速，生产能力反而减少。为了合理地输送物料，旋转弹簧的轴向速度应超过0.3～0.5m/s。根据大量生产实践，单螺旋输料器大致的极限转速见表7-6。

表7-6 单螺旋输料器的极限转速

弹簧直径（D_c）/mm	24	25～34	35～44	46～60	62～80
极限转速（n）/（r/min）	1500	1200～1300	1000～1100	750～850	500～600

对于双螺旋输料器的外弹簧转速，一般可在800～1000r/min内选用。其极限转速规定见表7-7。

表7-7 双螺旋输料器的外弹簧极限转速

外弹簧直径（D_{c1}）/mm	30～34	35～40	41～50	51～64	65～85
极限转速（n_1）/（r/min）	1200	1000	800	600	500

内弹簧转速 $n_2 = K_p n_1$。其中K_p称为工况系数。根据许多研究者意见，$K_p = 2$时，设备输料阻力系数最小，工作机构状态最佳。

至于三螺旋输料器的极限转速，类似地推荐如表7-8所示。

表7-8 三螺旋输料器的极限转速

外弹簧直径D_{c1}/mm	80～90	91～100	111～130	131～150	151～180
外弹簧转速n_1/（r/min）	600	500	450	400	350

三、工艺设计步骤

挠性螺旋输料器是一种新型输送设备，目前尚没有完整的计算方法。但大量研究结果已总结出一些计算公式，可在设计中应用。为了方便起见，下面以单螺旋输料器为例说明其设计过程。

① 把给定的以质量计算的生产能力换算成以容积计算的生产能力，并根据上述关于管壳直径和生产能力的关系选定管壳直径。

② 根据管壳直径、被输送物料的物理化学性质、管线形式和长度，参照上述螺旋元件

各参数的比例确定各项结构参数。

③ 由给定的生产能力，按式（7-34）确定设备转速：

$$G_s = 35D_c^2 Sn\rho_m \qquad (7-34)$$

式中　G_s——生产能力，kg/h；

　　　D_c——弹簧外径，mm；

　　　S——弹簧螺距，mm；

　　　n——工作转速，r/min；

　　　ρ_m——物料堆积密度，kg/m^3。

如果计算所得的工作转速超过以上规定的极限值，那么应改变其他参数或更改管壳直径，再重新修正其他参数。

④ 确定输料器所需功率。对于输送松散物料的情况，消耗于弹簧旋转的功率N_{max}（W）可由式（7-35）计算：

$$N_{max} = \pm \frac{G_s H}{367} + \frac{G_s L_T \xi}{367} \qquad (7-35)$$

式中　G_s——生产能力，kg/h；

　　　H——被输送物料提升（下降）高度，mm；

　　　L_T——输料管线长度（其水平投影），mm；

　　　ξ——平均输料阻力系数。它取决于输料方向、管线形式和物料性质等，并可按表7-9选取。电机功率N（W）可按式（7-36）求取：

$$N = K \frac{N_{max}}{\eta} \qquad (7-36)$$

式中　K——过载系数，一般$K = 1.3 \sim 1.5$；

　　　η——传动功率，一般$\eta = 0.8 \sim 0.85$。

表7-9　平均输料阻力系数ξ

输料管线形式	被输送物料		
	易输送物料	一般物料	难输送物料
水平直线/m	7 ~ 10	10 ~ 15	15 ~ 18
水平管线，在5m长度上有一个90°弯头（弯曲半径$R = 20 \sim 25D_p$）	10 ~ 12	12 ~ 18	18 ~ 20
"S"形水平管线，在5 ~ 6m长度上有两个90°弯头（$R = 20 \sim 25D_p$）	12 ~ 15	15 ~ 20	20 ~ 22
有一段5m长螺旋输料器是自然任意状态	15 ~ 18	18 ~ 22	22 ~ 25
水平管线，在5m长度上有两个180°弯头（$R = 20 \sim 25D_p$）	18 ~ 20	20 ~ 25	25 ~ 30
S形或C字形垂直管线，在5 ~ 6m长度上有两个90°弯头（$R = 20 \sim 25D_p$）	25 ~ 30	30 ~ 40	40 ~ 50

参考文献

［1］刘广文. 现代农药剂型加工技术［M］. 北京：化学工业出版社，2013.

［2］卢寿慈. 粉体技术手册［M］. 北京：化学工业出版社，2004.

［3］刘广文. 喷雾干燥实用技术大全［M］. 北京：中国轻工业出版社，2001.

［4］刘广文. 干燥设备设计手册［M］. 北京：机械工业出版社，2009.

［5］张长森. 粉体技术及设备［M］. 上海：华东理工大学出版社，2007.

［6］胡传鼎. 通风除尘设备设计手册［M］. 北京：化学工业出版社，2003.

［7］卢寿慈. 粉体加工技术［M］. 北京：中国轻工业出版社，1999.

［8］张少明. 粉体工程［M］. 北京：中国建材工业出版社，1994.

［9］胡满银. 除尘技术［M］. 北京：化学工业出版社，2006.

［10］陈宏勋. 管道物料输送与工程应用［M］. 北京：化学工业出版社，2003.

［11］陶珍东. 粉体工程与设备［M］. 第2版. 北京：化学工业出版社，2010.

［12］俞厚忠. 挠性螺旋输送器［J］. 医药工程设计，1988（3）：1-4.

第八章

通风与除尘

第一节 概　述

一、粉尘的来源及分类

农药加工中，所产生的粉尘主要来自干燥、粉碎、筛分、计量、包装、粉体物料的转移等过程。众所周知，农药是特殊化学品，在生产过程中，易燃、易爆、有毒、有味，有的还有腐蚀性，基本涵盖了所有化工生产的危险特征。不仅对人有直接危害，对植物（含农作物）、蜂、鱼、禽、畜也有同样危害。随着我国对人民健康、环境保护的重视，农药企业应高度重视生产过程中粉尘的产生及控制，改善生产环境，保护人身和环境安全，文明生产。生产车间内的通风除尘技术和措施是解决此问题的技术保证。

粉尘颗粒大小分类：

（1）可见粉尘　用眼睛可以分辨的粉尘，粒径大于14μm。

（2）显微粉尘　在普通显微镜下可以分辨的粉尘，粒径为0.25～14μm。

（3）超显微粉尘　在超高倍显微镜或电子显微镜下才可分辨的粉尘，粒径小于0.25μm。

此外，按粉尘在大气中滞留时间的长短，可分为飘尘和降尘。粒径小于14μm的粉尘称为飘尘，它们浮游于空气中的时间可为几小时、几天甚至几年。经过气流粉碎的颗粒粒径基本在15μm以下，属于飘尘，因此，靠重力沉降不可能达到目的。粒径大于14μm的粉尘称为降尘，它们有明显的重力沉降趋势。

二、粉尘的性质及其危害

1. 粉尘的化学性质

粉尘的化学成分直接决定粉尘对人机体的有害程度。有毒的粉尘进入人体后，会引起中毒甚至死亡。例如，吸入铬尘能引起鼻中隔溃疡和穿孔，使肺癌发病率提高；吸入锰尘会引起中毒性肺炎；吸入镉尘能引起肺气肿和骨质软化等。

粉尘对人体健康的危害早有研究报道，但主要侧重于肺尘埃沉着病方面的研究，对其他方面（如咽、喉、鼻以及肺功能影响等）的研究则比较少。无毒性粉尘对人体危害也很大，长期吸入一定量的粉尘，粉尘在肺内逐渐沉积，使肺部的进行性、弥漫性纤维组织增多，出现呼吸机能疾病，称为肺尘埃沉着病（旧称尘肺）。农药加工中常用白炭黑（二氧化硅）作填料，操作人员长期吸入一定量的二氧化硅的粉尘，会导致肺组织硬化，发生肺沉着病（旧称硅肺、矽肺）。长期接触超细高岭土、滑石粉以及某些有机溶剂配料等混合性粉尘的工人，因鼻腔、咽喉持续受到刺激而出现毛细血管扩张、黏膜红肿、肥厚或干燥等病变。加上外界一些因素（如烟气、病原体等）的联合作用，会导致上呼吸道疾病（如鼻炎、咽炎等）的发生。

近年来，我国环境监测中引入了PM2.5这一指标。PM2.5是指大气中直径小于或等于2.5μm的颗粒物，也称为可入肺颗粒物。它的直径还不到人的头发丝粗细的1/20。虽然PM2.5只是地球大气成分中含量很少的组分，但它对空气质量和能见度等有重要的影响。与较粗的大气颗粒物相比，PM2.5粒径小，富含大量的有毒、有害物质且在大气中的停留时间长、输送距离远，因而对人体健康和大气环境质量的影响更大。

世界卫生组织（WHO）2005年的《空气质量准则》中，PM2.5年均值为10μg/m³，日均值为25μg/m³。世界卫生组织认为，PM2.5小于10是安全值。而有一些制剂车间内主要泄漏处的空气中农药粉尘含量高达500mg/m³，真是触目惊心。

2. 粉尘的分散度

粉尘的分散度是指粉尘中不同大小颗粒的组成。不同大小的粉尘颗粒在呼吸系统各部位的沉积情况各不相同，对人体的危害程度也不相同。一般来说，粒径大于140μm的尘粒很快在空气中沉降，对人体的健康基本无害；粒径大于14μm的尘粒一般会被阻留于呼吸道之外；大部分粒径为5~14μm的尘粒通过鼻腔、气管等上呼吸道时被这些器官的纤毛和分泌黏液所阻留，经咳嗽、喷嚏等保护性反射而排出；粒径小于5μm的尘粒则会深入和滞留在肺泡中（部分小于0.4μm的粉尘可在呼气时排出）。农药加工中绝大多数固体农药都要粉碎至15μm以下，如不严格控制，粉尘对人体危害极大。

粉尘颗粒越细，在空气中停留的时间越长，被吸入的机会就越多。微细粉尘的比表面积越大，在人体内的化学活性越强，对肺的纤维化作用越明显。另外，微细粉尘具有很强的吸附能力，很多有害气体、液体和金属元素都能吸附在微细粉尘上而被带入肺部，从而引发急性病或慢性病。

生产性粉尘是在生产过程中产生的能较长时间浮游在空气中的固体微粒。习惯上，将总悬浮颗粒物按照粒径的动力学尺度大小分类，见图8-1。

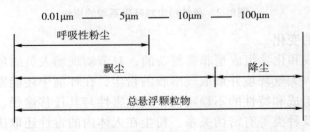

图8-1 颗粒物按照粒径的动力学尺度大小分类

研究表明，动力学尺度为$d>14\mu m$的尘粒被人的鼻毛阻止于鼻腔；$d=2\sim14\mu m$的粒子中约90%可进入并沉积于呼吸道的各个部位，被纤毛阻挡并被黏膜吸收表面组分后，部分可以随痰液排出体外，约14%可到达肺的深处并沉积于其中；$d<2\mu m$的粒子可全部被吸入直达肺中，其中$0.2\sim2\mu m$的粒子几乎全部沉积于肺部而不能呼出，$<0.2\mu m$的粒子部分可随气流呼出体外。根据人体内粉尘积存量及粉尘理化性质的不同，可以引起不同程度的危害。

3. 粉尘对人体的危害

粉尘对人体的危害主要表现在以下几个方面。

（1）对呼吸道黏膜的局部刺激作用　沉积于呼吸道内的颗粒物，产生诸如黏膜分泌机能亢进等保护性反应，继而引起一系列呼吸道炎症，严重时引起鼻黏膜糜烂、溃疡。

（2）中毒　颗粒物在环境中的迁移过程可能吸附和富集空气中的其他化学物质或与其他颗粒物发生表面组分交换。表面的化学毒性物质主要是农药等有机废物，在人体内直接被吸收发生中毒。

农药粉尘进入人体的主要途径是皮肤、眼、呼吸道和消化道，肺尘埃沉着病、肿瘤及传染病的发生取决于呼吸道中粉尘微粒的沉积和排除。沉积过程决定着哪部分吸入微粒将被呼吸道捕获而不能呼出。原始沉积场所就是尘粒接触的场所，尘粒排除的动力过程就是原始沉积尘粒的排出过程。尘粒沉积与排除间的平衡破坏可能是在肺部停滞且最终导致呼吸紊乱的主要根源。过量毒性粉尘的主要进入途径是呼吸道，如图8-2所示，个体病理生理状态在其生物学反应上起主要作用。

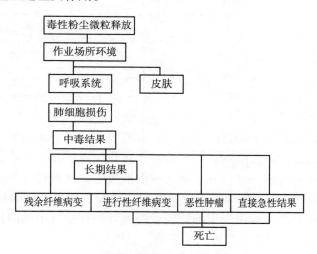

图8-2　毒性粉尘对呼吸系统的损伤

4. 粉尘在体内的变化

粉尘的物理组成和化学组成是非常复杂的，对劳动现场人员的危害主要取决于粉尘的吸入量。迁移进入大气环境并形成气溶胶的粉尘，在环境中还能发生一系列的物理化学变化，具有表面组成和特性的不稳定性，其危害性与其迁移途径、环境污染程度、空气中其他污染因素及种类等有密切关系。粉尘在人体内的毒性还取决于包括生物特征在内的多种综合因素的相互作用，因此对粉尘的生物活性评价也需要进行多方面因素的综合考虑。

不同粒径的粉尘在呼吸系统中的沉积率如图8-3所示。

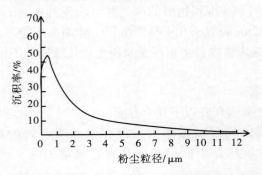

图8-3 不同粒径的粉尘在呼吸系统中的沉积率

三、摄入颗粒的临界值

在有粉尘存在的各种作业区，粉尘浓度越大，吸入肺中的粉尘量越多，对人体的危害就越大。粉尘浓度的定义：单位体积空气中所含的粉尘质量称为粉尘浓度，通常以mg/m^3或g/m^3来表示。

我国现行的工业企业设计卫生标准对生产性粉尘是按游离SiO_2（白炭黑）的含量来确定作业区浓度的。表8-1中列出了生产性粉尘的卫生标准。

表8-1 生产性粉尘的卫生标准

粉尘名称	车间内空气中最高允许含尘浓度/（mg/m^3）
含14%以上游离SiO_2的粉尘	2
含80%以上游离SiO_2的粉尘	≤1
含14%以下游离SiO_2的粉尘	4
含14%以上游离的SiO_2水泥粉尘	6
无毒性生产性粉尘	14

对有毒粉尘，则根据粉尘的毒性而异。但有毒性粉尘的卫生标准较一般性粉尘标准要高得多。

四、粉尘防护

粉尘对人体健康、工农业生产和气候造成的不良影响是毋庸置疑的。为了根除粉尘疾病，创造清洁的空气环境，必须加强粉尘控制和防治工作。粉尘防护和治理的措施如下：

（1）改革生产工艺和工艺操作方法 从根本上防止和减少粉尘产生。生产工艺的改革是防治粉尘的根本措施，用湿法生产代替干法生产可大大减少粉尘的产生。用气力输送装置输送粉料能有效避免运输过程中粉尘的飞扬。用无毒原料代替有毒原料，可从根本上避免有毒粉尘的产生。

（2）改进通风技术，强化通风条件，改善车间内环境 根据具体生产过程，采用局部通风或全面通风技术，改善车间内空气环境，使车间内空气含尘浓度低于卫生标准的规定。

（3）强化除尘措施，提高除尘技术水平　通过各种高效除尘设备，将悬浮于空气中的粉尘捕集分离，使排出气体中的含尘量达到国家规定的排放标准，防止粉尘扩散。

（4）防护罩具技术　从事各种粉尘作业的人员应佩戴防尘罩，防止粉尘进入人体呼吸器官，防止粉尘对人体的侵害。

（5）防尘规划与管理　园林绿化带有滞尘和吸尘作用。对产生粉尘的厂矿企业，尽量用园林绿化带将其包围起来，以便减少粉尘向外扩散。对产生粉尘的过程（干燥、粉碎、筛分等），尽量采用密封技术和自动化技术，防止和减少操作人员与粉尘接触。

第二节　通风方法

车间内的通风除尘技术主要是根据生产情况和现场环境制定通风除尘方案。通过计算，确定通风量、管路规格、设备配备、系统阻力（压头），最后确定通风机的规格。

一、自然通风

充分地利用自然通风是一种既经济又有效的措施，因此在一般工业建筑中，必须广泛利用有组织的自然通风来改善工作区的劳动条件。

① 在确定厂房的建造方位时，厂房纵轴应尽量布置成东西方向，以避免有大面积的窗和墙受日晒影响，尤其在我国南方炎热地区更应注意。

② 厂房主要进风面一般应与夏季主导风向成60°～90°角，不宜小于45°角，并与避免日晒问题同时考虑。

③ 厂房的平面布置也可以呈"L"形、"U"形或"山"字形。开口部分应该位于夏季主导风向的迎风面，各翼的纵轴与主导风向成0°～45°角。

④ "U"形或"山"字形建筑物各翼的间距一般不应小于相邻两翼高度（由地面到屋檐）的一半，最好在15m以上。如建筑物内不产生大量有害物质，其间距可减至12m，但必须符合防火标准的规定。

⑤ 在产生大量热量的单层厂房四周，不宜修建披屋，如确有必要时，应避免设在夏季主导风向的迎风面。

⑥ 产生大量有害物质的生产过程，宜设在单层厂房内；如设在多层厂房内，宜布置在厂房的顶层；必须设在多层厂房的其他各层时，应防止污染上层各房间内的空气。

当产生不同有害物质的生产过程布置在同一建筑物内时，毒性大与毒性小的产生源应隔开。

⑦ 采用自然通风时，如热源和有害物质产生源布置在车间内的一侧时，应符合下列要求：以产生热量为主（如需干燥）时，应布置在夏季主导风向的下风侧；以产生有害物质为主时，一般布置在全年主导风向的下风侧。

⑧ 自然通风进风口的标高，建议按下列条件采取。

夏季进风口下缘距车间地坪愈小，对进风愈有利，一般不高于1.2m，推荐采用0.6～0.8m。

冬季及过渡季进风口下缘距车间地坪一般不低于4m，如低于4m时，可采取措施以防止冷风直接吹向工作地点。

⑨ 在我国南方炎热地区的厂房，当不产生大量粉尘和有害气体时，可以考虑采用以穿堂风为主的自然通风方式。

⑩ 为了充分发挥穿堂风的作用，侧窗进、排风的面积均应不小于厂房侧墙面积的30%，厂房的四周也应尽量减少辅助建筑物。

二、机械通风

（一）局部排风

在散发有害物（蒸气、有害气体、粉尘）的场合，为了防止有害物污染车间内空气，首先从工艺设备和生产操作等方面采取综合性措施，然后再根据作业地带的具体情况，考虑是否采用局部排风措施。

在排风系统中，以装设局部排风系统最为有效、最为经济。局部排风应根据工艺生产设备的具体情况及使用条件，并视所产生有害物的特性来确定有组织的自然排风或机械排风。在有可能突然产生大量有毒气体、易燃气体、易爆气体的场所，应考虑必要的事故排风。

一般情况下，作业地带有害物的浓度应符合国家卫生标准，详见《工业企业设计卫生标准》。

1. 局部排风系统的划分

不同的生产流程及不同时段使用的生产设备，视设备的数量及管线的长短确定是否组合成一个排风系统或设立单独排风系统。

为了正确合理地划分排风系统，应将同系统中各种不同特性的有害物混合后的情况做一次最不利的全面分析。凡属下列情况之一时，应分别设置排风系统：

① 两种或两种以上的有害物质混合后能引起燃烧或爆炸时；

② 有害物质混合后能形成毒害更大的混合物或化合物时；

③ 混合后的蒸气容易凝结并积聚粉尘时；

④ 产生剧毒物质房间的排风和一般房间的排风。

在便于生产操作、工艺设备检修及各种管道安装的原则下，应首先考虑采用密闭式（带有固定的或活动的围挡板）的排风罩，其次考虑采用侧面排风罩或伞形排风罩。

在设备结构允许的条件下，排风罩应尽量靠近并对准有害物的散发方向。排风罩的类型应保证在一定风速时，能有效地以最少的风量最大限度地排走其散发出来的有害物。

2. 局部排风的净化处理原则

① 局部排风系统中收集的含有有害气体、蒸气、烟雾、粉尘的空气，应经净化或回收再排入大气。当技术上不能达到净化要求时，应根据当地规划或自然条件，将未净化的空气排入较高的大气层中，以符合国家标准《居住区大气中有害物质的最高容许浓度》《工业"三废"排放试行标准》的规定。

② 局部排风系统排出的气体应以中和、吸附为主、用水稀释为辅、高空排放为次的原则进行净化处理，净化装置排放的污水（含溶液）应采取切实措施，防止对环境的再污染。

（二）全面通风

控制工业有害物最有效的方法是局部排风，当利用局部通风或自然通风不能满足要求时，才考虑机械全面通风。

1. 全面通风量的确定

全面通风按以下几种情况分别计算通风量，并取其中最大值作为设计通风量。

① 消除车间内余热所需通风量

$$L = \frac{Q}{C_a \rho_a (t_2 - t_1)} \tag{8-1}$$

式中　L ——送入房间或排出的空气量，m^3/h；

　　　Q ——余热量，kJ/h；

　　　ρ_a ——进入空气的密度，kg/m^3；

　　　C_a ——空气比热容，一般取1.004kJ/（kg·℃）；

　　　t_1 ——进入空气的温度，℃；

　　　t_2 ——排出空气的温度，℃。

② 消除车间内余湿所需通风量

$$G_a = \frac{G_s}{x_2 - x_1} \tag{8-2}$$

式中　G_s ——排湿量，g（湿气）/h；

　　　x_1 ——进入空气的含湿量，kg（湿气）/kg（绝干空气），简称kg/kg；

　　　x_2 ——排出空气的含湿量，kg（湿气）/kg（绝干空气），简称kg/kg。

③ 消除车间内有害气体所需通风量

$$L = \frac{Z}{y_2 - y_1} \tag{8-3}$$

式中　Z ——飘浮在车间内的有害气体量，mg/h；

　　　y_2 ——进入空气中有害气体的浓度，mg/m^3；

　　　y_1 ——排出空气中有害气体的最高允许浓度，mg/m^3。

④ 按换气次数计算通风量　当有害气体散发量无法确定时，按换气次数计算通风量。

$$L = KV \tag{8-4}$$

式中　V ——房间容积，m^3；

　　　K ——换气次数，次/h。

⑤ 按每人所需新鲜空气量计算通风量　每名工人所占容积小于20m^3的车间，应保证每人每小时不少于30m^3的新鲜空气量；如所占容积为20～40m^3时，应保证每人每小时不少于20m^3的新鲜空气量；所占容积超过40m^3时，可由门窗缝隙渗入的空气量（有门、窗车间）来换气。

2. 气流组织

全面通风进、排风的气流组织应避免将含有大量热、蒸气或有害物质的空气流入没有或仅有少量热、蒸气或有害物质的作业地带。

对生产要求较清洁的房间，当其所处室外环境较差时，送入空气应经预过滤，并应保持车间内正压。车间内有害气体和粉尘有可能污染相邻房间时，则应保持负压。

① 送风方式　进入的新鲜空气，一般应送至作业地带或操作人员经常停留的工作地点。对于散发粉尘或有害气体并能用局部排风排除，同时又无大量余热的车间可送至上部地带。

② 排风方式　采用全面排风排出有害气体和蒸汽时，应由车间内有害气体浓度最大的区域排出，其排风方式应符合下列要求：

产生的气体较空气轻时，宜从上部排出。产生的气体较空气重时，宜从上、下部同时排出。但气体温度较高或受车间内散热影响产生上升气流时，宜从上部排出。当挥发性物质蒸发后，使周围空气冷却下沉或经常有挥发性物质洒落地面时，应从上、下部同时排出。

第三节　通风工程设计

一、通风管道设计

（一）空气基础参数

通风工程设计的重要内容之一就是设计通风管道，管道内风的流动状态是设计管道的最基础数据。

1. 层流和紊流、雷诺数

流体在管内流动有两种状态——层流和紊流。即流体的流动状态与流速有关，并且存在着某一临界流速。

根据试验，临界流速v_e与下列因素有关。

① v_e与管径D成反比，即$v_e \propto \dfrac{1}{D}$。

② v_e与动力黏滞系数μ_a成正比，即$v_e \propto \mu_a$。

③ v_e与流体密度ρ_a成反比，即$v_e \propto \dfrac{1}{\rho_a}$。

综合上述三个因素：

$$v_e \propto \frac{\mu_a}{\rho_a D}$$

亦即

$$\frac{\rho_a v_e D}{\mu_a} = \frac{v_e D}{v_a} = 常数$$

式中　v_a——运动黏滞系数，$v_a = \dfrac{\mu_a}{\rho_a}$。

用影响流态各因素组成一综合的无量纲数Re。

$$Re = \frac{v_e D}{v_a} \tag{8-5}$$

称Re为"雷诺数"，流体在圆管中流动，当$Re < 2320$时为层流；当$Re > 2320$时为紊流。圆管的临界雷诺数为2320。

2. 摩擦压损

管道总摩擦压损用H_m表示，单位长度的摩擦压损用h_m表示，h_m简称比摩损。

$$H_m = h_m l$$

式中　l——管道总长度，m。

（1）比摩阻的计算公式　根据流体力学原理，气体流经断面为任意形状的直管道时，比摩阻按式（8-6）计算：

$$h_m = \frac{\lambda}{4R_s} \times \frac{v_a^2 \rho_a}{2} \qquad （Pa/m）\qquad （8-6）$$

式中　λ——摩阻系数；

　　　v_a——管道内气体的平均流速，m/s；

　　　ρ_a——气体的密度，kg/m³；

　　　R_s——管道的水力半径，m。

$$R_s = \frac{f}{I_s} \qquad （8-7）$$

式中　f——管道的断面积，m²；

　　　I_s——润湿周边，管道断面的周长，m。

对圆形断面管道

$$R_s = \frac{\frac{\pi}{4}D^2}{\pi D} = \frac{D}{4} \qquad （8-8）$$

式中　D——管道的直径，m。

对矩形管道

$$R_s = \frac{ab}{2(a+b)} \qquad （8-9）$$

式中　a，b——矩形的边长，m。

管道内的气体处在层流状态

$$\lambda = \frac{64}{Re} \qquad （8-10）$$

管道内的气体处在紊流状态时，雷诺数Re所处的区段不同，λ的计算方法亦不同，与大多数通风管道相适应的Re区段，λ的计算式

$$\lambda = \frac{1.42}{(\rho_a Re \frac{D}{K})^2} \qquad （8-11）$$

式中　K——粗糙度，mm，图例见图8-4，数据列于表8-2。

图8-4　风管粗糙度图例

表8-2 管道材料的粗糙度

风道材料	粗糙度K/mm
矿渣石膏板风道	1.0
表面光滑的砖风道	4.0
墙内砖风道	5～10
混凝土风道	1.0～3.0
钢板风道	0.15～0.18
塑料管	0.05
石棉水泥管	0.1～0.2
镀锌钢管	0.15
普通钢管	0.02～0.10
铸铁管	0.25

为了便于计算，已按式（8-11）绘出比摩擦压损的图线，如图8-5所示。图8-5中图线适用于气体密度ρ_a=1.164kg/m^3，运动黏滞系数v_a=15.7×10^{-6}m^2/s，管壁粗糙度K=0.1mm，大气压力为98kPa（1kgf/cm^2），管道内气体流速为v_a为1.72～70m/s，管道断面呈圆形。

图8-5中图线是为了确定每米长度管道的摩擦压损，故称为比摩阻图线。图8-5中的横坐标是管道直径D，mm；左边纵坐标是气体流速v_a，m/s，右边纵坐标是动压$H_d=\dfrac{\rho_a v_a^2}{2}$，mmH$_2$O；从左下面向上倾斜的斜线是每米长度管道的摩擦压损即比摩阻h_m；从右下向左上倾斜是气体流量，m^3/h。

如管道的粗糙度$K\neq0.1$，对图8-5中所查出的h_m要给予修正。修正方法是：在表8-2中查出粗糙度K值，根据K值和用质量表示的流量在图8-6中查出修正系数y，修正后的比摩阻用h'_m表示，$h'_m=h_m y$，mmH$_2$O/m。

（2）层流，计算摩擦压损的实例 已知风管直径为240mm，长12m，风管气体温度为50℃。求维持层流状态的最大流速和相应的摩擦压损。

解：求最大流速，层流状态的临界Re=2320，据50℃查相关资料得v_a=18.6×10^{-6}m^2/s，用式（8-5）计算流速。

$$v_a = Re\frac{v_a v_a}{D} = 2320 \times \frac{18.6\times10^{-6}}{0.24} = 0.18(\text{m/s})$$

求摩阻系数，用式（8-10）

$$\lambda = \frac{64}{Re} = \frac{64}{2320} = 0.028$$

求比摩阻h_m，将式（8-8）v_a代入式（8-6）中，空气密度ρ_a=1.2kg/m^3

$$h_m = \frac{\lambda}{D} \times \frac{v_a^2 \rho_a}{2} = \frac{0.028\times0.18^2\times1.2}{0.24\times2} = 2.3\times10^{-3}(\text{Pa/m}) = 2.3\times10^{-4}(\text{mmH}_2\text{O/m})$$

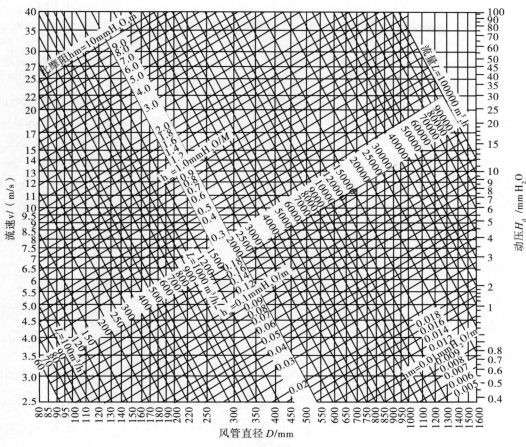

图8-5 求比摩擦压力损失的线解图

（注：1mmH₂O=9.81Pa）

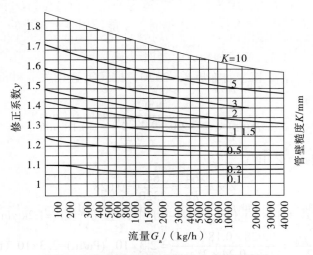

图8-6 管壁粗糙度对摩擦阻力的修正系数

求摩擦压损

$$H_m = h_m l = 2.3 \times 10^{-3} \times 12 = 2.76 \times 10^{-2} \ (\text{Pa}) = 2.8 \times 10^{-3} \ (\text{mmH}_2\text{O})$$

（3）紊流，用图线求摩擦压损等参数的实例 已知一铸铁管道，直径D=250mm，长度l=11m，气体流速v_a=17m/s，要求利用图8-5所示的图线查出H_m、H_d、L。

在图8-5左边的纵坐标上找到气体流速v_a=17m/s的点，从该处引一水平线与右边的纵坐标相交，从交点处可以直接读出风速v_a=17m/s的动压值H_d=17.6mmH$_2$O。在横坐标上找到D=250mm的点，过该点作一垂线与前面的水平线相交（交点为M），通过M点在表示比摩阻的斜线上的位置可以读得h_m=1.3mmH$_2$O/m，通过M点在表示风量的斜线上的位置可以读得L=3000m^3/h。在表8-2上查得铸铁管的粗糙度K=0.25mm，$G_a = L\rho_a = 3000 \times 1.164 = 3492$（kg/h），根据$G_a$和$K$值在图8-6上查得修正系数$y$=1.1，管道的总摩擦压损：

$$H_m = y h_m l = 1.1 \times 1.3 \times 11 = 15.7 \ (\text{mmH}_2\text{O})$$

矩形管道摩擦压损的计算方法如下：

根据式（8-6）、式（8-8）和式（8-9）可以看出，不论是圆形管道还是矩形管道，只要它们的水力半径相同，管内流速相同，它们摩擦压损也是相同的。因此，对于边长为a和b的矩形管道，只要求出与它水力半径相同的圆形管道的直径，就可以直接利用表8-2求得摩擦压损。

令式（8-8）等于式（8-9）

$$\frac{D}{4} = \frac{ab}{2(a+b)}$$

$$D = \frac{2ab}{a+b} = D_{dv} \qquad (8-12)$$

式中　D_{dv}——矩形管道的流速当量直径。

根据当量直径D_{dv}和管道内的实际流速在图8-5中可以查得比摩阻，也可以查得动压H_d，但不能查得流量L。必须指出，因为在矩形管道内的流量和直径为D_{dv}的圆形管道内的流量不同，所以矩形管道利用图8-5查找有关数据时，不能使用表示流量的一组斜线。

一混凝土矩形管道，其断面$a \times b$=0.4m×0.6m，长度为9m，风量为10000m^3/h，求摩擦压损H_m和动压H_d。

解：矩形管道内气体的实际流速

$$v_a = \frac{L}{3600ab} = \frac{10000}{3600 \times 0.4 \times 0.6} = 11.6 \ (\text{m/s})$$

当量直径D_{dv}用式（8-12）计算

$$D_{dv} = \frac{2ab}{a+b} = \frac{2 \times 0.4 \times 0.6}{0.4 + 0.6} = 480 \ (\text{mm})$$

根据v_a=11.6m/s和D_{dv}=480mm在图8-5上查得h_m=0.28mmH$_2$O/m，动压头H_d=8mmH$_2$O。

混凝土的粗糙度K=2mm，$G_a = L\rho_a = 10000 \times 1.164 = 11640$（kg/h），根据$K$值和$G$值在图8-6上查得修正系数$y$=1.33，管道的总摩擦压损：

$$H_m = y h_m l = 1.33 \times 0.28 \times 9 = 3.4 \ (\text{mmH}_2\text{O})$$

为了计算方便，表8-3列出了各种管道形式的阻力系数。

表8-3 局部阻力系数

吹吸口

→	←
ξ	ξ
0.5	1.0

吹吸口

→	←
ξ	ξ
0.85	1.0

吸入口

t	ξ
$D/20$	0.5
$>D$	0.43

吸入口

ξ	0.03

管端孔口

$\dfrac{f_2}{f_1}$	→ ξ	← ξ
0.4	9.61	7.76
0.6	3.08	4.65
0.8	1.17	1.95

圆断面弧弯管

R/D	ξ
0.5	0.90
0.75	0.45
1.0	0.33
1.5	0.24
2.0	0.19

圆断面角弯管

1.3

五节弯管

R/D	$\alpha=90°$	$\alpha=60°$
	ξ	
0.5	1.1	0.6
1.0	0.4	0.2
1.5	0.25	0.13
2.0	0.2	0.11
4.0	0.08	0.1

矩形断面直角弯

h/b	ξ
4	1.25
2	1.47
1	1.50
0.25	1.38

矩形断面弧弯

h/D	R/D	ξ
4	0.5	1.25
	0.75	0.60
	1.0	0.37
	1.5	0.19
2	0.5	1.10
	0.75	0.5
	1.0	0.28
	1.5	0.13
1	0.5	1.00
	0.75	0.41
	1.0	0.22
	1.5	0.09
0.25	0.5	0.96
	0.75	0.37
	1.0	0.19
	1.5	0.09

名称	图示		f₂/f₁ 或 f₁/f₂	圆管或矩形管 ξ		名称	图示	θ	ξ

突扩管（f—断面）

f_2/f_1	圆管或矩形管 ξ
10	0.81
5	0.64
3.3	0.49
2.5	0.36
2	0.25
1.66	0.16
1.43	0.09
1.25	0.04

圆形吸气罩

θ	ξ
20°	0.02
40°	0.03
60°	0.05
90°	0.11
120°	0.20

矩形吸气罩

θ	ξ
20°	0.03
40°	0.08
60°	0.12
90°	0.19
120°	0.21

突缩管（f—断面）

f_1/f_2	圆管 ξ	矩形管 ξ
10	48	340
5	12	80
3.3	4.7	
2.5	2.3	23
2	1.3	
1.66	0.72	0.44

孔板（D 或 $b=40\sim100$，点面积 $>1\,\text{m}^2$）

孔面积/总面积	ξ（→）	←（ξ）
0.2	35	
0.4	7.6	
0.5	5	
0.6	3	
0.8	1.2	

圆渐扩管（f—断面）

f_2/f_1	$\theta=20°$ ξ	$\theta=40°$ ξ
4	0.23	0.57
2.5	0.15	0.37
2	0.1	0.26
1.6	0.07	0.16
1.4	0.04	0.09

送气三通

α	ξ
10°	0.1
15°	0.12
30°	0.30
45°	0.70
60°	1.0
90°	1.4

矩形渐扩管（f—断面）

f_2/f_1	$\theta=20°$ ξ	$\theta=40°$ ξ
2.5	0.38	0.61
2	0.34	0.55
1.6	0.29	0.47
1.4	0.23	0.37
1.2	0.16	0.26

伞形风帽（$2D$，$0.3D$，D，h）

h/D	ξ
0.5	1.15
0.6	1.1
0.7	
0.8	1.00
0.9	
1	1.00

圆渐缩管（f—断面）

f_2/f_1	$\theta=30°$ ξ	$\theta=60°$ ξ
0.4	0.13	0.44
0.5	0.08	0.28
0.6	0.06	0.19
0.7	0.04	0.14
0.8	0.03	0.11

变形管（$2a$，a）

θ	ξ
$\theta<14°$	0.15

3. 局部压力损失

流体流经三通、弯管等管件，流量、流速、流向发生变化。伴随这些变化，有能量损失，这损失称为局部压力损失，简称为局部压损。局部压损有时在总压损中占有相当比例，不能忽视。气体流经局部构件所形成的局部压损按式（8-13）计算：

$$H_{ju} = \xi \frac{v_a^2 \rho_a}{2} \qquad\qquad (8-13)$$

式中　H_{ju}——局部压力损失，Pa；

　　　v_a——局部压损部分气体流速，m/s；

　　　ρ_a——管内气体密度，kg/m³；

　　　ξ——局部阻力系数。

局部阻力系数通过实验求得：实验时，先测出局部构件前后的全压差，即局部压损H_{ju}，再除以相应的动压$\frac{v_a^2 \rho_a}{2}$，即可求得ξ值。

局部阻力系数可在有关通风设计手册中查到，这里只列出了常用的局部构件的局部阻力系数，如表8-3所示，仅供参考。

为了尽量减小管道系统的局部压损，应采用以下措施。

① 应尽量避免管道转弯和断面突然变化。

② 应尽量避免采用直角弯头，因位置限制而采用矩形直角弯头时，在气流转弯处加设导流叶片。

③ 气体排入大气中时，应减小排出口的速度。

二、管道系统的设计计算

气体在管道内流动是依靠风机所提供的能量，即所产生的作用压头。作用压头一部分用来克服管道的摩擦压损，另一部分用来克服管道的局部构件的局部阻力和管道出口的动压损失。

管道设计计算多采用流速控制法，也称比摩阻法。该方法以管道内气体流速作为控制因素来计算管径和压损。气体流速的大小，对除尘系统的技术效果和经济效果影响很大，在设计中确定管道内风速时应慎重，充分考虑各种技术、经济因素。

管道内气体流速高，管道断面小，耗用材料少，制造费用少。但系统的压损大，运转费用高，对管道磨损大。气体流速低，风道断面大，耗用材料多，制造费用大。但系统的压损小，运转费用低。在除尘系统中，流速过低，粉尘容易沉积滞留造成管道堵塞，总之选定速度要综合考虑。农药粉尘的通风管风速为垂直管道14～16m/s，水平管道16～18m/s。

用流速控制法计算管道的步骤如下：

① 合理布置管道，深入现场，经调查研究，力求合理；

② 画出简图，对管段进行编号，注上管段长度和风量；

③ 确定风速，计算断面尺寸；

④ 计算各段压损；

⑤ 计算出总风量、总阻力，并依据这两项数据选择风机。

在实际除尘工程中，管道系统可分成串联管路和并联管路两种。

1. 串联管路

串联管路总压损等于各管段压损之和，计算方法通过下面一实例说明。

锥形混合机的加料口处如图8-7所示，装设一个吸尘罩，处理风量为9000m³/h，采用袋式除尘器，压损为883Pa（90mmH₂O），管道用钢质材料。试对该系统进行设计计算，将各段参数列于表8-4中。

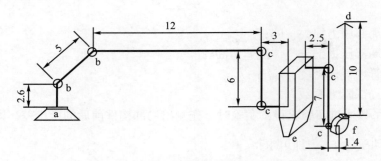

图8-7 串联管路

a—吸尘罩，$\theta=60°$；b—三节弯管，$\alpha=45°$，$R/D=1$；c—五节弯管，$\alpha=90°$，$R/D=1.5$；d—风帽，$h/D=0.6$；e—袋式除尘器，压损883Pa（90mmH₂O）；f—通风机

表8-4 数据汇总

管段名称	流量L/（m³/h）	流速v_a/（m/s）	管径D/mm	比摩阻h_m/（mmH₂O/m）	管段长度l/m	摩擦压损H_m/mmH₂O	局部阻力系数$\Sigma\xi$	局部压损H_{ju}/mmH₂O	管路压损（H_m+H_{ju}）/mmH₂O	系统压损=管路压损+除尘器压损
串联管	9000	18	420	0.8	9段总长49.5	39.6	2.62	51.6	91.2	91.2+90=181.2mmH₂O

管段长度从中心处计量，不扣除局部构件所占的长度。

解：在设计吸尘罩时，确定了处理风量；在这里处理风量成为已知数。选定管内气体流速，垂直管道是14m/s，水平管道是17m/s，取18m/s。

（1）计算管道断面的直径D

$$D=\sqrt{\frac{4L}{3600\pi v_a}}=\sqrt{\frac{4\times9000}{3600\times3.14\times18}}=420（mm）$$

（2）计算摩擦压损H_m　系统内共有九段直管道，它们的内径D相同，气体流速v_a相同。根据$D=420mm$，$v_a=18m/s$，查图8-5得$h_m=0.8mmH_2O/m$。可以把图8-7中九段管道长度相加，一并计算：

$$H_m=h_m l=0.8(2.6+5+12+6+3+2.5+7+1.4+10)=39.6（mmH_2O）$$

（3）计算局部压损H_{ju}　计算局部压损，先在表8-3中查出局部阻力系数ξ。

图8-7中a、b处相同，是转向45°三节弯管，$\dfrac{R}{D}=1$，表8-3中无此项目，可近似地查90°五节弯管，$\xi=0.4$，取其一半，$\xi=0.2$。

图8-7中c、d、e、f处相同，是90°五节弯管，$\dfrac{R}{D}=1.5$，查得$\xi=0.25$。

矩形吸气罩，$\theta=60°$，查得$\xi=0.12$。

风帽，$\dfrac{h}{D}=0.6$，查得$\xi=0.11$。

$$H_{ju} = \sum \xi \frac{v_a^2 \rho_a}{2} [(2 \times 0.2) + (4 \times 0.25) + 0.12 + 1.1] \frac{18^2 \times 1.2}{2} = 505.68 \text{（Pa）} = 51.6 \text{（mmH}_2\text{O）}$$

系统的总压损

$$\sum H = H_m + H_{ju} + 袋式除尘器压损 = 39.6 + 51.6 + 90 = 181.2 \text{（mmH}_2\text{O）}$$

将处理风量L加大10%=9000×110%=9900m³/h

将总压损$\sum H$加大15%=181.2×115%=208.4（mmH₂O）

根据上面计算的风量和总压损选用风机。

2. 并联管路

并联管路中，各支路的压损相等。

并联管路是指同一个进气口、同一个出气口之间的并联管路。在除尘系统中的一些并联管路，有时只有一个出气口，进气口是分开设立的；有时只有一个进气口，出气口是分开设立的。这种并联管路，各支路的压损不相等。对并联管路的计算目的也是求风量和压损。以下通过一实例来说明计算方法。

用一台袋式除尘器对三个扬尘点除尘，见图8-8。三个扬尘点的处理风量分别为2000m³/h、4000m³/h、6000m³/h，抽吸速度选定为17m/s，其他有关数据已注明在表8-5的数据汇总中。

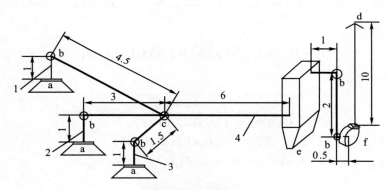

图8-8　并联管路

a—吸尘罩，$\theta = 60°$；b—三节弯管，$\alpha = 90°$，$R/D = 1$；c—四通管；d—风帽，$h/D = 0.8$；
e—袋式除尘器，压损981Pa（100mmH₂O）；f—通风机

表8-5　数据汇总

管段名称	编号	流量L /（m³/h）	流速v_a /（m/s）	管径 D/mm	比摩阻h_m /（mmH₂O/m）	管段长度l/m	摩擦压损H_m /mmH₂O	局部阻力系数/ $\sum\xi$	局部压损H_{ju} /mmH₂O	管路压损（H_m+H_{ju}）/mmH₂O	系统压损=干管压损+平衡后的支管3的压损+除尘器的压损=49+19+100=168（mmH₂O）
支管1	1	2000	17	200	1.7	1+4.5=5.5	9.35	0.52	9.2	18.55	
支管2	2	4000	17	290	1.1	1+3=4	4.4	0.52	9.2	13.6	
支管3	3	6000	17	350	0.87	1+1.5=2.5	2.17	0.52	9.2	11.37	
干管	4	12000	17	500	0.56	6+1+2+0.5+10=19.5	11	1.8	32	43	
平衡后的支管2	2'	4000	19.4	270	1.6	3+1=4	6.4	0.52	12	18.4	
平衡后的支管3	3'	6000	21.7	313	1.6	1+1.5=2.5	4	0.52	15	19	

三个支管用1、2、3表示，三个支管在一处交汇，在交汇处右侧所有管路称为干管。干管用4表示。

并联管路的压损用管路中一条压损最大的串联管路的压损来表示，在这一例题中，管路的压损等于压损最大的一条支管的压损与干管的压损之和。

（1）支管1的压损　根据处理风量2000m³/h和流速17m/s，求管径D_1

$$D_1 = \sqrt{\frac{4L}{3600}} = \sqrt{\frac{4 \times 2000}{3600 \times 3.14 \times 17}} = 200（mm）$$

根据D_1=200mm，v_a=17m/s查图8-4，得比压阻h_{m1}=1.7mmH₂O。

摩擦压损$H_{m1} = h_m l = 1.7 \times (1 + 4.5) = 9.35（mmH_2O）$。

矩形吸尘罩，θ=60°；查表8-3，ξ=0.12。

五节弯管，α=90°，$\frac{R}{D}=1$，查表8-3，ξ=0.4。

在本例条件下，四通管件的ξ值查找不到，这里计算时，不予考虑，待到后面处理风压附加时一并考虑。

$$\Sigma \xi_1 = 0.12 + 0.4 = 0.52$$

局部压损

$$H_{ju1} = \Sigma \xi_1 \frac{v_a^2 \rho_a}{2} = 0.52 \times \frac{17^2 \times 1.2}{2} = 90.17（Pa）= 9.2（mmH_2O）$$

支管1的压损

$$H_1 = H_{m1} + H_{ju1} = 9.35 + 9.2 = 18.55（mmH_2O）$$

（2）支管2的压损

$$D_2 = \sqrt{\frac{4L}{3600\pi v_a}} = \sqrt{\frac{4 \times 4000}{3600 \times 3.14 \times 17}} = 290（mm）$$

根据D_2=290mm，v_a=17m/s，查图8-5得h_m=1.1mmH₂O。

摩擦压损$H_{m2} = h_m l = 1.1 \times (1 + 3) = 4.4（mmH_2O）$。

矩形吸尘罩，θ=60°；ξ=0.12。

五节弯管，α=90°，$\frac{R}{D}=1$，ξ=0.4。

$$\Sigma \xi_2 = 0.12 + 0.4 = 0.52$$

局部压损

$$H_{ju2} = \Sigma \xi_2 \frac{v_a^2 \rho_a}{2} = 0.52 \times \frac{17^2 \times 1.2}{2} = 90.17（Pa）= 9.2（mmH_2O）$$

支管2的压损

$$H_2 = H_{m2} + H_{ju2} = 4.4 + 9.2 = 13.6（mmH_2O）$$

（3）支管3的压损

$$D_3 = \sqrt{\frac{4L}{3600\pi v_a}} = \sqrt{\frac{4 \times 6000}{3600 \times 3.14 \times 17}} = 350（mm）$$

根据D_3=350mm，v_a=17m/s，查图8-5得h_m=0.87mmH₂O。

摩擦压损$H_{m3} = h_m l = 0.87 \times (1 + 1.5) = 2.17（mmH_2O）$。

矩形吸尘罩，$\theta = 60°$；$\xi = 0.12$。

五节弯管，$\alpha = 90°$，$\dfrac{R}{D} = 1$，$\xi = 0.4$。

$$\Sigma \xi_3 = 0.12 + 0.4 = 0.52$$

局部压损

$$H_{ju3} = \Sigma \xi_3 \frac{v_a^2 \rho_a}{2} = 0.52 \times \frac{17^2 \times 1.2}{2} = 90.17 \ (Pa) = 9.2 \ (mmH_2O)$$

支管3的压损

$$H_3 = H_{m3} + H_{ju3} = 2.17 + 9.2 = 11.37 \ (mmH_2O)$$

（4）压损的平衡计算　从上面的计算可以看出，三个支管的压损不同，把它们汇交在一起，从干管处抽风时，各支管的过风量不可能均匀。压损小，过风量大；压损大，过风量小；各支管的实际过风量与要求的过风量不同。遇到这种情况，必须调整部分支管的压损。调整方法有两种：一是在各支管内加设闸门；二是改变部分支管直径。直径加大，压损减小；直径减小，压损加大。

前面在（1）、（2）、（3）中计算的结果归纳如下：

支管1

$$D_1 = 200mm$$

$$H_1 = 18.55mmH_2O$$

支管2

$$D_2 = 290mm$$

$$H_2 = 13.6mmH_2O$$

支管3

$$D_3 = 350mm$$

$$H_3 = 11.37mmH_2O$$

可以取任何一个支管作基准，不改变直径。如果以压损最大的支管作基准，平衡计算之后的支管，压损加大，管径减小，流速大于原来选定的流速；如果以压损最小的支管作基准，平衡计算之后的支管，压损减小，流速小于原来选定的流速。选择基准支管时，要考虑平衡后的支管改变后的速度是否合乎要求。这时以支管1作基准来平衡支管2和支管3，用下面公式平衡计算：

$$D'_0 = D_0 \left(\frac{H_0}{H_w} \right)^{0.225} \tag{8-14}$$

式中　D_0'——平衡后的管径；

　　　D_0——平衡前的管径；

　　　H_0——平衡前的压损；

　　　H_w——基准支管的压损。

支管2的压损平衡

$$D_0 = D_2 = 290mm$$

$$H_0 = H_2 = 13.6mmH_2O$$

$$H_w = H_1 = 18.55 \text{mmH}_2\text{O}$$

$$D_0' = D_2'$$

$$D_2 = D_2 \left(\frac{H_2}{H_1} \right)^{0.225} = 290 \left(\frac{13.6}{18.55} \right)^{0.225} = 270 \text{（mm）}$$

支管2压损平衡后的速度v_{a2}'

$$v_{a2} = \frac{4 \times 4000}{3600 \times \pi \times 0.27^2} = 19.4 \text{（m/s）}$$

根据D_2'和v_{a2}'查图8-5，得比压阻$h_m = 1.6$。

摩擦压损$H_{m2}' = h_m l = 1.6 \times (1+3) = 6.4 \text{（mmH}_2\text{O}$）。

矩形吸尘罩，$\theta = 60°$；$\xi = 0.12$。

五节弯管，$\alpha = 90°$，$\frac{R}{D} = 1$，$\xi = 0.4$。

$$\Sigma \xi = 0.52$$

局部压损

$$H_{ju2}' = \Sigma \xi \frac{v_a^2 \rho_a}{2} = 0.52 \times \frac{19.4^2 \times 1.2}{2} = 117.6 \text{Pa} = 12 \text{（mmH}_2\text{O}）$$

支管2平衡后的压损

$$H_2' = H_{m2}' + H_{ju2}' = 6.4 + 12 = 18.4 \text{（mmH}_2\text{O}）$$

支管3的压损平衡

$$D_0 = D_3 = 350 \text{mm}$$

$$H_0 = H_3 = 11.37 \text{mmH}_2\text{O}$$

$$H_w = H_1 = 18.55 \text{mmH}_2\text{O}$$

$$D_0' = D_2'$$

$$D_3' = D_3 \left(\frac{H_3}{H_1} \right)^{0.225} = 350 \left(\frac{11.37}{18.55} \right)^{0.225} = 313 \text{（mm）}$$

支管3压损平衡的速度v_{a3}'

$$v_{a3}' = \frac{4 \times 6000}{3600 \times \pi \times 0.313^2} = 21.6 \text{（m/s）}$$

根据D_3'和v_{a3}'查图8-5，得比压阻$h_m = 1.6$。

摩擦压损$H_{m3}' = h_m l = 1.6 \times (1+1.5) = 4 \text{（mmH}_2\text{O}$）。

矩形吸尘罩，$\theta = 60°$；$\xi = 0.12$。

五节弯管，$\alpha = 90°$，$\frac{R}{D} = 1$，$\xi = 0.4$。

$$\Sigma \xi = 0.12 + 0.4 = 0.52$$

局部压损

$$H_{ju3}' = \Sigma \xi \frac{v_a^2 \rho_a}{2} = 0.52 \times \frac{21.7^2 \times 1.2}{2} = 146.9 \text{（Pa）} = 15 \text{（mmH}_2\text{O}）$$

支管3平衡后的压损

$$H_3' = H_{m3}' + H_{ju3}' = 4 + 15 = 19 \text{ (mmH}_2\text{O)}$$

（5）干管的压损　干管的风量应等于三个支管的风量之和，L_4=2000+4000+6000（m³/h）

$$D_4 = \sqrt{\frac{4L_4}{3600\pi\nu_a}} = \sqrt{\frac{4 \times 12000}{3600 \times 3.14 \times 17}} = 500 \text{(mm)}$$

根据ν_{a4}=17m/s、D_4=500mm查图8-5得h_m=0.56mmH$_2$O。干管的长度l_4=6+1+2+0.5+10=19.5（m）

干管的摩擦压损$H_{m4} = h_m l_4$=11mmH$_2$O。

五节弯管，α=90°，$\dfrac{R}{D}=1$，ξ=0.4。

伞形风帽，$\dfrac{h}{D}=0.8$，ξ=1。

$$\Sigma\xi = 0.4 + 0.4 + 1 = 1.8$$

干管的局部压损

$$H_{ju4} = \Sigma\xi\frac{v_a^2\rho_a}{2} = 1.8 \times \frac{17^2 \times 1.2}{2} = 313.6 \text{ (Pa)} = 32 \text{ (mmH}_2\text{O)}$$

干管的压损

$$H_4 = H_{m4} + H_{ju4} = 11 + 32 = 43 \text{ (mmH}_2\text{O)}$$

在支管当中，经过平衡的支管3压损H_3'最大，其值为19mmH$_2$O，袋式除尘器的压损为100mmH$_2$O。干管压损H_4=43mmH$_2$O。

除尘系统的总压损$\Sigma H = H_3' + H_4 +$除尘器压损$= 19 + 43 + 100 = 162$mmH$_2$O

一般风压的附加值取15%，前面计算未计入四通管件的局部压损，这里给予弥补，将风压附加值加大至18%：

$$风机风压 = 162 \times \frac{118}{100} = 191 \text{ (mmH}_2\text{O)}$$

风量附加值取10%：

$$风机风量 = 12000 \times \frac{110}{100} = 132 \text{ (m}^3\text{/h)}$$

三、风量的平衡

在任何通风房间内，无论采用哪种送风和排风方式，单位时间的送风量必然等于排风量，即

$$\Sigma L_S = \Sigma L_P \tag{8-15}$$

式中　ΣL_S——房间的总送风量，包括有组织的机械送风量和无组织的自然进风，m³/h；

ΣL_P——房间的总排风量，包括有组织的机械回

风量和排风量以及无组织的渗漏风量，m³/h。

公式（8-15）就是通风房间的风量平衡方程式。它也是通风工程设计中必须遵循的基本方程式之一，其形式虽然简单，在实际应用中却需要根据具体情况分析各种形式的送风量和排风量。

在图8-9中，车间的风量平衡方程式为：

图8-9　车间风量平衡示意图

$$L_S = L_H + L_P + L_L \qquad (8-16)$$

式中　L_S——车间的机械送风量，m^3/h；

　　　L_H——车间的回风量，m^3/h；

　　　L_P——车间的机械排风量，包括局部排风量和全面排风量，m^3/h；

　　　L_L——由于车间围护结构不严密而造成的无组织的渗漏风量，m^3/h。

如果$L_S > L_H + L_P$，则车间维持正压；如果$L_S < L_H + L_P$，则车间维持负压。

（一）送风量的计算

1. 层流车间

所谓层流车间，是指通风的状态在层流区内，车间送风量的计算有均匀分布和不均匀分布两种理论。不论按照哪种理论，层流车间的送风量都是由车间断面风速决定的。《洁净厂房设计规范》中要求：100级垂直层流车间断面风速$v_a \geqslant 0.25 m/s$；水平层流洁净车间断面风速$v_a \geqslant 0.35 m/s$。根据这个规定，只要已知车间的断面面积，就可以求得送风量。

2. 乱流车间

（1）换气次数估算法　《洁净厂房设计规范》中要求，1000级车间的换气次数$n \geqslant 50$次/时；1万级车间的换气次数$n \geqslant 25$次/时；10万级车间的换气次数$n \geqslant 15$次/时。根据这个规定，只要已知车间的长、宽、高，即容积和所要求达到的空气洁净度级别，就可以求得送风量。

（2）公式计算法　换气次数法只能粗略地估算车间所需要的送风量，但由于车间内扬尘量不同、气流组织形式不同以及系统新风量不同等因素，要准确地确定系统送风量应通过公式进行计算。

（二）排风量的计算

农药的手工包装通常在通风柜内进行，其排风量（m^3/h）按式（8-17）计算：

$$L = 3600 v_a A \qquad (8-17)$$

式中　A——操作孔（工作口）的有效面积，m^2；

　　　v_a——操作孔（工作口）的断面风速，m/s，按表8-6选用。

表8-6　通风柜操作孔（工作口）的断面风速

有害物性质	无毒有害气体	有毒有害气体	剧毒有害气体
断面风速/（m/s）	0.3 ~ 0.5	0.7 ~ 1.0	1.2 ~ 1.5

（三）新风量的计算

保证车间内每人每小时的新风量不少于$40 m^3$。从卫生角度考虑的最少新风量，主要是用于稀释空气中的有害气体和气味。其计算公式如下：

$$L = \frac{X}{(c - c_0) \times 10^{-3}} \qquad (8-18)$$

式中　X——车间内产生的有害气体量，m^3/h；

　　　c——有害气体（含有毒粉尘）的控制浓度，L/m^3；

　　　c_0——车间内空气中该种有害气体的浓度，L/m^3。

对于经常又较多地产生有害气体的车间，应按有关标准确定车间内最少新风量。对于一般的车间，则主要以CO_2为标准确定每人每小时最少新风量。

对于CO_2公式（8-18）中的c一般取$1L/m^3$，c_0一般取$0.3L/m^3$。当按极轻劳动考虑时，每人每小时呼出CO_2计算值为$X=0.022m^3/(h\cdot人)$，则需要的新风量为：

$$L = \frac{0.022}{(1-0.3)\times10^{-3}} \approx 30[m^3/（h\cdot人）]$$

应该指出，卫生标准和采暖通风设计规范都把这个数字定为新风量的下限，厂房设计规范将此值定为$40m^3/（h\cdot人）$。

男子劳动强度和CO_2呼出量的关系见表8-7。根据表中提供的数据可以确定人在不同劳动情况下所需的最少新风量。

表8-7　男子劳动强度和CO_2呼出量的关系

劳动强度	工作例	CO_2呼出量/[m^3/（h·人）]	CO_2计算采用呼出量/[m^3/（h·人）]
安静时	仪表控制	0.0132	0.013
极轻劳动	车间巡视	0.0132~0.0242	0.022
轻劳动	农药包装	0.0242~0.0352	0.03
中劳动	手工加料和出料	0.0352~0.0572	0.046
重劳动	手工搬运货物	0.0572~0.0902	0.074

（四）回风量的计算

在计算出送风量和新风量之后，回风量可按式（8-19）计算：

$$L_H = L_S - L_X \tag{8-19}$$

式中　L_H——系统的回风量，m^3/h；

　　　L_S——系统的送风量，m^3/h；

　　　L_X——系统的新风量，m^3/h。

第四节　局部通风

农药加工车间（特别是固体制剂车间）有多个粉尘泄漏点，经常需要加装吸尘罩进行除尘。一个除尘系统，吸尘罩处在前沿，对除尘效果影响很大，对它的选型、设计应给予足够的重视。

一、扬尘及吸尘的机理

粉尘由气体携带着，携带粉尘的气体称为含尘气体，吸尘机理见图8-10。扬尘时，由于振动力和温度的作用，含尘气体具有一定的能量，向四周扩散。扩散的状态是等速曲线，如图8-10（a）所示。在同一条曲线上，各个点的扩散速度相同，用v_k表示。靠近尘源v_k值最大，向外逐渐减小，最外层$v_k=0$。

图8-10（b）中的曲线亦是等速度曲线，这速度用v_x表示。罩口外某一点的v_x与该点到罩口距离的平方成反比。罩口吸气时，在罩口外速度衰减很快。罩口处的速度用v_0表示。

把吸尘罩置于扬尘处，如图8-10（c）中任意一点，只要$v_x > v_k$，吸尘罩就可以把该点的含尘气体吸入罩内。图8-10（c）中，$v_k=20m/s$的曲线的一部分被$v_x=20m/s$的曲线包围，曲线上被包围的部分各点的含尘气体可以被抽吸，但是未被包围的部分各点的含尘气体不一定就不能被抽吸。$v_k=20m/s$曲线上的粉尘继续向外扩散，扩散速度随之下降，待下降到$v_k=10m/s$的位置时，$v_k=10m/s$的曲线大部分被$v_x=10m/s$的曲线包围，大部分可以被抽吸。

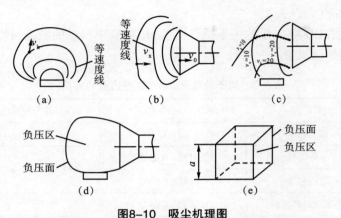

图8-10　吸尘机理图

v_k—扩散速度；v_x—控制速度

含尘气体可以被抽吸多少，在哪一个部位上被抽吸，这取决于扬尘量、扬尘强度、抽吸力度和抽吸位置等因素。

二、罩外气体流动的动态

在实际生产中，希望吸尘罩只抽吸含尘气体，不希望含尘气体外部的空气进入吸尘罩内。空气进入吸尘罩，增加了处理风量，并且还要加大风机的处理量，因此应尽量避免和减少吸入空气。为了减少空气的吸入量，需要对吸尘罩抽吸的动态做一分析。

由于风机的抽吸，在吸尘罩罩口外产生负压，负压的范围与风机产生的抽吸真空度、吸尘罩的形状、大小、位置等因素有关。形成负压的范围称为负压区，负压区的表面称为负压面，见图8-10（d）。负压区是一个不规整的区域，负压面是一个不规整的表面。为了说明方便，把负压区规整化，把它看作一个正方体，如图8-10（e）所示，把这正方体的表面视为负压面，想象成是由六个面积为a^2的平面组成的平面。

吸尘罩工作时，把正方体内的含尘气体抽吸进去。同时，也把正方体外的空气抽吸进去一部分，抽吸进去的空气量用L表示。这时，把一个平面遮挡住，抽吸进去的空气量为5/6L；把两个平面遮挡住，抽吸进去的空气量为2/3L……把六个平面全部遮挡住，抽吸进去的空气量为0。

通过以上分析，可以找到设计吸尘罩的原则。

① 在负压面的部位尽可能多地设置遮挡面，最好全部遮挡，给予密封。

② 如受条件限制，不能给予密封时，应尽量把吸尘罩靠近扬尘区域。

③ 吸尘罩的罩口要对着粉尘扩散的方向。

④ 吸尘罩的安装不要影响设备的运转，不要妨碍设备的操作与维修。

三、吸尘罩的设计

伞形罩可安装在扬尘区的上部（加料口处）、下部（包装机内）、侧面（料仓下面的出口），是一种局部吸尘罩。因结构简单，所以应用较为广泛，如图8-11所示。图8-11（a）是不加设挡板的伞形罩，图8-11（b）和图8-11（c）是加设挡板的伞形罩。

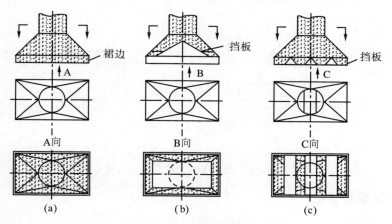

图8-11 伞形罩的种类

采用伞形罩，根据扬尘范围、扬尘强度确定伞形罩的形状、罩口面积、安装位置之后，根据含尘气体的扩散速度v_k，确定控制速度v_x；根据控制点的位置，测出控制点至罩口的距离X。罩口面积用F表示。

在一般情况下，根据F、v_x、X三个因素计算抽风量L，抽风量还与伞形罩的安装位置、遮挡面有关。

图8-12是伞形罩的五个安装位置，有的设有遮挡面，有的不设遮挡面。图8-12（a）表示安装在扬尘区侧面，不设遮挡面；图8-12（b）表示安装在扬尘区侧面，在罩口处设置遮挡面；图8-12（c）表示安装在扬尘区侧面，在尘源下部设置遮挡面；图8-12（d）表示安装在扬尘区上部，罩口与扬尘方向相迎，在尘源下部设置遮挡面；图8-12（e）表示安装在扬尘区下部，在罩口处设置遮挡面。五种情况，计算抽风量的公式列入图8-12（a）右侧。公式是根据L与F、v_x、X之间的定量关系，经实验进行修正制定的。

$$L=3600（10X^2+F）v_x \tag{8-20}$$

式中　L ——排风量，m^3/h；

　　　v_x ——控制风速，m/s；

　　　F ——罩口面积，m^2；

　　　X ——罩口至控制点的距离，m。

$$L=3600 \times 0.75 \times（10X^2+F）v_x \tag{8-21}$$

$$L=3600（5X^2+F）v_x \tag{8-22}$$

$$A=a+0.5h$$

$$L=3600（5X^2+F）v_x \tag{8-23}$$

$$L=3600（12X^2+F）v_x \tag{8-24}$$

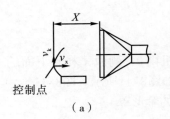
（a）

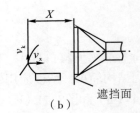
（b）

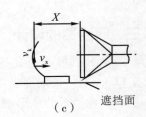
（c）

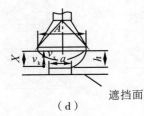
（d）

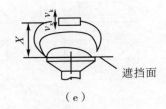
（e）

图8-12 伞形罩五种情况的抽风量

1. 局部排风罩的设计

在便于生产操作、工艺设备检修及各种管道安装的原则下，应首先考虑采用密闭式（带有固定的或活动的围挡板）的排风罩，其次考虑采用侧面排风罩或伞形排风罩。

在设备结构允许的条件下，排风罩应尽量靠近并对准有害物的散发方向。排风罩的类型应保证在一定风速时，能有效地以最少的风量最大限度地排走其散发出来的有害物。局部排风的净化处理原则：

① 局部排风系统中收集的含有有害气体、蒸汽、烟雾、粉尘的空气，应经净化或回收再排入大气。当技术上不能达到净化要求时，应根据当地规划或自然条件，将未净化的空气排入较高的大气层中，以符合国家标准的规定。

② 局部排风系统排出的气体应以中和、吸附为主、用水稀释为辅、高空排放为次的原则进行净化处理，对净化装置排放的污水（溶液）应采取切实措施，防止对环境的再污染。

2. 伞形排风罩和侧面排风罩

伞形排风罩和侧面排风罩由于结构简单、制造方便，常用来排热及排除其他有害气体。

与所安装的伞形罩有害物气流相迎，其罩口的截面和形状应尽可能与有害物散发源的水平投影相似。排风罩的开口角度α宜等于或小于60°（最大不得大于90°）。为减小排风罩高度，对于边长较长的矩形风罩可将长边分段设置。排风罩罩口边宜留有一定高度的垂直边（裙板），垂直边的高度$h_2 = 0.25\sqrt{F}$（F为罩口面积）。排出蒸汽或潮湿的气体时，应在排风罩结构上考虑排除凝结液的措施。

排除热气体的伞形排风罩（见图8-13、图8-14），罩口截面尺寸按下式计算：

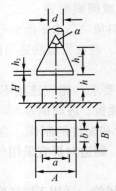
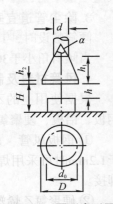

图8-13 矩形伞形罩　　**图8-14 圆形伞形罩**

矩形罩：

$$A=a+0.5h$$

$$B=b+0.5h$$

圆形罩：

$$D=d_0+0.5h$$

式中　A，B——罩口的长和宽，m；

　　a，b——有害物散发源的长和宽，m；

　　　H——有害物散发源至罩口的距离，m；

　　　D——罩口直径，m；

　　　d_0——有害物散发源的直径，m。

伞形排风罩风量的计算：

$$L=3600Fv_a \quad (m^3/h) \tag{8-25}$$

式中　F——罩口截面面积，m^2；

　　　v_a——罩口截面上平均风速，m/s。

推荐以下风速：

四边敞开的伞形罩v_a=1.05～1.25m/s；

三边敞开的伞形罩v_a=0.9～1.05m/s；

二边敞开的伞形罩v_a=0.75～0.9m/s；

一边敞开的伞形罩v_a=0.5～0.75m/s。

采用自然排风伞形罩的必要条件是，排出的有害气体一定要有上浮力。如果有害气体散发源的上浮气流是不稳定的，或者周围空气与排出气流的密度相差不大时，用伞形罩进行自然排风是不合理的。

四、吸尘罩的使用

1. 通风系统常用流速

一般通风系统常用流速对于农药这类粉体，水平管流速为16～18m/s，垂直管流速为14～16m/s。

2. 通风系统的管道压力损失

应考虑下列附加值：

一般送、排风系统10%～15%，除尘系统15%～20%。系统中各并联支管之间的压力损失应尽量平衡，各节点的压力不平衡率应不大于15%。

3. 除尘管道宜垂直或倾斜敷设

倾斜敷设时，其倾斜角（与水平面）不应小于45°。

当倾斜角小于30°时，应在管道的适当位置上装设清扫孔。

4. 风管材料及制作

根据使用上的不同要求，相应选用不同的风管材料。常用风管材料有薄钢板、不锈钢板、铝板、硬聚氯乙烯板、玻璃钢等。

① 钢板风管　风管和配件的制作，当钢板厚度小于或等于1.2mm时可采用咬接，大于1.2mm时可采用焊接；翻边对焊宜采用气焊。镀锌钢板制作风管和配件，应采用咬接或铆接。

② 硬聚氯乙烯塑料风管　适用于输送腐蚀性气体，气体温度或环境温度为-20～+60℃，

不宜安装在有强烈辐射热的地方，除非有隔热措施。

管道接缝全部采用焊接。当风管直管段较长时，每隔15～20m必须设置伸缩节，以考虑直管段伸缩的影响。与直管段相连的支管上宜设置柔性接管，风管与有振动设备或通风机相接处必须设置柔性接管。

风管安装一般以吊架为主，管架底部和风管之间应垫入3～5mm厚软塑料垫片，吊架间距一般为1.5～3m。

③ 风管的连接　风管与风管之间的连接方式有法兰连接、焊接和咬口等几种。为了保证法兰连接的密封性，在两个法兰间放入衬垫，衬垫厚度为3～5mm。衬垫材料应根据所输送气体的性质和温度选用：输送空气温度低于70℃的风管，应用橡胶板或闭孔海绵橡胶板等；输送空气或烟气温度高于70℃的风管，应用石棉绳或石棉橡胶板等；输送含有腐蚀性介质气体的风管，应用耐酸橡胶板或软聚氯乙烯板等；输送产生凝结水或含有蒸汽的潮湿空气的风管，应用橡胶板或闭孔海绵橡胶板；除尘系统的风管应用橡胶板。

第五节　除尘设备

一、旋风分离器

旋风分离器广泛应用在回收气体中粉尘的系统中，是从气体中收集粉尘的主要设备。农药加工中旋风分离器主要用在粉体的气力输送、气流粉碎和各种对流干燥的系统中粉体的收集。旋风分离器结构简单，制造方便，只要设计合理，制造质量优良，旋风分离器能够捕集5μm以上的粉体，可以获得85%～90%的分离效率。对含尘量很高的气体，同样可以直接进行分离。并且压力损失较小，没有运动部件，所以经久耐用。除了磨蚀性物料对旋风分离器的内壁产生磨损或细粉黏附外，没有其他缺点。

1. 旋风分离器的工作原理

旋风分离器也称作离心力分离器，它是利用含细粉气流做旋转运动时产生的离心力，把细粉从气体中分离出来。

旋风分离器内气流的运动情况相当复杂。由于细粉的凝聚与分散、器壁对细粉的反弹作用以及粒子间的摩擦作用等原因，分离机理很复杂，理论上的研究从未停止过。

含细粉的气流进入旋风分离器后一边沿内壁旋转一边下降。由于到达圆锥部后旋转半径减小，根据动量守恒定律，旋转速度逐渐增加，气流中的粒子受到更大的离心力。由于离心力产生的分离速度要比受重力作用的沉降速度大几百倍甚至几千倍，使细粉从旋转气流中分离出来，沿着旋风分离器的壁面下落而被分离。气流到达圆锥部分下端附近就开始反转，在中心部分逐渐旋转上升，最后从升气管排出。

2. 旋风分离器性能的影响因素

旋风分离器各部分的尺寸和圆锥角、进口气流速度以及气流性质对分离性能的影响早就有过许多研究，基本搞清了其中的规律。但由于实验装置及测定方法不同，在数值上略有差别。表8-8是对影响性能（压力降和分离效率）的诸多因素综合研究后的归纳。表8-9是常用旋风分离器的几何尺寸的比例关系。

表8-8　旋风分离器性能与各因素的关系

因素	符号	减小压力损失 Δp	提高分离效率η
※进口气速	u_{in}	越小越好，$\Delta p \propto v_{in}^2$	有最佳值，$v_{in}=12 \sim 25\text{m/s}$
※相似尺寸		几乎没影响	越小越好
△※出口管径	D	越大越好	越小越好
△圆筒部直径	D	偏小稍好	偏大稍好
圆筒部长度	L	越长越好	有一个最佳值
※圆锥部长度	H	越长越好	稍长为好（圆锥角为20°左右）
入口面积	bh	偏小为好	影响小，有一最佳值
※粒子密度	ρ_s	几乎没影响	越大越好
△气体温度（黏度）	$T(\mu_a)$	越高（越大）越好	越低（越小）越好
气体密度	ρ_a	越小越好	几乎没影响
※入口粉体浓度	ρ	越大越好	稍偏大为好
※集尘室气密性		几乎没影响	对吸入式影响大

注：※表示影响大；△表示压损与效率的效果相反；b表示入口宽度；h表示入口高度。

表8-9　常用旋风分离器的几何尺寸比例关系

尺寸内容	CLP/A	CLP/B	CLT/A	CLK
入口宽度b	$\sqrt{\dfrac{A}{3}}$	$\sqrt{\dfrac{A}{2}}$	$\sqrt{\dfrac{A}{2.5}}$	$0.26D$
入口高度h	$\sqrt{3A}$	$\sqrt{2A}$	$\sqrt{2.5A}$	D
筒体直径D	上3.85b下0.7D	3.33b	3.85b	D
排风口直径d	0.60	$0.6D$	$0.6D$	$0.5D$
筒体长度L	上1.35D下1.0D	1.7D	2.26D	上2D中3D下1.65D
锥体长度H	上0.5D下1.0D	2.3D	2.0D	3D
排料口直径d_1	0.296D	0.43D	0.3D	0.3D
锥体角α	上27°下23°	14°	20°	反射屏60°
排风管插入深度t	0.5D+0.3h	0.28D+0.3h	2.5D	1.1D
入口面积与出口面积比	0.69	0.64	0.645	0.52
反射层中心孔d_2				0.10
阻力系数ξ	7.0（Y）8.0（X）	4.8（Y）5.8（X）	5.3	9.0

注：Y表示压入式；X表示吸入式；入口截面积$A=bh$。

　　XLP/A型旋风分离器尺寸标注见图8-15。XLT/A型旋风分离器尺寸标注见图8-16。CLK型扩散式旋风分离器尺寸标注见图8-17。CZT型旋风分离器尺寸标注见图8-18。值得注意的是，CLK型旋风分离器的分离效率较高（在相同进口风速的情况下），特别是分离5μm以下颗粒时更是如此。但由于该旋风分离器的内部结构所限，分离后的物料是从内部反射屏与筒体形成的环缝下料，如果物料易产生静电或可形成絮状物，环缝易堵塞而失去分离作用。所以选用时应根据物料情况而定。

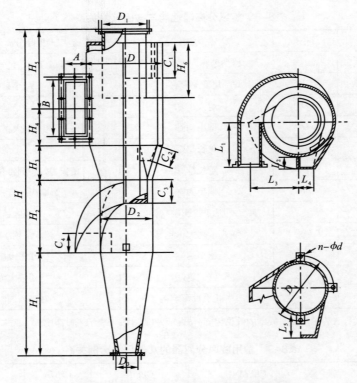

图8-15　XLP/A型旋风分离器尺寸标注图

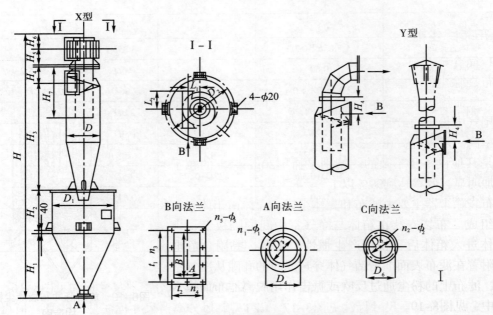

图8-16　XLT/A型旋风分离器尺寸标注图

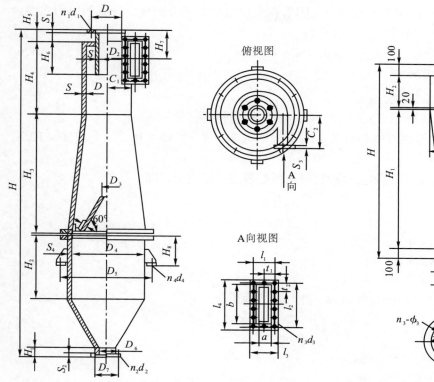

图8-17 CLK型扩散式旋风分离器尺寸标注图

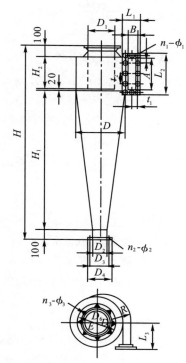

图8-18 CZT型旋风分离器尺寸标注图

二、布袋除尘器

1. 简介

布袋除尘器（袋滤器或袋式除尘器）经常作为干式粉碎、气流输送及干燥系统的最后一级气固分离设备，是截留尾气中粉体的最后一道防线。布袋除尘器的特点是捕集效率高。可以说，在众多的气固分离设备中，它的捕集效率是其他设备所不及的。特别是捕集20μm以下的粒子时更加明显，效率达到99%以上。

布袋除尘器主要由滤布和壳体组成，壳体由箱体和净气室组成。布袋安装在箱体与净气室中间的隔板上，含尘气体进入箱体后，粉体产生惯性、扩散、黏附、静电作用附着在滤布表面。清洁气体穿过滤布的孔隙从净气室排出，滤布上的粉尘通过反吹或振击作用脱离滤布而掉入料斗中，见图8-19。

2. 布袋除尘器的工作参数计算

从布袋除尘器的工作原理可知，工作阻力在一定范围内随粉尘在滤布上黏附量的增加而增大。阻力的变化会造成系统通风量的波动，对分离效率有较大影响。工作阻力

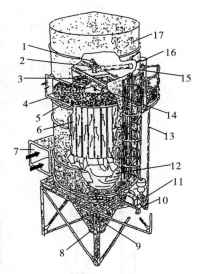

图8-19 旋转脉冲布袋除尘器三维
构造图

1—电磁阀；2—脉冲阀；3—旋转电机；
4—排气口；5—孔板；6—滤袋架；7—出气口；8—排灰口；9—灰斗；10—检修孔；
11—空压机；12—气流分布挡板；
13—压缩气管；14—旋转喷吹管；15—维修口；16—压缩气包；17—顶盖

主要由结构阻力、清洁滤布阻力和滤布上附着粉尘层阻力三部分组成，设备的阻力主要由后两项所决定，可按下式计算：

$$\Delta p = (K\rho + a_0) q\varepsilon_0 \qquad (8-26)$$

式中　Δp——布袋阻力，Pa；

　　　ρ——滤布的含尘度，g/m^2；

　　　q——滤布的透气率，$m^3/(m^2 \cdot h)$，与滤布材料有关；

K，a_0，ε_0——常数，与滤布材料有关，对于棉织绒布，$K = 2.45 \times 10^{-5}$，$a_0 = 756 \times 10^{-3}$，$\varepsilon_0 = 1.14$。

袋滤器过滤面积的选择主要由过滤材料和所处理的风量决定，即

$$A = \frac{L}{q} \qquad (8-27)$$

式中　A——过滤面积，m^2；

　　　L——处理风量，m^3/h；

　　　q——滤布透气率，$m^3/(m^2 \cdot h)$。

有些过滤材料给出允许的过滤风速，此时过滤面积：

$$A = \frac{L}{60v_a} + A_0 \qquad (8-28)$$

式中　v_a——过滤风速，$1.5 \sim 0.5 m/min$；

　　　A_0——清尘不操作面积，m^2；

　　　L——处理风量，m^3/h。

3. 滤布的性能

前面曾提到，决定捕集效率的重要因素是滤布，从某种意义上讲它起决定作用，正确选择滤布是提高捕集效率的关键。选择滤布时应满足下列条件：

① 所捕集的粉体能附着在滤布上构成过滤层。

② 所选滤布的间隙应大于颗粒的直径。

③ 附着在滤布上的粉体应容易剥落。

④ 对酸碱等气体应有一定的化学稳定性。

⑤ 容易洗涤且不易收缩。

⑥ 在处理气体的温度下长期工作不破损。

表8-10是部分滤布的指标。

表8-10　集尘滤布的部分指标

材料及型号	组织	质量/（g/m^2）	透气率/［$m^3/(m^2 \cdot h)$］
涤纶2315-B	斜纹	284	162
涤纶601-B	斜纹	412	82.8
涤纶2020-S	斜纹	330	57.6
涤纶9A	斜纹	325	50.4
涤纶1003	无纺织布	491	72
涤纶120A	平纹	162	144
锦纶	斜纹	330	82.8
锦纶9A	斜纹	310	100.8

材料及型号	组织	质量/（g/m²）	透气率/［m³/（m²·h）］
腈纶3030	斜纹	400	82.8
聚丙烯纤维9A	斜纹	204	133.2
聚丙烯纤维2020-S	斜纹	258	64.8
丙烯酸纤维304	斜纹	250	72
氟乙烯9A	斜纹	300	79.2
聚四氟乙烯纤维T500	斜纹	308	93.6
玻璃纶FT2033	斜纹	420	144
玻璃纶2043	斜纹	540	144
羊毛	斜纹	474	108～126
羊毛	斜纹	508	20～90
羊毛	平纹	305	261～279
羊毛70%，迪尼尔30%	斜纹	474	108～126
羊毛60%	斜纹	474	108～126
迪尼尔40%	平纹	244	108～126
奥纶	平纹	305	72～90
奥纶	2/1斜纹	432	90～108
奥纶	2/2斜纹	305	99～117
大可纶	斜纹	152	81～99
大可纶	斜纹	432	99～117

4. 机械回转反吹布袋除尘器

机械回转反吹的外壳呈圆形。为提高分离效率，常设计成蜗壳状入口，大颗粒在离心力的作用下沿筒壁落入料斗，小颗粒弥散于滤室的空隙，从而被滤袋阻留黏附在滤布外面。洁净气室内设有回转臂，引入高压洁净空气周期性向袋内反吹，使黏附在滤布上的粉尘脱落，图8-20是机械回转反吹式布袋除尘器的结构简图。

5. 电磁脉冲反吹布袋除尘器的结构

电磁脉冲反吹除尘器外壳有方形和圆形两种，布袋分成若干排，每排的数量相等。布袋上方有反吹的气管，反吹时间由电磁阀控制，可以依次对各排布袋进行反吹，使布袋外黏附的粉体及时从布袋上脱落。

两种除尘器各有优缺点，脉冲式除尘器可以自动控制反吹周期及反吹时间。但反吹气量较少，如果滤袋较长时，末端的反吹效果不佳。机械回转反吹气量较大，反吹效果较好。但对系统有一定影响，使系统压力产生波动。图8-21是MC型布袋除尘器的外形尺寸图。

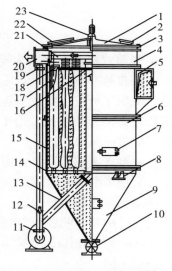

图8-20 机械回转反吹式布袋除尘器

1—除尘器盖；2—观察孔；3—旋转揭盖装置；4—清洁室；5—进气口；6—过滤室；7—入孔门；8—支座；9—灰斗；10—星形排料阀；11—反吹风机；12—循环气管；13—反吹气管；14—定位支撑架；15—滤袋；16—花板；17—滤袋框架；18—滤袋导器；19—喷口；20—排气口；21—旋臂；22—换袋孔；23—旋臂减速机构

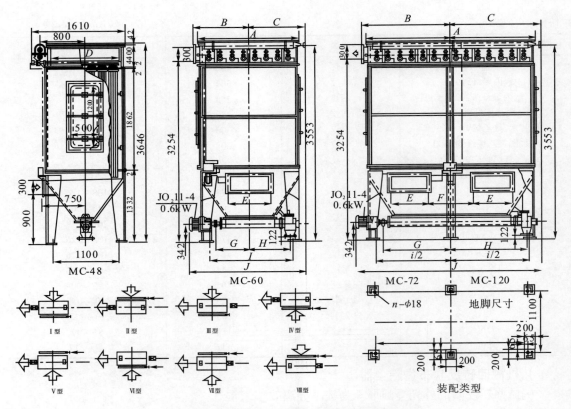

图8-21 MC型布袋除尘器外形尺寸图

6. 气箱式脉冲布袋除尘器

气箱式脉冲布袋除尘器是高效率袋式除尘器。它综合分室反吹和喷吹脉冲清灰的除尘优点，克服了分室反吹清灰强度不够、喷吹脉冲清灰和过滤同时进行的缺点，因而扩大了袋式除尘器的应用范围。由于这种类型的除尘器的结构有其特点，所以提高了除尘效率，延长了滤袋的使用寿命。

本系列产品可广泛用于各种含尘气体的除尘系统。进气含尘浓度高达1000g/m³（标）以上，采用本系统除尘器除尘，可不设置旋风除尘器进行一级除尘。

本系列除尘器为户外式，由不同室数和每室的不同袋数组成多种不同规格。每室的袋数有32袋、64袋、96袋和128袋四种，全系列共有33种规格，滤袋直径为130mm，滤袋长度有2450mm和3060mm，本除尘器的除尘效率可达99.5%以上，净化后气体的含尘浓度小于100mg/m³（标）。

（1）构造和工作原理　64袋气箱式脉冲布袋除尘器由壳体、滤袋、灰斗、排灰装置、支架和脉冲清灰系统等部分组成，如图8-22所示。当含尘气体从进风口进入除尘器后，首先碰到进口中间的斜隔板，气流便转向流入灰斗，同时气流速度变慢。由于重力沉降作用，气体中粗颗粒粉尘直接落入灰斗，起到预除尘的作用。进入灰斗的气流随后折而向上，经过内部装有骨架的滤袋，粉尘被捕集在滤袋的外表面，净化后的气体进入滤袋室上部的清洁室，汇集到出风管排出。除尘器的进风口设在灰斗上，气流进入灰斗后首先碰上进风管端部的挡板，其作用与上述原理相同。壳体用隔板分成若干独立的除尘室，按照给定的时间间隔对每个除尘室轮流进行清灰。每个除尘室装有一个提升阀，清灰时提升阀关闭，切断通过该除尘室的过滤气流，随即脉冲阀开启，向滤袋内喷入高压空气，以清除滤袋外表面上的粉尘。各除尘室的脉冲喷吹宽度和清灰周期由专用的清灰程序控制器自动控制。

（2）气箱式脉冲和喷吹脉冲袋除尘器的区别　喷吹脉冲袋除尘器的特点是在同一除尘室，各排滤袋轮流喷吹清灰，而且清灰时除尘过滤照样进行，即所谓在线清灰。这种清灰方式吹下的粉尘有部分会被附近的滤袋再次捕集。如果用于捕集含尘浓度较大的气体，这种现象更为严重，所以喷吹脉冲清灰布袋除尘器的应用受到一定的限制。

气箱脉冲清灰布袋除尘器的特点是用分室轮流进行清灰，即所谓离线清灰。当某一室进行喷吹清灰时，过滤气流被切断，避免了喷吹清灰造成粉尘二次飞扬。所以气箱式脉冲布袋除尘器能捕集含尘浓度高达100g/m³（标）的气体。

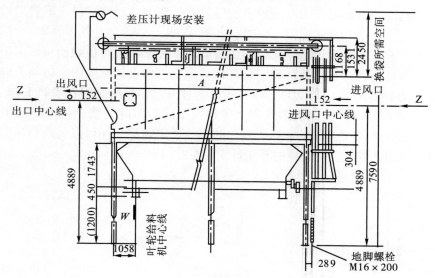

图8-22　64袋气箱式脉冲布袋除尘器

三、空气过滤器

过滤器的材料一般采用油浸式滤层，滤层用不锈钢丝（也可以采用钢丝绒、铜丝绒、尼龙纤维、中孔泡沫塑料）形成绒团，喷以轻质定子油或真空泵油，制成50cm×50cm左右的单体厚5~12cm的过滤层，也可以采用其他材料。根据要求可以用一层或多层叠加在一起作为过滤层，过滤层的两面用钢网夹紧固定后再安装在过滤器的壳体上。

一般情况下透气率为4000~8000m³/（m²·h）时，设计时要求小于2m³/（m²·s），风速小于2m/s。空气通过过滤层时的阻力Δp按式（8-29）计算：

$$\Delta p = 0.05 b v_a^{1.8} \tag{8-29}$$

式中　Δp——空气通过过滤层时的阻力，Pa；

　　　v_a——过滤速度，m/s；

　　　b——滤层的厚度，m。

四、湿式除尘器

湿式除尘器一般布置在除尘系统的最末端，是控制排出气体粉尘含量的最后一道屏障，因此，其作用非常重要。

（一）文丘里除尘器

文丘里除尘器（文氏除尘器）是使气体中的尘粒被水滴捕集，变气固分离为气液分离，以达到除尘目的。文丘里除尘器按引液方式可分为中心喷液、周边径向内喷、液膜引入、气流能量引入等几种方式。气体中粉尘的捕集、气液分离均由一台设备完成，能获得令人满意的效果。

以周边径向内喷式为例，说明其结构特点及设计方法。文近里除尘器主要由收缩管、喉径、扩散段、旋流器、导流体、导流片、分离室组成，见图8-23。含尘气体从下方进入除尘器，在喉径处速度达到最大值。捕集用水在泵的作用下切向进入旋流室。喉管处有一环缝，与旋流室相通。水在旋流室旋转并有一压力，经环缝进入喉管后形成旋转的液膜。

液膜受到高速气流冲击迅速雾化，雾化后雾滴增大了与气体接触面积。由于两者之间存在速度差，气体中粉尘被雾滴捕集后与气体分离。气体夹带雾滴向上运动，遇导流片后由垂直运动变为旋转运动，产生的离心力使雾滴被甩向器壁后黏附在水膜上与气体分离，从而也强化了捕集作用。上部扩散段使气体速度下降后沉降雾滴，从而降低了雾滴的夹带量，被净化后气体从顶部排出。如果气体的排放要求很高，还可以将两台不同类型的湿式除尘器串联使用，以减少尾气中的雾滴量，见图8-24。

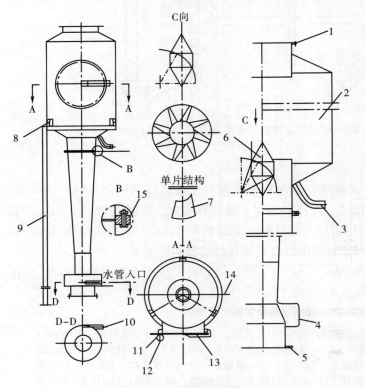

图8-23 文丘里除尘器

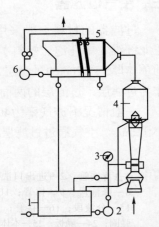

图8-24 文丘里除尘器流程图

1—排气口；2—分离段；3—回水管；4—旋流室；5—进气收缩管；
6—导流体；7—导流片；8—支座；9—支腿；10—进水管；11—检修门（孔）；
12—拉手；13—铰链；14—扩散段；15—紧固件

1—水箱；2—水泵；3—水压表；
4—文丘里除尘器；5—除沫器；
6—水循环泵

（二）箱式水膜除尘器

箱式水膜除尘器主要由水膜除尘器、离心除沫器、水箱、循环泵、雾化器等组成。除尘器内设有一至两块孔板，每块板的上方设有喷头。含尘气体从进风口进入除尘器内，遇折流板突然形成180°转向，气流产生很大的离心力，粉尘向气流的外方移动，与水面接触后被吸附，形成第一级分离。到达孔板下方时，与孔板下来的水滴接触，又有部分粉尘被水滴吸附，喷头喷下的水滴落到孔板后受到从孔板下通过的上升气流的作用，在孔板上产生60~80mm的泡沫层。气流在通过孔板时，粉尘与水接触面积最大，也是捕集率最高的位置。通过孔板后的气流必然夹带部分雾滴，当上升到离心除沫器的导流片间隙时，气流由直线运动变为螺旋运动。强烈的旋转运动把被夹带的雾滴甩到器壁上形成水膜并沿器壁流回水箱内，净化后的气体从排风口排出，结构如图8-25所示。

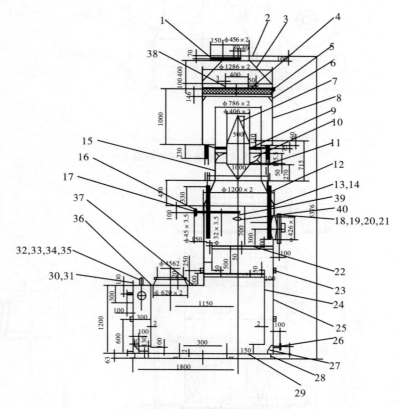

图8-25　箱式水膜除尘器装配图

1—清洗管；2—进出口法兰；3—上锥体；4—丝网除沫器；5,20—法兰；6—支撑圈；7—内芯；8—降液段；9—撑管；10—旋液片；11—橡胶管；12—回水接管；13—紧固件；14—橡胶板；15—分液段；16—接管；17—连接法兰；18—盖；19—橡胶板；21—短管；22—多孔板；23—加强圈；24—隔板；25—本体；26—短管；27—内加强件；28—底加强件；29—底板；30—拉手；31—活动板；32—紧固件；33—连接板；34—螺丝；35—浮球液位控制器；36—铰链；37—盖板；38—拉条；39—内丝弯头；40—喷头

图8-26～图8-29是近年来农药除尘中使用较多的湿式除尘器。

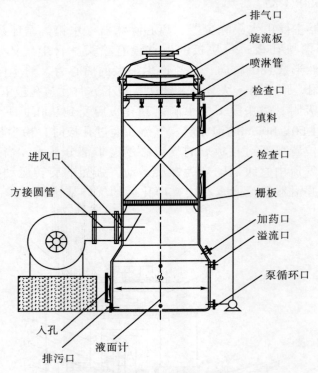

图8-26 箱式水膜除尘器装配图（一）

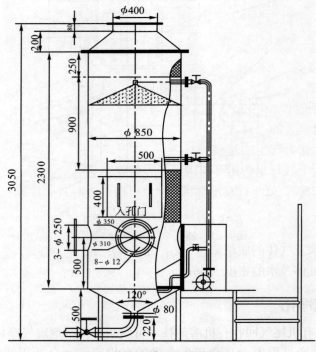

图8-27 箱式水膜除尘器装配图（二）

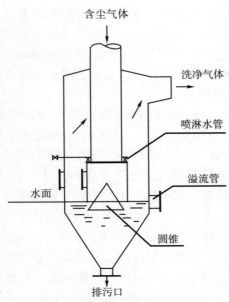

图8-28 箱式水膜除尘器装配图（三）

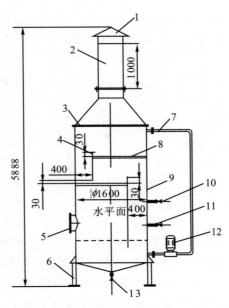

图8-29 箱式水膜除尘器装配图（四）

1—风帽；2—排风管；3—法兰；
4—堰板；5—进风口；6—支脚；7—循环水管；
8—孔板；9—筒体；10—进水管；11—溢
流管；12—水泵；13—排污管

（三）主要参数计算

捕集水可以循环使用，物料还可以从设备中浓缩再干燥。设备的规格可以根据所处理的风量进行设计，一般要求空塔风速为1～1.5m/s，孔板处的阻力可按式（8-30）确定：

$$\Delta p = f^2 \frac{v_a^2 \rho_a}{2\psi_0^2} + \Delta p_\sigma \tag{8-30}$$

式中　ψ_0——孔板开孔率，%；

v_a——气流速度，m/s；

Δp_σ——由表面张力产生的阻力，Pa；

f——与孔板上气与水的相互作用有关的系数。

开孔率为15%～25%，处于扰动泡沫区的 f 值可按式（8-31）计算：

$$f = 38.8 G_w^{-0.57} \left(\frac{G_w}{G_a}\right)^{0.7} \left(\frac{\rho_a}{\rho_w}\right)^{0.35} \tag{8-31}$$

式中　G_w，G_a——水及气体的质量流速，kg/（$m^2 \cdot s$）；

ρ_a，ρ_w——气体及水的密度，kg/m^3。

五、有机溶剂废气净化

活性碳纤维净化有机尾气回收有机溶剂技术可用于有机溶剂废气净化。

在农药制剂的生产过程中，总会产生大量的有机废气。众所周知，苯、甲苯、二甲苯以及农药本身的气味和洗性物质严重地损害人体健康；许多有机物是诱发人类癌症的

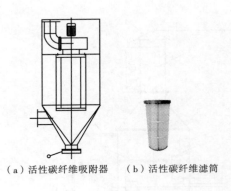

（a）活性碳纤维吸附器　　（b）活性碳纤维滤筒

图8-30　吸附装置

致癌物；各种有机废气是产生光化学烟雾的主要因素。因此，必须高度重视制剂生产车间有机废气的净化处理问题。目前，比较有效吸收有机溶剂废气的设备是活性碳纤维净化设备，装置如图8-30所示。

1. 技术原理

本技术以对有机物有优异选择性吸附性能的活性碳纤维为吸附材料。当有机废气通过活性碳纤维层时，其中的有机物被活性碳纤维吸附、富集、截留，其中的氮气、氧气等无机气体得到净化、排放。当活性碳纤维吸附有机物达到一定数量时，用蒸汽进行脱附再生。蒸汽的高温会增加被吸附的有机物分子的动能，使其从活性碳纤维上脱附下来，随着蒸汽一起进入间接冷凝器中。蒸汽变成了冷凝水，沸点高于冷却温度的有机物也冷凝成了液体，与冷凝水一并流入分层槽，分层回收；沸点低于冷却温度的有机物在蒸汽冷凝后仍为气体，可送入气柜回收。经脱附再生的活性碳纤维，再反复用于吸附过程。

2. 活性碳纤维的优异特性

活性碳纤维是以黏胶基纤维、聚丙烯氰基纤维、沥青基纤维等纤维为原料，经高温炭化、活化工艺处理制成的新型吸附材料。与社会上曾经被公认的比较好的吸附材料——粒状活性炭相比，活性碳纤维具有以下优异特性。

（1）比表面积大，有效吸附容量高　活性碳纤维的微孔丰富，比表面积达$1000 \sim 2000 m^2/g$，数倍于粒状活性炭。同时，活性碳纤维的微孔孔径较均匀，几乎都是有效孔，因此，活性碳纤维的有效吸附容量（透过量达5%时的吸附容量）比粒状活性炭高10倍以上。

（2）吸附、脱附行程短，速度快；脱附、再生耗能低　粒状活性炭的直径比活性碳纤维大上千倍，且孔径分布较宽，有孔径数微米的大孔，也有孔径为$100 \sim 500 \text{Å}$（$1 \text{Å}=10^{-10} m$）的过渡孔和孔径为100Å以下的微孔。被吸附的有机分子需要经过大孔和过渡孔的曲折路程才能进入微孔被吸附，显然行程要长得多，滤速要慢得多。与此相反，活性碳纤维的孔径分布窄，行程短，因而其吸附、脱附速度快，脱附耗能低，而且能够更彻底地得到再生。因此，对于相同的有机废气处理，活性碳纤维的填充厚度和再生耗能仅为粒状活性炭的$1/5 \sim 1/10$。

（3）形状多样，便于工程应用　粒状活性炭的形状是类似绿豆粒大小的黑色颗粒。其工程应用往往只有在下支撑网（或填料）的支撑下和上防吹散网的网罩下，装填在吸附罐中的单一应用方式。这种单一的应用方式不可避免地带来了废气通过的吸附层截面小、废气流速快、气阻大等缺点。活性碳纤维可制成布、网、毡、纸等多种形状，为工程应用提供了很大的灵活性与方便。

将活性碳纤维毡固定在骨架上制成吸附元件，再将若干个吸附元件安装在吸附箱中。因此，废气通过的吸附层面积大，流速慢，气阻小。

（4）强度高、寿命长、不会造成二次污染　活性碳纤维具有很好的柔韧性和较高的强度，经反复再生也不易粉化，对吸附回收的有机物和净化后的气体不会造成二次污染。

有如下数据，当废气处理量为$6700 m^3/h$，二氯乙烷平均回收率98.9%，大气中二氯乙烷含量<4.4mg/m³，达到环保、工业卫生要求。

3. 适用范围

本技术可用于烷烃、烯烃、芳香烃、卤代烃以及酮、醛、醇等多类有机尾气的净化回收。由于装置开停车十分简便，不仅适用于长时间连续排放的工艺废气的净化，而且适用于间歇排放尾气的净化回收和空气净化，可以放置于制剂车间的排气口处，也可以安装在室内进行气体净化。

参考文献

[1] 洪家宝. 精细化工后处理装备 [M]. 北京：化学工业出版社，1990.

[2] 卢寿慈. 粉体技术手册 [M]. 北京：化学工业出版社，2004.

[3] 刘广文. 喷雾干燥实用技术大全 [M]. 北京：中国轻工业出版社，2001.

[4] 刘广文. 干燥设备设计手册 [M]. 北京：机械工业出版社，2009.

[5] 张长森. 粉体技术及设备 [M]. 上海：华东理工大学出版社，2007.

[6] 胡传鼎. 通风除尘设备设计手册 [M]. 北京：化学工业出版社，2003.

[7] 刘步林. 农药剂型加工技术 [M]. 第2版. 北京：化学工业出版社，1988.

[8] 卢寿慈. 粉体加工技术 [M]. 北京：中国轻工业出版社，1999.

[9] 张少明. 粉体工程 [M]. 北京：中国建材工业出版社，1994.

[10] 胡满银. 除尘技术 [M]. 北京：化学工业出版社，2006.

[11] 陈宏勋. 管道物料输送与工程应用 [M]. 北京：化学工业出版社，2003.

[12] 刘广文. 现代农药剂型加工技术 [M]. 北京：化学工业出版社，2013.

[13] 国家医药管理局上海医药设计院. 化工工艺设计手册 [M]. 北京：化学工业出版社，1986.

第九章

包装材料及技术

迄今为止，排在世界前列的跨国巨头们通过在中国、印度采购非专利农药原药，赢取与发达地区生产成本之间形成的巨额利润的空间已经不复存在，非专利原药商业成本一方面急剧下降，另一方面竞争主体之间存在的原药成本差异也迅速缩小。进入了"低价""同质""同值"的平衡。

竞争规律决定了下一轮的竞争特点，农药市场的竞争将是非零售包装制剂的竞争向零售包装竞争的转化。这是因为，中国、印度这两大劳动力市场将仍然能够保持低成本的优势。

"一流的原药、二流的产品、三流的包装"，这是迄今为止世界对中国农药行业的评价。随着农药市场竞争的全球化，在促进农药合成技术、环保技术、安全与职业健康等方面进步的同时，实现化合物功能有效发挥的配方、制备技术以及包装材料选择与应用技术将成为农药行业下一轮竞争的核心内容。这将拉动各种农药包装材料（以下简称包材）以及应用技术的提升与发展，为农药包材行业发展提供了难得的市场机遇。

农药的包装不仅是商品必要的组成部分，也是商品生产的最后一道工序。从流通过程来看，包装可保护商品、美化商品、宣传商品以及方便商品贮存、运输、销售与使用，从而提高商品的市场竞争能力。在农药市场全球化竞争的今天，农药产品包装标准已经被推向了更高的水平，要立足于市场竞争的大环境，就必须摒弃过去只重视外在装潢、轻视包装内在品质的落后认识，践行承担社会责任的理念。

根据我国农药工业"十二五"规划，要切实从提高效率入手，实行规范化、精细化、标准化的管理，紧紧依靠技术进步和科技创新，全方位提升中国农药行业的管理水平和绩效。这就给农药企业提出了一个新的要求，在我国新化合物创制还不成熟的技术与市场条件下，如何强化非专利农药制剂的配方与制备技术的研究与实践、包装材料的选择与应用的技术研究与实践，使之能够满足国际市场竞争的需要。这既具有产品商品化的鲜明特点，也是行业竞争需要。

包装材料是指用于制造包装容器、贮存、运输、装潢印刷、辅助材料以及与包装有关材料的总称。包装材料主要有塑料、纸和纸板、金属、玻璃、天然纤维与化学纤维、复合材料、缓冲材料、纳米材料、阻隔材料、抗静电材料、可降解材料等。辅助材料主要有黏合剂、印刷油墨、涂料等。可以说农药包装材料是多种材料的集合。

此外，农药的品种很多，分类的方法各异。按成分和来源分类，主要有以下几种：

① 矿物源农药，属无机化合物；

② 化学合成农药，属有机合成化合物；

③ 生物源农药，属生物农药。

按物料的形态分类：

① 固体制剂：包括可湿性粉剂、水分散颗粒剂、颗粒剂等；

② 液体制剂：包括乳油、水乳剂、微囊悬浮剂、水悬浮剂、油剂等。

按包装形态分类：

① 零售包装农药；

② 贮存与运输包装农药。

不同形态的农药商品对包装形式与材料有不同的技术要求。不同的包装形式与技术要求跨越了多个专业学科，如物理化学、材料化学、高分子、光学、材料力学、美术装潢、行政管理等，是一个内容广泛、专业要求严格的边缘学科。通过多学科整合，实现保护、方便、推销三大包装功能。如包装材料的强度、韧性、阻隔性、耐腐蚀性等取决于包装材料的选择，适当的包装材料可以有效地减少破损，优化保质效果。轻便结实的包装材料和容器自然能够使商品流通更为方便，方便用户使用。容器的造型、装潢设计、印刷，辅之以包装材料本身所具有的特性和外观，能够具有促销的效果。

本章以技术要求与实践为主线，从包材选择、应用、缺陷分析、事故判断等几个方面介绍农药包装技术。

第一节　农药包装材料的基本知识

一、农药包装常用塑料材料

（一）聚乙烯类塑料

聚乙烯是指由乙烯单体自由基聚合而成的聚合物，聚乙烯的合成原料来自石油，是所有塑料树脂中产量最大的品种。目前农药行业常用聚乙烯的主要品种有：

低密度聚乙烯（简称LDPE），密度范围0.91～0.925g/cm³；

线型低密度聚乙烯（简称LLDPE），密度范围0.915～0.94g/cm³；

高密度聚乙烯（简称HDPE），密度范围0.941～0.97g/cm³。

1. 聚乙烯（PE）类塑料的结构性能

PE为线型聚合物，属于高分子长链脂肪烃，分子对称无极性，分子间作用力小，力学性能不高，电绝缘性好，熔点低，印刷性不好。PE的结构规整，线型度高，因而易于结晶。结晶度从高到低排序：HDPE＞LLDPE＞LDPE。随结晶度的提高，PE制品的密度、刚性、硬度和强度等性能提高，但冲击性能下降。

2. 聚乙烯的力学性能

聚乙烯的力学性能一般，其拉伸强度较低，抗蠕变性不好，耐冲击性能较好。聚乙烯的耐环境应力开裂性不好，但随分子量增大而改善。聚乙烯的耐戳穿性好，并以LLDPE最好。

3. 热学性能

聚乙烯的耐热性不高，随分子量和结晶度的提高而改善。聚乙烯的耐低温性好，脆化温度一般可达-50℃以下；随分子量的增大，最低可达-140℃。聚乙烯的线膨胀系数大，在塑料中属较大者。聚乙烯的热导率属塑料中较高者。

4. 环境性能

聚乙烯具有良好的化学稳定性，在常温下可耐酸、碱、盐类水溶液的腐蚀。如稀硫酸、稀硝酸、任何浓度的盐酸、氢氟酸、磷酸、甲酸及乙酸等。但不耐强氧化剂如发烟硫酸、浓硫酸和铬酸等。PE在60℃以下不溶于一般溶剂，但与脂肪烃、芳香烃、卤代烃等长期接触会溶胀或龟裂。温度超过60℃后，可少量溶于甲苯、乙酸戊酯、三氯乙烯、松节油、矿物油及石蜡中。温度超过100℃后，可溶于四氢化萘。PE耐候性不好，日晒、雨淋都会引起老化，需加入抗氧剂和光稳定剂改善。

聚乙烯在许多活性物质作用下会产生应力开裂现象，称为环境应力开裂，这是聚烯烃类塑料特别是聚乙烯特有的现象。引起环境开裂的活性物质包括酯类、金属皂类、硫化或磺化醇类、有机硅液体等，因此不宜用来制备盛装这些物质的容器。

在耐环境应力开裂方面，LDPE比HDPE要好些，这是因为LDPE的结晶度较小。显然，结晶结构对耐环境应力开裂是不利的。因此，改善聚乙烯乃至聚烯烃塑料耐环境应力开裂性的方法之一是设法降低材料的结晶度，提高聚乙烯的分子量，降低分子量的分散性。使分子链间产生交联，也可以改善聚乙烯的耐环境应力开裂性。

5. 聚乙烯类塑料的应用

薄膜类制品是聚乙烯的最主要用途。LDPE树脂用于膜类制品可占50%以上，可用于固体原药、非有机溶剂液体制剂等的轻质包装膜等。HDPE树脂由于有良好的热合（热融合）性能而被大量应用在复合塑料包装的热合层：

① 通过流延共挤的方法与乙烯-乙烯醇共聚物（英文简称EVOH）共挤成膜可以同时满足热合、化学溶剂阻隔功能的需要。

② 通过干法复合或湿法复合，与聚对苯二甲酸乙二醇酯（英文简称PET）、纯铝箔、真空镀铝等薄膜复合，满足农药固体制剂与液体制剂包装的需要。

注塑制品：PE因加工性好而广泛用于注塑制品，主要生产各种塑料桶、瓶、周转箱等。

中空制品：以HDPE树脂为主，其制品具有耐应力开裂性好、耐油性好、耐低温冲击性好等优点，可用于非有机溶剂液体制剂、固体制剂等农药的包装。以多层共挤方法，与EVOH以及聚酰胺塑料（俗称"尼龙"，英文简称PA）等共挤成型制成阻隔瓶，可以满足耐化学溶剂贮存的需要。

（二）聚丙烯塑料

聚丙烯是由丙烯单体经自由基聚合制成的聚合物（英文简称PP）。按结构不同，PP可分为等规、间规（又称茂金属PP）、无规三类。目前应用的主要是等规PP，用量可占90%以上。无规PP不能用于塑料，常用于改性载体。间规PP为低结晶聚合物，用茂金属催化剂生产，属于高弹性热塑材料。因价格高，目前间规PP应用面不广，但很有发展前途，是PP树脂的新增长点。

PP的优点为电绝缘性和耐化学腐蚀性优良、力学性能和耐热性在通用热塑性塑料中最高、耐疲劳性好、价格在所有树脂中最低。经过玻璃纤维增强的PP，具有很高的强度，性能接近工程塑料。PP的缺点是低温脆性大，耐老化性不好。

（1）PP的一般性能

① PP树脂为白色蜡状固体，外观似聚乙烯，但比聚乙烯更透明、更轻。

② PP易燃，离火焰继续燃烧，火焰上黄下蓝，有少量黑烟，熔融滴落，有石油气味。

③ PP的吸水性低，气体透过率低。PP的成纤性较好，可用于丙纶的生产。

（2）PP力学性能

① PP具有较好的力学性能，其拉伸屈服强度和拉伸强度都超过聚乙烯，拉伸强度还超过聚苯乙烯（PS）和ABS，经增强和拉伸处理还可大幅提高。

② PP的力学性能受温度的影响比较小，在温度为100℃时，拉伸强度仍能保持一半。

③ PP的冲击强度受温度影响较大，在室温以上PP的冲击性能较好，但在低温时，其冲击性能迅速变差。PP的冲击强度还与分子量、结晶度、结晶尺寸等因素有关。

④ PP制品的表面硬度和刚性较高，并有良好的表面光泽，但不如PS和ABS高。

⑤ PP的干摩擦系数为0.12，与PA接近，但在润滑状态下下降不明显，只适用于低PVC值和无冲击的场合。

⑥ PP的耐磨性一般，小于硬质聚氯乙烯（PVC）和聚甲基丙烯酸甲酯（PMMA），略高于HDPE。

⑦ PP有突出的抗弯曲疲劳性能，用它制成的铰链经7000万次折叠弯曲不损坏。

⑧ PP的耐蠕变性较好，比HDPE要好。因此经过适当的增强改性处理可用作工程塑料。

（3）热学性能　PP的耐热性能良好，制品可耐100℃热水煮沸，可在100～120℃下长期使用。用于热水管道，不受外力作用时，可在150℃使用不变形。但PP的耐低温性不好，在-5～-20℃即脆化，制品不能用于低温环境。PP的线膨胀系数属较大者，热导率属中等。

（4）环境性能　PP具有很高的耐化学腐蚀性，可耐除强氧化剂、浓硫酸及浓硝酸外的酸、碱、盐及大多数有机溶剂（如醇、酚、醛、酮及大多数羧酸等），但低分子量的脂肪烃、卤烃及芳烃等非极性溶剂可使其溶胀，某些液体如汽油、二甲苯和氯代烃也能使聚丙烯溶胀并变软。此外，聚丙烯在高温下可溶于芳烃与卤代烃中。

PP的耐候性不好，对紫外线很敏感，需加入抗氧剂和光稳定剂才能用于户外。PP的耐应力开裂性较好，好于HDPE和PS，但应用在腐蚀性介质如浓硫酸、浓铬酸及王水中例外。

（5）聚丙烯塑料在农药行业的应用范围

① 薄膜制品　PP膜可占PP用量的10%左右，其特点为透明性和表面光泽接近玻璃纸，但柔软性不好，手揉有强声；强度高，可用于重包装材料；透氧率仅为HDPE膜的30%，适用于防潮包装材料。

② 纤维制品　主要包括单丝、扁丝及纤维三类。PP单丝的密度小，韧性、耐磨性都好，适用于生产绳索和鱼网等。PP扁丝拉伸强度高，适用于生产编织袋、编织布。PP纤维广泛用于地毯、毛毯、衣料、蚊帐、人造草坪、人造毛、滤布、无纺布等。

③ 挤出制品　管及管件为塑料制品的新应用领域，主要以改性共聚聚丙烯（PP-C）为原料，用于上水、排水、供暖及化工腐蚀介质管道系统，管与管件用热熔法连接。PP片材

以PP/聚乙烯共混物为原料，主要用于吸塑制品。此外，PP还可制作板、棒材，板材可用于生产泵的壳体、液体贮槽等。

④ 中空制品　PP中空制品的透明度和力学性能好，单层瓶主要用于包装洗涤剂、化妆品和药品等；与阻隔材料复合的瓶可用于液体燃料和化学制剂的包装。

（三）聚酰胺塑料

聚酰胺俗称"尼龙"（简称PA），目前它为最大的通用工程塑料品种。PA包括很多种类，具体可命名为PAxy，其中x代表二元胺的碳原子数目，y代表二元酸的碳原子数目。塑料用的PA主要是脂肪族PA和少量芳香族PA。具体品种有PA6、PA66、PA610、PA1010、PA11、PA12、PA9、PA612、PA46、PA1212、浇铸尼龙（MC5）及芳香尼龙等。其中PA6占47%，PA66占45%。

1. 聚酰胺的结构性能

① 力学性能　PA在室温下的拉伸强度和冲击强度都较高，但冲击强度不如PC和POM高。随温度和湿度的升高，拉伸强度急剧下降，冲击强度则明显提高。玻璃纤维增强PA的强度受温度和湿度影响较小。

PA的耐疲劳性较好，仅次于聚甲醛POM，增强处理后还可提高50%左右。

PA的抗蠕变性较差，不适用于制造精密的受力制品，但玻纤增强后可改善。

PA的耐摩擦性和耐磨损性优良，是一种常用的耐磨性塑料品种。其中，不同品种的摩擦系数相差不大，无油润滑摩擦系数仅为0.1～0.3。耐磨性以PA1010最佳。PA中加入二硫化钼、石墨及PE等可进一步改进耐摩擦性和耐磨损性。

② 热学性能　聚酰胺具有优良的耐热性。如PA46等高洁净性尼龙的热变形温度很高，可在150℃下长期使用。PA66用玻璃纤维增强后可提高4倍以上，高达250℃。PA的热导率很小，仅为0.16～0.4W/（m·K）。PA的线膨胀系数较大，并随结晶度增大而下降。

③ 环境性能　PA耐化学稳定性优良，对于一般烃类、卤代烃、酯类、芳烃等的作用均很稳定。可耐大部分有机溶剂如芳烃、酯及酮等，尤其是耐油性突出。但PA的耐酸、碱、盐、醇以及水的性能不好，可导致溶胀，危害最大的无机盐为氯化锌。PA可溶于甲酸及酚类化合物。PA的耐光性不好，在阳光下强度很快下降并变脆，因此不可用于户外。

2.聚酰胺的成型加工

① 加工特性　PA有明显的熔点，且熔点高，熔程较窄，因此加工温度较高，PA6为220～300℃，PA66为260～320℃。

PA的熔体黏度低，流动性好，熔体黏度对温度和剪切速率都较敏感。但其流体特性接近牛顿流体，即对温度的敏感性较大。

PA的热稳定性较差，热降解倾向严重，应加入二苯胺改善，并严格控制温度。

PA成型时有结晶产生，成型收缩较大；结晶度受加工条件的影响较大。

PA吸水率比较大，加工前必须干燥，使含水量小于0.1%。干燥条件为100～110℃，时间为10～12h。

PA制品成型后需进行调湿处理，以降低吸水对性能的影响，提高尺寸稳定性。

PA在加工中易产生内应力，应进行退火处理。

② 加工方法　PA可用注塑、挤出及吹塑等方法成型。

3.PA的改性品种

主要包括增强PA和PA合金两类。

①增强PA主要用玻璃纤维作为增强材料。玻璃纤维含量大于30%后的力学性能、硬度、蠕变性、尺寸稳定性和耐热性能都有明显的提高。

②PA合金的种类很多，技术成熟，常见的有以下几种：

a. PA/环氧丙烷（PO）。此合金可提高PA在干态及低温条件下的冲击强度1.5~3倍，降低吸水率30%。

b. PA/ABS。此合金可提高制品的韧性、刚性。ABS的含量在15%~20%内时冲击强度提高幅度最大。

c. PA/苯乙烯–N–苯基马来酰亚胺。此合金主要提高PA的耐热温度，一般可提高到110℃。此外还可提高冲击强度、耐化学药品性能等。

（四）聚对苯二甲酸乙二醇酯

聚对苯二甲酸乙二醇酯为聚对苯二甲酸和乙二醇直接酯化或聚对苯二甲酸二甲酯与乙二醇酯交换制成的聚合物，俗称"涤纶"（简称PET聚酯）。

1. PET的结构性能

（1）一般性能　PET树脂为乳白色半透明或无色透明体，相对密度1.38，透光率为90%。PET属于中等阻隔性材料，对O_2的透过系数为50~90$cm^3 \cdot mm/（m^2 \cdot d \cdot MPa）$，对$CO_2$的透过系数为180$cm^3 \cdot mm/（m^2 \cdot d \cdot MPa）$。PET的吸水率为0.6%，吸水性较大。

（2）力学性能　PET膜的拉伸强度很高，可与铝箔媲美，是HDPE膜的9倍，是聚碳酸酯（PC）和尼龙（PA）膜的3倍。增强PET的蠕变性小、耐疲劳性极好（好于增强PC和PA）、耐磨损性和耐摩擦性良好。PET的力学性能受温度影响较小。

（3）热学性能　纯PET的耐热性能不高，但增强处理后大幅度提高，在180℃时的机械性能比苯酚–甲醛树脂（PF）层压板好，是增强的热塑性工程塑料中耐热性较好的品种。PET的耐热老化性好，脆化温度为-70℃，在-30℃时仍具有一定韧性。PET不易燃烧，火焰呈黄色，有滴落。

（4）电学性能　PET虽为极性聚合物，但电绝缘性优良，在高频下仍能很好保持。PET的耐电晕性较差，不能用于高压绝缘。电绝缘性受温度和湿度影响，并以湿度的影响较大。

（5）环境性能　PET含有酯键，在高温和有水蒸气的条件下不耐水、酸及碱的作用。PET对有机溶剂如丙酮、苯、甲苯、三氯乙烷、四氯化碳和油类稳定，对一些氧化剂如过氧化氢、次氯酸钠及重铬酸钾等也有较高的抵抗性。PET耐候性优良，可长期用于户外。

2. PET的改性品种

（1）增强改性PET　主要用玻璃纤维，此外还可用碳纤维、硅纤维、硼纤维等。增强改性主要改善PET在高负荷下的耐热性、高温下的力学性能和尺寸稳定性。

（2）共混改性PET

①PET/PBT　PET与PBT共混并加入0.5%滑石粉作为成核剂，共混物具有收缩率低、耐热、冲击性优良等性能。

②PET/PC　改善制品的冲击强度，具体为PET/PC中加入少量马来酸酐接枝PE，或PET/PC/ABS三元共混并加入滑石粉作为成核剂。

③PET/PA　改善制品的冲击强度和尺寸稳定性，常在PET/PA共混体系中加入PP–MAH

相溶剂。此外还有PET/PE、PET/EPDM和PET/SBS，目的是改善冲击性能。

④ 结晶改性PET　结晶改性是为了加快结晶速度，常加入乙烯-甲基丙烯酸聚合物的钠盐、聚乙二醇二缩水甘油醚、聚氧化乙烯、乙烯-马来酸酐共聚物的钠盐、缩水甘油甲基丙烯酸酯、乙酰醋酸钠及聚己二酸二丁酯等。

3. PET的成型加工

（1）PET的加工特性　PET属极性聚合物，熔融温度和熔体黏度都较大；PET属非牛顿流体，黏度对温度的敏感性小而对剪切速率的敏感性大。PET吸水性大，加工前必须干燥处理，干燥条件为130～150℃，3～4h。PET的加工温度范围较窄，一般为270～290℃，接近分解温度300℃，因此，加工中要注意温度不能太高。PET结晶速度慢，为了促进结晶，常采用高温模，模温为100～130℃。PET成型收缩率较大，增强改性后可大大降低，但生产高精度制品时要进行后处理。后处理的条件为130～140℃，1～2h。

（2）PET的加工方法

① 注塑　透明制品常采用热流道，螺杆长径比要大。

② 挤出　用于生产薄膜和片类制品。为改善制品的力学性能和光学性能，常进行双向拉伸处理。

③ 吹塑　用于生产PET瓶体，常用注-拉-吹方法成型，以保证拉伸改性效果。

4. PET的应用范围

PET除纤维之外主要用于薄膜和片材、瓶类及工程塑料三大类。

薄膜和片材：主要用于包装材料，如食品、药品及无毒无菌的卫生包装。

瓶类：PET瓶透明度高、阻隔性好，可用于保鲜包装材料。如啤酒、白酒、碳酸饮料、食用油、食品、调味品、药品、化妆品等。

（五）乙烯/乙烯醇共聚物

乙烯/乙烯醇共聚物是乙烯醇单体与乙烯单体形成的共聚物，简称EVOH。EVOH兼具聚乙烯醇的优异阻隔性和聚乙烯的易加工性，还具有透明、光泽高等优点，是迄今为止发现的阻隔性最高的树脂品种。

纯EVOH制品的吸水性高，这会严重影响阻隔性能。因此EVOH一般不单独使用，而是作为中间层材料与其他塑料复合使用，防止其吸水，保证其优异的阻隔性。EVOH与其他材料的相容性好，可与PE、PP、PA、PET等材料复合。

1. EVOH的结构性能

（1）EVOH的结构特点　EVOH中乙烯单体与乙烯醇单体的含量不同，其性能大不相同。其中乙烯单体提供耐水性和加工性，乙烯醇单体则提供阻隔性。因此乙烯单体含量增大，EVOH的阻隔性、拉伸强度、冲击强度下降而耐水性和加工性改善。乙烯醇单体含量大，EVOH的阻隔性增强而耐水性及加工性下降。一般情况下，乳油农药制剂用的EVOH中的乙烯醇含量为32%～44%。

（2）一般性能　相对密度为1.2，制品的透明性好并有光泽，易于印刷及热封。

（3）耐环境性能　EVOH的耐油基有机液体性好，但不耐低级醇类。在20℃下，在各种液体和油中浸泡一年后，不吸收的有：环己烷、二甲苯、石油醚、苯、丙酮等；乙醇的吸收率为2.3%；甲醇的吸收率为12.3%。

EVOH可耐弱酸、弱碱和盐，耐候性好，耐紫外线性优良。

（4）机械性能　EVOH具有优异的拉伸强度、冲击强度、耐戳穿性、弹性、表面硬度及耐磨性。其拉伸强度、冲击强度及耐戳穿性与BOPA相当。以EVOH薄膜为例，纵向拉伸强度为80MPa，横向为52MPa；断裂伸长率纵向为160%，横向为200%。

（5）阻隔性能　EVOH具有非常突出的阻隔性能。含29%乙烯的EVOH，O_2的透过系数为0.1$cm^3 \cdot mm$/（$m^2 \cdot d \cdot MPa$）；含38%乙烯的，O_2的透过系数为0.4$cm^3 \cdot mm$/（$m^2 \cdot d \cdot MPa$）。对CO_2的透过系数为1.5～6$cm^3 \cdot mm$/（$m^2 \cdot d \cdot MPa$），对水的透过系数为20～25$g \cdot mm$/（$m^2 \cdot d \cdot MPa$）（38%乙烯）。

EVOH的阻隔性随温度升高而迅速下降，比聚偏二氯乙烯（PVDC）下降稍慢。温度从20℃升高到60℃时，其透过系数增大12倍。阻隔性随湿度升高也迅速下降，比PVDC还要快。湿度由20%升高到80%时，透过系数要增大10倍。

2. EVOH成型加工

EVOH的加工性很好，可用注塑、挤出、流延及复合等方法加工。但以挤出-拉伸-吹塑制瓶和双向拉伸制膜两种方法较为常用。加工前如含水率大于0.3%就需要干燥处理。EVOH的加工废料可重复使用，每次加入量15%左右。

3. 改性品种

EVOH改性的目的一是改进耐水性，二是进一步提高阻隔性。可以通过复合、填充、双向拉伸等方式进行改性。流延共挤PE/EVOH或PE/EVOH/PE复合瓶被广泛应用于有机溶剂作配方的液体农药制剂。

二、纸及其分类

从悬浮液中将植物纤维、矿物纤维、动物纤维、化学纤维或这些纤维混合物沉积到适当的成型设备上，经过干燥制成的均匀薄片就是纸。

纸是我国古代四大发明之首，包括纸张和纸板两个概念。ISO——国际标准化组织规定：定量小于225g/m^2的纸叫作纸张，定量大于225g/m^2的叫作纸板。

1. 纸的种类

纸的种类繁多，根据各种纸的用途不同，大致可分成16类（纸张11类和纸板5类）。除此之外，在上述纸的分类的基础上，几乎大部分类别的纸都存在利用再生材料生产的"再生纸"，目前再生纸被普遍应用，因此，再生纸成为纸的一个重要分类。

纸张11类：印刷用纸、新闻纸、凸版印刷纸、胶版印刷纸、胶版印刷涂料纸、字典纸、地图纸、海图纸、凹版印刷纸、白板纸、合成纸。

纸板的分类为装订纸板、箱纸板、绝缘纸板、建筑纸板、制鞋纸板等。

2. 再生纸的分类以及需要注意的问题

再生纸是以废纸作原料，将其打碎、去色制浆，经过多种工序加工生产出来的纸张。其原料的80%来源于回收的废纸，因而被誉为低能耗、轻污染的环保型用纸。城市废纸多种多样，以不同类别的废纸为原料再制成不同的再生复印纸、再生包装纸等。

随着人们环保意识的增强，再生纸制品越来越得到人们的认可和欢迎。然而在我国，标准化工作与现代化进程不相适应，资源再生应用的标准化工作相对落后，我国的再生纸应用仍存在许多质量方面的隐忧。

旧瓦楞纸箱，其面层为仿箱板纸浆、麻浆或牛皮木浆。杂物不得超过1%。不合格废纸总量不得超过5%。

经双重拣选的旧瓦楞纸箱，其面层为仿箱板纸浆、麻浆或牛皮木浆。经特别拣选，不含碎片、胶或蜡。打包供货，杂物不得超过0.5%，不合格废纸总量不得超过2%。

瓦楞纸边角料，其挂面层为麻浆、牛皮浆或仿箱板纸浆。不允许有不溶性胶黏剂，变形卷筒纸，凹入或凸出的芯层等混入。其芯层或面层均应未经表面处理，不允许有杂物混入，不合格废纸总量不得超过2%。

制纸箱用纸板边角料，杂物不得超过0.5%。不合格废纸总量不得超过2%。由不同质量的废纸混合组成的废杂纸，不受包装方式或纤维组成的限制。杂物不得超过2%，不合格废纸总量不得超过10%。

三、常用农药包装纸、纸板的理化性质和结构

1. 铜版纸及其主要理化性能

铜版纸是以原纸涂布白色涂料制成的高级印刷纸。铜版纸是印刷厂主要使用的纸张之一，铜版纸是俗称，正式名称应该是印刷涂料纸。铜版纸目前在现实生活中的应用很普遍：挂历、张贴画、书籍的封面、插图、美术图书、画册等。各种精美装潢的包装、纸质手提包、标贴、商标等也大量使用铜版纸。

铜版纸表面光滑，白度较高，纸质纤维分布均匀，厚薄一致，伸缩性小，有较好的弹性、较强的抗水性能和抗张性能，对油墨的吸收性与吸收状态良好。

铜版纸的特点在于纸面非常光洁平整，平滑度高，光泽度好。因为所用的涂料白度达90%以上，且颗粒极细，又经过超级压光机压光，所以铜版纸的平滑度很高。同时，涂料又很均匀地分布在纸面上而显出悦目的白色。对铜版纸要求有较高的涂层强度，涂层薄而均匀、无气泡，涂料中的胶黏剂量适当，以防印刷过程中纸张脱粉掉毛。另外，铜版纸对二甲苯的吸收性要适当，能适合60线/cm以上细网目印刷。

铜版纸的质量：$70g/m^2$、$80g/m^2$、$100g/m^2$、$105g/m^2$、$115g/m^2$、$120g/m^2$、$128g/m^2$、$150g/m^2$、$157g/m^2$、$180g/m^2$、$200g/m^2$、$210g/m^2$、$240g/m^2$、$250g/m^2$。其中$105g/m^2$、$115g/m^2$、$128g/m^2$、$157g/m^2$进口纸规格较多。铜版纸有单面铜版纸、双面铜版纸、无光泽铜版纸、布纹铜版纸之分。

2. 白卡纸及其主要理化性能

白卡纸是完全用漂白化学制浆制造并充分施胶的单层或多层结合的纸，适用于印刷和产品的包装，一般定量在$150g/m^2$以上。这种卡纸的特征是平滑度高、挺度好、外观整洁和匀度良好。白卡纸通常有三种结构：

① 以全化学漂白木浆抄制，基重约在$150g/m^2$以上。未涂布（不上色）者称为纯白卡纸，上色的依色泽称作色卡纸。白卡纸对白度要求很高，A等的白度不低于92%，B等不低于87%，C等不低于82%。

② 白底铜版卡纸：面层使用漂白化学浆，表层光滑平整，可双面印刷；芯层为填料层，原料较差，为未漂白牛皮浆、磨木浆或干净废纸，适合高级纸盒彩色印刷。

③ 白面灰底铜版卡纸和蓝白单双面铜版卡纸：其面层使用漂白化学浆，芯层和底层为未漂白牛皮浆、磨木浆或干净废纸。

四、胶黏剂及其分类

1. 农药包装的胶黏剂

农药的商品原药与商品制剂，无论是零售包装还是非零售包装，都涉及应用胶黏技术满足包装过程中的各个环节需要，如：

① 承载物（农药本身）与黏合剂之间的关系，例如复合塑料袋和封口铝箔片的热合层与承载的农药之间的相溶、腐蚀、化学反应等；

② 不同功能的包装物之间，如瓶子与标贴、袋子与标贴等；

③ 同一包装物不同材质结构之间，如复合薄膜的层间、铝箔与热合层的层间、纸塑复合层之间、阻隔瓶的阻隔层的层间等；

④ 一种包装材料在不同的材质上应用，如不干胶标签或胶带在金属、塑料、木板、纸板、织物等表面上的粘贴；

⑤ 可以说，包装材料几乎没有不涉及胶黏技术的场合，也是农药包装领域最容易发生质量事故的环节。

2. 胶接技术基础知识

胶接技术（黏合、黏接、胶结、胶黏）是指同质或异质物体表面用胶黏剂连接在一起的技术，具有应力分布连续、质量轻、密封性好、实施工艺温度低等特点。

胶黏剂就是能够黏接两个物体的物质。胶黏剂不是独立存在的，它必须涂在两个物体之间，经过浸润和固化阶段，胶黏剂流动性的液态转化为固态才能发挥黏接作用，工作原理见图9-1。

图9-1　胶黏剂的工作原理

在水性环境里，胶黏剂中的高分子体都是圆形粒子，一般粒子的半径是0.5～5μm。物体的黏接就是靠胶黏剂中的高分子体间的拉力来实现的。在胶黏剂中，水就是高分子体的载体，水载着高分子体慢慢地浸入物体的组织内。当胶黏剂中的水分蒸发后，胶黏剂中的高分子体就依靠相互间的拉力将两个物体紧紧结合在一起。在胶黏剂的使用中，涂胶量过多就会使胶黏剂中的高分子体相互拥挤在一起，高分子体间不能产生很好的拉力。高分子体相互拥挤，从而不能形成相互间最强的吸引力。同时，高分子体间的水分也不容易挥发掉。这就是在黏接过程中胶膜越厚，胶黏剂的粘接效力就越差的原因。涂胶量过多，胶黏剂起到的是"填充作用"而不是黏接作用，物体间的黏接靠的不是胶黏剂的黏结力，而是胶黏剂的内聚力。如果不是水溶性的，其实原理也大同小异，就是用其他溶剂代替了水罢了。

3. 胶黏剂的胶接理论

（1）机械结合理论（机械咬合、嵌定）　由Mcbain和Hopkis提出的机械结合理论是胶接领域中最早提出的胶接理论。他们认为液态胶黏剂充满被黏物表面的缝隙和凹陷处，固化后在界面区产生啮合连接或投锚效果，该理论将胶黏作用归因于机械黏附作用。

机械连接形式与浸润、分子间作用力无关，通常称为锚固作用或紧固作用。即使按照浸润或分子力的概念是无法胶接的材料，采用机械连接方式往往可以获得成功。机械连接的作用力与摩擦力有关。

但机械h结合理论不能解释非多孔性材料的胶接现象，如表面光滑的玻璃等物体的胶接现象，也无法解释材料表面化学性能的变化对胶接作用的影响。许多事实证明，机械结合力相对于物理吸附和化学吸附作用，是产生交接力的次要因素，见图9-2。

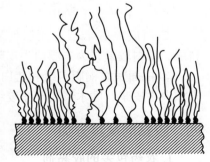

图9-2　机械结合理论

（机械咬合、嵌定）

（2）扩散理论（胶黏剂与被黏物表面分子相互扩散，形成牢固结合） Biston等基于高分子链段跃过界面相互扩散产生分子缠绕强化结合进而产生胶接强度而提出扩散理论。扩散理论对属于线型高分子的胶接体系或轻度交联的高分子胶接体系是有效的。Biston对扩散理论总结出了以下几条规律：

① 在扩散的胶接接头中，胶接强度随接触时间的增加、胶接温度的升高、胶接压力的加大和胶层厚度的减少而增加。

② 胶黏剂分子量过高、分子链的卷曲、缠结趋势会使活动受到限制，这不利于湿润和扩散。不同材料分子结构性能上的差异对湿润和扩散的影响程度也不同。

③ 分子链的柔韧性增加，侧基减少，有利于分子扩散，胶接强度也有增加。现代高分子扩散理论不仅研究高分子扩散的形象学、扩散系数与扩散动力学、扩散影响因素，还研究分子扩散运动的形态，并深入到扩散作用的定量关系。

扩散理论认为，胶黏剂和被黏物分子通过相互扩散形成牢固的接头。两种具有相容性的高聚物相互接触时，由于分子或链段的布朗运动而相互扩散，在界面上发生互溶导致胶黏剂和被黏物的界面消失和过渡区的产生，从而形成牢固的接头。

（3）吸附理论——分子之间作用力（包括范德华力和氢键） 20世纪40年代吸附理论被提出来，见图9-3。它是以表面吸附、聚合物分子运动及分子间作用力等理论为基础，后经许多学者进一步研究发展起来的。早期吸附理论特别强调胶接力和胶黏剂极性的关系，认为被胶黏物和胶黏剂都是极性的才有良好的胶接性能。后来，又提出用表面自由能来解释胶接现象，强调表面张力，而不是强调极性。

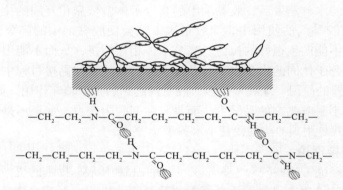

图9-3 分子间作用示意图

吸附理论认为，胶接作用是胶黏剂分子与被胶黏物分子在界面上相互吸附产生的。胶接作用是物理吸附和化学吸附共同作用的结果，物理吸附是胶接作用的普遍性原因。现代吸附理论主要有两方面的观点：一是胶接键生成的基本过程；二是分子间相互作用的加和性。此理论实质上就是以表面能为基础的吸附理论，认为胶接的好坏取决于润湿性。润湿性越好，被胶接体越能与胶黏剂分子之间紧密接触而发生吸附，胶接界面形成巨大分子间作用力，同时排除胶接体表面吸附的气体，减小了胶接界面的空隙率，提高了胶接强度，因此人们常把湿润性作为一个度量来预测和判别胶接效果。一种液体对一种固体能否湿润，以及湿润程度如何，湿润热力学如何，湿润热力学基础及动力学过程如何，这些问题均可从理论上予以阐明。

吸附理论认为胶接过程可以划分为两个阶段。第一阶段，胶黏剂分子通过布朗运动，向被胶接物体表面移动扩散，使两者的极性基团或分子链段相互靠近。在此过程中，升温、降低胶黏剂的黏度和施加接触压力等都有利于布朗运动的进行。第二阶段，吸附引力的产生。当胶黏剂和被胶黏物体的分子间距达到10Å以下时，便产生分子间引力，即范德华力。

胶黏剂与被胶黏物的极性越大，接触得越紧密，吸附作用越充分（即物理吸附的分子数目越多），物理吸附对胶接强度的贡献越大。

（4）静电理论　在胶黏剂和基材的界面上形成双电层，产生静电吸引，见图9-4。固体表面分子和胶黏剂的静电吸引是通过分子间的作用力来实现。它包括范德华力中的三种作用力和氢键结合作用力。胶接是作为固体和固体的附着而存在的，作为胶接力的主要组成之一，静电吸引力是确实存在的。固体和固体、固体和液体、液体和液体相互之间无扩散而接触时，两者失去自己的表面自由能，界面张力小到接近于零而密切接触，此时两者相互作用形成一体处于稳定状态，并不是两个相的均一化变成一个相，而是两个相的相互作用。在两个相存在的同时，相互吸引使程度增大而已，它和同一相内分子内聚能不完全相似。

图9-4　静电吸引原理

Skinner Savage和Rutzler在1933年提出以双电层理论为依据的电子胶接机制。该理论认为，在胶接接头中存在双电层，胶接力主要来自双电层的静电引力。双电层是存在于不同相内的荷电粒子（电子或离子）因两相性质差异转移而形成的。有人从量子力学观点出发，认为胶接时在金属和聚合物的紧密接触层上，表面能垒的高度和宽度变小，电子有可能在无外力作用下，穿过相界面而形成双电层。他们将双电层等效为电容器的极板。当胶黏剂从被黏物剥离时，两个表面间产生了电位差，并且随着被剥离距离的增大，达到一定的极限时，便产生放电现象。此时，胶接功就等于电容器瞬时放电的能量。

静电理论是以胶膜剥离时所耗能量与双电层模型计算的胶接功相符的事实为依据的。试验中，当胶接接头以极慢的速度剥离时，电荷可以从极板部分逸出，降低了电荷间的引力，减少了剥离时消耗的功。当快速剥离时，电荷没有足够的逸出，胶接功偏高。这就解释了胶接功与剥离速度有关的试验事实，弥补了吸附理论的不足。

（5）化学键理论　化学键理论认为，胶接作用主要是化学键作用的结果，胶黏剂与被黏物分子间产生化学反应而获得高强度的主价键结合。化学键包括离子键、共价键和金属键，在胶接体系中主要是前两者，化学键强度比分子间力大得多。由于化学键对胶接强度有相当大的影响，所以早就被人们所重视。

例如，用电子衍射法证明硫化橡胶与黄铜表面形成硫化亚铜，通过硫原子与橡胶分子上双键的反应形成化学键。已经证明，许多金属表面从溶液中吸附酚醛树脂时，均产生化学键连接。在环氧树脂胶黏剂中加入羟基喹啉使界面有配位键形成，结果使环氧树脂胶黏剂与金属的胶接强度提高30倍。又如难胶接的聚烯烃材料，经过等离子氧处理，表面有—COOH、—COH等含氧活性基团产生，提高与环氧树脂的反应能力，使界面上形成化学键，所以大大提高了胶接强度。有学者指出，合理地选择表面酸碱度，使表面发生酸碱反应形成化学键，则能提高胶接强度。将无机物表面用硅烷偶联剂处理后，能使胶接强度大大提高，这是由于界面形成化学键。因为硅烷偶联剂一头具有的官能团能与无机物表面氧化物反应形成化学键，另一头具有的官能团能与胶黏剂发生反应形成化学键，因此提高了界面胶接强度。另外，聚氨酯胶接木材、皮革等也存在化学键胶接作用。

（6）弱界层理论 该理论由Bikerman提出，认为当被黏物、胶黏剂及环境中的低分子物或杂质通过渗析、吸附及聚集过程在部分或全部界面内产生，这些低分子物富集区就是弱界面层。当受外力作用时，破坏过程必然发生在弱界面层。

当液体胶黏剂不能很好浸润被黏体表面时，空气泡留在空隙中而形成弱区。又如，当所含杂质能溶于熔融态胶黏剂，而不溶于固化后的胶黏剂时，会在固体化后的胶黏形成另一相，在被黏体与胶黏剂整体间产生弱界面层。产生弱界面层除工艺因素外，在聚合物成网或熔体相互作用的成型过程中，胶黏剂与表面吸附等热力学现象中产生界层结构的不均匀性。产生不均匀性界面层就会有弱界面层出现。这种弱界面层的应力松弛和裂纹的发展都会不同，因而极大地影响着材料和制品的整体性能。

五、常用溶剂与包装材料的理化特点

1. 极性溶剂

极性溶剂是指含有羟基或羰基等极性基团的溶剂，其极性强，介电常数大。

（1）极性键与非极性键 首先化学共价键分为极性键与非极性键。非极性键就是共用电子对没有偏移，出现在单质中比如O_2；极性键就是共用电子对有偏移比如HCl。当偏移得非常厉害之后，看上去一边完全失电子而另一边得到了电子，就会变成离子键，如NaCl。

（2）极性分子与非极性分子 由于极性键的出现，所以就使某些分子出现了电极性，但是并不是说所有有极性键的分子都是极性分子。比如CH_4，虽然含有4个极性的C—H键，但是因为其空间上呈对称的正四面体结构，所以键的极性相消，整个分子没有极性。

对于H_2O，虽然与CO_2有相同类型的分子式，也同样有极性共价键，但两者分子的极性却不同。CO_2是空间对称的直线型，所以分子是非极性分子。H_2O是折线型，不对称，所以是极性分子，作为溶剂称为极性溶剂。

化合物的极性决定于分子中所含的官能团及分子结构。各类化合物的极性按下列次序增加：

—CH_3<—CH_2—<—CH=<—CH≡<—O—R<—S—R<—NO_2<—N（R）$_2$<—OCOR<—CHO<—COR<—NH_2<—OH<—COOH<—SO_3H。

2. 非极性溶剂

非极性溶剂是指介电常数低的一类溶剂，又称惰性溶剂。这类溶剂既不进行质子自递反应，也不与溶质发生溶剂化作用，多是饱和烃类或苯等化合物，如苯、四氯化碳、二氯乙烷等。非极性溶剂由非极性分子组成，是指分子中各原子的化学键的合力为零。非极性溶剂是由非极性分子溶液组成的溶剂，非极性分子多由共价键构成，无电子活性或电子活性很小。也指偶极矩小的溶剂。

常用的非极性溶剂有氯仿、苯、液状石蜡、植物油、乙醚等。非极性溶剂的介电常数很低，不能减弱电解质离子的引力，也不能与其他极性分子形成氢键。非极性溶剂对非极性物质的溶解是由于溶质和溶剂分子间的范德华力作用，溶剂分子内部产生瞬时偶极。

3. 极性、非极性溶剂相似相溶原理

溶剂通常分为两大类：极性溶剂、非极性溶剂。溶剂种类与物质溶解性的关系可以被概括为："相似相溶"。意思是说，极性溶剂能够溶解离子化合物以及能离解的共价化合物，非极性溶剂则只能够溶解非极性的共价化合物。

相似相溶原理："相似"是指溶质与溶剂在结构上相似；"相溶"是指溶质与溶剂彼

此互溶。例如，水分子间有较强的氢键，水分子既可以为生成氢键提供氢原子，其氧原子上又有孤对电子能接受其他分子提供的氢原子，氢键是水分子间的主要结合力。所以，凡能为生成氢键提供氢或接受氢的溶质分子，均和水"结构相似"。如ROH（醇）、RCOOH（羧酸）、$R_2C=O$（酮）、$RCONH_2$（酰胺）等，均可通过氢键与水结合，在水中有相当的溶解度。当然上述物质中R基团的结构与大小对该物质在水中的溶解度也有影响。如醇R-OH，随R基团的增大，分子中非极性的部分增大，这样与水（极性分子）结构差异增大，所以在水中的溶解度也逐渐下降。

对于气体和固体溶质来说，"相似相溶"也适用。对于结构相似的一类气体，沸点愈高，它的分子间作用力愈大，就愈接近于液体，因此在液体中的溶解度也愈大。如O_2的沸点（90K）高于H_2的沸点（20K），所以O_2在水中的溶解度大于H_2的。

对于结构相似的一类固体溶质，其熔点愈低，则其分子间作用力愈小，也就愈接近于液体，因此在液体中的溶解度也愈大。具体可以这样理解：

① 极性溶剂（如水）易溶解极性物质（离子晶体、分子晶体中的极性物质，如强酸等）；

② 非极性溶剂（如苯、汽油、四氯化碳、酒精等）能溶解非极性物质（大多数有机物、Br_2、I_2等）

③ 含有相同官能团的物质互溶，如水中含羟基（–OH）能溶解含有羟基的醇、酚、羧酸。

另外，极性分子易溶于极性溶剂中，非极性分子易溶于非极性溶剂中。

4. 溶解度参数

溶解度参数可以表征分子间的相互作用，已广泛用于橡胶工业选用添加剂、塑料工业选用增塑剂、涂料工业中树脂溶解的溶剂选择、纺织工业中溶液纺丝的溶剂选择，对石油化工、医药、黏合剂等工业中的溶剂选择，溶解度参数是一个具有较好预测性的依据。

对于高分子共混材料的选择，如聚乙烯与聚氯乙烯不相容，加入氯化聚乙烯，则可共混。溶解度参数也是一个重要判据。

由分子量、密度、沸点可以计算出纯烃类溶剂的溶解度参数，见表9–1、表9–2。

表9–1　一些聚合物的溶解度参数

聚合物名称	溶解度参数/（MJ/m^3）
环氧树脂	10.9
聚苯乙烯	9.1
聚氯乙烯	8.9～9.7
氯乙烯–醋酸乙烯	10.4
聚乙烯	8.1
聚碳酸酯	9.5
聚偏氯乙烯	12.2
聚丙烯	8.0
聚苯乙烯	9～9.4
聚对苯二甲酸乙二醇酯（PET）	10.3～10.9
聚己二酰己二胺	13.6
聚乙烯醇	23.4

表9-2　常用溶剂的溶解度参数

溶剂名称	溶解度参数/（MJ/m³）	溶剂名称	溶解度参数/（MJ/m³）	溶剂名称	溶解度参数/（MJ/m³）
季戊烷	6.3	二甲醚	8.8	环己酮	9.9
异丁烯	6.7	甲苯	8.9	乙二醇单乙醚	9.9
正己烷	7.3	1,2-二氯丙烷	9.0	二硫化碳	10.0
正庚烷	7.4	亚异丙基丙酮	9.0	正辛醇	10.3
甲基环己烷	7.8	异氟尔酮	9.1	丁腈	10.5
异丁酸乙酯	7.9	醋酸乙酯	9.1	正己醇	10.7
二异丙基甲酮	8.0	四氢呋喃	9.2	吡啶	10.9
戊基醋酸甲酯	8.0	苯	9.2	N,N-二甲基乙酰胺	11.1
松节油	8.1	甲乙酮	9.2	环己醇	11.4
环己烷	8.2	氯仿	9.3	异丙醇	11.5
2,2-二氯丙烷	8.2	三氯乙烯	9.3	N,N-二甲基甲酰胺	12.1
醋酸异丁酯	8.3	氯苯	9.5	乙酸	12.6
醋酸戊酯	8.3	四氢萘	9.5	二甲基亚砜	12.9
甲基异丁基甲酮	8.4	四氢呋喃	9.5	乙醇	12.9
醋酸丁酯	8.5	醋酸甲酯	9.6	甲醇	14.5
二戊烯	8.5	氯甲烷	9.7	苯酚	14.5
四氯化碳	8.6	二氯甲烷	9.7	乙二醇	16.3
哌啶	8.7	丙酮	9.8	甘油	16.5

　　高分子与低分子之间，若其溶解度参数相近，一般不超过2.0MJ/m³，则其相溶较易。若溶解度参数相差大，就不易相溶，此规律只适用于非极性、非晶态线型高分子，并不适用于具有氢键的物质。化合物中的氢原子同时和两个负电性较大而原子半径又较小的原子相结合，叫作氢键，氢键的强弱顺序为：

$$F—H\cdots F > O—H\cdots O > O—H\cdots N > N—H\cdots N$$

　　众所周知，结构相似的物质则互溶。非极性键节构成的聚合物，可以溶于非极性溶剂中，如天然橡胶和丁苯橡胶可溶于苯、甲苯、石油醚、己烷和卤代衍生物中。当聚合物键节中含有极性基团时，就只能溶于与它极性相似的溶剂中，例如聚乙烯醇不溶于苯而可溶于水。

　　有些非溶剂，不但不使聚合物溶液产生聚合物沉淀，还可改善溶解，此非溶剂称为惰性溶剂。在某些情况下，两种非溶剂掺混在一起，却成为某一种聚合物的良溶剂。例如，乙醚-酒精混合物是硝酸纤维素的良溶剂。与此相反的现象是醋酸纤维素可溶于胺，也溶于醋酸，但不溶于胺-醋酸的混合物。

　　掌握溶解度参数，就是掌握了不溶聚合物之间的相溶程度，为能否成功溶解提供依据。两种高分子材料的溶解度参数越相近，则共混效果越好。如果两者的差值超过了0.5，则一般难以共混均匀，需要增加增溶剂才可以。增溶剂的作用是降低两相的表面张力，使界面处的表面被激化，从而提高相溶的程度。增溶剂往往是一种聚合物，起到桥梁中介的作用。

　　另外，在设计配方选择液态助剂的时候也必须考虑双方的溶解系数值是否接近，以保证各组分分散均匀。在农药包装的应用中，有以下关系与本节知识有关：

① 阻隔瓶的阻隔材料与制剂之间；

② 普通塑料瓶、罐的材质与制剂之间；

③ 塑料瓶瓶盖铝箔片的胶黏剂透过无阻隔功能的热合层与制剂之间；

④ 多层复合塑料袋、卷膜的无阻隔功能的热合层与制剂之间；

⑤ 流延共挤多层膜、多层瓶与制剂之间；

⑥ 金属容器（铁桶、罐）内涂层与农药制剂之间。

有关上述的关系处理在各包装容器内容中介绍。

第二节 塑料瓶、桶

一、简述

但凡液体农药制剂的包装，都离不开各种各样的瓶和桶。塑料包装容器品种繁多、性能各异，要真正用好塑料包装容器亦非易事。要选用好塑料包装容器，首先要对需要包装商品的性能及商品对包装的要求有一个比较清楚的了解，这是选好塑料包装容器的基础。

塑料包装容器一般采用模塑法制得，其形态主要取决于成型方法及使用的模具。农药行业包装容器通常应用的包装材料有聚乙烯（PE）、聚丙烯（PP）、聚对苯二甲酸乙二醇酯（PET）、乙烯-乙烯醇共聚物（EVOH）、聚酰胺（PA）以及聚氯乙烯（PVC）等。制作方法大同小异，采用吹塑成型的方法制得。

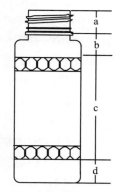

图9-5 农药瓶示意及其部件名称

a—瓶口、螺纹段；
b—肩部；c—瓶身段；
d—瓶底部

1.常见塑料瓶及瓶盖的结构

见图9-5及图9-6。

① 注点：指从瓶口平面到液面距离的一定的点。

② 垂直度偏差：瓶几何中心线与底平面垂直轴线的偏差值。

③ 瓶子及各部位。

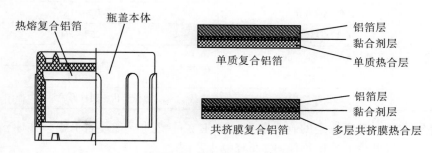

图9-6 瓶盖及热合铝箔片

2. 常见塑料桶的结构

常见塑料桶的结构见图9-7。

① 注点：指从桶口平面到液面距离的一定的点。

② 对角线：瓶几何中心线与底平面垂直轴线的偏差值。

③ 塑料桶各部位及对称轴、对称部位。

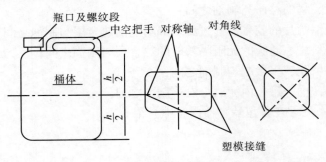

图9-7　塑料桶

二、聚对苯二甲酸乙二醇酯（PET）瓶

1. PET瓶的历史

PET于1941年问世，最初主要用途是作为纺织原料，生产中空纤维、无纺布等产品。在我国用作农药包装容器将近三十年。20世纪90年代，随塑料行业的飞速发展，塑料制品的应用日趋广泛，且由于塑料容器具有轻便、不易破损、计量准确和整体包装成本低等优点，我国在1992年提出了农药包装要"以塑代玻"，从此液体农药的包装就以塑料瓶及塑料包装膜逐步取代了原有的玻璃瓶，以PET、HDPE材料制作的农药包装瓶已经成为现今国内液体农药内包装的主要形式之一。

2. PET瓶的结构及特性

（1）材料选择　PET按聚合方式分为均聚和共聚PET，按用途分为纺织用PET、瓶级PET和片材级PET。瓶级PET的物理性能见表9-3。

表9-3　瓶级PET的物理性能

序号	项目	特性值
1	密度/（kg/cm^3）	1.4
2	平均分子量	25000 ~ 30000
3	特性黏度IV值	0.7 ~ 0.85
4	熔点/℃	250 ~ 260
5	乙醛（AA）含量/（mg/kg）	≤3
6	水分/%	≤0.4
7	形状外观	颗粒形状、圆柱形或平行六面体

PET容易吸湿，需要特定的仓库贮存，加工之前要进行有效的干燥。在原料生产和注塑成型过程中难以处理的残留物使PET瓶释放出乙醛。

（2）双轴拉伸PET瓶的性能

① 具有良好的透光率与光泽，透光率大于85%；

② 具有良好的力学性能和抗冲击性能；

③ 在常温下（20 ~ 30℃）具有良好的尺寸稳定性；

④质量轻；

⑤对气体具有良好的阻隔性。

（3）PET瓶的化学性能　在一般条件下，特别是经过拉伸，PET的化学性质很稳定，可以耐除碱性物质和部分极性溶剂以外的大部分化学药品，但在PET瓶内充有较大压力的气体和恶劣的环境条件下，其化学性能会差一些。

PET属于带氢键的物质，它的溶解度参数是$10.3 \sim 10.9$，下列物质由于两者之间溶解度参数值相差在0.5以内或接近该数值，根据氢键形成以及极性相近相似相溶的原理，会导致溶胀、溶解等不良后果，主要包括：酮类（丙酮、甲乙酮）；醚类（二甲烷、四氢呋喃）；酯类（醋酸乙酯、苯甲酸甲酯、水杨酸甲酯）；卤代烃类（氯仿、三氯乙烯）；苯酚类（苯酚、氯酚、甲苯酚）；强碱类（氢氧化钠、氢氧化钾）；强酸类（浓硫酸、浓硝酸、浓盐酸）；酒精类；乙酰化单甘油酯；环氧乙烷；甘醇；乙二醇醚；氧化胺。

3. PET瓶的生产工艺

（1）瓶坯的生产　PET原料干燥预热熔融塑化注射成型迅速，冷却瓶坯倒坯理坯，穿透炉加热分布炉加热预拉伸冷却成型。

（2）PET瓶的吹制　经过拉伸的PET，分子结构发生定向重排，机械性能大大提高，拉伸率越高，PET定向程度越大，瓶强度越高。

（3）PET瓶生产过程中的影响　影响PET瓶质量的几种主要因素如下：

①瓶型　瓶型设计的几何结构决定着PET的定向程度，定向程度越大，瓶强度越高。但是，瓶型的几何形状设计通常被装潢而左右。包装实践中，为了好看的外观而不顾PET的拉伸结构特点导致瓶体强度大幅下降，主要体现在瓶肩部与瓶身段过渡处以及瓶身段与瓶底的转角两个部分的壁厚变化过大。浪费材料的同时严重危及PET瓶体强度这一关键质量指标。

②瓶坯　特性容重$\geqslant 0.81 cm^3/g$。密度降$\leqslant 4\%$，存放时间不能超过三个月。纯洁、透明、无杂质、无异色、注点长度及周围晕斑合适。

③加热　在烘箱中由远红外灯管发出远红外线对瓶坯进行辐射加热，由烘箱底部风机进行热循环，使烘箱内温度均匀。瓶坯在烘箱中向前运动的同时自转，使瓶坯壁受热均匀。烘箱的热量由灯管开启数量、整体温度设定、烘箱功率及各段加热比共同控制。

④预吹　拉伸杆下降的同时开始预吹气，使瓶坯初具形状。预吹位置、预吹压力和吹气流量是三个重要工艺因素。

⑤模具（冷却成型）　瓶身冷却水温度控制在$30℃$，瓶底冷却水温度控制在$14 \sim 15℃$（夏季要低一些），室温、低湿状态为佳。

（4）水分对PET原料和瓶的影响　PET在通常湿度情况下，当进行熔融塑化时会发生水解反应。高湿度含量常常导致立即反应，结果分子链断裂、降解，分子量降低（也就是IV值降低）。PET的机械性能与特性黏度IV值有关，IV值越低，则PET的机械性能越差。

在中国长江以南地区和沿海地区全年平均相对湿度为85%，部分地区春天和夏天相对湿度有可能高达90%以上。在高湿度环境下，PET会吸湿达到最大的饱和湿度。水分含量越高，则PET的IV值下降越大。通常情况下，含水量为0.01%时，其特性黏度为0.72，含水量为0.02%时其特性黏度变为0.63。

4. 瓶子的贮存过程

由于PET具有容易吸水的性能，因此瓶坯、瓶子贮存时间越长则吸收空气中的水分越多，从而逐步降低原有的优良性能。高温、高湿度环境会直接影响瓶子的使用。用PET瓶子装载对水分敏感的农药制剂，贮存在高湿度的环境下，短时间内会导致制剂水分超标。这是PET应用液体农药上的一个负面特征，正因如此，世界多个国家对PET瓶应用于液体农药灌装持否定态度。

根据上述情况，在春夏两季相对湿度≥85%、气温≥35℃的条件下，建议PET瓶贮存期应控制在一个月内。在秋冬季相对湿度<85%、气温<35℃的条件下贮存期应尽量控制在三个月内。贮存期的长短应考虑当地气候条件。

5. PET瓶容量

双轴拉伸PET瓶具有一定的收缩率，最大收缩率为2%左右。影响PET瓶容量的因素主要有以下几个方面：

（1）模具的影响　PET瓶的容量主要受模具尺寸、形状影响。每一种瓶型模具尺寸通常是固定不变的，不同形状的瓶子设计其收缩率会有所不同。瓶身上加强筋越少、瓶厚度越薄则瓶的收缩率越大。

（2）环境因素的影响　环境温度和湿度对瓶的容量影响较大，环境温度越高、湿度越大则瓶的容量收缩越大。

（3）生产工艺的影响　形状复杂的瓶子在吹瓶时要求有较高的吹瓶压力，若吹瓶压力不足，则瓶成型不良，容量会偏小。若模具冷却不足也会造成容量偏小。

由于PET瓶会自然收缩，瓶模具尺寸在设计时会稍大一点。以一个容积为1L的标准瓶型（拉伸结构标准）为例，刚制成瓶的平均容量为1150mL左右，经过热缩膜标签收缩，容量会减少3~5mL，室温下存放3d后，瓶容量会再减少5~6mL。随着瓶存放时间加长，瓶子容量还会有轻微的收缩。使用OPP粘贴标签虽然可以避免收缩标签时瓶容量减少，但瓶还会自然收缩，这是无法控制的。

6. PET瓶的技术要求

农药制剂用的PET瓶尚没有实施国家标准，以PET主要原料的吹塑瓶，容积在1L以下的，为便于读者应用，以下技术要求供读者参考。

（1）注意盛装物的特性

① 是否有很强的腐蚀性：如是否含有极性溶剂、酸碱性较强的物质、氧化性物质；

② 是否有沸点比较低的溶剂存在；

③ 是否有已分解或容易产生气体的成分存在；

④ 是否有避光要求；

⑤ 内含的表面活性剂是否对PET起物理化学作用；

⑥ 是否在恶劣环境（极端高温或低温）中使用；

⑦ 盛装物在低温下是否会凝固，在使用前是否需要用热水浸泡或烘箱加热；

⑧ 盛装物是否存在严重耗氧的可能；

⑨ 盛装物在吸收水分后是否因此而降解、分解、沉淀等；

⑩ 是否热灌装；

⑪ 是否应用在高杂质含量的"母液"上；

⑫ 灌装地与使用地是否存在较大的海拔高度差。

（2）外观　应符合表9-4要求。

表9-4　PET瓶的技术要求

部位	要求
瓶口、螺纹段	端面平整，螺纹应圆滑、无崩缺，溢料毛边不超过0.13mm
瓶体 （肩部、瓶身段）	瓶体不能有直径大于1mm的气泡和直径大于0.5mm的穿透瓶壁的杂质及雾状发白，色泽均匀，成型饱满，瓶体无收缩变形，塑化性能良好
瓶底	色泽均匀，底座浇口不超过瓶底，无明显飞边
瓶盖	以规定的扭力旋入配合时瓶盖不打滑，旋出时有3/4圈以上的紧配度。如有防盗齿，则旋入时保证3/4以上齿不断，旋出时有3/4以上的齿断开（型式检验时，需要达到GB/T 17876包装容器塑料防盗瓶盖标准）
铝箔片	铝箔片热合层与瓶体材质相同，无褶皱脱落等现象

瓶口、瓶子、瓶盖规格及尺寸误差应符合表9-5～表9-12要求，瓶口示意图见图9-8。

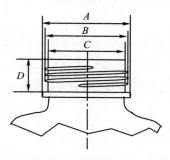

图9-8　瓶口示意图

A—支撑环直径；B—螺纹直径；C—瓶口直径；D—瓶口高度

表9-5　瓶口规格误差要求

测试项目	尺寸误差要求/mm	注拉吹/mm
支撑环直径A	设计图尺寸±0.13	±0.2
螺纹直径B	设计图尺寸±0.13	±0.2
瓶口直径C	设计图尺寸±0.13	±0.2
瓶口高度D	设计图尺寸±0.25	±0.2
瓶盖尺寸	对应瓶子设计尺寸	±0.25

表9-6　瓶子高度偏差要求

高度H/mm	极限偏差/mm
<120	±1.2
121～180	±1.5
181～200	±2.0
>201	±3.0

表9-7 瓶子垂直度偏差要求

高度 H/mm	极限偏差单位/mm
<120	≤2
121~180	≤2.5
181~200	≤3
>201	≤4

表9-8 配套瓶盖外观及结构要求

配套要求	单质PET瓶
配套铝箔片	热合层为单质PET复合铝箔

注：铝箔片均应采用热熔胶将铝箔片与瓶盖黏结牢固不脱落

表9-9 瓶子容量偏差要求

公称容量/mL	极限偏差/%	允许容量偏差/mL
50~100	满口容量应不低于公称容量的105%	±10
200~250		±15
300~500		±20
1000		±30

表9-10 瓶体质（重）量偏差要求

设计质量/g	PET极限偏差/g
<10	±0.5
11~20	±0.8
21~30	±1.0
31~50	±2.0
51~80	±3.5
>81	±5

表9-11 瓶体最小壁厚偏差要求

部位	≤200ml	201~350ml	351~500ml	>501ml
肩部（A）/mm	0.3	0.3	0.28	0.28
瓶身（B）/mm	0.28	0.28	0.26	0.26
瓶底（C）/mm	0.28	0.28	0.26	0.26
对称部位误差比例	1:1.5			

表9-12 瓶的物理力学化学性能要求

项目	指标		
跌落性能（瓶体+瓶盖）	三个样瓶注入标称容量的水，分别以头部、瓶身、瓶底三个不同部位从1.2m高处跌落，瓶体、瓶盖不应破裂，盖子不应脱出，可稳定地站立（特殊瓶型另外约定）		
耐内负压力（－30kPa/30s）无扁瓶	≥200mL	≥500mL	≥1000mL
	－30kPa	－25kPa	－20kPa
透射比（有色瓶不考核）/%	≥85		
聚酯切片特性黏度/（dL/g）	≥0.75		

三、高密度聚乙烯瓶及多层共挤高阻隔瓶

1. 聚乙烯瓶及高阻隔瓶的历史

20世纪90年代初，中国农药界兴起了"以塑代玻"的热潮。短短十年不到的时间，以PET塑料为代表的塑料农药瓶以其不可替代的优势占据了农药包装的主导地位。然而，PET瓶在广泛普及的同时，不断地暴露出其主要的一些缺点，特别是：

① 水分透过率过高，致使相当一部分农药制剂因对水分敏感而在贮存期出现水分超标。

② 农药制剂常用的一些酮类、酯类、卤代烃类等溶剂对PET有溶解及破坏其材料组织结构的特性，给农药制剂的贮存带来不安全的因素。

高密度聚乙烯（HDPE）材料以其质轻、美观、易加工、不易破损、价廉易得、成型方便等优点被广泛用于生产中空包装容器。但聚乙烯阻隔非极性有机溶剂渗透的性能较差，妨碍了该材料在农药包装方面的应用。

对水分而言，HDPE具有较好的对水的阻隔性，弥补了PET水分透过率过高影响农药制剂贮存的弱点。然而，由于高分子材料与有机溶剂之间存在极性相近相似相溶及氢键形成相溶的特点，给这两类塑料如何应用于液体农药尤其是乳油农药提出了要求。基于这方面的要求，国内外学者一直在努力寻求改善聚乙烯材料阻隔性的方法。如聚乙烯的表面氟化、磺化、聚乙烯与乙烯乙烯醇共聚（EVOH）、聚酰胺（尼龙6）的多层共挤、层状共混吹塑成型法等技术。

20世纪90年代中期，在我国建立了一条HDPE氟化塑料阻隔瓶生产线。所谓线上氟化是指用一定比例的氟氮混合气体作为吹瓶的气压源气体，使氟化瓶吹塑成型时内壁表面与氟元素发生取代反应，形成一层以聚四氟乙烯为主的氟化层。聚四氟乙烯几乎对农药常用的有机溶剂都具有较高的阻隔性能，这就对HDPE的抗溶剂性能进行了有效的改性。

然而，氟氮混合气体的应用是一个极为严格的安全监控过程，难以作为普及性工业化生产技术，因此，线上氟化的阻隔瓶生产技术的发展受到了极大的限制。迄今为止，中国国内仅有一条线上氟化瓶生产线。在这种背景下，促进了多层共挤复合塑料高阻隔瓶在中国的推广与应用。

高阻隔瓶所用的乙烯乙烯醇共聚物（EVOH）是由乙烯和乙烯醇共聚形成的共聚体，具有高机能性和热可塑性。依靠分子链中的氢氧基分子内以及分子间的氢形成强大的结合，使EVOH展示出优异的气体阻隔性和抵御农药常用溶剂的溶胀渗透能力。至今为止，农药乳油包装已经大部分应用了这一技术。

2. HDPE瓶及多层共挤高阻隔瓶的结构及特性

（1）HDPE瓶用材料选择　成型方法不同，往往会对制品的性能、成本带来很大的影响，因此在选择塑料包装容器时，如果对各种成型方法有一个概略的了解是相当有利的。塑料包装容器常用的各种塑料的特性，对于正确选用塑料包装容器更是十分重要的。因为塑料包装容器的材质决定着塑料包装容器的基本特性。具有相同或相似形态的塑料包装容器，由于材质的不同，其使用性能上可能有极其巨大的差异。

中空容器高密度聚乙烯材料质量指标如下：

——熔体流动速率为0.15～0.55g/10min；

——密度为0.948～0.954g/cm^3；

拉伸屈服强度≥21MPa；

断裂伸长率≥500%；

灰分≤0.04%。

（2）HDPE瓶子的性能

① 一般性能

a. 无味、无毒，外观纯色时呈乳白色，有似蜡的手感。

b. 吸水率低，小于0.01%。

c. 易燃，氧指数仅为17.4，燃烧时有少量熔融物滴落，火焰上黄下蓝，有石蜡气味。

d. 耐水性较好。制品表面无极性，难以黏合和印刷，须经表面处理才可改善。

② 力学性能性能一般，其拉伸强度较低，抗蠕变性不好，耐冲击性能较好。

③ 耐热性不高，随分子量和结晶度的提高而改善。但耐低温性好，脆化温度一般可达-50℃以下。随分子量的增大，最低可达-140℃。

④ 线膨胀系数大，在塑料中属较大者。

⑤ 环境性能

a. 具有良好的化学稳定性。在常温下可耐酸、碱、盐类水溶液的腐蚀，如稀硫酸、稀硝酸、任何浓度的盐酸、氢氟酸、磷酸、甲酸及乙酸等。

b. 不耐强氧化剂如发烟硫酸、浓硫酸和铬酸等。

c. 在60℃以下不溶于一般溶剂，但与脂肪烃、芳香烃、卤代烃等长期接触会溶胀或龟裂。温度超过60℃后，可少量溶于甲苯、乙酸戊酯、三氯乙烯、松节油、矿物油及石蜡中；温度超过100℃后，可溶于四氢化萘。

d. 耐候性不好，日晒、雨淋都会引起老化，需加入抗氧剂和光稳定剂改善。

e. 对水具有良好的阻隔性。

3. 高阻隔瓶用EVOH材料选择

乙烯/乙烯醇共聚物是乙烯醇单体与乙烯单体形成的共聚物，简称EVOH。EVOH兼具聚乙烯醇的优异阻隔性和聚乙烯的易加工性，还具有透明、光泽高等优点，是迄今为止发现的阻隔性最高的树脂品种。

纯EVOH制品的吸水性高，这会严重影响阻隔性能，因此EVOH一般不单独使用，而是作为中间层材料与其他塑料复合使用，防止其吸水，保证其优异的阻隔性。EVOH与其他材料的相容性好，可与PE、PP、PA、PET等材料复合。

以多层共挤的方法生产高阻隔瓶通常采用的EVOH的理化指标见表9-13。

表9-13　EVOH的理化指标

特性/牌号	D2908	DT2904	DC3212	DC3208	E3808	ET3803	A4412	AT4403
乙烯含量（摩尔分数）/%	29		32		38		44	
密度/（g/cm³）	1.21		1.19		1.17		1.14	
沸点/℃[①]	188		183		173		164	
结晶化温度/℃	163		160		152		144	
玻璃化转变温度/℃[①]	62		61		58		55	
熔体流动指数/（g/10min）	8	3.8	12	3.8	8	3.2	12	3.5

特性/牌号	D2908	DT2904	DC3212	DC3208	E3808	ET3803	A4412	AT4403
氧气透过率/[cm³·mm/(m²·d·MPa)]	0.2		0.3		0.7		1.5	
水蒸气透过率/[g·mm/(m²·d·MPa)]	2		3		7		15	
机械物性 拉伸强度/MPa	92		87		74		61	
机械物性 弯曲强度/MPa	138		129		107		90	

①用DSC法测量。

4. 多层共挤高阻隔瓶的性能

EVOH中乙烯单体与乙烯醇单体的含量不同，其性能大不相同。其中乙烯单体提供耐水性和加工性，乙烯醇单体则提供阻隔性。因此乙烯单体含量增大，EVOH的阻隔性、拉伸强度、冲击强度下降而耐水性和加工性改善。乙烯醇单体含量大，EVOH的阻隔性增强，而耐水性及加工性下降。一般情况下，农药乳油常用溶剂建议EVOH材料中的乙烯醇含量为32%～44%。

一般性能：相对密度为1.2，制品的透明性好并有光泽，易于印刷及热封。

机械性能：EVOH具有优异的拉伸和冲击强度、耐戳穿性、弹性、表面硬度及耐磨性。

阻隔性能：阻隔性能示意图见图9-9。

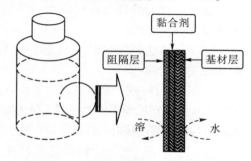

图9-9 多层共挤塑料阻隔瓶功能示意图

EVOH具有非常突出的阻隔性能。含29%乙烯的EVOH，O_2的透过系数为0.1cm³·mm/(m²·d·MPa)。含38%乙烯的，O_2的透过系数为0.4cm³·mm/(m²·d·MPa)。对CO_2的透过系数为1.5～6cm³·mm/(m²·d·MPa)，对水的透过系数为20～25g·mm/(m²·d·MPa)（38%乙烯）。EVOH的阻隔性随温度升高而迅速下降。温度从20℃升高到60℃时，其透过系数增大12倍。阻隔性随湿度升高也迅速下降。湿度由20%升高到80%时，透过系数要增大10倍。

5. 多层共挤高阻隔瓶的结构

国内目前生产的多层共挤阻隔瓶一般有5层共挤或7层共挤，结构见图9-10。

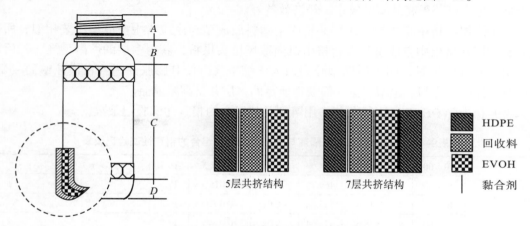

5层共挤结构　　7层共挤结构

HDPE
回收料
EVOH
黏合剂

图9-10 多层共挤阻隔瓶结构示意图

6. 聚乙烯瓶及高阻隔瓶的生产工艺

聚乙烯单层塑料瓶与多层共挤高阻隔瓶同属塑料中空成型技术，其基本原理是把熔融状态的塑料型坯置于模具内，然后闭合模具，塑料型坯借压缩空气吹胀、冷却而得到一定形状的中空制品的成型技术。其工艺有以下几种：

（1）"挤吹"，又称中空挤出吹塑　挤出机连续挤出空心管，用剪刀（人工）或切割装置（自动）切成小段后移到挤吹模具内吹制成型。

优点是设备简单、投资小、成本价格低。缺点是瓶口不平，密封很差。原料通常选用LDPE，阻透性能远低于HDPE/PP，装药保质贮存期短。

（2）二步法"注-吹"　"注射、吹塑"由独立的两台机器分开进行，俗称"二步法"。第一步：由一台普通注塑机注射成型管坯，管坯的瓶头部分（瓶口、螺纹）已经成型；第二步：人工将管坯放在蜂窝状加热器或自动循环加热传送带上加热调温，然后移到吹瓶机用压缩空气吹制成型。

优点：设备较简单，投资较少。瓶口较平整，密封良好。品种开发快，模具费用较低，成本价格中低水平。

缺点：注射管坯与吹塑成型分步进行，易传递污染，菌检难保证，产品同一性差，不太适应大批量生产。

（3）一步法"注-吹"　"注射、吹塑"在同一台机器上完成。根据不同机种又分为三工位和二工位"注-吹"。

三工位"注-吹"制瓶机三个工位以120°角呈等边三角形分布。第一工位为注射成型工位，第二工位为吹塑成型工位，第三工位为脱瓶工位。三个工位可同时运行，生产效率高，周期短，而且可与传送带连接自动计数包装，真正实现药用塑料瓶生产全过程中与人手"无接触"。

二工位"注-吹"塑料机二工位可上、下或前后排列。第一工位为注射成型工位，第二工位为吹塑成型工位。由于少一个专用脱瓶及冷却工位，所以较难实现全自动计数包装（一般为人工计数）。另外，生产周期较长，生产效率低于三工位。

优点：自动化程度高，生产能力高。瓶口平整度高，密封极好。选用HDPE/PP原料，瓶壁均匀，阻透性能优良，装药保质贮存期长。目前，国内基本上采用一步法"注-吹"工艺设备，其中以"三工位"结构为主。

缺点：设备投资较大，模具复杂，系统配置要求较高。不太适应小品种、小批量生产。但大批量生产可获得高品质低成本，经济效益好。

（4）多层共挤中空成型　多层共挤中空塑料瓶成型与注拉吹中空成型工艺相似，所不同的是多层共挤出中空成型是多台挤出机向造坯机头供料，获得多层的熔融型坯。然后将型坯引入对开的模具，闭合后向型腔内通入压缩空气，使其膨胀并附着在模腔壁而成型，最后通过保压、冷却、定型、排气而获得所需的多层共挤高阻隔瓶。

表9-14为EVOH/PE高阻隔瓶与常用溶剂及其组合的相宜性试验记录数据。

表9-14　EVOH/PE高阻隔瓶与常用溶剂及其组合的相宜性试验记录表

DMF （HG 2028）： 二甲苯 （GB 3407）	40：60	1	464.06	464.03	-0.03	-0.006%	16.7
	40：60	2	469.82	469.75	-0.07	-0.015%	17.6
	40：60	3	533.87	533.86	-0.01	-0.002%	16.8
	40：60	4	476.66	476.64	-0.02	-0.004%	17.7
	40：60	5			0.00	#DIV/0！	已剔除

加权平均值	40：60		486.10	486.07	−0.03	−0.007%	17.20	无效数据已剔除，使用正常
DMF（HG 2028）：二甲苯（GB 3407）	50：50	1	477.56	477.34	−0.22	−0.046%	13.3	
	50：50	2	473.91	474.08	0.17	0.036%	15.2	
	50：50	3	467.10	467.07	−0.03	−0.006%	17.4	
	50：50	4	478.71	478.89	0.18	0.038%	16.7	
	50：50	5	493.56	493.52	−0.04	−0.008%	16.3	
加权平均值	50：50		478.17	478.18	0.01	0.003%	15.78	数据有效，使用正常
DMF（HG 2028）：二甲苯（GB 3407）	60：40	1	480.76	480.43	−0.33	−0.069%	12.5	
	60：40	2	464.19	463.66	−0.53	−0.114%	12.0	
	60：40	3	485.49	483.79	−1.70	−0.350%	14.8	
	60：40	4	477.42	477.15	−0.27	−0.057%	14.1	
	60：40	5	502.04	501.64	−0.40	−0.080%	12.6	
加权平均值	60：40		481.98	481.33	−0.65	−0.134%	13.20	数据有效，使用正常
DMF（HG 2028）：二甲苯（GB 3407）	70：30	1	500.77	500.50	−0.27	−0.054%	9.5	
	70：30	2	505.26	504.72	−0.54	−0.107%	12.0	
	70：30	3	471.52	471.55	0.03	0.006%	15.0	
	70：30	4	474.16	474.16	0.00	0.000%	12.8	
	70：30	5	454.54	454.52	−0.02	−0.004%	14.1	
加权平均值	70：30		481.25	481.09	−0.16	−0.033%	12.68	数据有效，使用正常
DMF（HG 2028）：二甲苯（GB 3407）	80：20	1	486.30	485.67	−0.63	−0.130%	9.5	
	80：20	2	477.49	477.28	−0.21	−0.044%	9.0	
	80：20	3	468.33	467.95	−0.38	−0.081%	8.3	
	80：20	4	485.40	485.52	0.12	0.025%	11.5	
	80：20	5	493.46	493.21	−0.25	−0.051%	10.2	
加权平均值	80：20		482.20	481.93	−0.27	−0.056%	9.70	高耗氧
DMF（HG 2028）：二甲苯（GB 3407）	90：10	1	491.78	491.69	−0.09	−0.018%	11.5	
	90：10	2	478.55	479.00	0.45	0.094%	9.4	
	90：10	3	477.74	477.45	−0.29	−0.061%	9.5	
	90：10	4	490.80	490.42	−0.38	−0.077%	7.7	
	90：10	5	461.98	461.63	−0.35	−0.076%	19.9	
加权平均值	90：10		480.17	480.04	−0.13	−0.027%	11.60	高耗氧
DMF（HG 2028）：S−200（GB 1922）	10：90	1	477.14	477.98	0.84	0.176%	6.8	
	10：90	2	500.04	500.19	0.15	0.030%	4.2	
	10：90	3	488.07	488.47	0.40	0.082%	4.9	
	10：90	4	488.02	487.78	−0.24	−0.049%	6.0	
	10：90	5	477.53	478.03	0.50	0.105%	6.8	
加权平均值	10：90		486.16	486.49	0.33	0.068%	5.74	高耗氧

	20：80	1	497.00	497.29	0.29	0.058%	4.4	
DMF（HG 2028）：S-200（GB 1922）	20：80	2	483.27	483.51	0.24	0.050%	6.9	
	20：80	3	500.16	500.52	0.36	0.072%	6.3	
	20：80	4	447.46	448.10	0.64	0.143%	5.7	
	20：80	5	502.62	502.83	0.21	0.042%	6.1	
加权平均值	20：80		486.10	486.45	0.35	0.072%	5.88	高耗氧
	30：70	1	493.81	489.46	-4.35	-0.881%	8.2	铝箔分层
DMF（HG 2028）：S-200（GB 1922）	30：70	2	506.07	506.50	0.43	0.085%	6.3	
	30：70	3	487.22	487.29	0.07	0.014%	6.0	
	30：70	4	470.49	470.39	-0.10	-0.021%	6.0	
	30：70	5	464.61	464.91	0.30	0.065%	10.9	
加权平均值	30：70		484.44	483.71	-0.73	-0.151%	7.48	高耗氧
	40：60	1	475.34	476.24	0.90	0.189%	18.7	
DMF（HG 2028）：S-200（GB 1922）	40：60	2	472.82	473.56	0.74	0.157%	17.4	
	40：60	3	480.21	480.57	0.36	0.075%	5.5	
	40：60	4	481.12	480.56	-0.56	-0.116%	7.9	
	40：60	5	493.62	494.53	0.91	0.184%	8.4	略扁
加权平均值	40：60		480.62	481.09	0.47	0.098%	11.58	耗氧，不稳定
	50：50	1	493.16	494.28	1.12	0.227%	18.6	
DMF（HG 2028）：S-200（GB 1922）	50：50	2	467.16	467.43	0.27	0.058%	19.3	
	50：50	3	469.86	469.55	-0.31	-0.066%	19.3	
	50：50	4	463.37	463.55	0.18	0.039%	19.0	
	50：50	5	500.27	500.38	0.11	0.022%	18.7	
加权平均值	50：50		478.76	479.04	0.27	0.057%	18.98	数据有效，使用正常
	60：40	1	482.33	482.42	0.09	0.019%	20.1	已剔除
DMF（HG 2028）：S-200（GB 1922）	60：40	2	446.06	434.20	-11.86	-2.659%	12.0	
	60：40	3	494.50	494.20	-0.30	-0.061%	8.1	
	60：40	4			0.00	#DIV/0！		已剔除
	60：40	5			0.00	#DIV/0！		已剔除
加权平均值	60：40		470.28	464.20	-6.08	-1.293%	10.05	耗氧，不稳定
	70：30	1	481.76	482.11	0.35	0.073%	19.7	
DMF（HG 2028）：S-200（GB 1922）	70：30	2	502.17	502.42	0.25	0.050%	19.7	
	70：30	3	473.32	472.62	-0.70	-0.148%	11.7	
	70：30	4	483.71	483.89	0.18	0.037%	7.9	
	70：30	5	467.89	467.87	-0.02	-0.004%	8.4	
加权平均值	70：30		481.77	481.78	0.01	0.002%	13.48	耗氧，不稳定

DMF（HG 2028）：S-200（GB 1922）	80：20	1	484.63	485.30	0.67	0.138%	20.0	
	80：20	2	478.03	478.23	0.20	0.042%	9.4	
	80：20	3	504.52	504.21	-0.31	-0.061%	7.7	
	80：20	4	454.01	454.40	0.39	0.086%	7.7	
	80：20	5	486.46	486.24	-0.22	-0.045%	6.2	
加权平均值	80：20		481.53	481.68	0.15	0.030%	10.20	耗氧，不稳定
DMF（HG 2028）：S-200（GB 1922）	90：10	1	503.89	503.46	-0.43	-0.085%	18.2	
	90：10	2	449.94	449.62	-0.32	-0.071%	20.0	
	90：10	3	505.39	506.16	0.77	0.152%	18.9	
	90：10	4	472.79	472.84	0.05	0.011%	5.4	
	90：10	5	460.25	460.18	-0.07	-0.015%	9.7	
加权平均值	90：10		478.45	478.45	0.00	0.000%	14.44	耗氧，不稳定
蓖麻油（GB 8234）：二甲苯（GB 3407）	10：90	1	449.91	448.41	-1.50	-0.333%	19.9	
	10：90	2	480.73	479.62	-1.11	-0.231%	17.1	
	10：90	3	477.87	477.48	-0.39	-0.082%	18.4	
	10：90	4	477.55	476.17	-1.38	-0.289%	17.3	
	10：90	5			0.00	#DIV/0！		
加权平均值	10：90		471.52	470.42	-1.10	-0.232%	18.18	数据有效，使用正常
蓖麻油（GB 8234）：二甲苯（GB 3407）	20：80	1	482.68	415.16	-67.52	-13.989%	20.3	铝箔分层，渗漏，已剔除
	20：80	2	461.78	458.96	-2.82	-0.611%	19.8	
	20：80	3	471.35	378.89	-92.46	-19.616%	20.0	铝箔分层，渗漏，已剔除
	20：80	4	520.75	466.87	-53.88	-10.347%	19.4	铝箔分层，渗漏，已剔除
	20：80	5	479.05	397.55	-81.50	-17.013%	20.1	铝箔分层，渗漏，已剔除
加权平均值	20：80		461.78	458.96	-2.82	-0.611%	19.80	数据有效，使用正常
蓖麻油（GB 8234）：二甲苯（GB 3407）	30：70	1	468.73	425.67	-43.06	-9.187%	18.7	铝箔分层，渗漏，已剔除
	30：70	2	476.67	476.40	-0.27	-0.057%	18.5	
	30：70	3	465.32	465.84	0.52	0.112%	18.1	
	30：70	4	493.58	494.03	0.45	0.091%	18.8	
	30：70	5			0.00	#DIV/0！		
加权平均值	30：70		478.52	478.76	0.23	0.049%	18.47	数据有效，使用正常
蓖麻油（GB 8234）：二甲苯（GB 3407）	40：60	1	486.95	487.29	0.34	0.070%	19.8	
	40：60	2	493.19	492.29	-0.90	-0.182%	19.1	
	40：60	3	452.84	453.83	0.99	0.219%	18.4	
	40：60	4	465.85	466.35	0.50	0.107%	19.5	
	40：60	5	495.07	495.60	0.53	0.107%	19.2	
加权平均值	40：60		478.78	479.07	0.29	0.061%	19.20	数据有效，使用正常

	50：50	1	495.40	495.72	0.32	0.065%	17.8	
蓖麻油 （GB 8234）： 二甲苯 （GB 3407）	50：50	2	489.50	489.87	0.37	0.076%	19.3	
	50：50	3	399.89	400.34	0.45	0.113%	18.5	
	50：50	4	535.48	536.44	0.96	0.179%	15.8	
	50：50	5	480.63	480.40	−0.23	−0.048%	18.0	
加权平均值	50：50		480.18	480.55	0.37	0.078%	17.88	数据有效，使用正常
	10：90	1	473.26	452.15	−21.11	−4.461%	11.3	铝箔分层，渗漏，已剔除
蓖麻油 （GB 8234）： S−200 （GB 1922）	10：90	2	468.67	469.32	0.65	0.139%	11.9	
	10：90	3	470.53	470.59	0.06	0.013%	10.8	
	10：90	4	475.07	475.17	0.10	0.021%	11.4	
	10：90	5	479.48	480.67	1.19	0.248%	9.7	
加权平均值	10：90		473.44	473.94	0.50	0.106%	10.95	高耗氧
	20：80	1	498.38	498.58	0.20	0.040%	9.5	
蓖麻油 （GB 8234）： S−200 （GB 1922）	20：80	2	477.50	479.74	2.24	0.469%	7.8	
	20：80	3	500.67	500.94	0.27	0.054%	7.4	
	20：80	4	476.97	469.86	−7.11	−1.491%	12.2	
	20：80	5			0.00	#DIV/0！		
加权平均值	20：80		488.38	487.28	−1.10	−0.225%	9.23	高耗氧
	30：70	1	482.98	483.23	0.25	0.052%	8.4	
蓖麻油 （GB 8234）： S−200 （GB 1922）	30：70	2	455.23	455.46	0.23	0.051%	15.6	
	30：70	3	459.93	460.53	0.60	0.130%	8.5	
	30：70	4			0.00	#DIV/0！		
	30：70	5			0.00	#DIV/0！		
加权平均值	30：70		466.05	466.41	0.36	0.077%	10.83	高耗氧
	40：60	1	456.76	431.93	−24.83	−5.436%	13.1	渗漏，已剔除
蓖麻油 （GB 8234）： S−200 （GB 1922）	40：60	2	502.16	503.88	1.72	0.343%	8.7	略扁
	40：60	3	474.43	470.92	−3.51	−0.740%	10.9	铝箔分层，渗漏，已剔除
	40：60	4	442.34	442.65	0.31	0.070%	10.0	
	40：60	5			0.00	#DIV/0！		已剔除
加权平均值	40：60		502.16	503.88	1.72	0.343%	8.70	高耗氧
	50：50	1	432.04	432.28	0.24	0.056%	13.2	
蓖麻油 （GB 8234）： S−200 （GB 1922）	50：50	2	496.32	496.17	−0.15	−0.030%	12.1	
	50：50	3	484.08	446.45	−37.63	−7.774%	13.5	铝箔分层，渗漏已剔除
	50：50	4	445.96	445.96	0.00	0.000%	10.2	
	50：50	5	496.53	499.09	2.56	0.516%	8.3	
加权平均值	50：50		467.71	468.38	0.66	0.142%	10.95	高耗氧

通过对试验数据的分析，可以推论出制剂配方选择包装瓶材质的工艺指导书，笔者根据试验整理的数据对常用的几个溶剂组分范围内选定EVOH/PE材料作为包材材质给出了依据。

① 含有甲醇组分的配方，不能够推荐本指导书所定EVOH/PE材质。

② 可以推荐使用的单剂溶剂见表9-15。

表9-15　单剂溶剂推荐表

溶剂名称	在配方中的比例	溶剂名称	在配方中的比例
二甲苯		油酸甲酯	
DMF	任何比例	玉米油	任何比例（注意：植物油耗氧，易产生负压）
环己酮		蓖麻油	
S-200		矿物油	

③ 可以推荐使用的组合溶剂见表9-16。

表9-16　组合溶剂推荐表

溶剂组合	推荐比例范围
DMF：二甲苯	1~7：9~3（二甲苯≥3）
DMF：S-200	仅限5：5的比例，其他比例呈不稳定相
油酸甲酯：二甲苯	1：9与2：8（二甲苯≥8）
蓖麻油：二甲苯	1~5：9~5（二甲苯≥5）
柴油：DMF	任何比例组合

④ 可以在EVOH/PE上使用的组分见表9-17，但必须采用抗负压措施（设加强筋、瓶壁加厚等）。

表9-17　可以在EVOH/PE上使用的组分

溶剂组合	推荐比例范围
S-200	任何配方中含有时
DMF	溶剂配方中单一使用时
DMF：S-200	任何比例组合时
环己酮：二甲苯	任何比例组合时
环己酮：S-200	任何比例组合时
蓖麻油：S-200	蓖麻油在配方中占有任何比例时
DMF：环己酮	任何比例组合时
油酸甲酯：DMF	任何比例组合时
DMF：二甲苯	8~9：2~1（DMF≥8）
DMF：S-200	除5：5外，任何比例组合时

⑤ 表9-18中溶剂组合存在严重失重、胀瓶等现象，禁止推荐使用EVOH/PE材质。

表9-18　禁止推荐使用EVOH/PE材质的溶剂组合

溶剂组合	禁止在下列比例范围中推荐
二氯甲烷∶二甲苯	仅限1∶9，即二氯甲烷≥1的任何比例组合
二氯甲烷	任何比例组合

第三节　复合袋、卷膜

一、塑料薄膜基本知识

1. 软包装薄膜的定义

在国家包装通用术语（GB/T 4122.1—2008）中，软包装的定义为：软包装是指在充填或取出内装物后，容器形状可发生变化的包装。用纸、铝箔、纤维、塑料薄膜以及它们的复合物所制成的各种袋、盒、套、包封等均为软包装。

一般将厚度在0.25mm以下的片状塑料称为薄膜。塑料薄膜透明、柔韧，具有良好的耐水性、防潮性和阻气性，机械强度较好，化学性质稳定，耐油脂，易于印刷精美图文，可以热封制袋。它能满足各种物品的包装要求。以塑料薄膜为主的软包装印刷在包装印刷中占有重要地位。据统计，从1980年以来，世界上一些先进国家的塑料包装占整个包装印刷的32.5%～44%。一般来说，因为单一薄膜材料对内装物的保护性不够理想，所以多采用将两种以上的薄膜复合为一层的复合薄膜，以满足包装技术的要求。复合薄膜的外层材料多选用不易划伤、磨毛、光学性能优良、印刷性能良好的材料，如纸、玻璃纸、拉伸聚丙烯、聚酯等。中间层是阻隔性聚合物，如铝箔、蒸镀铝、无味的聚乙烯等热塑性树脂。

2. 常用中高阻透性塑料的透过系数

常用中高阻透性塑料的透过系数见表9-19。

表9-19　中高阻透性塑料的透过系数

塑料品种/系数	$O_2/[cm^3 \cdot mm/(m^2 \cdot d \cdot MPa)]$	$CO_2/[cm^3 \cdot mm/(m^2 \cdot d \cdot MPa)]$	$H_2O/[g \cdot mm/(m^2 \cdot d \cdot MPa)]$
EVOH（PE 29%）	0.1	1.5	20～25
EVOH（PE 38%）	0.4	6	40～70
PVDC	0.5～4	1～2	0.2～6
PEN	12～22	50	5～9
PA666	15～30	50～70	100
PA6	25～40	150～200	150
PET	49～90	180	180～300
HDPE	2500		
PP	3000		
LDPE	10000		
EVA	18000		

3. 复合包装材料

在包装工业发展的基础上，物品的包装也得到相应的发展。从简单纸包装到单层塑料薄膜包装，又发展到复合材料的广泛使用。复合膜能使包装内含物具有保湿、保香、美观、保鲜、避光、防渗透、延长贮存期等特点，因而得到迅猛发展。复合材料是两种或两种以上材料经过一次或多次复合工艺组合在一起，从而构成具有一定功能的复合材料。一般可分为基层、功能层和热封层。基层主要起美观、印刷、阻湿等作用，如BOPP、BOPET、BOPA、MT、KOP、KPET等。功能层主要起阻隔、避光等作用，如VMPET、AL、EVOH、PVDC等。热封层与包装物品直接接触，起适应性、耐渗透性、良好的热封性、透明性、开口性等功能，如LDPE、LLDPE、MLLDPE、CPP、VMCPP、EVA、EAA、E-MAA、EMA、EBA等。

（1）LDPE、LLDPE树脂和膜　我国的复合膜是从20世纪70年代末起步的，从80年代初期至中期，我国开始引进一些挤出机、吹膜机和印刷机，生产简单的两层或三层复合材料。如挤出复合的BOPP/PE、纸/PE、PP/PE，干式复合的BOPP/PE、PET/PE、BOPP/AL/PE、PET/AL/PE等。其中LDPE树脂和膜中常共混一定比例的LLDPE，以增强其强度和挺度。

20世纪80年代末至90年代初期，随着新一代软包装设备和流延设备的引进，包装内含物的范围进一步扩大，一些膨化食品、麦片等包装袋的透明度要求较高，而煮沸、高温杀菌产品又相继问市，对包装材料的要求也相应提高。以LDPE和LLDPE为主的内层材料已不能满足上述产品的要求。用流延法生产的具有良好热封性、耐油性、透明性、保香性以及特殊的低湿热封性和高温蒸煮性的CPP在包装上得到广泛使用。在此基础上开发的镀铝CPP，因其金属光泽、美观、阻隔的性能也迅速大量使用。用流延法生产的CPP膜，因其单向易撕性、低温热封性、透明度好也正进一步得到使用。

（2）共挤膜　以单层LDPE或LDPE与其他树脂共混生产的薄膜，性能单一，无法满足现代物品发展对包装的要求，因此用共挤吹膜或共挤流延设备生产的共挤膜，其综合性能提高。如膜的机械强度、热封性能、热封温度、阻隔性、开口性、抗污染性等综合性能提高，而其加工成本又降低，得到广泛使用。如H层共挤吹膜的热熔胶膜、PE/HM、电缆膜PE/EAA、MLLDPE的低温热封膜、EVA的盖膜以及抗静电膜、滑爽膜。H层共挤流延的共挤CPP、无改性PP，可热封PP等，三层、五层结构的尼龙共挤膜、五层、七层的EVOH、PVDC高阻隔膜也在不断发展，广泛使用。复合软包装材料内层膜的发展，从LDPE、LLDPE、CPP、MLLDPE，发展到现在的共挤膜的大量使用，基本实现包装功能化、个性化，满足了包装内含物保质、加工性能、运输、贮存条件的要求。随着新材料的不断推出，内层膜生产技术和设备的提高，复合软包装材料内层膜必将得到飞速发展。

4. 多层复合技术

多层复合技术是利用具有中高阻隔性能的材料与低廉的其他包装材料复合，综合阻隔材料的高阻隔性与其他材料的廉价或特殊的力学、热学等其他性能。多层复合膜不同的组合可以满足不同的要求。多层复合技术主要包括多层干式复合和多层共挤复合。

（1）多层干式复合　多层干式复合技术最早用于生产蒸煮类食品的包装材料，如HDPE（PP）/EVOH/HDPE（PP）。其结构常常是外层为BOPP、BOPET，中阻隔层可为PA、PVDC、EVOH或铝箔，内热封层一般为氯化聚丙烯（CPP）。若不需要耐高温，也可以用

PE，相互之间可用胶黏剂黏合。其阻隔性能主要与阻隔膜和胶黏剂有关。

多层干式复合阻隔技术主要依赖于阻隔膜的开发，最近几年，新开发出许多阻隔基材，如MXD6特殊尼龙膜、镀氧化硅薄膜，阻隔性能十分优良，而且可以反向印刷，印刷质量精美。但由于需要二次成型，而且所用的胶黏剂较贵，人们趋于应用多层共挤复合。

（2）多层共挤复合　多层共挤复合是把两种或两种以上的材料在熔融状态下在一个模头内复合熔接在一起。共挤复合的基础树脂一般是HDPE、PP等树脂，阻隔树脂主要是PA、EVOH、PVDC等。由于阻隔材料和热封材料的相容性一般很差，因此必须选择好的相容剂，如丙烯酸酯类的共聚树脂。阻隔树脂要求有较好的加工性能，以适应共挤复合机头要求有良好流动性的需要。流动性太差或几种树脂之间流动性相差太大，都会由于层流的形成而降低复合膜的阻隔性能。共挤复合一般来说按ABCBA五层及ABCDCBA七层结构对称设计，其阻隔性及复合强度最好。

多层共挤复合技术与干式复合相比，起步较晚，但有节省原材料、原料多样化、适应环保要求、不使用有毒黏合剂等优点，而且阻隔效果十分理想。并随着复合层数的增加，效果越好。目前复合层数已经发展到九层甚至十一层，发展迅速。已经应用在包装膜和中空容器。但共挤复合法具有对工艺和设备要求都非常严格、需要较高的工人素质和较为精密的机器设备、设备昂贵、废料回收率低等缺点，因此大大限制了它的大规模使用。

5. 常用的阻隔材料

近10年来，我国塑料包装材料的品种不断增加，包装材料产品年产量递增率超过10%。据估计，21世纪塑料包装市场还将增长7%~9%。用于软包装的塑料主要是聚乙烯，约占软包装市场用塑料的80%。HDPE占塑料硬包装市场的最大份额，约占硬包装用树脂的45%。近几年一直保持大约7.3%的年均增长率，PET是需求增长速度最快的包装材料，主要得益于价格的降低和需求的增长。但塑料也有很大弱点，如对环境的污染问题以及其耐温性和阻隔性总体不如金属和玻璃容器等。

国际上将对氧气透过率小于$3.8cm^3 \cdot mm/（m^2 \cdot d \cdot MPa）$的聚合物称为阻隔性聚合物。高阻隔性塑料材料具有阻氧气、阻水蒸气、阻油、透明的特性，可有效地保持容器及包装内食品原有的口感、气味，防止品质劣化，延长产品货架寿命及保质期。同时，包装相同量的食品时，阻隔性塑料还可减少塑料的用量，甚至可以重复使用，有利于环保。在国际包装行业中，越来越强调阻隔性塑料在包装中的应用。

（1）EVOH　它是乙烯-乙烯醇共聚物，其最显著的特点是具有极好的阻气性，可以有效地阻隔氧气、二氧化碳和其他气体的渗透。同时它还具有很好的透明性、光泽性、机械强度和热稳定性。将其制成薄膜用作复合膜的中间层，能制成硬性或软性容器。

（2）PVDC（聚偏二氯乙烯）　PVDC具有很高的结晶度，其最大的特点是有极佳的综合阻隔性能，但由于其质地坚硬、软化点高、对热不稳定，导致加工成型相当困难。若以其单体VDC（偏二氯乙烯）与其他单体如氯乙烯、丙烯酸甲酯、丙烯腈等共聚，则共聚物可较好地解决上述问题，所以产品通常都以共聚物形式出现。

6. 塑料的热封性

塑料的热封性对于软塑包装材料来讲是十分重要的性能，因为对于任何一个软塑包装制品来讲都要做成口袋，都要依靠热熔融焊接成口袋形式来包装各种商品，包装商品后的口袋也要靠热封来封口，可以说热封性是软包装的主要特性要求。没有塑料的热封性，也就没有软包装。

根据日本工业标准ISZ 1526—1976中的规定，标准热封强度是在130～140℃的温度、9.8×10⁴Pa的压贴力以及2～3s的热封时间下热封，LDPE挤出涂布的热封层的剥离强度为该树脂的热封强度。一个树脂的热封性有以下几方面的要求：

（1）标准热封强度　这是热封用树脂在最佳热封条件下的热封强度。即标准热封强度。对于同一种主要基材薄膜，如BOPA6，标准热封强度主要受挤出涂布热封用树脂的挤复厚度和树脂的类型的影响。

（2）低温热封性强度　所谓低温热封强度是表示该树脂具有较低的热封温度，可以在较低的热封温度下得到可靠的热封强度，适应高速自动充灌成型设备的要求。这种树脂的热封起始温度低。对于LDPE而言，其低温热封性主要受熔体流动速率（MI）和密度的影响。高熔体流动速率（MI）和低密度的LDPE低温热封性好，C_5的乙烯相共聚的树脂的低强热封性，和共聚单体的成分和含量有很大的关系。

（3）夹杂物热封性　夹杂物热封性是指在热封树脂热封表面感染了灰尘、油腻、脏物、商品内容物粉末等的情况下，其热封性仍较好的一种性能。夹杂物热封性在充灌液体、农药时尤为重要，夹杂物热封性较好的树脂有离子型树脂、LLDPE、EMAA、EEA等。

7. 农药制剂用复合卷膜和复合袋子的技术要求

（1）分类和规格　结构分类：

① 塑-塑-塑

a. PET（BOPA、BOPP）/dr.EVOH（PA、PVDC）/ dr. LDPE（LLDPE）。

b. BOPET（BOPA、BOPP）/dr.VMPET（VMBOPP）/dr. LDPE（LLDPE）。

② 塑-铝-塑　PET（BOPA、BOPP）/dr. AL/ex. LDPE（LLDPE）。

上述代号的中文含义为：

BOPP——双向拉伸聚丙烯薄膜；

BOPA——双向拉伸尼龙薄膜；

BOPET——双向拉伸聚酯薄膜；

PET——聚对苯二甲酸乙二醇酯薄膜；

EVOH——乙烯-乙烯醇共聚物薄膜；

PA——尼龙薄膜；

PVDC——聚偏二氯乙烯薄膜；

LDPE——低密度聚乙烯薄膜；

LLDPE——线型低密度聚乙烯薄膜；

VMPET——镀铝聚对苯二甲酸乙二醇酯薄膜；

VMBOPP——镀铝双向拉伸聚丙烯薄膜；

dr——湿法复合；

ex——挤出复合。

③ 结构示意图见图9-11。

a. 形状　产品形状分为平膜、卷膜和袋。膜的断面形状分为单膜（含对折）和管膜（含折边）两种。袋的形状分为一般袋（边封袋、枕形袋等）和特殊袋（立体袋、异形袋等）。

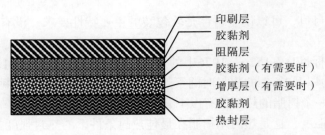

图9-11 复合卷膜的复合层示意图

b. 规格 膜卷的长度、宽度根据合同约定。但以长度出厂的产品,其长度偏差不允许负数,以质量出厂的产品,其质量偏差不允许负数,宽度偏差为±2mm。除非特殊定制,膜卷筒芯内径为ϕ(76±2)mm或ϕ(152±2)mm。

袋的尺寸偏差:袋的尺寸偏差按表9-20规定。

表9-20 袋的尺寸偏差

袋的宽度/mm	长度偏差/mm	宽度偏差/mm	厚度偏差/%	封口宽度偏差/%	封口与袋边距离/mm	袋的正反面尺寸
<100	±2	±2	±10	±15	≤3	一致,不允许可见误差
100~400	±4	±4		±15	≤4	
>400	±6	±6		±15	≤5	

注:卷膜的厚度偏差为±10%。

外观质量:膜、袋的外观质量应符合表9-21的规定。

表9-21 外观要求

项目	要求
折皱	允许有轻微的间断折皱,但不得多于产品表面积的5%
划伤、烫伤、穿孔	不允许
粘连、异物、分层	不允许
热封部位	平整、无虚封、无气泡
气泡	不明显
膜卷松紧	搬动时不出现膜间滑动
膜卷暴筋	允许有不影响使用的轻微暴筋
膜卷端面不平整度	不大于3mm
印刷外观	① 成品整洁、无明显脏污、残缺、刀丝 ② 文字清晰完整,六号宋体字不断横笔,不误字意 ③ 印刷边缘光洁,网纹清晰、均匀,无明显变形残缺
污染痕迹	① 不允许有异物附着及杂质、油污等污染 ② 黏合剂涂布不均或压辊造成的痕迹不明显
膜每卷接头数	两层以上的复合膜长<500m时不多于1个,≥500m时不多于2个,≥800m不多于3个,层数达到或超过四层时接头数在原基础上允许增加一个,接头应牢固并有明显标记

印刷版面:所有的复合卷膜、袋的印刷版面品质均需达到GB 7707标准4.1、4.2、4.3规定的技术要求指标。同批、同色色差与不同批与样本对照色差要求如表9-22所示。

表9-22 色差范围等级划分

色差属性	单位	符号	色差范围	
			$L>50$	$L\leqslant50$
同批、同色	CIELa.b①	ΔE	≤5.00	≤4.00
不同批对签字留样样本			≤5.50	≤4.50

①色差指标，见GB 7705。

（2）物理机械性能

①拉伸性能　拉伸性能等级划分见表9-23。

表9-23 拉伸性能等级划分

项目	符号	单位	1级	2级	3级
拉断力	TS	N/15mm	≥40	≥30	≥25

②热合强度　热合强度等级划分见表9-24。

表9-24 热合强度等级划分

项目	符号	单位	结构	1级	2级	3级
热合强度/（N/15mm）	HS	塑膜总厚度30~40μm	两层结构	≥15	≥12	≥10
			三层结构	≥25	≥20	≥15
			四层结构	≥35	≥30	≥25
		塑膜总厚度>40μm	两层结构	≥20	≥15	≥10
			三层结构	≥30	≥25	≥20
			四层结构	≥40	≥35	≥30

③断裂伸长率　断裂伸长率等级划分见表9-25。

表9-25 断裂伸长率等级划分

项目	符号	单位		指标
断裂伸长率	EL	%	纵向	≥30
			横向	≥30

④层间剥离力　层间剥离力等级划分见表9-26。

表9-26 层间剥离力等级划分

项目	符号	单位	重要分类	1级	2级	3级
层间剥离力	PF	N/15mm	固体包装用	≥3.5	≥3.0	≥2.5
			液体包装用	≥3.0	≥2.5	≥2.0
			真空镀铝	≥2.0	≥1.5	≥1.0

⑤抗摆锤冲击能　抗摆锤冲击能等级划分见表9-27。

表9-27　抗摆锤冲击能等级划分

项目	符号	单位	1级	2级	3级
抗摆锤冲击能	PIR	J	>1.0	1 ~ 0.7	<0.7 ~ 0.6

⑥袋的耐压性能　袋的耐压性能划分见表9-28。

表9-28　袋的耐压性能划分

袋与内装物总质量/g	负荷/N	要求	三边封袋	其他袋
<30	100	80		
31 ~ 100	200	120	无渗漏不破裂	
101 ~ 400	400	200		
>400	600	300		

⑦袋的跌落性能　袋的跌落性能见表9-29。

表9-29　袋的跌落性能

袋与内装物总质量/g	跌落高度/mm	要求
<100	800	
101 ~ 400	500	不破裂
>400	300	

⑧表面摩擦系数　表面摩擦系数见表9-30。

表9-30　表面摩擦系数

项目	符号	1级	2级	3级
静态表面摩擦系数（内面、钢板）	COF	0.1 ~ 0.2	0.2 ~ 0.4	0.4以上

二、复合卷膜和袋子的应用技术

1. 固体制剂软包装应用要点

（1）物料的密度与包装袋的尺寸

①表观密度（堆积密度）的测试　粉尘从漏斗口在一定高度自由落下充满量筒测定松装状态下量筒内单位体积的粉尘质量，即粉尘堆积密度。测量标准为GB/T 16913—2008《粉尘物性试验方法》中的堆积密度的测定自然堆积法。

②振实密度的测试　在规定条件下容器中的粉末经振实所测得的单位容积的质量。用振实机将容器中规定量的粉末振实，直到粉末体积不再减少为止。粉末质量除以体积，得到的就是振实密度。振实密度测试也可以手工进行。

表观密度与振实密度这两组数据是包装袋尺寸设计基础数据，作用为：

①堆积密度是决定固体物料装入塑料袋在没有振实之前所必须保证的盛装体积空间，这个空间还要考虑热封时尽量避免污染的余量。

② 振实密度是决定包装好的商品在运输包装（瓦楞纸箱）内实际需要的空间，通常情况下装箱时的体积应尽可能接近物料的堆积密度，以免在贮运之后粉体压实体积减小，打开箱子出现较大的空间，恶化了瓦楞纸箱堆垛的稳定性。

（2）包装袋的尺寸设计原则　见图9-12软包装塑料袋示意图。

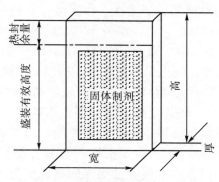

图9-12　软包装塑料袋示意图

计算公式（适用于振实密度与堆积密度的比值在75%～90%的情况）：

包装袋盛装有效高度=盛装固体物料堆积密度下的体积/宽与高的积

热封余量高度①=包装物料后的厚度②×1/2+热封封口宽度+封口至边沿余量

① 余量的高度除了本公式计算外，还需要参考松密度与振实密度的容量差。

② 不受振实密度和堆密度情况限制，是指主观设定的设计厚度。

（3）固体软包装的运输包装箱尺寸设计原则　包装箱有效容积=运输包装单位质量下的物料堆密度×110%。

由于存在振实密度与堆密度之间的体积变化，在设计瓦楞包装箱时，对箱体长与宽尺寸跨度超过40cm的应采用十字隔板或一字隔板作支撑，并沿瓦楞方向纵向作为垂直方向。不能依靠物料作为堆垛承重支撑。

2. 液体制剂软包装应用要点

如何选择复合用胶黏剂达到液体农药包装的质量要求，这是液体农药能否广泛应用软包装材料的关键问题。在我国，农村的土地政策与结构决定了在未来很长一段的历史阶段还是以农户为主要的耕作主体，每户农户占有的农田面积很少，这是小包装规格的农药制剂备受欢迎的根本原因。此外，一喷雾器一包药更是尽在不言中的农药技术推广措施，它能够遏制超量用药，保证农药用药安全。

因此，应用软包装解决小包装农药制剂包装问题是一个长期的课题。一般情况下软包装复合塑料袋在功能上需要解决胶黏剂的几个问题。

（1）应用的广泛性　复合软包装材料一定是用各种塑料薄膜，如PE、PP、PET、OPA、PT或纸、铝箔等，胶黏剂是将它们黏接成统一整体的一种功能性材料。不同的基材具有不同的特性，要把不同性能的基材牢牢地黏接起来，不是随便用什么胶都能达到要求的。当然，胶黏剂的品种很多，但能同时将各种不同性能的塑料、金属、纸张都牢固地黏接起来的不多。再加上其他条件（主要是卫生安全条件）的限制，目前世界上允许使用又能达到这一目的的胶黏剂只有两大类：一类是用马来酸酐改性的聚丙烯或用丙烯酸或其酯与乙烯共聚的共聚体，它属于塑料类，多在共挤膜中作为黏结性树脂使用。另一类是聚氨酯胶黏剂，它属于树脂类，多在干式复合和无溶剂复合中使用，而其他众多的胶黏剂都没有被许可使用。目前，除了我国极个别的小企业之外，世界上大部分企业都采用聚氨酯胶黏剂作为干式复合用胶黏剂制造复合包装材料。

（2）柔软性　复合软包装材料的优点是轻、软、强度高、携带方便，因此，胶膜必须柔软。所以像环氧树脂那样硬而脆的胶，在软包装上就无用武之地。

（3）耐温性　是指耐高温性和耐低温性。作为液体农药包装材料，当它包装了内容物后，有的要经过低温环境贮存运输，在温带和寒带地区-18℃的低温甚至在更低温度下贮存，胶黏剂不能只耐高温而不耐低温，若在低温下发硬、发脆（如丙烯酸类、橡胶类），包装袋就要破裂，包装就失败，这也是不允许的。所以，软性复合包装材料用的胶黏剂，就要同时具备耐高温和耐低温的优良性能。在所有胶黏剂品种中，聚氨酯胶黏剂的耐温幅度是最大的，低温可到-190℃，高温可到150℃，温差达340℃。

（4）耐化学腐蚀性　是指黏结性以外的特殊性能。因为农药制剂是多种多样的，成分复杂。酸、碱、辣、咸、油、酒、表面活性剂和芳香类物质都会碰到，近年发展起来的农药制剂包装、化学品包装，有腐蚀性很强的有机溶剂（甲苯、二甲苯、DMF、环己酮、丙酮、乙醇、异丙醇、甲醇，甚至冰醋酸、丙酸或氢氟酸）。大多数塑料薄膜，特别是PE、PP，其抗介质侵蚀能力是有限的，面对强酸强碱或强极性有机溶剂，若胶黏剂不能抵抗这些介质的侵蚀，装入这些内容物后包装材料就会发生离层脱胶，包装也就失败。因此，真正优秀的胶黏剂，除了（1）、（2）、（3）点性能外，还需具有抗各种化学介质侵蚀的功能性，对不同的液体农药制剂，在了解其性能的基础上选择适当的胶黏剂。

（5）操作性　胶黏剂要通过配胶、涂胶、干燥、复合、熟化这几个操作程序，才能完成制造复合材料的工艺过程。在这里有一个操作性的综合表现问题，具体讲就是要求配胶容易、胶液化学稳定性好、操作时间长、黏度稳定、浸润性能好、涂胶均匀、转移性好、上胶量易于控制、快干、溶剂释放能力高、残留溶剂少、初黏力大而不易产生皱纹隧道，有时还要求在短时间熟化。当然，在外观质量上胶液要均匀一致、颜色要浅，胶液要能抗冻，在低温下流动性要好，无机械杂质。

（6）黏力持久性　复合物在相当长的时期内，黏结牢度（即剥离力）要能保持在较高的水平上。有些胶黏剂存在剥离力随时间的推移而逐步衰退的现象，随着功能性胶黏剂的出现和使用，已在理论上和实践上解决了这一难题。目前，只要选用功能性胶，就不会再有这个后顾之忧了。

3. 相宜性试验

根据复合卷膜与袋的复合结构，不论是干式复合还是共挤复合，要实现热封功能，都会遇到热封层为不耐溶剂低密度聚乙烯（LDPE）。一般情况下农药制剂所使用的有机溶剂都对聚乙烯有渗透、溶胀甚至溶解的可能。这就给软包装用于液体农药包装提出了一个难以解决的课题。

塑料软包装热封材料不能抗御有机溶剂是客观存在的，主要是将聚乙烯不能抗御溶剂的矛盾转移到了热封层与阻隔层层间结合的胶黏剂上。胶黏剂与有机溶剂之间的相宜性是解决塑料软包装问题的核心所在，是矛盾的主要方面，是软包装塑料袋出现分层现象的内因。其次，即便解决了胶黏剂与溶剂之间的相宜性矛盾，溶剂沿着热封层往外渗透，同样会导致渗漏失重现象。

液体农药制剂尤其是乳油，制剂中通常应用的芳烃、烯烃、烷烃、酮、醇、酯等各种极性或非极性溶剂。一些通过萃取、结晶过程的固体农药原药在生产过程中通常多次套用后的"母液"，这些母液是合成过程杂质的大杂烩。由于"母液"含有一定比例的化合物活性，于是这类"母液"就成了原药商品的一种形式。"母液"中溶剂组分通常只有合成企业能够定性，用户难以对其进行判断。面对这类母液，可以这样理解，它与包装材料之间的理化性能构成什么关系是不得而知的。选用包装材料时只能通过试验论证的方法取得经验数据予以应用。

鉴于此，通过相宜性试验验证复合软包装与农药液体制剂之间能否满足安全盛装与贮存的要求，成为一项必不可少的步骤。

（1）试验前的准备工作　首先，要明确农药制剂配方中各种组分的构成，尤其是占成品质量比例1%（湿基）以上的有机溶剂、表面活性剂等助剂的构成。并确认这些组分及其比例能够持续重复。不能持续重复的试验只能代表试验的样本，对实际生产没有指导意义，这一点务必重视。

其次，对选定的软包装复合塑料袋、卷膜的胶黏剂的质量指标是否能够持续重复予以确认。目前为止，对适用于农药液体制剂的干式复合或共挤复合所用的胶黏剂还没有制定行业或国家标准，对所选用的胶黏剂只能靠生产方的型号规格加上提供样品试验论证作支持。在选择胶黏剂的时候不要轻易地将层间剥离力、耐高温这些功能指标与耐化学腐蚀功能指标作正比例关联来评价。耐化学腐蚀是一项独立的评价，为了满足其耐化学腐蚀功能往往会降低层间剥离力与耐高温性能。

在确认配方与胶黏剂可重复性的情况下，软包装复合材料与液体农药制剂的相宜性试验才能开始。与塑料瓶的相宜性试验一样，复合塑料卷膜及其袋子的试验也应该遵循以下原则：

① 评价所提供的样品所应用胶黏剂的耐化学腐蚀功能指标是否能够重复，切忌没有对胶黏剂进行可重复性评价判定而进入试验；

② 确定试样的配方是重复使用配方且明确配方组分中各种溶剂、原药、表面活性剂及助剂的属性；

③ 五次以上平行实验，以判断试验数据的有效性。

通过试验验证制剂试样与复合层层间胶黏剂是否存在化学腐蚀导致离层脱胶。

（2）试验程序

① 复合卷膜、袋子的选定　按本节分类和要求对试样进行检测，达到理化指标的复合卷膜、袋子方能用于试验，所取样品需要留样封存，包括试验用卷膜和袋子以及留样卷膜、袋子，都应注明一致的试样号。

卷膜应按照使用条件相一致的尺寸和热封条件制成试验用袋子以备试验。

② 适宜性试验　试验袋子内装入供试的制剂，封口，要求封口紧固平整，确保封口质量后，称其质量，并随时记录，然后放入（54±2）℃烘箱中放置14d，取出放至室温后，检查有无质量减少（失重≤1.5%为合格），用手轻轻柔压检查溶剂对层间与热封封口有无腐蚀、溶解、溶胀、渗透而导致的复合膜层间脱层现象，若发现有脱层现象则对经试样进行层间剥离试验，经测试层间剥离力指标不小于规定指标的70%为合格。

三、编织袋、吨袋

（一）塑料编织概念

（1）塑料编织名词解释　塑料编织物广义上讲，是指塑料丝状物的织物。在塑料编织行业中，是指用塑料膜拉成纤维丝，编织成布。编织布可以后加工，依加工方式不同，可制成篷布、编织袋。覆膜后制成各种编织布、编织袋、集装袋、吨装袋、土工布、彩条布等。这些塑料编织产品统称为塑料编织物。

编织物的定义有三点：

① 是塑料膜拉成的纤维丝，区别于其他化纤丝；

② 是编织成布，不是针织成布；

③ 是成布后加工的各种产品。

（2）术语　塑编已经成为塑料编织行业的习惯和行业术语，如塑编机械、塑编企业、塑编袋等。

（3）塑料编织物所用丝的种类　用塑料膜制成纤维丝的方法称为薄膜成纤法，在塑编行业里简称拉丝。由于薄膜成纤工艺方法的不同，制成的纤维丝可分两类：一类是扁丝，是由薄膜切割成窄条后纵向拉伸的产物，这种丝呈扁平窄条；另一类是裂膜丝或称为膜裂纤维、撕裂纤维，是由薄膜切割成窄条后用机械方法划成窄条并拉伸成网状的产物。

目前，塑料编织物所用原料基本上是聚丙烯。聚丙烯又称丙纶，故扁丝又称丙纶扁丝。严格地讲，只有聚丙烯制成的扁丝才能称为丙纶扁丝。

（4）塑料编织特性　塑料具有质轻、电绝缘性好、耐腐蚀性好、易加工成型等特性。塑料编织物具有塑料的某些通用特性和它自己的特性。如下：

① 质轻　塑料一般都比较轻，塑料编织物的密度为$0.9 \sim 0.98 g/cm^3$。常用的聚丙烯编织物，如果不添加填料，即等于聚丙烯的密度。塑料编织应用聚丙烯的密度为$0.9 \sim 0.91 g/cm^3$，通常情况下编织物比水轻。

② 断裂强度高　塑料编织物在塑料制品中是一种柔性、断裂强度高的材料，这与它的分子结构、结晶程度、牵伸取向等有关，也与添加剂的种类有关。如果用比强度（强度/相对密度）来衡量塑料编织物，它高于或接近金属材料。

③ 耐化学腐蚀性好　塑料编织物对无机、有机物有良好的耐腐蚀性。在110℃以下，在相当长的时间里没有什么影响，它对溶剂、油脂等有很强的化学稳定性。当温度升高时，四氯化碳、二甲苯、松节油等可使它溶胀。发烟硝酸、发烟硫酸、卤族元素及其他强氧化物会使之氧化。它对强碱和一般酸类耐蚀性较好。

④ 耐磨性好　纯聚丙烯塑料编织物之间的摩擦系数小，仅有0.12左右，与尼龙相仿。在某种程度上，塑料编织物和其他物品之间的摩擦带有润滑作用。

⑤ 电绝缘性较好　纯聚丙烯编织物是一种优良的电绝缘体。由于它不吸潮，不受空气中湿气的影响，击穿电压也高。它的体积电阻很高，塑料编织物的绝缘性好，并不等于用它来作绝缘材料。

⑥ 耐环境性　在常温下，塑料编织布实际上完全不受水分侵蚀，24h内的吸水率低于0.01%，水汽穿透性也很低。低温下，它变脆，易脆裂。塑料编织物不会发生霉变。

⑦ 抗老化能力差　塑料编织物的抗老化能力差，特别是聚丙烯编织物更低于聚乙烯编织物。它的老化原因主要是热氧老化，光降解。塑料编织物抗老化能力差是它的一个主要缺点，影响它的使用寿命和应用领域。

（二）塑料编织的分类

（1）按织造方式分类　按织造方式可分为两类，即机织物和针织物。塑料编织产品主要是机织物，如普通编织袋、涂覆袋、篷布的基布、集装袋、吨装袋等。

生产机织物的主要机器是平织机、圆织机、片梭织机、喷水织机、网眼织机等，它用的纱线主要是扁丝或撕裂膜网丝。

针织物是特殊用途的网布，它用的纱线主要是各种圆丝、多股纤维丝、化纤丝等，从行业划分角度上来看，针织物不属于塑料编织范畴。

（2）按织物组织分类　按织物的组织分类，机织物有平纹、斜纹、缎纹等。塑料编织主要是生产平纹组织的编织布，也有少部分纱罗组织结构的网眼袋。针织物组织结构有经平、经缎、经绒织物。

（3）按织物外形分类　按外形分类可分成片状织物、筒状织物、带状织物。片状织物是主要由平织机、片梭织机、喷水织机等编织的平纹状编织布。筒状织物是主要由圆织机、网眼织机等编织的平纹筒状编织布。带状织物是主要由专用吊带织机编织的斜纹长带状集装袋、吨装袋等用的吊带。

（三）塑料编织袋工艺

1. 塑料编织袋扁丝工艺

塑料扁丝的生产工艺流程是原料和辅料混配后，由挤出机把它熔融挤出成薄膜。膜经过冷却，分割成条丝（坯丝），再经拉伸取向产生扁丝，最后把这些扁丝卷绕在筒管上，制成纱锭送下一编织工序。

生产裂膜丝的工艺流程与生产扁丝的工艺流程基本相同，仅在分割成条丝（坯丝）后，增加一个扎网过程。

生产扁丝或裂膜丝的主要原料是聚丙烯（PP），有时也用高密度聚乙烯（HDPE）、线性低密度聚乙烯（LLDPE）或是它们共混。

生产扁丝的辅助原料主要是母料（钙质填充剂）、着色剂（色母料）和其他改性剂，如抗氧剂、润滑剂等。生产扁丝或裂膜丝的主要设备是拉丝机、卷绕机，辅助设备是混料机、废料回收再用设备等。扁丝或是裂膜丝生产工艺是塑料编织工艺中最关键的工艺，它的主要工艺指标有挤出机温度、压力、流量的控制；冷却、拉伸、热处理（定型）的温度控制；扁丝的牵伸比、相对拉断力、断裂伸长率的控制；产量、能耗、产出比等的控制。

2. 塑料编织袋编织工艺

由扁丝生产编织布的工艺就是把扁丝经纬交错编织成布。对于筒布，用圆织机编织，圆织机的经纱架上有许多纱锭，依据编织布幅宽和扁丝宽度，使用规定范围数量的经纱。经纱进入圆织机前，由经纱的梭框对经纱进行交叉开口，纬纱梭子在交叉开口中做圆周运动穿过经纱，编织成筒布。一台圆织机有几把梭子，就有几条纬纱同时织入。对于平织布，可用平织机、片梭织机、喷水织机编织。

如果编织时经纱改用裂膜丝、双丝、折叠丝，就可以编织出高强度的集装袋、吨装袋用布。编织布生产工艺中主要指标有编织密度、幅宽、抗拉强度、编织布的单位面积质量等。

3. 塑料编织袋涂膜工艺

由编织布生产各种编织物工艺繁杂，可以说每一种编织物都有它自己的生产工艺。种类大体相同，工艺可能大致相同，也有可能完全不同。

4. 普通编织袋

它的生产工艺流程是编织布通过印刷、切割、缝制等制成编织袋。依据所用的设备不同，可先切割后印刷，也可先印刷后切割。自动切割缝纫可连续完成印刷、切割、缝纫等工序。也可制成阀口袋、放底袋等。对于平织布可进行中缝黏合后制袋。

普通编织袋制袋工艺指标主要是外形公差尺寸，缝底向和缝边向的拉断力，印刷油墨的清晰度和印刷后其他部位的清洁度，以及版面位置准确度、缝合线迹、针距及缝合脱针、断线等缺欠的要求。

5. 复合塑料编织袋

二合一、三合一等复合塑料编织袋的生产工艺流程是将编织布涂覆料和纸或膜，进行复合或涂覆，得到筒布或片布。筒布可以进行切割、印刷、缝合，制成普通的缝底袋。也可以打孔、折边、切割、印刷、缝合，制成水泥袋。得到的片布可以中缝黏合、印刷、切割、糊地，制成糊底袋。也可以焊接、卷取、制成、篷布，制成土工布。复合制袋工艺关键是复合。

涂覆的原理是把树脂在熔融状态下涂于基材编织布上。仅把熔融树脂涂覆到编织布上并立即冷却，得到二合一编织布。如果复合时，熔融树脂膜夹在编织布和纸或是塑料膜中间时，冷却后得到三合一编织布。可以对平织物单面涂覆得到片布。也可以对筒布双面涂覆，得到涂覆筒布。涂覆后的编织布可以印刷、切割、缝合，制成各种袋型，宽幅涂覆布也可卷取作为篷布出厂。涂覆工艺指标主要是温度、压力、厚度的控制、涂覆的剥离强度等。

第四节 玻璃瓶

一、玻璃瓶知识介绍

玻璃是一种历史悠久的包装材料，玻璃瓶也是我国传统的酒类、饮料、医药、农药、化妆品等多个行业的包装容器。在多种包装材料涌入市场的情况下，玻璃容器在各行业包装中仍占有重要位置，这是因为它具有其他包装材料无法替代的包装特性。

玻璃的主要成分为二氧化硅，质地较脆，且熔化温度高，往往不能直接满足生产药用玻璃瓶的基本要求，为此，常在玻璃的基本骨架中加入钠、钾、钙、镁、铝、铁、硼等元素的氧化物以改变其理化性能。

玻璃瓶品种繁多，从容量为1L的小瓶到十几升的大瓶，从圆形、方形到异形与带柄瓶，从无色透明到琥珀色、绿色、蓝色、黑色的遮光瓶以及不透明的乳浊玻璃瓶等，不胜枚举。就制造工艺来说，玻璃瓶一般分为模制瓶（使用模型制瓶）和管制瓶（用玻璃管制瓶）两大类。模制瓶又分为大口瓶（瓶口直径在30mm以上）和小口瓶两类。前者用于盛装粉状、块状和膏状物品，后者用于盛装液体。按瓶口形式分为软木塞瓶口、螺纹瓶口、冠盖瓶口、滚压瓶口、磨砂瓶口等。按使用情况分为使用一次即废弃的"一次瓶"和多次周转使用用的"回收瓶"。

玻璃瓶是食品、医药、化学工业的主要包装容器。它们具有如下几点：

① 良好的化学稳定性；

② 易于密封，气密性好；

③ 透明，可以从外面观察到盛装物的情况；

④ 贮存性能好；

⑤ 表面光洁，便于消毒灭菌；

⑥ 造型美观，装饰丰富多彩；

⑦ 有一定的机械强度，能够承受瓶内压力与运输过程中的外力作用；

⑧ 具有原料分布广、价格低廉等优点。

玻璃瓶的缺点是质量大（质量与容量比大），脆性大，易碎。然而近年来采用薄壁轻量与物理化学钢化的新技术，这些缺点已有显著改善，因而玻璃瓶能够在与塑料、铁听、铁罐的激烈竞争下，产量逐年增加。这是我国农药制剂生产领域高度分散、小规模生产、专业技术水平低下以及低水平市场竞争的结果。玻璃瓶在化学制品、试剂、日用化妆品、饮料、酒类包装的广泛应用足以说明，农药行业对玻璃瓶的曲解亟须扭转。

二、玻璃瓶的材料性质

玻璃瓶用的主要原材料是天然矿石、石英石、烧碱、石灰石等。按照成分可分为以下几种：钠玻璃、铅玻璃、硼矽玻璃。玻璃瓶需要具备以下特性：

（1）良好的化学稳定性　特别是强碱性药品对玻璃瓶的化学性能要求更高。

（2）良好的抗温度急变性　玻璃的抗温度急变性主要和热膨胀系数有关，热膨胀系数越低，其抵抗温度变化的能力就越强。

（3）良好的机械强度　药品在生产分装及运输装卸中都需要经受一定的抗机械冲击，药用玻璃瓶容器的机械强度除了和瓶型、几何尺寸、热加工等有关外，玻璃材质对其机械强度也有一定的影响，硼硅玻璃的机械强度优于钠钙玻璃。

目前，国际上药用玻璃已普遍使用甲级料（中性硼硅玻璃）作包装材料。在我国，除了一些合资企业和大型国有企业少量使用甲级料外，绝大部分企业的玻璃包装仍在使用乙级料（低硼硅玻璃）。客观地说，低硼硅玻璃是中性硼硅玻璃降低了质量档次和各项性能指标的过渡材质。

三、玻璃的分类

按照我国食品药品监督管理局关于药包材的标准，根据材料的热膨胀系数（α）可以将玻璃材料划分为以下三类：

① 甲级料（Ⅰ类玻璃）：包括5.0硼硅玻璃，$\alpha = （4 \sim 5） \times 10^{-6} K^{-1}$（20～300℃）和3.3硼硅玻璃$\alpha = （3.2 \sim 3.4） \times 10^{-6} K^{-1}$（20～300℃），这类玻璃材质为国际中性玻璃。

② 低硼硅玻璃：$\alpha = （6.2 \sim 7.5） \times 10^{-6} K^{-1}$（20～300℃）。这类玻璃材质为我国特有的不能和国际标准接轨的准中性玻璃，通常也称为乙级料。

③ 钠钙玻璃：$\alpha = （7.6 \sim 9.0） \times 10^{-6} K^{-1}$（20～300℃）。这类玻璃材质一般经硫化处理，表面耐水性能达到2级。

四、玻璃瓶的制作成型

玻璃瓶的成型按照制作方法可以分为人工吹制、机械吹制和挤压成型三种。玻璃瓶生产工艺主要包括：

（1）原料预加工　将块状原料（石英砂、纯碱、石灰石、长石等）粉碎，使潮湿原料干燥，将含铁原料进行除铁处理，以保证玻璃质量。

（2）配合料制备。

（3）熔制　玻璃配合料在池窑或池炉内进行高温（1550~1600℃）加热，使之形成均匀、无气泡并符合成型要求的液态玻璃。

（4）成型　将液体玻璃放入模具中做成所要求形状的玻璃制品，如平板、各种器皿等。

（5）热处理　通过退火、淬火等工艺，消除或产生玻璃内部的应力、分相或晶化，以及改变玻璃的结构状态。

五、农药玻璃瓶的质量技术要求

迄今为止，我国没有农药专用的玻璃瓶制定国家或行业标准。在这种情况下，农药行业生产与使用玻璃瓶只能借鉴药用玻璃瓶的标准与规范。

根据《药品管理法实施条例》要求，国家食品药品监督管理局自2002年以来分期分批组织制订并发布了一系列用于药物包装的包装容器（材料）标准，其中囊括了药用玻璃瓶，标准范围覆盖了用于注射粉针剂、水针剂、输液剂、片剂、丸剂、口服液及冻干、疫苗、血液制品等各类剂型的药用玻璃瓶包装容器。已经初步形成比较完善、规范的药用玻璃瓶标准化体系。这些标准的制定、发布和实施，对药用玻璃瓶包装容器的更新换代、提高产品质量、保证药品质量、加快同国际标准和国际市场接轨、促进和规范我国药品玻璃行业健康、有序、快速发展，具有举足轻重的作用。

农药玻璃瓶需要注意控制的技术要点：

农药玻璃瓶之所以被行业误解，很关键的原因在于瓶口的密封形式。总结农药行业普遍存在的玻璃瓶瓶口密封以"塑料内盖+塑料外盖+动态密封"为主要的瓶口密封形式，如图9-13所示。

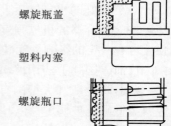

螺旋瓶盖

塑料内塞

螺旋瓶口

从玻璃瓶的生产特性来讲，这样的瓶口密封形式存在难以克服的缺陷：

① 模制瓶生产过程难以保证瓶口圆形的同心度，玻璃瓶口不圆的情况下靠内盖膨胀力不足以提供密封所需的压力；

图9-13　农药瓶瓶口传统密封形式

② 模制瓶合模线在瓶口形成径向合模线，依靠旋盖时对内盖的翻边产生的压力不足以使翻边变形达到密封效果。

上述形式就是农药行业普遍存在瓶口漏药的关键原因。

（一）农药玻璃瓶的结构及各部位名称

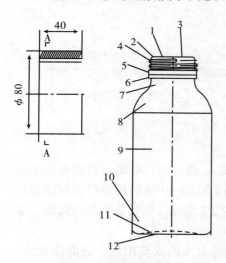

图9-14　玻璃瓶瓶型

瓶子各部位名称：口内径（1）、口外径（2）、密封面（3）、螺纹（4）、介子或叫球环（5），以上组成称为口部；瓶颈根部（6）、瓶颈（7）、瓶肩（8）、瓶身（9），瓶身有初模合缝线与成模合缝线；瓶根（10）、模底线（11）、瓶底（12），瓶底有闷头线及大部分产品有防爆纹，见图9-14。

（二）解决瓶口漏药的方法

① 要解决瓶口漏药的问题，首先要从瓶口的密封形式下手，参考酒类的玻璃瓶口采用"端面压力密封"的形式，如"二锅头"的瓶口密封形式，使用扭断式铝防盗瓶盖，通过压盖机与铝防盗盖的结合，形成法兰端面的对接静密封结构。除非包装机械故障，这种密封形式是十分可靠的保障。

② 扭断式铝防盗瓶盖+端面压力密封的形式，玻璃瓶口需要与之配套。所选用的模制玻璃瓶在瓶子合模的同时需要将合模线予以处理，以保证瓶口密封端面的平整。见图9-15及图9-16。

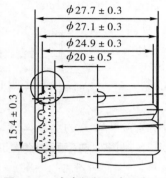

图9-15　玻璃瓶瓶口（28瓶口）

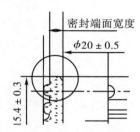

图9-16　玻璃瓶瓶口密封端面示意图

（三）农药玻璃瓶的其他技术要求

（1）规格尺寸　玻璃瓶的规格尺寸应符合设计图纸要求，允许误差见表9-31。

表9-31　玻璃瓶外观尺寸允许误差范围表

容积/mL	瓶身外径	瓶子全高	螺纹外径	瓶口外径	瓶口内径	瓶头高度
	单位/mm					
100	±1.2	±1.2	+0.0　-0.6	+0.0　-0.6	+0.0　-0.6	±0.5
200						
500	±1.5	±1.5				
1000						

① 瓶身椭圆度：小于1.5mm。

② 垂直轴偏差：小于1.5mm。

③ 实行系列化要求的玻璃瓶，瓶头尺寸应符合图9-15要求。玻璃瓶瓶口的尺寸以及允许误差值见表9-31。

④ 瓶口端面要求：玻璃瓶瓶盖的密封形式为静密封态，通过瓶口端面与铝质瓶盖端面之间的PE垫片，由压盖机压盖形成静密封。瓶口端面应符合图9-16玻璃瓶瓶口密封端面示意图的形式，瓶口内外直径差形成的密封端面宽度不应少于1.5mm。端面为平面或弧面，采用弧面作端面的，弧面半径不小于端面宽度的两倍。

（2）外观　在自然光线明亮处，正视目测。玻璃瓶可为无色或琥珀色。表面应光洁、平整。不应有明显的玻璃缺陷。任何部位不得有裂痕。

（3）理化性能

① 热稳定性：急冷温差50℃无破裂。

② 耐内压力：大于或等于1.2MPa。

③ 内应力等级：小于或等于2级。

④ 化学稳定性：试验溶液应呈红色。

试验方法：

① 高度偏差　在抽样的样品瓶中取10个样瓶，用精度为0.02mm的量具测量瓶垂直高度最大值，计算10个样瓶之间高度偏差。

② 垂直度偏差　用垂直度偏差测试仪（见图9-17）测试，精度为0.02mm。

③ 试验步骤　在抽取的样品中取10个样瓶，常温下样瓶内注入2/3的水，置于垂直度偏差测试仪中，以支撑环作测量点，瓶下部贴近夹具，转动360°，找出最小值。将指示表零位调整到指针处，在此转动360°，记录指针偏转的最大值，并记录测试结果。

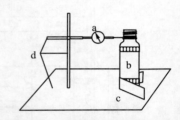

图9-17　垂直度偏差测试示意图

a—千分表；b—样瓶；c—夹具；
d—测试仪架

④ 耐内负压试验　取10个样瓶，用试验室用的恒压真空泵将限压调整至-30kPa，用手将装有橡胶垫圈的密封吸头紧压瓶口，观察负压表的变化。当压力达到-30kPa时，将阀门关掉，开始计算时间，持续8s后压力表没有变化为合格。

（四）农药玻璃瓶常见质量缺陷

1. 名词术语

深裂纹：玻璃表面深裂纹。这种裂纹的深度通常超过2mm。其形状可以是垂直的，如口部裂口，合缝线也可以是放射状的，如瓶底裂纹。

裂纹：一种深度小于2mm的裂纹。这种裂纹通常容易反光，呈水平或斜状。如爆头、爆颈根、爆颈。

细裂纹：一种表面长度任意的裂纹，不深入玻璃内部，反光程度不如"深裂纹"强。细裂纹的表面有小有波纹，不像"深裂纹"和"裂纹"那么平直。如平时检验经常看到的浅爆口或瓶身细裂纹。

裂缝：玻璃表面上未断裂的缝隙，这种缝隙用指甲能感觉到，或手感触摸感觉到刮手，出现在瓶身内、外。它与深裂纹、裂纹不同，不反光，具有不同的长度和宽度。

2. 缺陷的认识与区别

（1）严重缺陷

① 在灌装、贮运、使用过程有危害人身安全的可能性。

② 无法正常使用，严重变形，密封端口不平整。

③ 瓶内壁裂纹（内裂缝）。

④ 口部飞刺（内、外双口），瓶口内径边缘局部出现极小的玻璃片向上凸出，影响封盖的密封性及导致压碎玻璃掉入瓶内。

⑤ 薄皮气泡（破气泡）。瓶子内外部或瓶口密封面的气泡，由于过软，在正常使用瓶

子时都会使其破裂，用手指甲刮可穿。

⑥ 成型模飞刺。在瓶子合缝线上凸出的较高飞刺。

（2）瓶口缺陷

① 瓶口翻边（凸边口）与口模损伤：瓶口外缘水平向外凸出的玻璃片。

② 口模损伤：在口子合缝线与封合面以及与初型模配合处凸出一小粒玻璃，用游标卡尺对正缺陷部位测量，通常会产生口外径超标或影响自动封盖时的顺滑性。

③ 瓶口裂口（深爆口），瓶口密封面细裂纹（浅爆口）：深爆口不同于浅爆口，它爆得比较深，并且裂纹常常由内缘延至外缘。浅爆口是瓶口顶部边缘的浅裂纹，要在灯光的折射才能看到裂纹反光。

④ 瓶头内凹陷（凹口），又称"透牙"，瓶口内径过大。

透牙：瓶口内壁玻璃分布明显不均匀而产生变形，手触摸口内，明显感到呈弧形状向内凹。

瓶口内径过大：瓶口内径大于设计要求。两种缺陷对一些使用内塞要求会造成漏液。

⑤ 瓶口裂纹（爆口）与爆螺纹：瓶口裂纹是在瓶头中间有一条裂纹，爆螺纹是螺口瓶的螺纹间的裂纹。

⑥ 瓶口毛糙（毛口）：因口模光洁度不好造成瓶口表面粗糙。

⑦ 盘形口、瓶口不平、瓶口倾斜：因口边不饱满造成瓶口内缘直陷，状似兔唇，常伴有口不足或口不平现象。

⑧ 瓶口不平：瓶口面的最高点与最低点之间超过标准要求。此缺陷须借助塞尺来检测。

⑨ 瓶口倾斜：即平行度超标，瓶口面到瓶底最大值与最小值之差超过标准要求。

⑩ 螺纹不足与瓶口环过小：瓶口螺纹成型不足，严重时会造成螺纹外径偏小。

⑪ 瓶口过小：瓶口各尺寸偏小于标准下限。

（3）瓶颈缺陷

① 钳出裂纹（钳爆）与瓶颈裂纹（爆颈）：钳瓶钳造成的裂纹，形状似月牙形，且出现在瓶子的底部。爆颈是瓶颈的裂纹，通常是水平裂纹。

② 瓶颈折叠、抓颈、瓶肩/颈塌陷：玻璃表面明显的深折痕，通常出现在瓶颈部位。抓颈即为瓶颈变形，肩、颈塌陷是指瓶颈或肩吹气不足。

③ 歪颈、歪身：歪颈是瓶颈不直，影响平行度指标，用高度尺测量瓶高，通过最低点与最高点之差可判断歪颈程度。歪身指瓶口中心线与瓶底中垂线之间有偏差，垂直轴转盘可检测歪身，不能用高度尺。

（4）瓶身缺陷

① 爆身、浅爆身：爆身指一种短而深的裂纹，成型以后的热瓶子表面与金属等冷物体接触所致，裂纹反光。浅爆身指玻璃表面的浅裂纹，这种裂纹长度不定，不深入玻璃内部，不反光。

② 瓶身裂缝线：瓶身外表面的开口裂缝，有刮手感。

③ 冷模：由于模具温度过冷，致使玻璃外表面粗糙，玻璃分布不均匀，手触摸有凹凸感。

④ 皱纹：瓶子外部细小的水平皱纹，其形状是横向的较密集。

⑤折痕：玻璃表面轻微的折痕，通常这种折痕近乎水平状。

⑥落料印：在瓶子上部，落料形成的玻璃印痕。周围可能有气泡存在，其形状不规则。

⑦瓶身凹陷：瓶子成型后，瓶壁被挤压，形成明显或不明显的凹陷，导致瓶身不圆度超标或瓶身直径某点偏小。

⑧瓶身小：瓶身直径整体比标准下限值小，有可能导致容量不合格或不能贴商标。

⑨热模裂纹：通常出现于瓶身，形状似海鸥。

⑩爆合缝线：通常出现于瓶身，在成模合缝线处的裂纹。

⑪爆肩：与瓶肩垂直的裂纹。

⑫瓶根深裂纹：在瓶根处的深裂纹。

⑬初模损伤：一粒尖锐的玻璃凹陷于瓶外部。

⑭成模损伤：瓶子外部凸出的玻璃。

⑮爆字母：刻字的周围有浅裂纹向外延伸。

⑯定位周围的裂纹。

（5）瓶底缺陷

①瓶底裂纹：瓶子底部的浅裂纹。

②爆底：瓶底任何方向的深裂纹，多数呈放射状。

③凹底：瓶底中心呈非正常性的凹进。

④凸底：瓶底中心向外凸出，瓶子摆放在平板上，摇摆不平。

⑤瓶底不平：由于瓶底变形，使之在平面上站立不稳，摇摆不平。

⑥模底损伤：由于底模损伤，致使瓶底该部位的玻璃凸起。

⑦模底线：玻璃渗入成型模与底模接缝处或由于模底配合不好而形成飞刺。

⑧闷头线不正：闷头线不在瓶底中心，偏到一边去。

⑨偏底：瓶底内部呈斜坡状，但倾斜度超出规定要求。通常偏底比例控制在1～2mm。

⑩薄底：瓶底玻璃不足，达不到设计要求厚度，偏底有时也会导致薄底。

（6）合缝线缺陷

①合缝线裂纹（爆合缝线）：在成型模合缝线处垂直的裂纹，其形状与热模裂纹不同。

②初型模合缝线不良：瓶身铁碗线凸起而尖锐。成型以后，初模线凹陷。

③成型模合缝线毛边：在成模合缝处凸起飞刺，与初模合缝线形状相反。

④成型错缝：成型模两半配合不好，合缝线呈阶梯状，一高一低。

⑤闷头丝过深：玻璃进入初型模与闷头拉缝处形成明显的锯齿形缝线。目测发现闷头线明显凹陷。

⑥闷头毛刺（烂闷头线）：在闷头与铁碗配合处呈凸起锯齿状的闷头线。

⑦瓶口/初型模合缝线毛边：口子与铁碗连接处不光滑形成凸起、台阶状或锯齿状缝线。

（7）量测缺陷

①瓶身过大：瓶身直径超出标准上限值。

②瓶口内径过小：瓶口内径小于规定要求。用塞规或游标卡尺可测出。内双口有可能导致口内径偏小。

③ 超高：瓶高超过标准上限值，瓶颈拉长也可能导致瓶高超标。

④ 瓶矮：瓶子高度达不到标准下限值，瓶子收缩过大或瓶底中心呈非正常性的凹进会产生瓶矮。

⑤ 瓶身不圆：椭圆度是瓶身截面从圆到椭圆的一种变形，通常用椭圆的长短轴之差来表示。即同一初测面旋转一周最大值与最小值之差超出瓶身不圆度标准范围。

⑥ 瓶身鼓凸：瓶身变形，向外凸出超过规定要求。

以上是玻璃瓶常出现的质量缺陷，在选择农药包装瓶时应仔细检查，以保证农药的贮运安全。

第五节　金属容器（钢桶、铝瓶、马口铁罐）

一、马口铁基本知识

1. 马口铁名称的由来

马口铁是表面镀有一层锡的铁皮，它不易生锈，又叫镀锡铁。马口铁最早产于波希米亚（今捷克共和国和斯洛伐克共和国境内）。该地自古就盛产金属，工艺先进，且懂得利用水力从事机器制造，从14世纪起就开始生产马口铁。在很长一段时期内，这里一直是世界上马口铁的主要产地。当时马口铁主要用来制造餐具和饮具。

2. 马口铁的性能特点

（1）机械性能好　马口铁罐相对于其他包装容器，如塑料、玻璃、纸类容器等，强度大，且刚性好，耐微负压，不易破裂。不但可用于小型销售包装，而且是大型运输包装的主要容器。

（2）阻隔性优异　马口铁罐有比其他任何材料均优异的阻隔性、阻气性、防潮性、遮光性、保香性，加之密封可靠，能可靠地保护产品。

（3）工艺成熟生产效率高　马口铁罐的生产历史悠久，工艺成熟，有与之相配套的整套生产设备，生产效率高，能满足各种产品的包装需要。

（4）装潢精美　金属材料印刷性能好，图案商标鲜艳美观，所制得的包装容器引人注目，是一种优良的销售包装。

（5）形状多样　马口铁罐可根据不同需要制成各种形状，如螺纹旋口罐、圆罐、方罐、椭圆罐、马蹄形罐、梯形罐等，既满足了不同产品的包装需要，又使包装容器更具变化，促进了销售。

（6）对环境生态友善　相对于塑料及其他类型的包装材料，马口铁属于对环境友善、可自然分解的包装材料。废弃的空罐在空气中降解速度很快，可自然地氧化而回复至原始氧化铁状态，回归自然。所以废铁罐的堆置是可由时间分解的，形成良性的生态循环，并不会残存造成环境污染。同时制造铁罐不必砍伐树木，不致破坏生态平衡，符合国际环保要求，是各种包装形式中最为环保的一种，符合未来产品趋势。

（7）可回收再生　铁罐本身便具有一项其他包装材质所没有的特性——可被磁铁吸附性，如此就可利用磁选机靠磁力将铁罐由废弃物中分离出来，利用此项特性可容易地达到回收垃圾中80%铁罐的效果。此外，在125kg马口铁包装废弃物中可回收1kg锡。将废马

图9-18 马口铁制成的铁罐

口铁作为废钢铁回炉，使钢铁中含有少量的锡（低于0.1%），可以改善铸铁的性能。图9-18是马口铁制成的铁罐。

3. 马口铁罐在液体农药制剂中的应用

马口铁罐用于农药制剂包装已经有相当长的历史，在美国、日本等发达国家被普遍应用在乳油农药、有机溶剂等多种液体制品上。

（1）扭断式螺纹旋盖罐　在大量使用塑料瓶作为农药包装的同时存在着塑料高聚物与有机溶剂之间存在的极性相近、相似相溶以及氢键形成等相宜性问题。要解决这些问题，实践中只有三个解决方案。

① 马口铁罐；

② 玻璃瓶；

③ 铝瓶。

上述三种解决方案里，根据贮存、运输、使用以及环境生态的需要，马口铁瓶有着难以替代的作用。

（2）压力气雾罐　气雾罐以其方便安全、经济实用的优点，近年来得到了迅猛的发展。气雾罐年产量已经达到6亿只。压力气雾罐被广泛用于家庭卫生消杀、空气清新、日用化学等领域。所选用的主要材料为镀锡薄钢板，其由罐体、控制阀门和喷嘴等组成。出厂前，将药液和抛射剂（二甲醚或丙烷、丁烷等）一起灌装好，使用时只要按下控制开关，药液便在抛射剂的带动下从喷嘴喷出。

二、马口铁罐的制作

1. 马口铁的生产过程

马口铁的镀锡多采用酸性电镀工艺，也可采用热浸镀锡工艺。钢板经电镀锡表面呈银白色，这种锡镀层厚度为0.04~0.4mm，在技术上一般以单位面积的镀锡量来表示（g/m^2）。马口铁电镀后的镀锡层孔隙很多，抗蚀性能不好。因此必须在电镀后进行软溶处理或钝化处理，使其表面分别生成锡合金层和氧化锡层。使镀层光亮，并使镀层与钢板的结合力增强和孔隙减少，才能有效地提高耐腐蚀性能。

马口铁表面电镀锡，主要是锡的电极电位比铁高，化学性能稳定，因此可对钢板起防锈保护作用。但必须保持镀锡层的完整，若被划破，甚至仅有微小的孔隙而暴露出钢基，也会因产生阳极腐蚀而使钢板很快被腐蚀。

马口铁的主要生产过程为：酸洗低碳薄钢板→电镀锡→软溶处理→钝化处理→涂油→检查→剪切→分类→包装。

2. 马口铁罐的制作

马口铁罐的传统制作方法是：先将铁皮平板坯料裁成长方块，然后将坯料卷成圆筒（即筒体），再将所形成的纵向接合线锡焊起来，形成侧封口，圆筒的一个端头（即罐底）和圆形端盖用机械方法形成凸缘并滚压封口（此即双重卷边接缝），从而形成罐身；另一端在装入产品后再封上罐盖。由于容器是由罐底、罐身、罐盖三部分组成，故称三片罐。这种制罐方法150多年来基本上无多大变化，只是自动化程度和加工精度等方面大为提高，近年来又将侧封口的焊缝改为熔焊。20世纪70年代初出现了一种新的制罐工艺。

按照这一工艺，罐身和罐底是一个整体，由一块圆形的平板坯冲压而成，装入产品后封口，此即两片罐。这种罐有两种成型方法：冲压-变薄拉伸法（即冲拔法）和冲压-再冲压法（即深冲法）。这些技术本身并不是新的。冲拔法早在第一次世界大战中就已用于制造弹壳，制罐与之不同的是使用超薄金属和生产速度高。

3. 三片罐的制造

制作过程是用剪切机将卷材切成长方形板材；涂漆和装潢印刷；切成长条坯料；卷成圆筒并焊侧缝；修补合缝处和涂层；切割筒体；形成凹槽或波纹；在两端压出凸缘；滚压封底；检验及码放在托盘上。

（1）筒体的加工　关键工序是卷曲成型和焊侧缝。侧缝的封合方式有锡焊法、熔焊法和胶接法三种。锡焊罐的锡焊料一般由98%的铅和2%的锡组成。将平板坯卷成圆筒的筒体制作机是与进行锡焊的侧缝封合机成对使用的。筒体制作机内，板坯的边缘经清洗并弯成钩形，这样在形成圆筒时便于固定。然后筒体经过侧封口机，加上溶剂和焊料，用瓦斯喷枪预热封口区，通过纵向锡焊滚轮，进一步加热使焊料流满接缝，之后用旋转刮辊将主要以滴状存在的多余的焊料清除干净。熔焊是利用自耗线电极原理，采用电阻焊工艺。较早期的熔焊系统是采用大的搭接，将钢的温度提高到熔点，并在较低的滚轮压力下焊接。最新的焊机采用小搭接量（0.3～0.5mm），金属温度稍低于熔点，但要提高焊接滚轮压力，将两搭接面锻压在一起。焊缝破坏了内表面原来的或涂漆的光滑表面，使在焊缝的两面都存在暴露的铁、氧化铁和锡。为了防止产品受到污染和焊缝受到产品的侵蚀，在大多数情况下侧封口都需要加涂层保护。只装干燥产品罐的侧封口可以采用胶接法。即用尼龙带粘贴纵向接缝，尼龙带在圆筒成型后熔化并凝结。其优点是能使原来的边缘得到完全的保护，但只能用于无锡钢，因为锡的熔点接近塑料的熔化温度。

（2）筒体的后加工　在筒体的两端还必须加工凸缘，以便安装端盖。对于加工食品罐，在处理过程中罐可能要承受外部压力，或者在存放期间内部处于真空状态。为了增加罐的强度，筒体表面可能还要制作加强筋。这个工艺过程称作压波纹。为提高生产效率，制浅容器的圆筒长度往往为两至三个罐身长，这时，第一道工序要切断圆筒，传统的做法是，成型前板坯在切割机（刻痕机）上进行不断开的切割。

4. 两片罐的制造

制造两片罐的两种成型方法均采用金属板成型法。这种方法是以在复合应力作用下，通过晶体结构重新排列而表现出的金属"流动性"为基础，而且在这一过程中材料不应发生断裂。

（1）冲压成型　即利用冲压机的一个冲头将一块平板冲进圆柱形的冲模中，从而使平板变形形成圆筒。在初始冲压后形成的杯的直径，可以应用再冲压工序来缩小。再冲压工序用一冲压套筒代替冲模，安装在冲头与冲杯内径之间。等面积规则决定了伴随直径缩小的是高度的增加，再冲压工序可再重复一次，使直径在一定的极限范围内逐渐缩小，并避免金属发生断裂。

（2）杯壁的变薄拉伸　冲压后的圆柱形杯被套在冲头上，冲头沿轴向挤进一个模具，该模具与冲头之间的间隙小于杯壁的厚度，这样在直径保持不变的情况下，壁厚就得到减薄。变薄后筒体的金属体积等于变薄拉伸过程中杯的金属体积，也等于原始板坯的金属体积。在罐的制造中，这个过程要重复两次或三次，带杯的冲头先后通过一系列模具，一次冲程通过一个模具。将经冲压的杯安装到冲头上最方便的方法，是在第一次变薄拉伸之前进行一次再冲压操作。

（3）冲拔罐的制造　冲拔罐的制造过程大体如下：展开普通带状卷材；涂润滑剂；下料和冲杯；再冲压；杯侧壁的变薄拉伸；底部成型；筒体按正确高度切边；清洗和处理。对于饮料罐，则还要进行外表面涂层、印刷装潢、内表面涂层、敞口端的凸缘成型和收口。对于食品罐，在清洗过程中进行外表面涂层、敞开端的凸缘成型、筒体压波纹和内表面涂盖。罐端是在多模具压力机上用预先涂覆的板材制造的，罐盖压有波纹（加强筋），以承担内、外压力。这里最后一道工序是卷边，以形成双重卷边接缝。在最终的封口上放置填料，以充当密封垫圈。

（4）深冲罐的制造　制造深冲罐的步骤如下：将薄板带材卷切成旋涡状的板料；涂覆和精饰板材（也可涂覆卷材）；圆片坯下料和冲杯；再冲杯（一次或二次，取决于罐的尺寸）；罐底成型；凸缘切边到正确宽度；检验和灭菌处理。与冲拔工艺一样，使用多模具冲杯机，从宽的薄板带卷或板材上下料，并将其冲成浅杯。浅杯通过一次和二次再冲压逐渐缩小直径和增加高度。到一定程度停止最终冲压时，罐上会留下一个凸缘，像其他所有金属板成型工艺一样。不规则的边缘要切除，罐底要加工成所要求的外形。

5. 马口铁罐成品的技术要求

对于农药制剂应用马口铁罐在应用时应参考下列标准：

（1）外观　马口铁铁罐表面必须光滑洁净，不可附有明显的异物、杂物。罐体不可有棱角、毛刺。应无严重擦伤、划花，外表的图案、文字墨色要求色相正确，均匀光亮，图纹清晰，层次分明，文字应清楚完整、不变形，无毛边、气泡、油漆不均等不良问题。

铁罐表面的图案、文字内容应与样版一致，无多印、漏印现象，图案、文字套印准确，套印准确度不大于0.5mm。罐壁及封口卷边的锡层应完整，无堆锡及锡路毛糙现象，无明显擦伤和生锈现象，无砂眼等引起的渗漏现象。圆罐卷边部位不得有缺口、假卷和大塌边，不应有卷边不完全、卷边牙齿、铁舌、跳封、卷边碎裂、填料挤出、锐边、垂唇、双线等因压头及卷边滚轮故障引起的其他缺陷。

易拉罐要求划线均匀，无划线不良、拉不开盖或易拉环被焊死现象。易拉罐的易拉环应与易拉盖卷边的下边缘线在同一水平面内，不得超出。圆形罐焊缝应平滑、美观，搭接均匀一致，焊点均匀连接，不得有焊接不良及击穿现象，焊缝端两边错位应小于0.5mm，焊缝端部拖尾应小于0.5mm。圆形罐接缝补涂带应平滑均匀，完全覆盖焊缝及留空部分，固化完全，无大气泡和露铁点。圆形罐涂料应无脱落，无内流胶、硫化铁，无严重硫化斑、氧化圈。圆形罐形状应完整，不应有瘪罐或突角等形变。

（2）相宜性试验　马口铁罐用于乳油农药包装，在选用马口铁罐时需要注意药液与内涂层之间的相宜性关系。以下液体农药需要注意：

① 不宜应用于药液贮存状态属于强酸、强碱的水基型制剂；

② 不宜应用于烷烃类有机溶剂，如二氯甲烷、三氯甲烷作为溶剂的乳油制剂。

三、钢桶的结构

① 全开口钢桶　全开口钢桶开口直径与桶身内径相等。

② 闭口钢桶　桶顶和桶底都是通过卷边封口与桶身组合成一体，且不可拆卸。有两道

环筋；两端有3~7道波纹；有两道环筋，环筋至桶顶桶底之间各有3~7道波纹；有3道环筋。见图9-19。

图9-19　钢桶的结构

四、钢提桶

1. 钢提桶的结构类型

① 全开口紧耳盖提桶；

② 全开口密封圈盖提桶；

③ 闭口缩颈提桶；

④ 闭口提桶。

结构见图9-20。

2. 钢桶的基本要求

① 钢桶的容量和结构尺寸应符合国标规定。

② 桶身、桶顶、桶底均由整张薄钢板制成，不允许拼接。

③ 桶身焊缝要采用电阻焊缝。

④ 桶顶上应根据开口形式设置放料呼吸口。

3. 性能要求

① 钢桶的气密试验。

② 钢桶的液压试验。

③ 钢桶的跌落试验。

④ 钢桶的堆码试验。

图9-20　钢提桶

第六节　农药的包装纸箱、纸盒及贮运

一、瓦楞纸箱

1. 瓦楞纸箱的特点

瓦楞纸箱是使用瓦楞纸板制成的纸包装容器，它具有很多优点：

① 质量轻、结构性能好。其内的瓦楞结构类似拱形结构，能起到防冲减震作用，具有良好的力学特性。

② 对包装物品具有许多良好的保护功能。例如防潮、散热、易于搬运等。

③ 运输费用低，且易于实现包装与运输的机械化和自动化。

④ 规格与尺寸的变更易于实现，能快速适应各类物品的包装。

⑤ 封箱、捆扎均方便，易于自动化作业。

⑥ 能适应各种类型的纸箱的装潢印刷，能很好地解决商品保护和促销问题。

⑦ 废箱易于回收再利用，符合环保要求。

⑧ 可与各种覆盖物或防潮材料结合，从而大大扩展其使用范围。

2. 瓦楞纸箱用纸质量要求

（1）瓦楞原纸　原纸是形成纸板、纸箱产品质量的重要因素之一，是纸板、纸箱组成的主要原料。常用的原纸有以下类型：

①牛皮箱纸板，又称牛皮卡纸，一般采用纯木浆制造，纸质坚挺，韧性好，是包装用高级纸板，用于制造高档瓦楞纸箱。

②挂面箱纸板，用于制造中、低档瓦楞纸箱。国产挂面箱纸板一般采用废纸浆、麦草浆、稻草浆等中的一种或两种混合作底浆，再以本色木浆挂面。其各项性能与挂面的质量密切相关，强度比牛皮箱纸板差。

③白纸板是销售包装的重要包装材料，它的主要用途是经过彩色套印制成纸盒和纸箱，起着保护商品、美化商品、宣传商品的作用。白纸板多为单面光滑的纸板，有灰底和白底之分。一般采用废纸浆作底浆，以漂白浆挂面。由于白板纸纤维含量低，耐破强度和边压强度都很低，不能满足GB/T 6544规定的合格品以上瓦楞纸箱用的纸边压强度与耐破强度要求，不能作为运输包装。

瓦楞原纸用于制造波纹状的瓦楞纸，并与箱板纸黏合形成瓦楞纸板。瓦楞纸在瓦楞纸板中起着缓冲和支撑的作用。瓦楞原纸是以木浆、草浆、废纸浆中的一种或两种混合搭配抄制而成的。瓦楞原纸质量的好坏直接影响到瓦楞纸箱的抗压强度，因此采用高强度的瓦楞原纸，可以制造出坚挺而富有弹性的瓦楞纸箱。

（2）瓦楞纸板　瓦楞纸箱是农药贮运包装最常用的一种包装形式。其主要原材料就是纸板组合而成，纸板由一层层瓦楞纸通过坑纸机胶合而成。最外面的那层纸称为表纸，最里面的纸称为里纸，中间凹凸不平的纸称为坑纸（瓦楞纸），两坑纸之间的纸称为芯纸，胶合在一起称为瓦楞纸板。如图9-21所示。

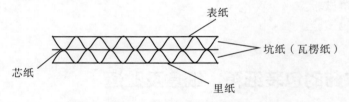

图9-21　瓦楞纸板结构示意图

①瓦楞纸板的结构　瓦楞纸板的结构如图9-22所示。

瓦楞纸板由面纸、里纸、芯纸和加工成波形瓦楞的瓦楞纸黏合而成。根据商品包装的需求，瓦楞纸板可以加工成单面、三层、五层、七层、十一层等瓦楞纸板。

不同的瓦楞形状有不同的力学性能，常用的三种瓦楞形状见图9-23。不同瓦楞受到平面压力后的变形情况见图9-24。

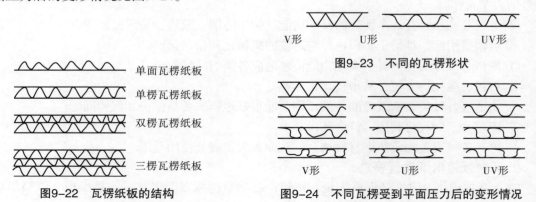

图9-23　不同的瓦楞形状

图9-22　瓦楞纸板的结构

图9-24　不同瓦楞受到平面压力后的变形情况

UV形楞的性能介于U形楞和V形楞之间。UV形瓦楞的齿形弧度较V形大，较U形小，从而综合了两者的优点。试验表明，三种瓦楞受不同的平面极限压力，变形最大的是V形，其次是U形，比较稳定的是UV形。其抗压强度高，弹性好，恢复力强，黏结强度好。

② 不同结构的瓦楞纸板的应用场合　单面瓦楞纸板一般用作商品包装的贴衬保护层或制作轻便的卡格、垫板来应对商品在贮存和运输过程中的震动或冲撞。

三层和五层瓦楞纸板是制作瓦楞纸箱时最常用的。三层瓦楞纸板不但保护了内在的商品，而且宣传和美化了内在的商品。目前，许多三层或五层瓦楞纸板制作的瓦楞纸箱或瓦楞纸盒已直接上了销售柜台，成了销售包装。

瓦楞纸板分优等品与合格品，其耐破强度与边压强度两项技术指标符合表9-32的要求。

表9-32　瓦楞纸板耐破强度与边压强度技术指标

代号	瓦楞纸最小综合定量/（g/㎡）	优等品			合格品		
		代号	耐破度（不低于）/kPa	边压强度（不低于）/（kN/m）	代号	耐破度（不低于）/kPa	边压强度（不低于）/（kN/m）
S	250	S-1.1	650	3.0	S-2.1	450	2.0
	320	S-1.2	800	3.5	S-2.2	600	2.5
	360	S-1.3	1000	4.5	S-2.3	750	3.0
	420	S-1.4	1150	5.5	S-2.4	850	3.5
	500	S-1.5	1500	6.5	S-2.5	1000	4.5
D	375	D-1.1	800	4.5	D-2.1	600	2.8
	450	D-1.2	1100	5.0	D-2.2	800	3.2
	560	D-1.3	1380	7.0	D-2.3	1100	4.5
	640	D-1.4	1700	8.0	D-2.4	1200	6.0
	700	D-1.5	1900	9.0	D-2.5	1300	6.5
T	640	T-1.1	1800	8.0	T-2.1	1300	5.0
	720	T-1.2	2000	10.0	T-2.2	1500	6.0
	820	T-1.3	2200	13.0	T-2.3	1600	8.0
	1000	T-1.4	2500	155.5	T-2.4	1900	10.0

③ 楞形　瓦楞楞形采用表9-33所列的5种。见图9-25。

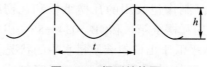

图9-25　楞形结构图

瓦楞高度与宽度应符合表9-33要求。

表9-33　瓦楞高度与宽度标准

种类	瓦楞高度（h）/mm	瓦楞宽度（t）/mm	楞数/（个/300mm）
A	4.5~5	8~9.5	34±3
B	3.5~4	6.8~7.9	41±3
C	2.5~3	5.5~6.5	50±4
E	1.1~2	3.0~3.5	93±6
F	0.6~0.9	1.9~2.6	136±20

3. 瓦楞纸箱的箱型

国际箱型由欧洲瓦楞纸箱制造商联合会（FEFCO）和瑞士纸板协会（ASSCO）联合制定。

02型箱：带摇盖的开槽箱。有普通平口箱、一边开口箱（半翼箱）、叠盖箱（全翼箱）。

03型箱：2片以上组成的套盒箱。最常用箱型为天地盒。

04型箱：包卷式纸箱。箱底与侧面、盖连在一起，不用钉，可折叠成型。常用箱型有托盘、机包箱。

09型箱：纸箱附件有刀卡、平卡、护角等。

最为常见的瓦楞纸箱的结构为0201型结构（见图9-26）。

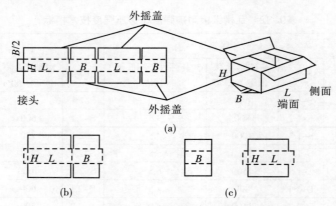

图9-26　平口纸箱0201型

4. 瓦楞纸板和瓦楞纸箱的质量检验

瓦楞纸板和瓦楞纸箱的质量检验共分三大类。这就是瓦楞纸箱的外观检验、瓦楞纸板和瓦楞纸箱的性能测试以及瓦楞纸箱的型式检验。

瓦楞纸板和瓦楞纸箱的质量检验，必须计量准确，标准统一，检测设备完好，检测方法标准；同时有严格的全面管理和必要的基础工作。否则就保证不了检验的准确性、可靠性和公正性。

目前适用的标准为GB/T 6543—2008《运输包装用单瓦楞纸箱和双瓦楞纸箱质量标准》，替代了之前专门对为出口商品制作包装用的瓦楞纸板和瓦楞纸箱制定的质量标准，就是GB 5033—85《出品产品包装用瓦楞纸箱》和GB 5034—85《出口产品包装用瓦楞纸板》，改变了国内瓦楞包装箱的质量水平低于出口包装质量水平的状况。

同时，为了配合瓦楞纸箱的外观质量检验，国家技术监督局又制定了GB 190—2009《危险货物包装标志》和GB/T 191—2008《包装贮运图示标志》。

在国内目前对瓦楞纸板和瓦楞纸箱的质量检验以及生产包装的企业和使用包装的部门因仓储、运输等造成包装使用质量而进行的仲裁检验则按双方提出的条件对照国家相应的标准进行。出口商品的包装则按照国家出入境检验检疫局制定的行业标准执行。国家出入境检验检疫为SN/T 0262—93《出口商品运输包装瓦楞纸箱检验规程》，基本引用了国家标准中对瓦楞纸板和瓦楞纸箱的技术要求、检验项目、抽样与检验方法。为了统一标准计量，有效数据处理，以下将按SN/T 0262—93《出口商品运输包装瓦楞纸箱的质量检验》。

（1）分类　按照最大内综合尺寸、内装物的最大质量及使用瓦楞纸板的种类，将瓦楞纸箱分为八种（见表9-34）。

表9-34　瓦楞纸箱的种类

种类		内装物最大质量/kg	最大综合尺寸/mm
单瓦楞箱	第1种	10	1000
	第2种	20	1400
	第3种	30	1450
	第4种	40	2000
双瓦楞箱	第1种	20	1400
	第2种	30	1750
	第3种	40	2000
	第4种	50	2500

注：当瓦楞纸箱最大内综合尺寸和最大质量不在同一种类时，应选其中高种类。

（2）检验项目与技术要求　见表9-35。

表9-35　检验项目与技术要求

项目	缺陷等级	技术要求	备注
标志	轻	按GB/T 191—2009规定	在纸箱上应印有商检部门规定的代码、代号
印刷	轻	箱面图案、文字清晰正确、深浅一致、位置准确	
压痕线	轻	压痕线宽：单瓦楞纸箱不大于12mm；双瓦楞纸箱不大于17mm，折线居中，不得有裂破、断线、重线等缺陷，箱上不得有多余的压痕线	
刀口	轻	刀口无明显毛刺，裁刀切口里面纸裂损距边不超过8mm或长不超过12mm，成箱后叠角漏洞直径不超过5mm	
箱钉	轻	箱钉使用带有镀层的低碳钢扁丝，不应有锈斑、剥层、龟裂或其他使用上的缺陷。间距均匀，单钉距不大于55mm，双钉距不大于75mm。首尾钉至压痕边线的距离为（13±7）mm。钉合接缝处应钉牢、钉透，不得有叠钉、翘钉、不转脚钉等缺陷	钉间距的量取是指两钉相对处的距离
结合	轻	钉合搭接舌宽为35~50mm，箱钉应沿搭接舌中线钉合，排列整齐，偏斜不超过5mm。黏合搭接舌宽不小于30mm，黏合剂应涂布均匀、充分、无溢出，黏合面剥离时面纸不分离。纸箱两片接头对齐，其剪刀差：大型箱不大于7mm；中型箱不大于6mm；小型箱不大于4mm，箱体方正	剪刀差：量取结合部位上下端压痕线处两刀距离之差
裱合	轻	箱面纸不许拼接、缺材、露楞、折皱、透胶、有污迹。箱里纸拼接不得超过两拼，拼接头处距摇盖压痕线不得小于30mm；脱胶面每平方米不大于20cm²；大型箱楞斜不超过3个，中、小型箱楞斜不超过2个	黏合剂系淀粉黏合剂或其他具有同等效果的黏合剂，不得使用硅酸钠。脱胶面积指纸板未黏合或假黏合部分面积
摇盖耐折	重	纸箱支撑定型后，摇盖开合270°，往复三次，面纸、里纸无裂缝	

项目	缺陷等级	技术要求					备注
内尺寸	重	箱型			大	中	小	纸箱支撑成型，相邻面夹角成90°，用内径尺在搭接舌上距箱口50mm处分别量取箱长和箱宽;以箱底与箱顶两内摇盖间的距离量取箱高
		长、宽、高单项　极限偏差/mm			+5 -3	+4 -3	+3 -2	
厚度	重	单瓦楞箱板		双瓦楞箱板				厚度是指瓦楞板上下面间的距离，按GB 6547检测
		楞型a	≥4.5mm	楞型a.a	≥9.0mm			
		楞型c	≥3.5mm	楞型a.c	≥8.0mm			
		楞型b	≥2.5mm	楞型b.c	≥6.0mm			
		楞型e	≥1.1mm	楞型c.c	≥7.0mm			
				楞型a.b	≥7.0mm			
含水率	重	瓦楞纸箱含水率应为12%±4%						用快速水分测定法或烘箱测定法检验

注：大、中、小型内综合尺寸分别为：大于或等于2000mm、小于2000mm而大于1000mm、小于或等于1000mm。

图9-27　瓦楞纸板平压试样取样器

（3）检验方法　按外观检验项目中的技术要求逐项进行检验，必须依条例规定。在检验中使用的检验器具有：钢卷尺、内径尺、木直尺、靠规、专用取样器（见图9-27）和割纸刀具等。

下面简要介绍瓦楞纸箱内径尺寸的检验、含水率的检验和瓦楞纸板厚度的检验。

① 内径尺寸的检验　首先将瓦楞纸箱支撑成型，一端摇盖合拢，相邻面夹角成90°紧靠在靠规上，箱内用压板使内摇盖紧贴，箱顶部外摇盖打开，把木直尺水平放在内摇盖上，然后用内径尺量取木直尺与底面的距离，即为内径尺寸的高。用内径尺在接舌上距箱口50mm处或第一至第二钉距中间量取箱体内长方向的两端之间的距离，即为内径尺寸的长。用内径尺量取箱体内宽方向的两端之间的距离，即为内径尺寸的宽。靠规的使用是保证箱体摆放的方正度。在压板的重压下，检验时样箱不会移动和变形。

② 含水率的检验　含水率的检验目前大多使用针插式或硅胶接触式木材测湿仪。检验时将测湿仪的测试探头直接接触瓦楞纸箱的表面或插入瓦楞纸板，通过连续对样品的测量，最后求得算术平均值，即为检验结果。

为了确保测湿仪检验的结果准确可靠，可将烘箱测定法测定的结果和测湿仪测试的结果相比较。

③ 厚度的检验　测量瓦楞纸板两侧平面之间的距离所得的值为瓦楞纸板的厚度。测量瓦楞纸板的厚度时，按要求从三个样箱的上、下摇盖或没有印刷、没有压痕和破损的箱体上取样，每只样箱上取四块，共十二块规格为250mm×200mm的试样，在恒温恒湿环境条件下处理24h后进行试验。恒温恒湿的环境条件是温度为23℃±2℃，相对湿度为50%±5%。厚度检验使用厚度测定仪（见图9-28）。

图9-28　瓦楞纸板厚度测定仪

（4）瓦楞纸楞板和瓦楞纸箱的性能测试　瓦楞纸板和瓦楞纸箱的性能测试共五项。就是边压强度试验、耐破强度试验、黏合强度试验、戳穿强度试验和抗压试验。性能测试前必须对所测试样进行前处理（处理条件同厚度检测）。

① 边压强度的测试　在瓦楞方向上，一定厚度（25mm）的瓦楞纸板，单位长度所能承受的垂直均匀增大的力，称为瓦楞纸板的边压强度。边压强度的单位是N/m。

从三个样箱上各取三块规格为（100±0.5）mm×（25±0.5）mm，无印刷、无机械压痕和破损的试样共九块。边压强度测试的仪器是压缩强度试验仪（见图9-29）。

图9-29　压缩强度试验仪

边压强度的测试方法是将试样置于试验仪下压板正中间，使试样的瓦楞方向垂直于两压板，用导块支持试样，使试样的表面垂直于压板，开动试验仪施加压力。当加压接近50N时移开导块，直至试样压坏，记录试样所能承受的最大压力，读数要求精确至1N。

瓦楞纸板的边压强度直接影响瓦楞纸箱的支撑强度。瓦楞纸板的生产工艺、瓦楞纸板的结构、楞形、黏合剂的质量等因素都能影响瓦楞纸板的边压强度。

② 耐破强度测试　瓦楞纸板单位面积所能承受的均匀增大的最大压力值为瓦楞纸板的耐破强度。耐破强度的单位是kPa。

从三个样箱中的每个样箱上各取四块规格为140mm×140mm、无印刷、无水印、无折痕或明显损伤的试样共十二块。耐破强度测试的仪器是耐破强度测试仪（见图9-30）。

图9-30　耐破强度测试仪

耐破强度的试验方法：

一个被下压环牢固夹紧的能够鼓起并复原的橡胶膜在液压的作用下，以一定的力把紧固定在上、下压环之间的试样通过鼓起的橡胶膜使试样破裂。

测试时把试样分成a、b组。a组正面贴向橡胶膜，b组反面贴向橡胶膜进行测试。当试样破裂时，读取显示值。对测试结果求出算术平均值，保留三位有效数字。

③ 戳穿强度的试验　一定形状的角锥穿过瓦楞板所做的功，所显示的能量称为瓦楞纸板的戳穿强度。戳穿强度的单位是J。

从三个样箱的每个样箱的箱壁上各取四块规格为175mm×175mm的试样，共十二块。戳穿强度试验的仪器是戳穿强度测定仪（见图9-31）。

图9-31　戳穿强度测定仪

戳穿强度的试验方法是将所取试样分别以正、反面纵向和下、反面横向依次放在具有固定力（250~1000N）的带透孔的夹板中间。调整所需重锤把摩擦环套在角锥后面，选择和测试相适应的测量范围，调整零位，把指针拨到最高刻度值，然后启动释放装置，使摆臂推动角锥穿透试样，读取实测值。对测试的结果，求出算术平均值，保留三位有效数字。

④ 黏合强度的测试　瓦楞纸板的面、里、芯纸和波形瓦楞纸的楞峰黏合程度，在一定单位长度内经施压测试所能承受的最大剥离力。黏合强度的单位是：N/m楞。从三个样箱中每一个样箱的箱壁上取四块规格为（80±1）mm×（25±1）mm的试样，共十二块。

黏合强度测试方法是：将专用的针形附件上、下分别插入待测楞纸的面纸（或楞纸与芯纸之间），然后将插入针形附件的试样放入压缩强度试验仪中施压，使其做相对作用，直至试样被剥离部分脱开。对测试结果求出算术平均值，并按下列公式计算出黏合强度。

$$a=f/s \tag{9-1}$$

式中　a ——黏合强度，N/m楞；

　　　f ——试样被全部分离时所需的力，N；

　　　s ——试样面积，cm^2。

黏合强度的单位是N/m楞长，取样规则是取楞长为25mm、宽度为80mm的瓦楞纸板，这就要求在计算黏合强度值时进行数据处理。首先把80mm宽度中有多少个楞算准，同时乘以每个楞的长度值25mm，把它变成被测瓦楞纸板试样所具有的楞的总的长度值。按下列公式求出所测试样楞形所具备的实际楞数（最终值取整数）。

$$m=l_2q/l_1 \tag{9-2}$$

式中　m ——单位长度内试样的实际楞数，个；

　　　l_1 ——标准规定的不同楞型检验的单位长度，300mm；

　　　l_2 ——试样长度值，80mm；

　　　q ——标准规定单位长度内楞形的数量，个。

依照上述公式，不难求出试样具备的楞形在单位长度内的楞数。但国内目前生产单台机组设备的厂家甚多，加工瓦楞辊筒的数据并不十分规范，可能造成非标准模数或加工系数。这样的瓦楞辊加工出来的波形瓦楞纸难免与国家标准要求的瓦楞楞形、单位长度内的楞数不一致。所以就要根据实际情况对试样所具有的楞数确定后，就可以正确地对号使用相应的针形附件。

当楞数确定后，使用合适的针形附件进行黏合强度的剥离试验。为保证计量统一，出具规范的检测结果报告，按下列公式进行数据处理。

$$x=r/tLk \tag{9-3}$$

式中　x ——数据处理后的标准值，N/m；

　　　r ——剥离算术平均值，N；

　　　t ——实际楞数，个；

　　　L ——试样楞方向长度，mm；

　　　k ——试样换算值，m。

按照GB 6548—2011《瓦楞纸板黏合强度的测定方法》规定，使用针形附件对瓦楞纸板单侧剥离的示意见图9-32。

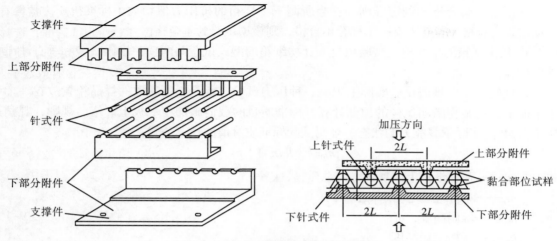

图9-32　瓦楞纸板单侧剥离的示意图

⑤ 抗压试验　纸箱抗压能力是指瓦楞纸箱空箱立体放置时，对其两面匀速施压，箱体所能承受的最高压力值。抗压能力的单位为N。取箱体和箱面无破损、明显碰、戳伤痕的样箱三个。抗压试验的设备是包装容器整体抗压试验机（见图9-33）。

抗压试验的检测方法是将三个样箱立体合好，用封箱胶带上、下封牢，放入抗压试验机下压板的中间位置，开机使上压板接近空箱箱体。然后以加压标准速度启动仪器，直至箱体屈服，读取实测值。对测试的结果求出算术平均值。

图9-33　包装容器整体抗压试验机

被测瓦楞纸箱的抗压力值按下列公式计算：

$$p=kg(h_1/h-1)9.8 \qquad (9-4)$$

式中　p ——抗压力值，N；

　　　k ——劣变系数（强度系数）；

　　　g ——单件包装毛重，kg；

　　　h ——堆积高度，m；

　　　h_1 ——箱高，m；

　　　h_1/h——取整位数。

根据SN/T 0262—93《出口商品运输包装瓦楞纸箱检验规程》中的计数规定，h_1/h取个位数。小数点后面无论大小都入上，就高不就低。SN/T 0262—93检验规程关于劣变系数的规定见表9-36。

表9-36　劣变系数

贮存期	小于30d	30~100d	100d以上
劣变系数（k）	1.6	1.65	2

注：劣变系数（强度系数）k由纸箱所装货物的贮存条件决定。

抗压力试验合格的判定准则为：当所测三个样箱的抗压力值均大于标准抗压力值时，该项试验为合格。若其中有一个样箱不合格，则该项试验为不合格。

⑥ 瓦楞纸箱的型式检验试验项目 瓦楞纸箱的型式试验共两项：堆码试验和垂直冲击跌落试验。

a. 堆码试验 堆码试验实际上也是一种压力试验。就是把所选取的样品箱置放在一个水平面上，在瓦楞纸箱试样的顶部计算好标准质量的载荷施加在平板上。依照规则，观察样箱在24h内实际承载能力的状态。堆码试验标准质量值的计算公式：

$$m_0 = k\,(h_1/h - 1)\,m_1 \tag{9-5}$$

式中　m_0——瓦楞纸箱上施加的堆码总质量，kg；

　　　m_1——单件包装毛重，kg；

　　　h——堆码高度，m；

　　　h_1——瓦楞纸箱高度，m；

　　　h_1/h——取整位数（规则见抗压力试验的要求）。

堆码高度试验的基本规则：

i. 选择好供试验用的水平平面，同时要求坚固，并满足所试验样箱的堆放面积；

ii. 样箱内必须填装实物或模拟物品，使用模拟物品时必须接近或和实物相近似；

iii. 按常规要求对被测箱体进行包封；

iv. 对试验的样箱给予编号登记。

堆码高度试验的持续时间见表9-37。

表9-37　堆码高度试验的持续时间

贮运方式	基本值	适用范围
公路	24h，2.5m	1～7d，1.5～3.5m
铁路	24h，2.5m	1～7d，1.5～3.5m
水路	1～7d，3.5m	1～28d，3.5～7m
贮存	1～7d，3.5m	1～28d，1.5～7m

堆码试验合格的判定准则：被测样箱在规定的标准条件下均不倒塌、无破损，该项试验为合格；若其中有一个样箱不合格，该项试验判为不合格。

b. 垂直冲击跌落试验 垂直冲击跌落试验实际上是被测瓦楞纸箱在不受任何外力的情况下，在一定的装置上完成自由跌落，并对被测瓦楞纸箱采取不同的放置位置，使其从不同的位置在一定的高度自由落于冲击面上，观察其受垂直冲击后的状态。

垂直冲击跌落试验对瓦楞纸箱做面跌落、棱跌落和角跌落试验。

同样选取三个样箱，在温度为（23±2）℃、相对湿度为50%±5%的环境条件下进行预处理24h，并在同样的环境条件下进行试验。

垂直冲击跌落试验的基本规则：

i. 被试样品箱内必须充填实物或和实物相近似的模拟物；

ii. 按常规对样品箱进行包封；

iii. 面跌落时，跌落面与冲击面平行，其夹角最大不超过2°；

iv. 棱跌落时，跌落的棱与水平面平行，其夹角最大不超过2°；

v. 角跌落时，构成此角的至少两个平面与冲击面之间夹角的误差在±5°内，或小于此夹角的10%；

vi. 提起试验样箱至所需的跌落高度位置，其提起高度与预定高度之差不得超过±2%。

垂直冲击跌落试验的跌落高度与运输方式和包装件质量的关系（见表9-38）。

表9-38　垂直冲击跌落高度与运输方式和包装件质量的关系

运输方式	包装件质量/kg	跌落高度/mm
公路 铁路 空运 水运	<10	800
	10~20	600
	20~30	500
	30~40	400
	40~50	300
	50~100	200
	>100	100
	<15	1000
	15~30	800
	30~40	600
	40~45	500
	45~50	400
	>50	300

垂直冲击跌落试验合格的判定准则：被测样箱均无破损、内装物无撒漏，该项试验为合格。其中有一个样箱不合格，该项试验判不合格。

型式试验均合格，该型式检验判为合格。若有一项不合格，则该批型式试验判为不合格。

两项试验均合格，该型式检验判为合格。若有一项不合格，则该批型式试验判为不合格。

5. 瓦楞纸箱包装印刷方式

（1）胶印间接印刷瓦楞纸箱　胶印间接印刷纸箱的工艺流程为：单面瓦楞纸板十胶印彩色印刷面纸→对裱黏合成纸板→模切→开槽→黏合钉箱。

胶印印刷瓦楞纸箱具有以下优点：

① 印刷产品非常精细，加网线数可以达到200线/in（1in=2.54cm）。

② 制版容易，为PS版（丝网印刷版）常规制版。

③ 可以进行表面整饰，如覆膜、上光等，印刷品质比较稳定。

胶印印刷瓦楞纸箱具有以下不足：

① 不适合采用纸板联动生产线，仅适合采用单面瓦楞机，生产效率较低。

② 生产工序复杂，生产周期长。

③ 纸箱强度低、表面不平整，废品率高，纸张毛边损耗大，生产成本高。

④ 生产场地大、劳动强度高。

⑤ 印刷幅面有限、交货期不够灵活等。

通过以上的分析可以看出胶印间接印刷纸箱对一个企业来说经济上是不合算的。尤其是对大批量纸箱生产和出口包装纸箱生产，由于生产成本高、效率低、周期长，不能满足生产的需要。

（2）柔性版印刷瓦楞纸箱　柔印纸箱生产的工艺流程为瓦楞纸板生产纸板→直接印刷（柔性版）→模切开槽→黏合钉箱。

常规的柔性版印刷瓦楞纸箱工艺是直接在瓦楞纸板上进行印刷，使用的是水性油墨。柔性版直接印刷具有以下优点：

① 幅面大。

② 价格低，柔印版耐印力很高，可重复使用；油墨价格也较低。

③ 可以联动生产，如印刷、开槽、压痕、钉（黏）箱、打捆等一机即可完成。

④ 纸箱强度降低比较少。由于柔印是轻压印刷，所以对瓦楞纸板的强度影响很小。

⑤ 油墨为环保性的水性墨，对环境、操作者无危害。

柔版直接印刷瓦楞纸板，虽然印刷质量较高，效率也较高，但要印出与胶印相媲美的图案还有以下三方面的困难：

① 瓦楞纸板在高速印刷过程中很难保持稳定，从而导致四色以上的套印精度难以达到。

② 印刷质量处在中低档状态，只能对线条和简单图案进行印刷。

③ 印刷精度不高，常规胶印加网线数为175线/in，而柔印纸箱常规加网线数只有35～75线/in，属于低精度印刷方式，最适合印刷文字线条稿。四色图像印刷质量近年来虽有提高，但仍有局限。

柔性版版材有橡胶版和感光树脂版之分。橡胶版的材料选用的是天然橡胶或合成橡胶；感光性树脂版的种类多种多样，按其形态可分为液体感光性树脂版和固体感光性树脂版。无接缝印版是用板状固体感光树脂版制作的。感光性树脂柔性版由保护层、防黏层、感光层、黏合层和底基层构成。保护层和防黏层的作用都是保护感光层；底基层的作用是支撑感光层；黏合层的作用是将感光层和底基层紧密地黏合在一起。感光层是印版的主体，经过曝光、显影处理，即为柔性凸印版。感光层主要由高弹性不饱和橡胶聚合物、光引发剂、交联剂、增感剂、热阻聚剂等组成。

（3）预印瓦楞纸箱　预印刷包含两种印刷方式：凹印预印、柔印预印。凹印预印生产彩色瓦楞纸箱的方法是使用凹版印刷机在卷筒纸上进行印刷，印刷后仍然收料成卷筒纸，再将印刷好的卷筒纸作为纸箱面纸上瓦楞纸生产线做成瓦楞纸箱板，再用模切机切成箱形。柔印预印生产彩色瓦楞纸箱的方法是使用柔版印刷机在卷筒纸上进行印刷，印刷后仍然收料成卷筒纸，再将印刷好的卷筒纸作为纸箱面纸，上瓦楞纸生产线做成瓦楞纸箱板，再用模切机切成箱形。这两种方法制作的纸箱的印刷质量和成型质量都比较高，适合高质量、大批量生产。

预印纸箱生产的工艺流程为：卷筒纸预印刷面纸（凹印、柔印）+生产线生产的瓦楞→复合黏合→电脑纵切→电脑横切→模切开槽→黏合钉箱。

二、纸盒

纸制品包装是包装产业品中用量最大的种类。纸箱是最主要的运输包装形式。纸箱、纸盒的样式日趋多样化，几乎每一种新型的非标纸箱都伴随着一套自动化设备问世，造型新奇的纸盒本身也成了商品促销的手段。

1. 纸盒的分类

纸盒的种类繁多、类型多样，分类方式也有很多种。同纸箱相比，纸盒的样式更为复杂多样。虽然可以按照用材和使用目的及用途进行分类，但最常用的方法是按照纸盒的加工方式来进行区分，一般分为折叠纸盒和粘贴纸盒。

折叠纸盒是应用最为广泛、结构变化最多的一种销售包装。折叠纸盒的主体结构按成型方法主要分为管式、盘式、管盘式和非管非盘式等几大类。此外，折叠纸盒还包括了如盒盖、盒底、盒面、盒角等局部结构形式，有锁口、自锁、间壁、开窗、展示板等。不过折叠纸盒经常是根据特征结构来命名的，特征结构可以是主体结构也可以是局部结构，例如自锁底纸盒，主体结构为管式，而特征结构为局部结构即自锁式盒底，故有其名。再如盘式自折叠式纸盒，其特征结构有两个，一是局部结构为盒板侧壁可以自动平折，另一个是主体结构为盘式。农药包装常用折叠纸盒。

2. 管式折叠纸盒

管式折叠纸盒是主要的折叠纸盒种类之一。其最初涵义是指这类纸盒的盒盖所在的盒面是众多盒面中面积最小的，如牙膏盒、胶卷盒等。不过，现在一般从成型特征上加以定义：指在纸盒成型过程中，盒盖和盒底都需要摇翼折叠组装固定或封口的纸盒。图9-34是最为常见的管式折叠纸盒结构。

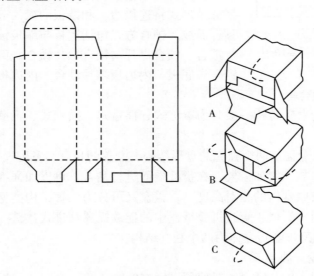

图9-34　常见的管式折叠纸盒结构

不同的管式折叠纸盒主要由盒盖和盒底的不同结构来细分。盒盖结构有很多种，如插进式盒盖具有再封作用，可以包装家庭日用品、玩具、医药品等；锁口式的结构是主摇翼的锁头或锁头群插进相对摇翼的锁孔内，特点是封口比较牢固，但开启稍嫌不便，类似的还有插锁式。连续摇翼窝进式是一种特殊的锁口形式，可以通过折叠组成造型优美的图案，装饰性极强，可用于礼品包装，缺点是手工组装比较麻烦。黏合封口式盒盖是将盒盖四个摇翼互相黏合。这种盒盖封口性较好，适合高速全自动包装机，开启方便，应用较广。正揿封口式结构是在纸盒盒体上进行折线或弧线压痕，利用纸板的强度和挺度，揿下压翼来实现封口。其特点是包装操作简单，节省纸板，并可设计出很多别具一格的纸盒造型，但只限于小型轻量商品。此外还有摇盖式和防非法开启式等，见图9-35。

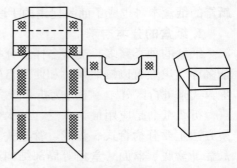

图9-35　常见摇盖式纸盒

与盒盖相类似，纸盒底盖的种类也有很多。不过，假如盒底的结构过于复杂，就会影响自动装填机和包装机的效率，而手工组装又会耗费时间，因此，对于折叠纸盒来说，盒底的设计原则是既要保证强度，又要力求简单。常见的盒底主要有插口封底式、连续摇翼窝进式、锁底式、自动锁底式、间壁封底式、间壁自锁式、黏合封底式和正揿封底式等。

3. 盘式折叠纸盒

盘式折叠纸盒是由一页纸板四周以直角或斜角折叠成主要盒形的，有时在角隅处进行锁合或黏合，假如需要，这个盒形的一个纸板可以延伸组成盒盖。与管式折叠纸盒不同，这种纸盒在盒底上几乎无结构变化，主要的结构变化在盒体位置上。盘式折叠纸盒主要适用于包装鞋帽、服装、食品和礼品等，见图9-36。

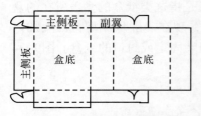

图9-36　常见盘式折叠纸盒结构展开

盘式折叠纸盒一般由多种锁合结构组装而成，或采用平分角形式将连接边板和端板的襟片分为全等两部分相互黏合而成。锁合方式包括边板与端板锁合、边板与锁合襟片锁合、锁合襟片与锁合襟片锁合、两盖板中心切口互相锁合、底板与内边板襟片锁合、内边板与内端板锁合、盖板插进襟片与前板锁合等。

盘式折叠纸盒的盒盖结构一般分为罩盖式、摇盖式、插别式、正揿封口式和抽屉盖式等几种。

罩盖式的盒体和盒盖是两个独立的盘形结构，盒盖的长度与宽度尺寸比盒体略大一些。多用于服装鞋帽等包装。假如需要，在折叠端面进行黏合，可以加强纸盒刚度和强度，适合包装较重商品。按照盒体的相对高度，罩盖盒又可分为三种结构类型：天罩地式、帽盖式和对口盖式。插别式类似于管式折叠纸盒中的连续摇翼窝进式盒盖。抽屉式盒盖为管式成型，盒体为盘式成型，盒盖盒体为两个独立结构。

4. 折叠纸盒的设计要点

（1）材料的选用　折叠纸盒一般使用厚度在0.3～1.1mm之间的耐折纸板制造，在装运商品前可以平板状折叠堆码进行运输和贮存。耐折纸板两面均有足够的长纤维以产生必要的耐折性能和足够的弯曲强度，使其折叠后不会沿压痕处开裂。

耐折纸板主要品种有马尼拉纸板、白纸板、盒纸板、挂面纸板、牛皮纸板、双面异色纸板、玻璃卡纸及其涂布纸板等。

厚度小于0.3mm的纸板制造折叠纸盒其刚度满足不了要求，而厚于1.1mm的纸板在一般折叠纸盒加工设备上难以获得令人满意的压痕。

（2）尺寸的设计　纸盒的尺寸设计合理与否除了满足感官要求外，还将影响贮运的便捷性与成本的高低。纸盒的尺寸设计应该循先外后内的思路进行。

卡车（火车）车厢（内）→（外）集装箱（内）→（外）托盘（内）→（外）运输

纸箱（内）→（外）销售纸盒（内）→（外）单元包装容器。

5.纸盒的技术要求

（1）装潢印刷部分　根据不同的印刷方式适用GB/T 7705—2008《平板装潢印刷品》、GB/T 7706—2008《凸版装潢印刷品》、GB/T 7707—2008《凹版装潢印刷品》。除非使用高质量印刷材料以及精细制版印刷工艺外，印刷精度等级适用一般产品规范。

（2）盒基材　适用GB/T 10335.4—2004《涂布纸和纸板　涂布白纸板》，等级达到一等品标准，定量根据纸盒容积及内装物质量参照表9-39选择适当厚度的纸板。

表9-39　折叠纸盒选用纸板厚度表（内装物不承重）

纸盒容积/cm³	内装物质量/kg	纸板厚度/mm	纸盒容积/cm³	内装物质量/kg	纸板厚度/mm
0~300	0~0.11	0.46	1800~2500	0.57~0.68	0.71
300~650	0.11~0.23	0.51	2500~3300	0.68~0.91	0.76
650~1000	0.23~0.34	0.56	3300~4100	0.91~1.13	0.81
1000~1300	0.34~0.45	0.61	4100~4900	1.13~1.70	0.91
1300~1800	0.45~0.57	0.66	4900~6150	1.70~2.27	1.02

（3）外观质量

① 纸盒表面平整、光滑、干净、无破损、无斑点、无雾化离层和受潮现象。

② 每批小盒颜色深浅几乎无区别，且与样板的色差无较大的差别。

③ 尺寸规格的长、宽、高尺寸偏差为±0.5mm。

④ 压痕线清晰，90°翻折两侧没有明显圆弧状。模切压痕不能有压痕线跑位、不饱满、压痕线过深"爆线"和错位的"暗线"。

⑤ 纸盒歪斜度：测量侧面的两条对角线，如图9-37所示的AB与CD，两者相差不大于0.5%。

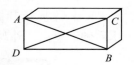

图9-37　纸盒尺寸测量方法

三、托盘

1.托盘的概念

我国国家标准GB/T 4122—2008《包装术语基础》将托盘包装定义为"以托盘为承载物，将包装件或产品堆码在托盘上，通过捆扎、裹包或胶黏等方法加以固定，形成一个搬运单元，以便用机械设备搬运。"

2.托盘的特点

① 托盘可以减少货物因装卸而产生的破损。

② 托盘可以适应货物机械化作业的要求，减轻了货物的装卸强度，加快了装卸和运输速度。

③ 托盘可以节省包装材料，节省运输费用。

3.托盘的分类

（1）按托盘的结构分类

① 平托盘　平托盘主要以木制为主，也有钢制、塑料、复合材料等制作的平盘，它的应用范围最广。一般分为单面使用、双面使用、两向进叉、四向进叉四种。

②柱式托盘　它是在平托盘上安装四个柱的托盘。安装立柱的目的是在无货架多层堆码时保护最下层货物不受损害。立柱一般可卸下，高度为1.2m，常采用钢制材料，可负荷3t货物。

③箱式托盘　它是在平托盘上安装上部构造物（平板状、网状构造物等），制成箱式设备。箱式托盘一般分为可卸式、固定式和折叠式三种。这种托盘具有使包装简易并可形成不规则的货物集装、方便运输、防止塌垛等优点。主要适用于装载蔬菜、瓜果、薯类等农产品。

④轮式托盘　它是一种在平托盘下面安装四个小轮子的托盘。主要适用于行包、邮件的装卸搬运作业。

（2）按托盘的材质分类　各种材料的托盘与应用领域见表9-40。

表9-40　托盘的材料与应用领域

序号	托盘制作材料	应用领域
1	木材	木制托盘广泛应用于各个领域
2	塑料	食品行业、化工行业、电力行业
3	金属	港口、化工行业、电子行业
4	纸制	汽车配件、化工行业

①木托盘　其性能及特点为制作来自于木材本身，材料是木托盘应用及价格的决定性因素。主要有以下木材：

a. 杨木属阔叶树种，材质疏松而软，耐用性差，是用于制造承重要求不高的托盘。

b. 松木属针叶树种，种类较多，适用性广。落叶松、黄花松、白松、红松纹理粗实，木质硬，色白，外观美丽，多用于制造精细包装物，但价格较高。见图9-38。

图9-38　木制托盘

木材易受潮、发霉、虫蛀，且无法清洗。此外，其表面木屑脱落及螺钉锈蚀的问题也无法解决。

由于木材是天然材料，其质量受地域、气候等多方面因素影响，即便是同一批原料，在干湿度、风裂等方面亦难以达到统一标准。木制托盘使用寿命较短，常规使用下周转次数在200~300次。同样由于卫生原因（主要是摩羯天牛害虫的侵害），1998年美国及欧盟对中国出口用木制托盘相继发出禁令，木托盘需经熏蒸等方法处理方可出口。熏蒸所需时间及费用均较多（一般需48h，费用为成本的20%左右），且熏蒸所用药剂（如溴化钾醇等）又为有害制剂。此外，出口使用后的托盘需由承运商负责运走或销毁处理。这极大影响了一次性木制托盘的应用。木制托盘对木材的需求造成了对森林资源的巨大消耗甚至破坏。从发展趋势看，其原料资源将日益枯竭。

② 塑料托盘　塑料托盘质轻、平稳、美观、整体性好、无钉无刺、无味无毒、耐酸、耐碱、耐腐蚀、易冲洗消毒、不腐烂、不助燃、无静电火花、可回收，使用寿命是木托盘的5~7倍，适合立体仓库及手动、机械叉车使用。

塑料托盘有注塑托盘和中空吹塑托盘，其中应用较广的是注塑托盘。平时所说的塑料托盘均指注塑托盘，将塑料粒子加热后在高压力下注入金属模具内成型。塑料托盘生产工序少、生产效率高、产品质量稳定，托盘的性能主要取决于塑料原料和托盘结构。

大部分塑料托盘采用PP（聚丙烯）或HDPE（低压高密度聚乙烯）为主要原料，托盘性能表现为抗冲击性好。塑料托盘优点是形状稳定，使用安全，耐用，使用寿命长。不吸水，耐酸、耐碱，易于清洁。结构种类多样，应用范围广，可回收利用。

塑料托盘缺点是抗弯强度低，容易变形而难以恢复，与木托盘相比其承载能力要小很多。国产重型塑料托盘上货架时的架空承载能力不超过800kg。欧美和日本塑料托盘上货架时的架空承载能力最大为1000kg。另外，原料成本受原油价格的影响大，成本高，价格波动大。

③ 塑木托盘　就是用塑木材料做的托盘。塑木（木塑）复合材料（WPC）是当今世界上许多国家逐步推广应用的新型材料。它是用PP、PE、PVC等树脂或回收的废旧塑料与锯木、秸秆、稻壳、玉米秆等废弃物，通过专用设备应用科学的工艺配方进行配混造粒或直接用挤出成型工艺制成各种型材，当然也可以做成托盘。

木塑托盘通过组装制成各种规格、尺寸的托盘、垫板。它综合了木托盘和塑料托盘及钢制托盘的优点而基本摒弃了其不足，价格却低于其他各类托盘。产品具有强度高、韧性好、不变形、不吸潮、不霉蛀、抗腐蚀、耐老化、易加工、低成本、可回收、无污染等优点。解决了木托盘洁净度差、易损坏、寿命短的缺点。也克服了全塑托盘刚性差、价格高、规格灵活性小等缺点。广泛应用于药业、化工、饮料、烟草、建筑等行业的仓储和物流。

木塑托盘的产品特点及优势：

a. 外观整洁，易清洗，易消毒。

b. 无钉无刺，在包装过程中不会因意外损毁货物。

c. 耐酸、耐碱、耐腐蚀，可在多种特殊场合使用。

d. 无毒无味，利于改善仓库环境，不会对货物尤其是食品有任何污染。

e. 免熏蒸，减少货物出口的手续，加快资金周转。

f. 不助燃、无静电火花，对仓库防火有一定作用。

④ 纸托盘　纸托盘利用纸或再生纸作原料，经冲孔、折叠、黏接制成。具有广阔的用途和很好的经济、环保效益。它质量轻，可100%回收重做，符合环保要求。在货物平均分布状态下，承载量大。并且耐冲击性好，对货物能提供很好的保护。免熏蒸、免卫生检疫，适用于出口运输包装，见图9-39。

⑤ 金属托盘　金属托盘采用钢铁、铝材或其他金属材料制成，环保，可以回收再利用，资源不浪费。轻型钢托盘具有很好的刚性和稳定性，同时价格低，见图9-40。几种托盘性能的对比见表9-41。

图9-39　纸托盘

图9-40　金属托盘

表9-41　几种托盘的性能

对比项目	金属托盘	木托盘	塑料托盘	纸制托盘
环保	优	劣	普通	劣
质量	重	重	较重	轻
承载力	大	普通	较大	小
是否需要熏蒸防腐处理	否	是	否	否
远洋运输受潮可能性	无	有	无	有
价格	高	低	高	低
适应性	优	差	普通	差
检疫	无	需	无	无
寿命及回收	长、容易	短	长、不易	短、不易

4. 托盘设计方法

首先，确定运输包装件的类别、物态、质量、尺寸、防护要求、包装成本、流通条件等。其次，根据上述因素选择适当的托盘材料，并确定堆码方式、堆码高度、固定方式及防护加固附件，使托盘包装能承受装卸、运输过程中的合理冲击以及外界环境的影响。最后，确保预定码放状态和黏合、支撑、裹包、捆扎等牢固程度。

托盘堆码一般有4种方式，即简单重叠式、正反交错式、纵横交错式和旋转交错式堆码，应用中一般要求托盘承载表面积的利用率一般不应低于80%。塑料托盘包装的主要固定方法有捆扎、胶合束缚、拉伸包装、收缩包装等，并可相互配合使用。防止塌垛的方法还有使用网罩、框架、专用卡具，在运输包装件之间添加防滑材料，或者将平托盘周边垫高，使货物向中心依靠。

5. 托盘尺寸的标准化

物流托盘化包括托盘尺寸规格标准化、托盘制造材料标准化、各种材质托盘质量的标准化、托盘检测方法及鉴定技术标准化、托盘作业标准化、托盘集装单元化和托盘作业一贯化、托盘国内、国际共用化和托盘与物流设施、设备、运输车辆、集装箱等尺寸协调合理化等内容。

托盘标准化是物流托盘化的核心，是物流托盘化的前提和基础，没有托盘标准化，就不可能实现物流托盘化，也就没有快速、高效、低成本的现代物流。

目前，世界范围内多数国家的物流标准化工作还处于初始阶段，但作为物流托盘化基础的托盘标准化由于托盘使用量大、使用频率高、使用范围广而有较大进展。据统计，美国拥有15亿～20亿个托盘，日本拥有7亿～8亿个托盘，物流业刚起步不久的我国也拥有上亿个托盘，并且社会生产、流通的大多数行业都不同程度地大量使用托盘。

国际标准化组织——托盘标准化技术委员会（IO/TC51）是国际托盘标准制、修订的专门机构，在2003年颁布的ISO 6780标准中推出6种国际托盘标准规格，现行国际标准常用的尺寸见表9-42。

表9-42　各地区标准托盘尺寸

规格尺寸/mm	普遍使用地区	备注
1200×1000	欧洲	长方形
1200×800	欧洲	长方形
1140×1140	大洋洲	正方形
45in×48in	美国	长方形
1100×1100	亚洲	正方形
1067×1067	大洋洲	正方形

我国已于2007年以GB/T 2934颁布了联运通用平托盘主要尺寸公差，这份标准规定了1200mm×1000mm、1100mm×1100mm这两个尺寸规格。

6. 托盘运输与质量保证

托盘运输是货物按一定要求合理组装在一个标准托盘上，成为一个运输单元，有利于机械化装卸、托运和堆存的一种运输方式。

随着人工劳动成本的上升，用人工装卸的形式对运输件进行装卸与社会对产品质量的要求已经不相适应。产品从在分装线上装进运输件开始一直到用户（消费环节），如果各个环节都用人工装卸，通常都要经过车间堆垛、成品入库、成品出库装运、成品入库装卸、经销提货装运、经销入库装卸、分销提货装运、分销点装卸等7～12次的提拿和堆叠。人力装卸发生7～12次的成本不说，光是提拿与堆叠7～12次的运输件，即便跌落强度试验合格的运输包装，也经不起多次的撞击。因此，在广大的农资销售门店经常可以看到惨不忍睹的农药运输件，给销售人员的身体健康带来十分负面的影响。

应用托盘运输使货物与托盘形成一体，确保货物的安全不易散漏，有效防止由多次提拿与堆叠造成的货物破损。保证了农药在运输、储存上的安全，实现从车间到用户"一手交一手"的服务。

第七节　农药包装的外围配套技术

一、结构设计

1. 包装容器结构设计的基本概念

包装容器结构设计是依据不同的包装材料、不同的包装容器成型方式，对包装容器的内外构造所进行的设计。必须遵循科学性、可靠性、美观性和经济性的设计原则，必须考虑各种矛盾，权衡轻重，达到最佳。

包装容器结构设计是整个包装设计系统中的一个重要环节。与其他包装设计相互联系、相互制约和相互烘托。

从设计过程中的总体结构来看，大致可分为以下4个阶段：

（1）设计条件分析阶段 明确设计要求，调查研究掌握必需的资料；对被包装产品的类别、物态、理化及生物特性等进行分析；明确包装环境条件、流通条件、市场条件等；了解包装材料、容器类型和现有的生产条件。

（2）方案设计阶段 此阶段应确定出设计参数，如被包装产品的计量值、允许偏差等；设计容器造型方案；由多种包装容器结构设计方案经对比分析评价确定最佳的结构设计方案。

（3）详细结构设计阶段 将结构设计方案转化为具体详细的结构表达，即对结构进行强度、刚度和稳定性的分析计算，选定材料、确定技术要求，绘制出全套图纸、编制说明书和有关技术文件。

（4）改进设计阶段 根据样品试验、使用、鉴定及市场反馈等环节暴露出来的问题，对包装容器结构做适当的技术处理，以确保质量。

2. 包装容器结构设计内容

（1）具体设计内容

① 包装容器外观构造设计 即设计包装容器的立体外观形状。设计中既要符合造型设计中的美学原则又要考虑包装容器成型工艺的影响。

② 包装容器内部结构设计 即设计包装容器的内部结构，它包含容器壁厚设计、局部结构设计、结构设计计算等。其中容器结构设计计算包含结构尺寸的设计计算、包装容器容量设计计算、强度和刚度设计计算。

（2）结构尺寸的设计与优化 包装容器大都属于一种几何形体，从经济性来考虑，总是希望在满足被包装产品需求的条件下使制造容器的材料消耗达到最少，容器消耗材料的多少与容器的壁厚和外表面积大小直接相关。一般的壁厚越小包装容器的耗材越少，故在壁厚尺寸的设计上，在满足强度和刚度条件下，尽量选择较小的值。当壁厚确定，可采用最优化方法对包装容器进行优化设计，以获得包装容器的最佳尺寸。

3. 包装功能和包装结构设计原则

（1）包装功能

① 保护功能 即保护商品使用价值，这是包装的首要功能。

② 方便功能 主要体现在方便贮运、方便使用和方便销售。

③ 促销功能 主要表现在包装件的外观方面，造型和装潢是否符合新潮流将起主要作用。

（2）包装结构设计原则

① 科学性 科学性原则就是应用先进正确的设计方法，应用恰当合适的结构材料及加工工艺，使设计标准化、系列化和通用化，符合有关法规，产品适应批量机械化自动生产。

② 可靠性 可靠性原则就是包装结构设计应具有足够的强度、刚度和稳定性，在流通过程能承受住外界各种因素作用和影响。

③ 美观性 美观性就是使包装结构设计达到造型和装潢设计中的美学要求，其中包括结构形态六要素和结构形式六法则。

④ 经济性　它是包装结构设计的重要原则，要求合理选择材料、减少原材料成本、降低原材料消耗，要求设计程序合理、提高工作效率、减低成本等。

4. 包装结构设计基本要素

（1）内装物

① 内装物的物理性质　固态、液态、粉状和气态。

② 内装物的化学性质　易损、变形、耐水、耐湿、防锈、耐有机溶剂等。

③ 内装物应用领域　杀虫、除草、杀菌、生长调节等。

（2）包装容器设计的材料　现代包装工业中重要的包装材料有纸、纸板、塑料、金属、玻璃、陶瓷及各种复合材料等。

① 材料的物理性质　透明、厚度、阻隔性等。

② 材料的化学性质　化学稳定性、安全性、防腐、防锈特性等。

③ 材料的机械性质　强度、弹性等。

④ 材料的成型工艺　流变性、可塑性等。

⑤ 材料的可装饰性　印刷适性、光滑度等。

5. 流通环境条件

① 物理因素　冲击振动和堆码静压等；

② 生物化学因素　温度、湿度、雨水、辐射、有害气体、微生物等；

③ 人为因素　野蛮装卸和假冒偷换等。

在设计时就要考虑包装件在上述流通环境下所应采取的措施和所应解决的问题。

二、包装装潢

包装装潢是依附于包装物上的平面设计，是包装外表上的视觉形象，包括了文字、摄影、插图等要素的构成。有的纸盒面本身就是反映商品信息的一个整体，然而作为一个包装容器的各个外表面而言，它又是局部的形象。同样容器标贴的设计，不仅注重于一个标贴设计，还要关心标贴与容器的形状、标贴与标贴之间的相互关系。所以说包装装潢的设计在某些方面和广告设计很相似。然而它还要注意到其他的方方面面，使整个包装形成一个整体。

（一）包装的标签、标识要符合政府行政监管要求

区别于一般的商品装潢，农药标签的功能和作用一方面是农药生产企业对农药产品特性和特征的说明，也是企业向社会做出的明示和承诺，是农民了解农药产品信息、选购农药产品的重要依据。另一方面是通过外观装潢吸引用户的一种广告手段。

（二）农药标签和说明书

农药标签和说明书是指农药包装物上或附于农药包装物的，以文字、图形、符号说明农药内容的说明物。

农药产品应当在包装物表面印制或贴有标签。产品包装尺寸过小、标签无法标注《农药标签和说明书管理办法》中规定内容的，应当附具相应的说明书。

农药标签和说明书是反映产品性能、特点、质量等重要信息的载体，是直接向使用者传递农药技术信息的途径，是指导农药经营和使用者正确经营和安全合理使用农药的保证，

也是企业对消费者的承诺。

1. 农药名称

一是农药名称一律使用通用名称或简化通用名称，直接使用的卫生农药以功能描述词语和剂型作为产品名称。从2008年1月8日起，农业部不再批准农药商品名称，到2008年7月1日，生产的农药产品一律不得使用商品名称。二是农药名称在标签上标注的位置、方式及要求是：农药名称的标注应当显著、突出、醒目，一般不能分行标注。三是农药名称用字要规范，字体颜色应当与背景色形成强烈反差，便于消费者辨识。四是农药产品的商标应当标注在标签的边角部位，单字面积不得大于产品名称标注的单字面积。

2. 有效成分含量和剂型

农药有效成分含量和剂型应当醒目标注在农药名称的正下方，字体高度不得小于农药名称的1/2。如果是混配制剂，还应当标注总有效成分含量以及各种有效成分的通用名称和含量，标注的位置、字体高度等要求不变。字体、字号、颜色应当一致。

3. 农药产品性能、用途、使用方法、质量、毒性及标识等

农药产品性能主要包括产品的基本性质、主要功能、作用特点等方面。农药产品的用途、使用技术和使用方法，主要包括适用作物或使用范围、防治对象以及施用时期、剂量、次数和方法等。需要注意看清的是，使用范围和防治对象应以农药登记核准的使用范围和防治对象为准。农药剂量的标注，无论是用于大田作物，还是用于树木等作物，都应有以括号的形式注明的稀释倍数。质量是指除去包装材料后内装物的实际质量，以法定计量单位表示，液体农药产品也可以体积表示。农药产品的毒性分为剧毒、高毒、中等毒、低毒和微毒五个级别，分别用不同的黑色标识符号和红色文字标注。需要注意的要点归纳如下：

毒性分为剧毒、高毒、中等毒、低毒、微毒五个级别，分别用"◈"标识和"剧毒"字样、"◈"标识和"高毒"字样、"◆"标识和"中等毒"字样、"◈"标识和"低毒"用红字注明"微毒"字样。标识应当为黑色，描述文字应当为红色。

由剧毒、高毒农药原药加工的制剂产品，其毒性级别与原药的最高毒性级别不一致时，应当同时以括号标明其所使用的原药的最高毒性级别。

除草剂用"除草剂"字样和绿色带表示；

杀虫（螨、软体动物）剂用"杀虫剂"或"杀螨剂""杀软体动物剂"字样和红色带表示；

杀菌（线虫）剂用"杀菌剂"或"杀线虫剂"字样和黑色带表示；

植物生长调节剂用"植物生长调节剂"字样和深黄色带表示；

杀鼠剂用"杀鼠剂"字样和蓝色带表示；

杀虫/杀菌剂用"杀虫/杀菌剂"字样、红色和黑色带表示。农药种类的描述文字应当镶嵌在标志带上，颜色与其形成明显反差。

象形图应当根据产品安全使用措施的需要选择，但不得代替标签中必要的文字说明。

象形图应当根据产品实际使用的操作要求和顺序排列，包括贮存象形图、操作象形图、忠告象形图、警告象形图。象形图应当用黑白两种颜色印刷，一般位于标签底部，其尺寸应当与标签的尺寸相协调。

直接使用的卫生用农药可以不标注象形图，象形图示例见图9-41。

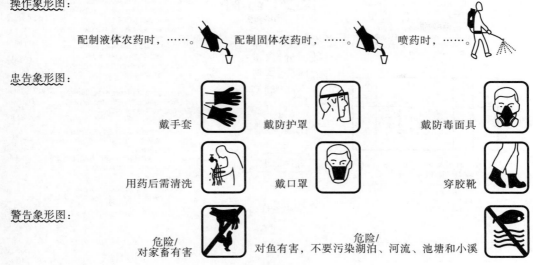

贮存象形图

放在儿童接触不到的地方，并加锁。

操作象形图：

配制液体农药时，……。 配制固体农药时，……。 喷药时，……

忠告象形图：

戴手套　　　　　戴防护罩　　　　　戴防毒面具

用药后需清洗　　　戴口罩　　　　　穿胶靴

警告象形图：

危险/对家畜有害　　　对鱼有害，不要污染湖泊、河流、池塘和小溪　　　危险/

图9-41　象形图示例

4. 企业名称及联系方式

企业名称是指生产企业的名称，联系方式包括地址、邮政编码、联系电话等。应当标注经依法登记注册并能承担产品质量责任的生产者的名称、地址。按我国法律、法规规定，生产企业的名称必须依法登记、注册。生产企业地址是指生产者所在地或主要驻所地。标注的名称和地址应当与营业执照上名称、地址相一致，且要具体、明确、易查询。进口农药产品应当中文注明原产国（或地区）名称、地址、邮政编码、联系电话等。

5. 农药登记证号、生产许可证号、产品标准号等

农药产品在标签上按规定标注有：农药登记证号或者临时登记证号、生产许可证号或者农药生产批准文件号、产品标准号、生产日期、产品批号、有效期或保质期、失效期等。分装的农药产品，除标签应与生产企业所使用的标签一致外，还要标注分装企业名称及联系方式、分装登记证号、分装农药的生产许可证号或者农药生产批准文件号、分装日期等。进口农药直接销售的，可以不标注农药生产许可证号或者农药生产批准文件号、产品标准号。

另外，还要注意标签上标注的注意事项、中毒急救措施、贮存和运输方法、农药类别、象形图等内容。对因产品包装物尺寸过小，标签无法标注全部内容的农药产品（字体高度不得小于1.8mm），应附相应的说明书。但其标签至少应当标注农药名称、剂型、农药登记证号或临时登记证号、生产许可证号或批准文件号、产品标准号、质量、生产日期、产品批号、有效期、企业名称及联系方式、毒性及标识，并要标注"详见说明书"。

农药标签示例（制剂与原药）见图9-42、图9-43。

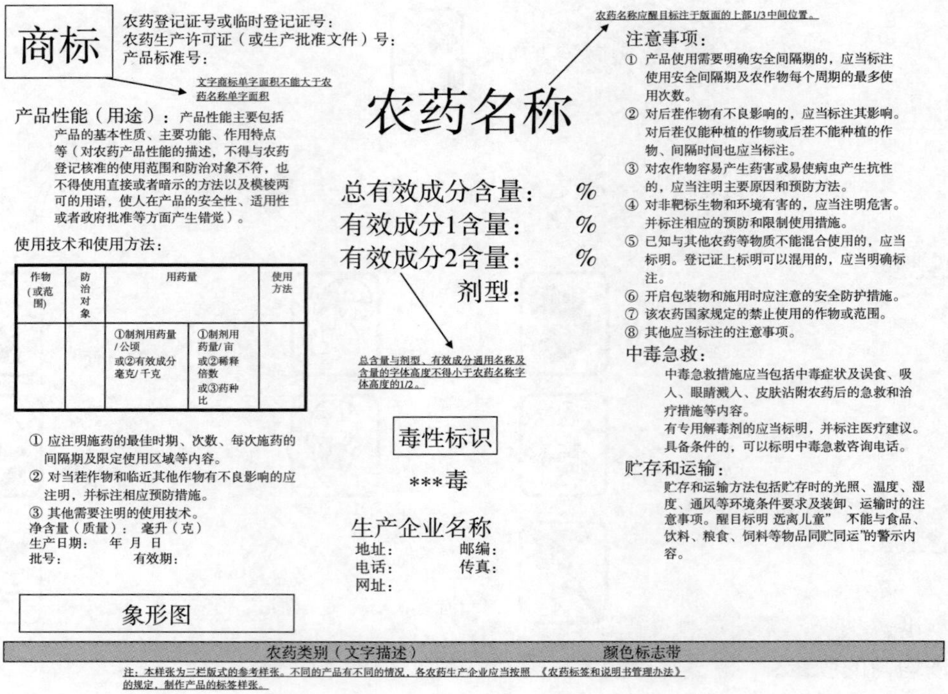

商标

农药登记证号或临时登记证号：
农药生产许可证（或生产批准文件）号：
产品标准号：

文字商标单字面积不能大于农
药名称单字面积

产品性能（用途）：产品性能主要包括
产品的基本性质、主要功能、作用特点
等（对农药产品性能的描述，不得与农药
登记核准的使用范围和防治对象不符，也
不得使用直接或者暗示的方法以及模棱两
可的用语，使人在产品的安全性、适用性
或者政府批准等方面产生错觉）。

使用技术和使用方法：

作物（或范围）	防治对象	用药量		使用方法
		①制剂用药量/公顷或②有效成分毫克/千克	①制剂用量/亩或②有效成分稀释倍数或③药种比	

① 应注明施药的最佳时期、次数、每次施药的
间隔期及限定使用区域等内容。
② 对当茬作物和临近其他作物有不良影响的应
注明，并标注相应预防措施。
③ 其他需要注明的使用技术。

净含量（质量）：毫升（克）
生产日期：　年 月 日
批号：　　有效期：

象形图

农药名称应醒目标注于版面的上部1/3中间位置。

农药名称

总有效成分含量：　　%
有效成分1含量：　　%
有效成分2含量：　　%
剂型：

总含量与剂型、有效成分通用名称及
含量的字体高度不得小于农药名称字
体高度的1/2。

毒性标识

***毒

生产企业名称

地址：　　　　邮编：
电话：　　　　传真：
网址：

注意事项：
① 产品使用需要明确安全间隔期的，应当标注
使用安全间隔期及农作物每个周期的最多使
用次数。
② 对后茬作物有不良影响的，应当标注其影响
对后茬仅能种植的作物或后茬不能种植的作
物、间隔时间也应当标注。
③ 对农作物容易产生药害或易使病虫产生抗性
的，应当注明主要原因和预防方法。
④ 对非靶标生物和环境有害的，应当注明危害，
并标注相应的预防和限制使用措施。
⑤ 已知与其他农药等物质不能混合使用的，应当
标明。登记证上标明可以混用的，应当明确标
注。
⑥ 开启包装物和施用时应注意的安全防护措施。
⑦ 该农药国家规定的禁止使用的作物或范围。
⑧ 其他应当标注的注意事项。

中毒急救：
中毒急救措施应当包括中毒症状及误食、吸
入、眼睛溅入、皮肤沾附农药后的急救和治
疗措施等内容。
有专用解毒剂的应当标明，并标注医疗建议。
具备条件的，可以标明中毒急救咨询电话。

贮存和运输：
贮存和运输方法包括贮存时的光照、温度、湿
度、通风等环境条件要求及装卸、运输时的注
意事项。醒目标明"远离儿童"不能与食品、
饮料、粮食、饲料等物品同贮同运"的警示内
容。

农药类别（文字描述）	颜色标志带

注：本样张为三栏版式的参考样张。不同的产品有不同的情况，各农药生产企业应当按照《农药标签和说明书管理办法》
的规定，制作产品的标签样张。

图9-42　制剂标签示例

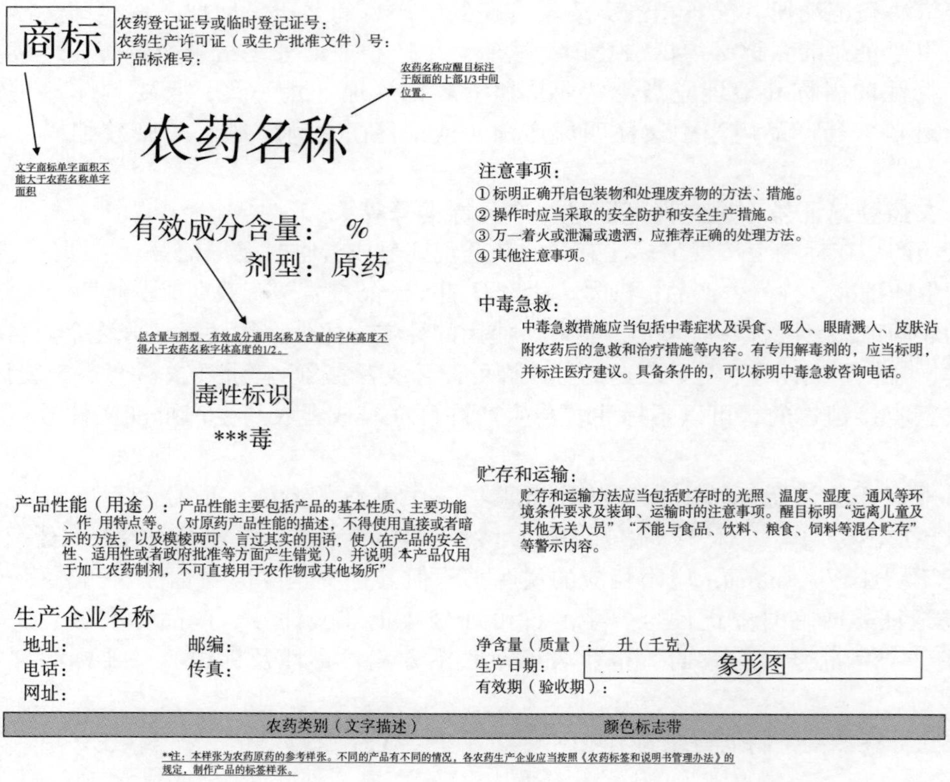

商标

农药登记证号或临时登记证号：
农药生产许可证（或生产批准文件）号：
产品标准号：

文字商标单字面积不
能大于农药名称单字
面积

农药名称应醒目标注
于版面的上部1/3中间
位置

农药名称

有效成分含量：　　%
剂型：原药

总含量与剂型、有效成分通用名称及含量的字体高度不
得小于农药名称字体高度的1/2。

毒性标识

***毒

产品性能（用途）：产品性能主要包括产品的基本性质、主要功能、
作用特点等。（对原药产品性能的描述，不得使用直接或者暗
示的方法，以及模棱两可、言过其实的用语，使人在产品的安全
性、适用性或者政府批准等方面产生错觉）。并说明"本产品仅用
于加工农药制剂，不可直接用于农作物或其他场所"

生产企业名称

地址：　　　　邮编：
电话：　　　　传真：
网址：

注意事项：
① 标明正确开启包装物和处理废弃物的方法、措施。
② 操作时应当采取的安全防护和安全生产措施。
③ 万一着火或泄漏或遗洒，应推荐正确的处理方法。
④ 其他注意事项。

中毒急救：
中毒急救措施应当包括中毒症状及误食、吸入、眼睛溅入、皮肤沾
附农药后的急救和治疗措施等内容。有专用解毒剂的，应当标明，
并标注医疗建议。具备条件的，可以标明中毒急救咨询电话。

贮存和运输：
贮存和运输方法应当包括贮存时的光照、温度、湿度、通风等环
境条件要求及装卸、运输时的注意事项。醒目标明"远离儿童及
其他无关人员""不能与食品、饮料、粮食、饲料等混合贮存"
等警示内容。

净含量（质量）：　升（千克）
生产日期：
有效期（验收期）：

象形图

农药类别（文字描述）	颜色标志带

**注：本样张为农药原药的参考样张。不同的产品有不同的情况，各农药生产企业应当按照《农药标签和说明书管理办法》的
规定，制作产品的标签样张。

图9-43　原药标签示例

三、压敏胶

压敏胶也称为不干胶。1928年在美国明尼苏达圣保罗，理查·德鲁发明了透明胶带。胶带按功效可以分为：高温胶带、双面胶带、绝缘胶带、特种胶带、压敏胶带、模切胶带，不同的功效适合不同的行业需求。

压敏胶带为什么可以粘东西？当然是因为它表面上涂有一层黏着剂。最早的黏着剂来自动物和植物，在19世纪，橡胶是黏着剂的主要成分，现代则广泛应用各种聚合物。黏着剂可以粘住东西，是由于本身的分子和欲连接物品的分子间形成键结，这种键结可以把分子牢牢地黏合在一起。黏着剂的成分，依不同厂牌、不同种类，有各种不同的聚合物。

压敏胶带有以下特性：

① 拥有持久的高黏性；

② 应用时只需用手或手指施压；

③ 不需通过水、溶剂或加热活化；

④ 有牢靠的黏结力；

⑤ 有足够的内聚力和弹性；

⑥ 迅速施胶，无须混合或涂刷；

⑦ 均匀的胶量；

⑧ 可模切成特殊形状；

⑨ 具有黏弹性，消除脆性；

⑩ 使用时低气味。

1. 压敏胶黏合原理

压敏胶黏结的四个过程分别是：

① 润湿　为使被粘物表面易被润湿，需清洗处理，除去油污。

② 黏胶剂分子的移动和扩散　胶黏剂分子按布朗运动的规律向被粘物表面移动。

③ 黏胶剂的渗透　黏结时胶黏剂向被粘物的缝隙渗透，从而增大了接触面积。

④ 物理化学结合　化学键结合，范德华力结合。

黏结接头的强度取决于三个基本因素：

① 胶黏剂的内聚强度。

② 被粘材料的内聚强度。

③ 胶黏剂与被粘材料之间的黏合力。

表面能：物质的表面层原子朝向外面的键能没有得到补偿，使表面质点比体内质点具有额外的势能，比内部多出的一部分能量称为表面能。

物质的表面具有表面张力，在恒温恒压下可逆地增大表面积，则需要功，因为所需的功等于物系自由能的增加，且这一增加是由物系的表面积增大所致，故也称为表面自由能或表面能。

内能改变：由于物体表面积改变而引起的内能改变，单位面积的表面能的数值和表面张力相同，但两者物理意义不同。

黏结力：黏结力是不同材料分子间的相互吸引作用，材料的表面能决定了这种吸引力的大小。表面能越高，吸引力越大，表面能越低，吸引力越小。图9-44表示了不同材料表面能与黏结效果的关系。

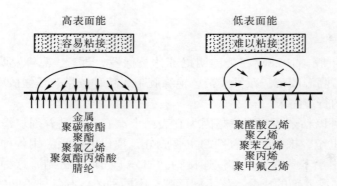

（a）材料表面能与黏结的关系

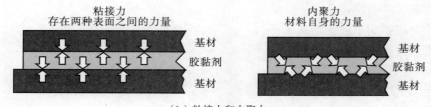

（b）粘接力和内聚力

图9-44　不同材料表面能与黏结效果的关系

2. 影响压敏胶带质量的指标

（1）初黏性　物体和压敏胶黏带黏性面之间以微小压力发生短暂接触时，胶黏带对物体的黏附作用，称为初黏性。

（2）持黏性　沿粘贴在被黏物上的压敏胶黏带长度方向垂直悬挂一规定质量的砝码时，胶黏带抵抗位移的能力。用试片移动一定距离的时间或一定时间内移动距离表示。持黏性作为压敏胶黏带的测试指标，同样可以用作压敏胶的测试指标，见图9-45。

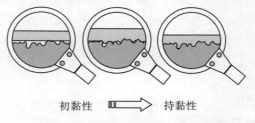

初黏性　██➡　持黏性

图9-45　初黏性与持黏性示意图

3. 压敏胶性能的基本测试

（1）初黏性测试　参考压敏胶黏带初黏性测试方法（斜面滚球法）国家标准GB/T 4852进行。

原理：将一钢球滚过平放在倾斜板上的胶黏带黏性面。根据规定长度的黏性面能够粘住的最大钢球尺寸，评价其初黏性大小。

测试设备：斜面滚球装置，本装置主要由倾斜板、放球器、支架、底座及接球盒等部分组成。如图9-46所示。

（2）持黏性测试　参考压敏胶黏带持黏性测试方法国家标准GB/T 4851进行。

原理：把贴有试样的试验板垂直吊挂在试验架上，下端悬挂规定质量的砝码，用一定时间后试样黏脱的位移量或试样完全脱离的时间来表征胶黏带抵抗拉脱的能力。

持黏性测试仪结构组成：主要由计时机构、试验板、加载板、砝码、机架及标准压滚等部分构成，如图9-47所示。

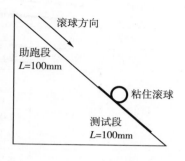

图9-46　压敏胶初黏性测试仪

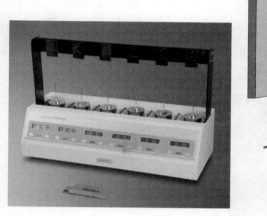
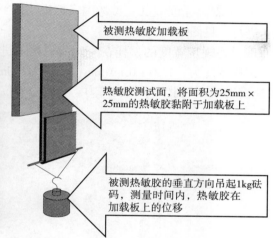

图9-47　持黏性测试仪

（3）180°剥离强度测试　参考压敏胶黏带剥离力测试方法国家标准GB/T 2792进行。

原理：用180°剥离方法施加应力，使压敏胶黏带对被粘材料黏接处产生特定的破裂速率，见图9-48。

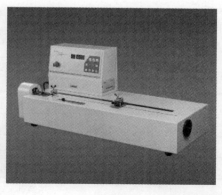

图9-48　180°剥离装备与方法

热敏胶应用于不同的场合，其180°剥离力、持黏性与初黏性的推荐指标见表9-43。

表9-43　热敏胶应用于不同场合的三项质量控制指标

项目		封箱胶黏带	PE瓶子标签		瓦楞箱用箱贴		其他印刷品	
			覆膜	上光	覆膜	上光	宣传品	办公用品
180°剥离力	常态下/（N/cm）	≥2.5	≥2.5	≥2.0	≥2.5	≥2.5	≥1.0	≥1.0
	湿热者化后/（N/cm）	≥2.5	≥2.5	≥2.0	≥2.5	≥2.5	≥1.0	≥1.0
初黏性	斜面滚球法钢球直径/mm	≥11（14#）	≥11（14#）	≥10（13#）	≥11（14#）	≥10（13#）	≥7（9#）	≥6（8#）
持黏性	位移/（mm/h）	≤2.0	≤1.0	≤1.5	≤1.0	≤2.0	≤3.0	≤3.0
	脱落时间/h	≥12	≥6	≥4	≥6	≥5	≥1.5	≥1

（4）90°剥离强度测试　参考国家标准GB/T 8808—1988《软质复合塑料材料剥离试验方法》进行。见图9-49。

原理：将规定宽度的试样在一定的速度下进行T形剥离，测定复合层与基材的平均剥离力。试样宽度为（15.0±0.1）mm，长度为200mm，粘贴于标准钢板上以（300±50）mm/min的速度运动，记录其平均剥离力。剥离力单位为N/cm，指标根据黏结力的需要确定。

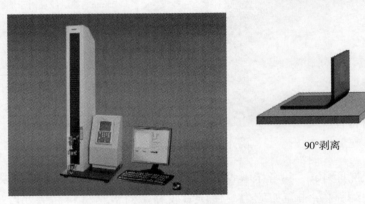

90°剥离

图9-49　90°剥离试验装备及原理

4.影响黏结力的主要因素和解决措施

（1）表面污染　不同的材料有不同类型的表面污染，见表9-44。

表9-44　不同材料污染类型

材料	污染类型
金属	油，油脂，铁锈，氧化物
塑料	脱模剂，灰尘
玻璃	指纹，水汽
橡胶	油脂，增塑剂
软质PVC	增塑剂

（2）污染的清除　针对不同的表面污染采用不同的清洁剂，见表9-45。

表9-45　清除污染的方法

污染类型	清洁剂
指纹	异丙醇
水汽	异丙醇
油、脂	庚烷
重度油污	丁酮
脱模剂	向制造商咨询

四、压敏胶黏带

1.压敏胶黏带介绍

胶黏带是胶黏剂中的特殊类型，即将胶液涂于基材上加工成带状并制成卷盘供应，包括溶剂活化型胶黏带、加热型胶黏带和压敏胶黏带。例如医学上日常用的橡皮膏和电气绝缘胶即属于压敏胶黏带。

胶带是在双向拉伸聚丙烯胶带原膜的基础上经过高压电晕使一面表面粗糙，涂上胶黏剂后经过分条分成小卷就是人们日常使用的胶带，见图9-50。胶带胶黏剂是丙烯酸酯胶黏剂，又叫压敏胶，主要成分是酊脂。酊脂是一种高分子活动物质，温度高低对分子活动有一定影响。胶黏剂的酊脂含量直接影响到胶带的使用情况。根据表9-43的要求，正常的封箱胶带的初黏力在8～14号（钢球号）之间，这种胶带胶黏剂的厚度一般为22μm。是符合标准的厚度。

图9-50　压敏胶黏带

2.压敏胶带的特性

① 通过短时间施加压力（非水、溶剂、加热）能达到黏结效果；

② 克服了结构胶操作时的溶剂挥发和需一定干燥时间的缺点，能改善作业环境；

③ 剥离后不污染被黏物、贴错时能重新修正，并且能多次重复使用；

④ 操作方便，能大幅度提高生产效率和产品美观性；

⑤ 部分替代传统的螺丝、铆钉、焊接等机械固定；

⑥ 对产品轻量化、降低成本等有显著效果。

3.溶剂型丙烯酸酯类压敏胶的特性

① 透明性高、耐候性和耐热性（-40～200℃）优越；

② 耐油性、耐溶剂性、耐水性优越；

③ 种类丰富、性能自由设计、变化性强；

④ 性能稳定、不易变色、与基材密着性好；

⑤ 聚合物凝聚力高，适合耐久性要求高的产品。

4.压敏胶带的组成

① 压敏胶黏剂；

② 基材；

③ 底层处理剂；

④ 背面处理剂；

⑤ 隔离纸。

压敏胶的主要包括橡胶型和树脂型，如聚丙烯酸酯或聚乙烯基醚两类。基材要求均匀、伸缩性小而且对溶剂浸润性好，包括：

① 织物类的如棉布，玻璃布或无纺布等；

② 塑料薄膜类如PE、PP、PVC和聚酯薄膜；

③ 纸类如牛皮纸、玻璃透明纸等，基材厚度在0.1～0.5mm之间。

底层处理剂的作用是增加胶黏剂与基材间的黏附强度，以便揭除胶黏带时不会导致胶黏剂与基材脱开而沾污被黏表面，并使胶黏带具有复用性。常用的底层处理剂是用异氰酸酯部分硫化的氯丁橡胶、改性的氯化橡胶。

背面处理剂一般由聚丙烯酸酯、PVC、纤维素衍生物或有机硅化合物等材料配制而成，可以起到隔离剂作用。双面胶黏带如需加一层隔离纸，可加一层半硬PVC薄膜、PP薄膜或牛皮纸。

5. 压敏胶带的物理指标

压敏胶不需加热，用指压即可黏结，是一种抗剥离强度高的胶黏剂，封箱用胶带的物理指标应符合表9-46的规定。

表9-46　封箱用胶黏带物理指标（QB/T 2422—1998）

项目名称		单位	物理指标
初黏性（钢球号）		mm	≥13
持黏性		mm/h	≤2
180℃剥离强度	常态	N/cm	≥2.5
	湿热老化后	N/cm	≥2.5
拉伸强度		N/cm	≥30
断裂伸长率		%	100～180

五、标签、标贴

1. 标签的基本知识及结构

不干胶材料的结构从表面上看由三部分组成，即标签面料层、黏合剂层和底纸层。

（1）标签面料层　即表面材料，是正面接受印刷图文、背面接受黏合剂并最终应用到被粘贴物上的材料。是显示标签印刷装潢功能的关键部位。用于印刷多色高质量的产品标签的面纸常用材料如镜铜纸、铜版纸、塑料薄膜、纸塑复合材料等。也有其他经济型材料，如荧光纸、铝箔纸等也可以用作不干胶标签的面纸。

（2）黏合剂层　黏合剂是标签材料和黏结基材之间的媒介，起联结作用。按其特性可以分为永久性和可移除性两种。它有多种配方，适合不同的面材和不同的场合。黏合剂是不干胶材料技术中的最重要的成分，是标签应用技术的关键。

（3）底纸层　底纸大概可以分为三类：格拉辛底纸、高密度格拉辛底纸和牛皮底纸层。底纸的作用是接受离型剂涂布，即在底纸表面涂布离型剂（硅油层），涂布硅油可使底纸具有表面张力很低、很光滑的表面，作用是防止黏合剂黏结在底纸上。保护面材背面的黏合剂、支撑面材，使其能够进行模切、排废和在贴标机上贴标。

2. 标签的用途

不干胶标签应用范围十分广泛，主要用于以下几个方面：

（1）产品标签　产品标签或基础标签在美化产品包装和标识产品信息方面提供了各种解决方案。目前，市场的包装趋势已由价格昂贵的外包装转向把标贴作为推广产品的重要途径。产品标签通常作为促进品牌形象和传递产品个性化的工具。标签传递的信息让消费者能够区分各种产品和品牌之间的差异，从而做出一个明智的选择。在农药商品的产品标签中，产品标签设计已经成为商品的重要组成部分。

（2）化学制品标签　化学工业方面的标签覆盖了许多不同的领域，包括散装和桶装的化学制品、油桶、润滑油、涂料、建筑和农业产品等。在许多最终应用方面，不干胶的面材和胶黏剂必须抗水、抗化学溶剂，并有良好的室外耐久性。在这个领域，薄膜类面材被普遍使用。主要印刷方式是直接打印、热转移打印以及多色柔版印刷。

（3）防伪标签　防伪标签保证了产品的安全性和完整性，企图揭开或移除标签会损坏整张标签。防伪标签材料包括纸类和薄膜类。用于产品封口标签等。

（4）信息标签　可变信息打印（简称为VIP）技术的迅速发展显著地增加了信息标签的使用量。用于传递信息或二次贴标的标签通常是空白模切或者由印刷厂简单预印，通常这些标签还需用VIP技术再次打印。例如热敏打印、热转移打印、复印、激光打印和喷墨打印。甚至在某种程度上，针式打印仍被使用。

3. 标签的分类

产品标签主要采用传统的印刷技术制作，诸如UV凸版印刷、柔版印刷、丝网印刷、胶印、凹版印刷、UV柔版印刷和数字化印刷。按加工工艺来分类有：

（1）柔印标签　即凸版印刷，也称为柔性版印刷，是当今标签印刷的主流加工方式，代表机型号有琳得科、新闵太阳、万谙、KO-Pack、捷拉斯和罗铁等。

（2）凹版标签　凹版印刷是当今塑料薄膜印刷的主要方法，主要为各种塑料包装袋的印刷。

（3）丝印标签　丝印类标签标贴主要适用于电子/机械工业，丝印的优点是墨层厚、色彩艳丽、有凹凸感、视觉冲击力强。适用于还原简单的线条、色块、文字等图案，且一般总印刷色数不超过4色。缺点是印刷渐变色效果差，无法实现精美多色的印刷效果。

（4）数码标签　采用数码直接印刷技术制版。代表机型有惠普HP Indigo、赛康Xeikon、VIP Color，数码标签印刷机可实现在塑料/纸张等特殊材料上印刷，数码标签印刷发展潜力巨大。

按材料来分类有：

（1）纸类标签　使用的材料主要有镜面铜版纸、模造纸、铜版纸、荧光纸、铝箔纸、合成纸、热敏纸、易碎纸、美纹纸、牛皮纸、绒面纸等。

（2）非纸类标签　主要为塑料类，有透明/非透明PET、透明/非透明PE、透明/非透明PVC、BOPP、OPP，它们的商业名称多种多样，有金/银特多龙、拉丝银、拉丝金、聚酯光银、反光片、透明特多龙、静电膜、激光商标膜等。

4. 不同类别的标签用纸及其特性

标签纸的种类有铜版纸、PET亚银纸、聚酯无光纸、艾利（FASSON）、宝力昂尼（POLYONICS）、琳得科（LINTEC）、东冠（KK）等，包括各种耐高温标签、PET、PVC、易碎纸、服装吊牌等。

5. 标签、标贴的技术要求

农药制剂包装形式种类繁多，液体容器（瓶、罐）需要在容器外表张贴标签。标签张贴质量的好坏直接影响商品的外观质量。一般情况下，对标签有下列不同方面的要求：

（1）纸张的质量要求　液体容器所采用的标签通常为纸质标签，纸质标签的印刷基本都是采用平版印刷，其质量要求、纸基材料及检验方法可执行不同材质相应的国家标准：

① 使用铜版纸的适用GB/T 10335.1—2005的铜版纸标准，克重根据需要选定；

② 使用胶版印刷纸的适用QB/T 1012—2010的胶版印刷纸，克重根据需要选定；

③ 使用涂布白卡纸的适用GB/T 10335.3—2004的涂布纸和纸板涂布白卡纸，克重根据需要选定；

④ 使用涂布白纸板的适用GB/T 10335.4—2004的涂布纸和纸板涂布白纸板，克重根据需要选定；

为便于读者选择，在适用标准选定级别时除非印刷品的精细等级有特别的要求，不同工艺的印刷品所用纸基应达到表9-47规定的等级。

表9-47　各种标签纸材等级的选定

纸基名称	适用标准	选定等级
铜版纸	GB/T 10335.1—2005	不劣于B－I
胶印纸	QB/T 1012—2010	不劣于B等
白卡纸	GB/T 10335.3—2004	不劣于一等品
白纸板	GB/T 10335.4—2004	不劣于一等品

（2）标签的尺寸要求　标签需要贴在容器表面，就像人的穿戴一样，合身十分重要。此外，富有行业特点，吸引消费者的装潢设计是标签预期目的。为此，在设计包装容器时，为了避免贮运过程容器之间的摩擦破坏标签的整体结构，通常都会在容器外表设立适当凹入的贴标区，以保护标签。

对于圆形的瓶子，无论是手工张贴还是机械张贴，贴标的过程无法保障标签沿瓶体旋转一周后能够丝毫不差地实现首尾对接。这就要求标签的外形尺寸能够满足上述要求，以防止标签在旋转张贴过程不能跨越贴标区边缘两个不同直径的张贴表面，贴标区与非贴标区是两个不同的直径区域，其周长的一点差异足以破坏标签的张贴质量。

对于直径在100mm以下的瓶子，在机器贴标的情况下，标签的尺寸设计应为贴标区径向宽度±2mm，以满足机器标准误差以及标签尺寸标准误差的需要。

（3）印后技术质量要求　制作标签的不同材质种类对标签的张贴效果有十分重要的影响。这是因为不同材质的力学特性决定了标签的黏合质量。

为了保护标签的印刷图纹和提升标签的品质，目前很多标签、标识印刷后都选择了覆膜、上光和烫金等表面整饰处理。

上光工艺主要应用于镜面铜版纸、铜版纸类标签的表面涂布，目的是增加其表面的光泽度，并达到防污、防潮湿、保护图纹的作用。根据加工方式，标签材料的上光分为单张纸上光和卷筒纸上光。其中卷筒纸上光是标签印刷工艺中最普遍采用的方法。卷筒纸标签的上光是在轮转型标签机上进行的。目前普遍采用UV上光工艺，即在印刷后的图纹表面均匀地涂布一层UV上光油。对于水基墨柔印标签，上光是必不可少的一道工序。

六、胶黏剂

胶黏剂又称黏合剂，是使物体与另一物体紧密连接为一体的非金属媒介材料。在两个被粘物面之间胶黏剂只占很薄的一层体积，使用胶黏剂完成胶接施工之后，所得胶接件在机械性能和物理化学性能方面能满足实际需要，能有效地将物料黏结在一起。

农药制剂包装的胶黏剂主要应用于标签、纸箱的黏合张贴。主要类型为压敏胶、热熔胶、淀粉胶、酪素胶、天然胶、动物胶等。在应用方面，可分为结构黏合，如纸箱合盖黏合、瓶盖垫片黏合，以及标签粘贴。标签粘贴可分为自粘贴不干胶和涂布粘贴，标签粘贴所用的胶黏剂统称为标签胶。

标签胶又称商标胶，是指用来粘贴标签的黏合剂。严格地说，标签是用来标志商品的分类或内容，便于了解商品属性的工具。标签大部分都是以背面自带胶的，但也有一些印刷时不带胶的，也可称为标签。例如大部分的啤酒标签印刷时都是无胶的，是厂商通过涂布标签胶方式贴上去的，这也叫标签。所以说，标签不一定是有胶的，有胶的标签就是俗称的"自粘贴标签"或"不干胶标签"。

最初的标贴是以手工完成的，因而对黏合剂的要求并不高，一般是以天然胶、动物胶及其改性品种为主，例如淀粉胶、酪素胶、天然胶、鱼胶、骨胶等。其缺点是干燥慢，初黏力差，耐水性低，运输和贮存过程中标签易脱落。随着科学的发展，很多产品的包装是在自动线上完成的，标签粘贴也是自动化的一部分。因而对标签胶提出了更高的要求。这些要求包括：

① 初黏力好，标签瞬间施压后不脱落，不滑移，不翘曲。

② 干燥速率高，适合高速自动化标贴。

③ 固化后牢度、韧性好，胶层不发脆，不脱落。

④ 无毒，无污染。

⑤ 有利于包装的回收。

农药制剂包装过程中应用的标签胶主要为淀粉胶、酪素胶和热熔胶等，以下分别介绍。

1. 淀粉胶

一种白色粉末，主要是从玉米、白薯、马铃薯和小麦中提取，它没有黏合性能，淀粉要起到胶黏作用，必须在水中分散形成一种颗粒状悬浮液，熬制成胶状分散体，熬制后的形式即通常所说的糊化淀粉。用作胶糊剂的淀粉在制备时要求固含量为25%~35%。采用加热法、冷制法、碱熟法和淀粉酶法等进行制备。

用不同化学基团取代淀粉分子中的部分羟基，可制得性能更好的改性淀粉胶，如氧化淀粉胶、淀粉醋酸酯胶、羧基淀粉胶等。

淀粉胶是以淀粉为基料制成的天然胶黏剂。淀粉是绿色植物通过光合作用产生的天然高分子，所以淀粉胶属于植物胶。淀粉胶来源丰富，价格较低，使用方便，无毒害，大量用于瓦楞板纸箱制造、邮票上胶、木材加工、书籍装订等方面。

玉米淀粉胶（绿色环保型）覆盖整个纸包装与纸制品领域，广泛应用于所有纸制品黏合机械上，例如自动、半自动贴面机、瓦楞纸双面过胶机、纸箱、纸盒封口机、裱纸机等。

稻谷、小麦、玉米、马铃薯等农产品中含有大量的淀粉，这些淀粉通过物理、化学方法，又可加工成可溶淀粉、糊精、羟乙醚淀粉等多个品种。因此，根据不同的用途要求，以不同的淀粉为基料，配合相应的添加剂，可制成黏度、固含量、颜色、机械性能各异的淀粉胶。工业用淀粉胶通常以玉米为原料，将玉米淀粉在水中分散，然后加热或添加少量的苛性钠使淀粉糊化，再加水稀释，就制成普通玉米淀粉胶。实际配制淀粉胶时，常加入淀粉质量0.2%～2%的硼砂，以起防霉、交联、增韧的作用，还可提高耐水性和耐霉菌性。有的加入0.5%～3%的甲醛或苯酚作防腐剂，有的加入甘油、乙二醇等作增塑剂。为了进一步提高淀粉胶的实用性，也可以用聚乙烯醇、脲醛树脂、间苯二酚-甲醛树脂或异氰酸酯来改性。

若干种化合物影响淀粉的糊化难易，有的促进糊化，使糊化温度降低。如氢氧化钠、尿素、二甲基亚砜、水杨酸盐、硫氰酸盐、碘化物等。氢氧化钠的影响强，能使淀粉在室温糊化。有的化合物能使糊化困难，如硫酸钠、氯化钠、碳酸钠、蔗糖。

玉米淀粉的感官及理化指标要求见表9-48。

表9-48　玉米淀粉感官及理化指标要求

项目指标	优级品	一级品	二级品
气味	具有玉米淀粉固有的特殊气味，无异味		
外观	白色或微带浅黄色阴影的粉末，具有光泽		
水分/%	≤14.0		
细度/%	≥99.8	≥99.5	≥99.0
斑点/（个/cm^2）	≤0.4	≤1.2	≤2.0
酸度/mL	≤12.0	≤18.0	≤25.0
灰分（干基）/%	≤0.10	≤0.15	≤0.20
蛋白质（干基）/%	≤0.4	≤0.50	≤0.80
脂肪（干基）/%	≤0.10	≤0.15	≤0.25
二氧化硫/%	≤0.004	—	—
铁盐（Fe）/%	≤0.002	—	—

工业玉米淀粉的检验方法参照中华人民共和国标准GB 12309—1990《工业玉米淀粉》进行。

2. 干酪素及其制品

酪素胶又名酪蛋白胶、干酪素胶。是以动物乳汁中的含磷蛋白为基体的动物胶黏剂。采用自然发酵法、加酸凝固法或凝乳素法制得酪蛋白，再与碳酸钠、硅酸钠、硼砂、氨水、磷酸钠、消石灰等配制而成。用于木材、织物、纸张、陶瓷等材料的胶接。

酪素胶是一种效用极广的胶液，它可以黏结木制品或其他制品，特点是能耐水，其主要成分是酪素。酪素是用去掉奶油的酸牛奶制品制成的：将牛奶用滤纸或厚实的织物过滤，用清水冲去脂肪，将获得的酪素铺在地上晾干。干后再利用纯净的汽油把残余的脂肪去掉，然后再把它晾干。

酪素胶也可以作为粉末用纸包装，其成分除酪素外，还有熟石灰、硫酸钠和氟化钠，用时将粉末加水细细调匀，至具有黏稠性的液体胶为止。这种胶不能久藏，应在调好后4～5h内使用。

工业干酪素的感官及化学指标应符合表9-49要求。

表9-49　工业干酪素的感官及化学指标

项目		特级	一级	二级
色泽		白色或浅黄色，均匀一致	浅黄色到黄色，允许存在5%以下的深黄色颗粒	浅黄色到黄色，允许存在10%以下的深黄色颗粒
颗粒		最大颗粒不超过2mm	最大颗粒不超过2mm	最大颗粒不超过3mm
纯度		不允许有杂质存在	不允许有杂质存在	允许有少量杂质存在
水分/%	≤	12.00	12.00	12.00
脂肪/%	≤	1.50	3.50	3.50
灰分/%	≤	2.50	2.00	4.00
酸度/°T	≤	80	100	150

干酪素的检验方法参照中华人民共和国轻工行业标准QB/T 3781—1999《工业干酪素检验方法》进行。

3. 热熔胶

热熔胶固体胶黏剂，加热后变成熔融状态，接触空气遇冷表面凝固，完成黏结仅需几秒钟的时间。与溶剂型及水溶型的胶接方法比较，主要优点如下：

① 瞬间黏结，确保高效率的生产；

② 不需干燥设备，节省空间；

③ 固化快、公害低、黏着力强，胶层既有一定柔性、硬度，又有一定的韧性；

④ 固化后的胶层还可以再加热熔融；

⑤ 重新变为胶黏体再与被粘物黏结，具有一定的再黏性；

⑥ 使用时，只要将热熔胶加热熔融成所需的液态，并涂抹在被粘物体上；

⑦ 经压合在几秒钟内就可完成黏结固化，几分钟内就可达到硬化冷却干燥的程度；

⑧ 因其产品本身系固体，不会变质，便于贮存运输；

⑨ 无溶剂、无毒性、不易燃、无污染公害。

常用的热熔胶及其施工用具见图9-51及图9-52。

图9-51　热熔胶施工用具

图9-52　热熔胶条

热熔胶包括乙烯共聚物，如EVA、EEA、EAA、EVAL等几类，主要使用和重点介绍的是EVA类。

EVA热熔胶是一种不需溶剂、不含水分、100%的固体可熔性的聚合物。在常温下为固体，加热熔融到一定程度变为能流动且有一定黏性的液体黏合剂，其熔融后为浅棕色半透明体或白色。

热熔胶主要成分即基本树脂是乙烯与醋酸乙烯在高压下共聚而成的，再配以增黏剂、黏度调节剂、抗氧剂等制成热熔胶。

① 基本聚合物　多种热塑性聚合物，如乙烯-醋酸乙烯共聚物、苯乙烯-丁二烯-苯乙烯共聚物（SBS）、苯乙烯-异丁烯-苯乙烯（SIS）嵌段共聚物等，均可作为热熔胶的基本聚合物，并决定热熔胶的基本性能。

② 增黏树脂　常用C_5石油树脂、萜烯树脂、酚醛树脂、萜烯-酚醛树脂、松香、改性松香等。作用是增加初黏力和永久黏结强度，降低热熔胶的熔体黏度，提高被黏材料的浸润性，改善操作性能。

③ 熔体黏度调节剂　常见的黏度调节剂属蜡类，如烷烃石蜡、微晶蜡、聚乙烯蜡等。作用是调节熔体黏度，改进流动性、浸润性，增加表面硬度，加快固化速度和防止热熔胶结块。

④ 增塑剂　常用的增塑剂如邻苯二甲酸二辛酯、邻苯二甲酸二苄酯、磷酸三甲酚酯等。作用是减少大分子间的次价力，提高热熔胶的韧性、耐寒性和熔体流动速度，降低熔点。但应控制用量，否则会降低胶层的内聚强度。

⑤ 防氧化剂　如2,6-二叔丁基对甲苯酚、亚磷酸三苯酯等。加入防氧化剂可防止热熔胶在高温下氧化和分解，在使用热稳定性较差的原料时，必须加入防氧化剂。

⑥ 填充剂　常用填充剂如碳酸钙、二氧化硅、滑石粉等。作用是加快热熔胶的固化速度，减少收缩，防止渗胶，提高耐热性和降低成本。用量过多，胶的熔体黏度增高，浸润性和初黏力变差。

优点：

① 通常从涂胶到冷却粘牢，只需要几十秒甚至几秒的时间。

② 对许多材料，甚至对公认的难粘材料（如聚烯烃、蜡纸、复写纸等）也可以进行黏结。特别是使用热熔胶黏结的接头，可经受105～106次以上的弯曲而不开裂。

③ 可反复加热，多次黏结。

④ 性能稳定，便于贮存、运输。

⑤ 热熔胶没有溶剂消耗，避免了因溶剂的存在而使被粘物变形、错位和收缩等弊病，有助于降低成本，提高产品质量。

缺点：

热熔胶也存在一些缺点。主要是耐热性和黏结强度较低，不适宜作为结构胶黏剂使用。由于热熔胶熔体黏度一般较高，对被粘材料的浸润性较差，通常需要加压黏合，以此提高黏结强度。另外，热熔胶在使用时需要专用设备，如涂胶机、热熔枪等，因此在某种程度上限制了它的应用范围。

EVA热熔胶已经在我国农药制剂包装材料上使用，主要应用于：

① 瓦楞纸箱上下合盖取代封箱胶带。

② 料瓶盖与封口铝箔之间的黏结。

对EVA热熔胶黏剂的使用技术要求可参照化工行业标准HG/T 3698—2002《EVA热熔胶黏剂》进行。

七、捆扎带

以聚乙烯、聚丙烯树脂为主要原料，经挤出单向拉伸成型的塑料打包带已经普遍用于农药制剂包装的封箱捆扎，见图9-53。

图9-53 封箱捆扎带

1. 常用捆扎带的分类

（1）钢捆扎带 一般用于非常重的载荷或将载荷固定在火车车厢、拖车或远洋货轮内，很少用于经捆扎后下陷或移位的收缩型载荷，但能牢固地捆扎已经压缩了的载荷，并经常用于刚性载荷的捆扎。

（2）尼龙捆扎带 具有高的持续的张力，一般用于重型物品和能经受住高的初始张力的收缩型载荷的捆扎，其伸长率和回复率比聚酯或聚丙烯捆扎带大，是最贵的塑料捆扎带。

（3）聚酯捆扎带 在塑料捆扎带中具有最高的强度和最高的持续张力。对于要求在装卸、运输和贮存过程中一直保持捆扎张力的刚性载荷，聚酯捆扎带是一种极好的捆扎材料。通常被用于要求高抗张强度、高持续张力和伸长的场合，在很多场合里，它的性能类似轻型规格的钢捆扎带。

（4）聚丙烯捆扎带 是最便宜的捆扎材料，它一般用于较轻型载荷的捆扎、打捆和封口纸箱。聚丙烯捆扎带具有高的伸长率和回复率，但持续张力方面不如其他塑料捆扎带。聚丙烯捆扎带是农药包装最为常用的打包捆扎带。有如下特点：

① 抗拉力强 既有钢带般的抗拉力，又有能抗冲击的延展性，更能确保产品的运输安全。

② 延伸率小 伸长率仅是聚丙烯（PP）带的1/6，能长时间保持拉紧力。

③ 耐温性强 熔点为260℃，120℃以下使用不变形。

④ 柔韧性好 无钢皮带的锋利边缘，操作安全，既不伤手也不损坏被捆物体。

⑤ 美观不生锈 无钢皮带生锈污染被捆物体之患，色彩光亮可鉴。

⑥ 经济效益佳 1000kg塑钢带的长度相当于6000kg钢皮带，每米单价低于钢皮带，能降低成本。

2. 捆扎带的常用规格及技术要求

捆扎带质量好坏，要看打包带的聚丙烯纯度高不高，目前市场上的打包带分很多种。有纯聚丙烯、聚丙烯加母料、聚丙烯加再生料、聚丙烯加再生料和母料。

纯聚丙烯生产的打包带为全透明状态，聚丙烯加母料生产的打包带为半透明状态，聚丙烯加再生料生产的打包带基本上不透明，聚丙烯加母料和再生料生产的打包带完全不透明。还有一种全再生料和碳酸钙粉夹芯料生产的打包带，完全再生料生产的打包带比较软，夹芯料的带子只有表面是原材料，其余都是碳酸钙粉（石灰粉）。

打包带质量的好坏完全取决于聚丙烯的纯度，聚丙烯的纯度越高打包带的拉力越好。质量指标见表9-50～表9-52。

表9-50　打包带的规格（按宽度划分）

序号	规格/mm
1	12.0
2	13.5
3	15.0
4	15.5
5	19.0
6	22.0

表9-51　打包带的规格偏差规定

规格	宽度偏差/mm		厚度偏差/mm
	一等品	合格品	
12.0	±0.6	±0.8	±0.1
13.5			
15.0			
15.5			
19.0	±0.8	±1.0	
22.0			

表9-52　打包带的质量规定

分类	宽度/mm	厚度/mm	单位质量/（g/m）	
			一等品	合格品
S形	15.0	1.0	＜11.0	不作规定
		1.2	＜14.0	
	15.5	1.0	＜13.0	
		1.2	＜14.5	
	19.0	1.0	＜17.5	
		1.2	＜19.5	
	22.0	1.0	＜20.0	
		1.2	＜22.0	
J形	12.0	0.6	＜5.5	
		0.8	＜7.0	
	13.5	0.6	＜6.5	
		0.8	＜8.5	
	15.0	0.6	＜7.5	
		0.8	＜9.5	
	15.5	0.6	＜8.0	
		0.8	＜10.0	

外观：打包带的色泽均匀，花纹整齐清晰，无明显污染、杂质，不允许有开裂、损伤、穿孔等缺陷。物理机械性能应符合表9-53的规定。

表9-53　打包带的物理机械性能

项目	规格/mm	指标	
		一等品	合格品
断裂拉力/kN	12.0	>1.10	>1.00
	13.5	>1.20	>1.10
	15.0	>1.40	>1.20
	15.5	>1.40	>1.20
	19.0	>2.50	>1.80
	22.0	>3.50	>2.50
断裂伸长率/%		<25	
偏斜度/mm		<30	

目前市面上产品品质良莠不齐，低水平、低价格竞争加上对产品质量指标的不重视，导致装卸工拿着捆扎带甩箱装卸，捆扎带的断裂拉力很低，不合格捆扎带经常成为装卸过程农药包装破坏的杀手。因此，注意捆扎打包带的物理机械性能是运输安全的保证。

第八节　常规农药制剂包装设计要领与实践

一、农药制剂包装涉及的国际规范和国内规范

几乎所有的农药制剂在运输过程中都被列入危险化学品的管制行列，国际贸易中有着严格的管理规范。随着我国生产力的发展，我国对危险化学品的运输安全管理已经逐步与国际规范接轨。为了便于理解，这里以国际规范为依据，介绍有关危险化学品包装的规则，以利于农药包装管理者的实际应用。

1. 国际规范中危险品的含义

所谓的危险品是指那些具有危险特性的物质和产品，在其运输或储存期间如果处理不当，会对人类、动物、环境或财产造成伤害。在某些情况下，装过危险品但已清空的包装或容器甚至也被视作危险品。

在过去的一百多年里，许多国家规范了危险品的运输，包括保护性包装法规。然而，在近代，危险品包装法规发生了重大变化。自20世纪50年代中期开始，危险品包装的全球法规愈来愈标准化，最近已将重点转向了以性能为导向的包装上（POP）。在POP以前，危险品包装主要是集中在材料和结构的细节上。使用POP，包装设计的选择将更加广泛。但是，危险品包装的基本用途是用来包裹危险品，即便包装箱放置于金属框架并处于承压及外撞力范围内，包装方案必须通过性能评估，包括跌落测试和顶部负载测试。

为保证危险品在运输途中的安全，必须将其进行适当的分类、包装、标记、贴上标签或直接印刷、文件记录。

对于纸箱而言，一般不采用危险性标贴（标签），常常要求纸箱生产企业在制作时将标贴所需要印刷的内容直接印刷在纸箱外表。但是，由于危险性标贴对其颜色、样式、形状、尺寸、部位以及受环境影响是否降低效果（海运危规要求标贴在海水中浸泡3个月以上其图案仍清晰可辨）等都有严格的规定，切记不能在没有把握的情况下随意进行印刷，否则将会给客户造成麻烦，因为危险货物运输主管当局会因这种错误而阻止货物的出运。

只能由经培训人员或者在培训人员的直接监督下处理、提供危险品的运输或运输危险品。危险品包装也必须由有执业资格的包装供应商来供应，依照Pacific Millennium持有的合格证书，生产和标记的产品都具有良好的强度，可以完全满足这种用途。

2. 关于危险品包装的国际规范

危险品的运输及其包装受制于若干不同的国际规范，以下列出的规范最为重要，见表9-54。

表9-54 危险品的运输及其包装国际规范

参考规范		
	UN（联合国）	关于危险品运输的建议，这是制订其他危险品规范的依据。这个联合国出版物被广泛称为"橘皮书"，指的是它的封面颜色
HazMat	危害物质管理机构	包括美国运输部（USDOT）、国际航空运输协会（IATA）、国际民用航空组织（民航组织）和国际海事组织（海事组织）。在美国，适用的法规都包含在第49篇联邦法规里（49CFR），100～185页
危险品包装的专业设计人员在日常工作中所采用的规范		
	ADR	ADR是联合国欧洲经济委员会关于危险品国际公路运输欧洲协议的通用缩写。它规定了制造商/发货人和承运人应该如何分类、包装、贴标签和运输危险品。同时也包括对运输车辆和货柜的具体要求以及诸如驾驶员培训之类的其他操作要求。
Amtrak National Railroad Passenger 1692	RID	RID是危险品国际铁路运输管理规范的通用缩写。本规范由OCTI即负责掌管RID的机构使用法语和德语颁布，并且每两年更新一次。
ICAO-GACI-MEAO	ICAO-TI	一般危险品空运规范。由ICAO（国际民用航空组织）颁布
IATA	IATA	IATA（国际航空运输协会）危险品规范。IATA DGR规定了ICAO全部的法令和危险品空运时如何安全包装和运输的行业通用规则。同时也包含一份采用联合国规范的包装供应商的名录。IATA每年用英文出版这本册子
	IMDG	国际危险品海运规范。本规范制订了基本原则，对各种物质、材料和物品的海路运输有详细推荐方案，以及许多对货物海上运输操作惯例的建议

3. 法律责任

当前关于国际规范的解释，特别是空运规范的解释仍存在争议。其最大的责任在于发货公司和货物运输公司。仅限培训过的人员或者由受到培训过的人员直接监督危险品的运输或运输危险品。客户必须拥有经培训的人员来发送危险品。还必须发送给正式批准的运输公司来运输这危险品。发货公司负责：

① 获得正确的包装；
② 确保包装已有正确标记（联合国标志见下文）；
③ 正确地包装产品（根据特定危险品包装的试验报告上所写的包装供应商的指导）；
④ 包装箱上有正确的标签或印刷；
⑤ 向运输公司提供必要的文件资料。

4. 危险品的分类

运输的货物可涉及多种风险，因此将货物分成九大类别。所有的类别可再细分成子类别。下列分类可使你更好地了解何种产品和材料会被划分为危险品。

第1类爆炸品（6项小类）

第2类气体（3项小类）

第3类易燃液体

第4.1类易燃固体，第4.2类易自燃物质

第5.1类氧化物质，第5.2类有机过氧化物

第6.1类有毒物质，第6.2类感染性物质

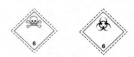

第7类放射性物质

第8类腐蚀性物质

第9类杂类物质（即经验已经证明或可能证明其具有危险性）

5. 包装编码

危险品的包装形式可以分为许多种，每种都有自己的包装编码。

1A1	带不可拆卸顶盖的钢制圆桶
1A2	带可拆卸顶盖的钢制圆桶
1A2W	带可拆卸顶盖的钢制圆桶（偏离的设计）
1B2W	带可拆卸顶盖的铝制圆桶（偏离的设计）
1G	纤维圆桶
1H1	带不可拆卸顶盖的塑料圆桶
1H2	带可拆卸顶盖的塑料圆桶
3A1	带不可拆卸顶盖的钢制油桶
3H1	带不可拆卸顶盖的塑料油桶
3H2	带可拆卸顶盖的塑料油桶
4A	钢制包装箱
4AW	钢制包装箱（偏离的设计）
4C1	天然木制包装箱
4D	胶合板箱
4DV	胶合板箱（专用包装）
4G	纤维板箱
4GV	纤维板箱（专用包装）
4GW	纤维板箱（偏离的设计）
4H2	固塑性塑料箱
4H2W	固塑性塑料箱（偏离的设计）
5H3	塑料编织袋，防水
5H4	塑料薄膜袋

5M1	多层纸袋
5M2	多层纸袋，防水
6HA1	复合式包装，内层是塑料，外层是钢制的圆筒
11A	固体包装用的中型散装货物金属箱
11D	固体包装用的中型散装货物胶合板箱（IBC=中型散装货物箱）
11H1	固体包装用的硬质塑料IBC
13H1	没有涂层或衬里的软质塑料IBC
13H2	有涂层的软质塑料IBC
13H3	有衬里的软质塑料IBC
13H4	有涂层和衬里的软质塑料IBC
31A	液体包装用的金属IBC
31B	盛装液体的铝制IBC
31HA1	液体包装用内层为塑料的复合型IBC
50D	胶合板的大包装

（包装编码必须始终以联合国标志表示）

6. 包装类别

如上所述，包装编码系指包装的类型。对包装的不同需求，另一个概念——包装类别是指包装的强度。

不同的危险物品需要不同的包装强度。下面所指的包装类别代表包装强度。包装类别决定跌落试验中所采用的高度。

（1）包装类别Ⅰ（X）——盛装具有高度危险性的物质　非常危险品的包装应通过1.8m高度的跌落试验。强度最大的包装、有毒物质例如氰化物和传染性物质需要此等包装类别。

（2）包装类别Ⅱ（Y）——盛装具有中度危险性的物质　中等危险品的包装应通过1.2m高度的跌落试验。爆炸物如电池要空运时需要此等包装类别。如果包装箱准备用于爆炸物的包装，则还应对爆炸物进行特殊判断。

（3）包装类别Ⅲ（Z）——盛装具有低度危险性的物质　轻微（但仍有危险的）危险品的包装应通过0.8m高度的跌落试验。出厂的易燃液体和电池需由公路运输的要求此等包装类别。

在经联合国批准的标志上，不同的包装类别（Ⅰ、Ⅱ和Ⅲ）可标上X、Y和Z的记号。已经通过包装类别Ⅰ试验的包装箱当然允许用作类别Ⅱ或Ⅲ的包装，前提条件是不超过最大毛重。

7. 国内出口包装检验

（1）危险品包装使用鉴定　危险品包装具体有以下四大类包装形式：

① 桶、罐类容器的要求　闭口桶、罐的大、小封闭器螺盖配合应达到密封要求，外盖完好无损。密封圈与所装货物相适应，密封良好。开口桶、罐应配以适当的密封圈，无论采用何种形式封口，均应达到紧箍、密封要求，外盖完好无损，扳手箍还需用销子锁住扳手。凡使用封识的包装件，封识应完好。

② 箱类包装的要求　木箱、纤维板箱用钉紧固时应钉实，钉尖要盘倒，钉尖、钉帽不得突出。内容物是爆炸物品时，应采取防护措施，防止爆炸物品与钉接触。箱体

完好无损，打包带紧箍箱体。瓦楞纸箱应完好无损，封口应平整牢固，打包带紧箍箱体。

③ 袋类包装的要求　外包装为袋类时，需经航空主管部门批准方可用于盛装空运危险货物。外包装用缝线封口时，无内衬袋的外包装袋口应折叠30mm以上，缝线的开始和结束应有5针以上回针或缝线预留50mm，其缝针密度应保证内容物不撒漏且不降低袋口强度。有内衬袋的外容器袋缝针密度应保证牢固，无内容物撒漏。内包装袋封口时，不论采用绳扎、黏合或其他类型的封口，应保证内容物无撒漏。

内包装采用绳扎封口时，排出袋内气体，袋口用绳紧绕两道，扎紧打结，再将袋口朝下折转，用绳紧绕两道扎紧打结。如果是双层袋，则应按此法分层扎紧。内包装采用黏合封口时，排除袋内气体，黏合缝不允许有空隙、空洞。如果是双层袋，则应分层黏合。所用绳、线不应与所装危险货物起化学反应，以免降低强度。

④ 组合包装的要求　内容器盛装液体时，封口需符合液密封口的规定；如需气密封口的，需符合气密封口的规定。盛装液体的易碎内容器（如玻璃等），其外包装应符合 I 类包装。箱类外容器如是不防泄漏或不防水的，应使用防泄漏的内衬或内容器。

（2）进出口危险品包装检验证单　出口危险品包装检验包括包装性能检验和包装容器的使用鉴定，即：

① 为出口危险货物生产包装容器的企业，向商检机构而必须申请进行包装容器的性能鉴定；

② 获得出口包装质量许可证的包装生产企业进行的危险品包装使用鉴定；

③ 出口包装使用单位、出口单位或代理报验单位进行的包装容器的使用鉴定。

出境危险货物包装容器检验常用证单一般包括以下内容：

① 出境危险货物包装容器性能检验（周期检验）报告；

② 出境危险货物包装容器性能检验结果单；

③ 出境危险货物运输包装使用鉴定结果单；

④ 出境货物不合格通知单等。

企业报检需提交材料：

① 出境货物运输包装检验申请单。

② 厂检合格单。

③ 外销合同。

④ 危包使用鉴定需附《出境货物运输包装性能结果单》。

⑤ 危包使用鉴定需提供出口危险货物生产企业声明；危包性能检验需提供出口危包生产企业声明。

⑥ 使用鉴定需提供当年有效《出境危险货物运输包装使用性能鉴定结果单》、《出境货物运输包装性能结果单》范本、《出境危险货物运输包装使用性能鉴定结果单》。

作为农药制剂生产的管理者，农药包装设计前请收集和了解国家和行业的相关规范：

① 国家标准GB 12463—2009《危险货物运输包装通用技术条件》；

② 国家标准GB 190—2009《危险货物包装标志》；

③ 国家标准GB 4838—2000《农药乳油包装》；

④ 国家标准GB 3796—2006《农药包装通则》；

⑤ 农业部《农药标签和说明书管理办法》，2007年12月6日农业部第15次常务会议审议通过；

⑥ 国家标准GB/T 2934—2007《联运通用平托盘主要尺寸及公差》；

⑦ 国家标准GB 12268—2005《危险货物品名表》；

⑧ 国际标准化组织ISO 668：1995或国家标准GB/T 1413—2008《系列1集装箱分类、尺寸和额定质量》；

⑨ 国家标准GB 9174—2008《一般货物运输包装通用技术条件》。

二、液体制剂包装设计流程

各种液体的农药制剂，包括EC、SC、ME、EW等，可按以下流程开展制剂的包装设计。

1. 盛装介质储存稳定性评价

侧重研究在储存期内是否会发生化学耗氧、气体释放的现象，判断的方法可以用带微型压力计的容量为100mL的不锈钢容器，用量筒量取85mL测试制剂灌入试验容器，严格密封。置于烘箱内做为期14d、（54±2）℃的热储试验，试验结束记录压力变化，分析其储存期间可能发生的压力变化。超过±15kPa的变化，均应考虑包装容器的抗正压或抗负压功能，防止发生"鼓胀"与"瘪扁"现象。

2. 选择包装容器材料

① 水性制剂　可使用PE、PP、PET以及玻璃、金属材料。若选择金属材料，需要考虑介质对金属材料的腐蚀性。

② 油性制剂　凡是对水分敏感的制剂，不宜选用PET材料。溶剂中的极性、非极性物质与包装材料之间的溶解性的关系是否存在"相似相溶"的情况。尤其是甲醇类的极性溶剂，只能用金属、玻璃或氟化材料（注意氟化材料可以解决制剂与容器内壁的相似相溶问题，但解决不了瓶盖封口的热封层的相溶问题）。

3. 确定容器形式

经储存稳定性评价，结论为需要抗负压的包装形式选择原则：厚壁瓶，通过增厚瓶壁强化容器的抗内负压的力学结构。加强筋设计，圆柱体形的容器通过设置环状加强筋（见图9-54）大大提高了容器的耐内负压性能，但立体方形容器（常见方形塑料桶）即便设置了加强筋也难以提高其抗负压的性能。

图9-54　加强筋农药瓶

4. 确定容器密封形式

盛装介质无须考虑抗内正压或内负压的，可以采用电磁感应铝箔封口片封口，也可以采用柔软的密封垫片通过螺旋容器盖给垫片与容器口的接触端面施加压力以达到密封的效果，但需要保证容器口的端面平整，不能够有径向凹凸缝隙。

经储存稳定性测试，需要抗内正压或内负压的介质，容器的密封（通常指容器盖）应考虑设置高分子单向透气阀或双向塑料机械透气阀，使储存期内容器的内压力保持在常压水平。

图9-55 带双向透气阀垫片

5. 常用的液体容器透气阀

该种透气阀选用高分子材料，应用分子筛的原理，仅允许相近分子量（二氧化碳等）的分子在有一定压力差的情况下透过。是一种有很长的应用历史的包装单向透气形式。

带透气阀铝箔片以及带透气阀软垫见图9-55，该种形式的透气阀能够保持容器内的压力恒定在常压，只允许气体流动，液体不能透过。该种透气形式正处于实践验证阶段，可靠性尚在验证。

6. 包装容器外形尺寸与运输件尺寸的设计原则

（1）零售包装容器的容量选择　药液的使用倍量与使用方法（背负式手工喷雾器、大型机械喷雾机、航空喷雾）；用户使用的便捷性。

（2）零售包装容器的外形尺寸选择步骤

① 确定托盘尺寸，属于中国国内市场的产品，可选1100mm×1100mm的托盘，对国际市场需要了解所在国的规范。

② 确定运输件单元质量，常规质量为6～10kg/件的净重。

③ 净重除以零售包装的容重，计算出运输件的零售包装个体数。箱子的外尺寸长和宽均应能被托盘的尺寸整除或分配。

④ 瓦楞箱外尺寸减去箱板的厚度计算出内尺寸，箱内零售包装容器的纵横排列个数尺寸之和应恰好是瓦楞纸箱的内尺寸、容器直径或方形的长和宽尺寸。

⑤ 得出容器直径或方形的长和宽尺寸就可以根据制剂的密度计算出容器的高度了，零售包装容器的盛装应为容器有效体积的90%～95%。

⑥ 箱子的高度（内部尺寸）应与内装包装容器高度相等，以保证堆垛时均匀分散堆垛压力。防止过度依赖瓦楞纸箱作为支撑力，纸箱受潮变软时发生变形倒垛。

三、固体制剂包装设计流程

各种固体的农药制剂，包括WP、DF、WG、GR等，可按以下流程开展制剂的包装设计。

盛装介质储存稳定性评价，侧重研究在储存期内是否会发生气体释放的现象，判断的方法可以用带微型压力计的容量为1000mL容积不锈钢容器，用量筒量取800mL测试制剂灌入试验容器，严格密封。置于烘箱内做为期14d、（54±2）℃的热储试验，试验结束记录压力变化，分析其储存期间可能发生的压力变化。当出现正压超过15kPa的变化时，均应考虑包装容器的抗正压功能，防止发生"胀包"现象。

固体制剂可采用多层复合聚乙烯薄膜、多层流延共挤聚乙烯薄膜、聚丙烯纤维编织布、纸塑复合以及纸板、金属等材料。

1. 确定容器及密封封口形式

经储存稳定性评价，结论为需要抗正压的，包装形式选择原则：带透气阀的塑料袋，安装释放的气体单向流动（只出不进）的平衡机构。所采用编织袋，纸袋采用缝合形式封口，内衬聚乙烯塑料袋，聚乙烯塑料袋采用"U"形扎口，以满足释放气体的逸出。

该种透气阀是选用高分子材料，应用分子筛的原理，仅允许相近分子量（二氧化碳等）的分子在有一定压力差的情况下透过。是一种有很长的应用历史的包装单向透气形式。

用塑料袋并采用热合封口的，应加装高分子单向透气阀（见图9-56）或双向透气阀（见图9-57），该种形式的透气阀能够保持容器内的压力恒定在常压，只允许气体逸出，液体不能透过。双向透气阀形式正处于实践验证阶段，可靠性尚验证，请注意在实验论证的基础上应用。

图9-56　高分子单向透气阀　　　　　图9-57　带双向透气阀塑料袋

2. 包装容器外形尺寸与运输件尺寸的设计原则

（1）零售包装容器的容量选择　药液的使用倍量与使用方法（背负式手工喷雾器、大型机械喷雾机、航空喷雾）；用户使用的便捷性。

（2）零售包装容器的外形尺寸选择步骤

① 测量制剂的松密度与振实密度，用以计算包装时包装容器的最大许载容量，包装容器应能满足容量需要。

② 根据选用的塑料袋的结构形式，按照流动固体的变形规律估算它的长宽尺寸。

③ 确定托盘尺寸，属于中国国内市场的产品，可选1100mm×1100mm的托盘，对国际市场需要了解所在国的规范。

④ 确定运输件单元质量，常规质量为6～10kg/件的净重。

⑤ 净重除以零售包装的容重，计算出运输件的零售包装个体数。箱子的外尺寸均应能被托盘的尺寸整除或分配。

⑥ 瓦楞箱外尺寸减去箱板的厚度计算出内尺寸，箱内零售包装容器的纵横排列个数尺寸之和应恰好是瓦楞纸箱的内尺寸，即容器直径或方形的长和宽尺寸。

⑦ 得出容器直径或方形（横截面积）的长和宽，这就可以根据制剂的密度计算出容器的高度了，容器的体积应能满足灌装制剂时的体积以及热风封口需要的空间。

⑧ 箱子的高度（内部尺寸）应等于内装包装容器高度之和，固体制剂的流动性，不允许以物料作为堆垛的支撑力。固体流动性制剂的运输包装箱内应设置"十字"或"井字"隔板，隔板采用与瓦楞纸箱纸板结构相一致的瓦楞纸板并以瓦楞方向为垂直方向。隔板高度与瓦楞纸箱内高度尺寸一致，以此分散堆垛压力。防止过度依赖瓦楞纸箱承受支撑力，纸箱受潮变软时发生变形倒垛。

（3）运输件、托盘与集装箱运输的安排　运输件以及不同托盘尺寸在标准集装箱上的排列示意图见图9-58。圆形运输件以及不同托盘尺寸在标准集装箱上的排列示意图见图9-59。

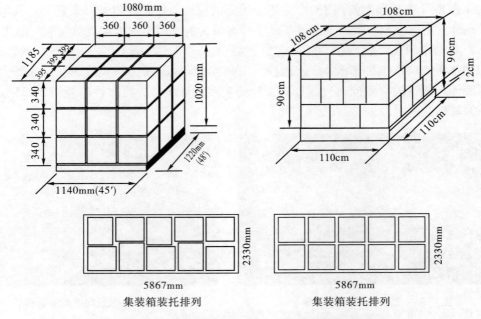

图9-58　方形运输件、托盘、标准集装箱布局

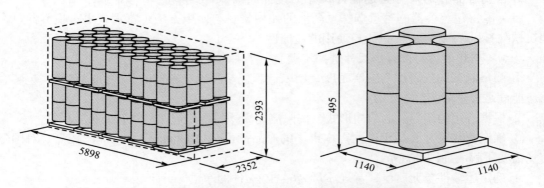

图9-59　圆形运输件、托盘、标准集装箱装运布局

四、常见农药包装质量缺陷及控制

在农药制剂生产实践中，一些常见的包装质量缺陷伴随着生产过程而得不到有效的解决。究其原因，是对问题的内部联系缺乏了解，因而不能够采用有效的解决措施。下面针对常见的一些质量缺陷，从导致缺陷的内因与外因着手，寻找有效的解决方案。

（一）药液失重与水分超标

（1）现象　液体农药存贮保质期内，在包装容器的整体结构完整、瓶、袋口密封完好的情况下，包装容器内装载的药液自然消失，药液质量逐渐降低。例如，一瓶500mL装的农药在若干时间后会变成400mL，甚至更少。

此外，液体农药存储保质期内，在包装容器的整体结构完整、瓶、袋口密封完好的情况下，包装容器内装载的药液水分含量上升，原来合格出厂的药剂成了水分超标的不合格品。

（2）原因 极性溶剂与高聚物之间存在极性相近相溶原理。当塑料包装瓶材质的极性与其所包装的乳油农药的有机溶剂的极性相近时，相互之间就会出现互溶。随着时间的推移，互溶会发展成渗透。有机溶剂会从包装瓶瓶体材料的分子间隙中渗透逸出。

以PET为例，PET具有容易吸水的性能，因此瓶子贮存时间越长则吸收空气中的水分越多，从而令承载物逐步改变了原来的水分指标。高温、高湿度环境会直接影响瓶子的使用。用PET瓶子装载对水分敏感的农药制剂，贮存在高湿度的环境下，短时间内会导致制剂水分超标。这是PET应用于液体农药上的一个负面特征。正因如此，世界多个国家对PET瓶应用于液体农药灌装持否定态度。

（3）对策 兼容性试验，液体农药制剂不同的配方中所选用的溶剂决定了药液与包装容器选用的高聚物材料之间的关系，也是包装容器在不同配方条件下能否适应的评价要素。

所谓兼容性试验，就是对液体农药制剂与包装材料之间的关系开展研究实验，解决研究对象在生产实践中可重复性应用的问题。在生产实践中发现不少的企业，不论是包装容器生产企业还是应用包装容器的农药制剂生产企业都很容易忽略一个关键的问题，那就是试样的可重复性问题。设想一下，作为试样供试验的包装容器以及制剂配方在不知道它的可重复性指标时所做的实验，其结果只有一个，就是"本实验结果对试样负责"。而试样能否在生产实际中重复却被忽略，以下是两个容易被忽略的关键要素：

① 瓶子的阻隔性功能指标是否已经检验证明达到阻隔性能的设计水平；

② 供试药液中除活性成分与助剂以外的溶剂的类别与构成。

在上述两项要素缺失的前提下所做的实验得到的结果，往往会因为生产实践中所选用的包装容器质量与配方组分发生变化而失去指导作用。例如常见的阿维菌素油膏、各种原药合成结晶分离后经多次套用的"母液"。这一类的活性组分与其说是原药活性组分的"油膏与母液"，不如称之为化学生产过程的废液。这些母液的应用，有效活性组分含量不高，而不明溶剂却占有相当高的比例。通常情况下，供应这类母液的厂家基于技术保密，一般不愿意告知买方。这就成了包装容器选择对应的阻隔性材料的一个难点。

解决上述问题，要做好以下两项工作：

① 兼容性试验在论证供试样品具有生产过程可重复性的条件下进行，包括包装容器质量的可重复性与供试药液配方组分的可重复性。

② 做好配方材质与包装容器材质的选定工作。

a. 对一种制剂的配方确定后，应基于该配方的物理化学条件对应地提出包装材料（材质）的选择，如某配方推荐使用的包材材质是PA/PE、EVOH/PE、HDPE、PET、玻璃、镀锡印铁等。

b. 查阅配方中所选用溶剂的化学属性与类别，确认包装材料与溶剂之间的兼容性关系。

c. 复核配方中的原药组分全分析数据，除了该化合物主要成分之外，含量≥1%的其他物质必须有定量数据（通常指母液、油膏之类属于原药生产过程的副产物）。有定性、定量数据且满足兼容性条件的才能作为包材材质推荐。否则不能选择高聚物材料作为包装容器材质。有定性、定量数据但不能重复的也不能选择高聚物材料作为包装容器的材质。

d. 含有甲醇组分的配方，不能推荐应用EVOH/PE材质的阻隔性容器。

（二）包装容器的变形（瘪扁与鼓胀）

（1）现象 包装容器存储一段时间后，尤其是塑料瓶、塑料袋出现的一种变形现象，其特征是瓶体凹陷，袋子鼓胀。影响商品的外观，严重的还直接威胁农药存储的安全。

（2）原因 农药塑料包装容器的变形多发生于液体制剂与粉剂，其变形可按其成因分为三类：

①因热灌装导致变形 不同的农药液体制剂，一些配方的溶质与溶剂之间的溶解关系，在配制过程中需要在一定的温度条件下进行，在农药销售旺季或一些特殊的情况下，灌入塑料瓶药液的温度会比环境温度高出很多。正常情况下农药灌装后会立即对瓶口做一次性热封封口处理，灌装后的包装容器呈密闭状态。为避免农药灌装时溅出或溢出瓶口，一般瓶的内容积要比所需灌入液体的容积多出至少10%。也就是说，热灌装时瓶内10%以上的存留空气与承载物的温度是一样的。一段时间后，包装容器内承载物与空气降至环境温度时，瓶内空气就会因冷缩而造成负压。当负压超过瓶壁强度时，就会导致包装容器内陷形成瘪扁变形。

②因包装容器与药液之间的兼容性问题导致失重而变形 极性溶剂与高聚物之间存在极性相似相溶情况。当塑料包装瓶材质的极性与其所包装的乳油农药的有机溶剂极性相近相似时，相互之间就会出现互溶。随着时间的推移，互溶会发展成渗透。有机溶剂会从包装瓶瓶体材料的分子间隙中渗透逸出。这种逸出会导致包装容器内呈负压，当包装容器的耐负压强度不足以抵御时，就会导致包装容器内陷形成瘪扁变形。

③因药液化学耗氧导致容器内部呈负压而变形 液体农药制剂组分与结构复杂，其所含的成分中某些特殊的溶剂、表面活性剂或原料中不明杂质常常会和瓶内存留的空气中的氧发生氧化反应，进而导致负压而产生变形。

实验证明，高芳烃溶剂油、二甲基甲酰胺（DMF）、蓖麻油等都存在贮存期高耗氧现象。当包装容器内的空气中的氧气低于正常值50%的时候，容器内的负压会维持在$-10kPa$左右。由于液体的不可压缩性，包装容器内的空间只要存在不同程度的负压，其负压力直接传递到整个容器的外壁，不能抗御负压的部位就会产生变形。

（3）对策

①克服因热灌装导致变形的方法 很简单也很直接，尽可能以常温灌装。为达到此目的，生产配制过程无法降低物料温度时，应延长循环传输管道或增加冷却装置。若这些方法均无法实现，则应在药液灌装入塑料瓶内后，待其冷却至常温时再封口加盖。

②因包装容器与药液之间的兼容性问题导致失重而变形的解决方法 主要的方法是针对不同的溶剂组分，经过兼容性论证选用不同阻隔效果材质的塑料瓶。

③因药液化学耗氧导致容器内部呈负压而变形的解决方法 就塑料瓶生产厂商而言，可在设备和模具许可的情况下，增加瓶子厚度以提高瓶体抗变形强度。在厚度增加已至极限而仍未解决问题时，应考虑制作带加强筋的瓶型，通过改善包装容器的力学结构来解决问题。

就农药生产企业而言，针对不同的溶剂或乳化剂，在实验论证的基础上选定包装材料的材质以及包装容器的力学结构，可以做好以下两项工作：

其一：在农药灌装时充氮，以降低存留空气的氧含量，抑制制剂中耗氧组分的氧化反应。

其二：在一个企业内，明确常用助剂及其组合在制剂配方中的应用，可对常用的助剂、表面活性剂等辅助材料在配方中的使用比例进行耗氧论证，为产品包装形式选择提供技术指导。以下实验结果供参考。

一种制剂的配方确定后，应基于该配方所用助剂的物理化学条件对应地提出包装形式的推荐，如某配方中含有DF101、500#、OP-10、十二烷基苯磺酸酸钙等，请注意采用抗负压包装形式。

查阅配方中所选用的助剂是否与表9-55所列助剂相同。

表9-55 常用助剂表

助剂名称	助剂名称	助剂名称	助剂名称
农乳601#	CH/150	APG-0810	环氧大豆油
农乳602#	CH/850	AEO-5	十二烷基苯磺酸钙
TX-10	T-80	901-W（罗地亚）	环氧氯丙烷
700#	MEE-8	CF/AS-30（罗地亚）	抗氧剂BHT
DP-101	JFC	510-A	酚醚磷酸酯
34#	2201	7227-A	
33#	2500	KH-1100	
FD	1115	BY-140	

下列助剂应用于制剂配方，无须采取特别措施抗御负压，见表9-56。

表9-56 无须采取特别措施的助剂

助剂名称	助剂名称	助剂名称	助剂名称
CH/850	510-A	AEO-5	环氧大豆油
JFC	7227-A	CF/AS-30（罗地亚）	酚醚磷酸酯
1115	APG-0810	抗氧剂BHT	

下列助剂应用于制剂配方，贮存期会产生负压，若使用塑料瓶盛装，建议使用加强筋或加厚瓶壁，以抗御产生的负压，见表9-57。

表9-57 需使用加强筋或加厚瓶壁的助剂

助剂名称	助剂名称	助剂名称	助剂名称
农乳601#	T-80	34#	901-W（罗地亚）
农乳602#	DP-101	33#	2201
TX-10	BY-140	FD	2500
700#	KH-1100	CH/150	十二烷基苯磺酸钙

下列助剂应用于制剂配方，贮存期会产生较强的负压，不能使用塑料瓶盛装。建议使用玻璃瓶、铝瓶或马口铁瓶，以抗御产生的负压，见表9-58。

表9-58 建议使用玻璃瓶、铝瓶或马口铁瓶的助剂

助剂名称	应用形式
MEE-8	在配方中以大于5%的比例使用
环氧氯丙烷	在配方中以大于5%的比例使用

注：上述数据是在120个助剂应用假设配方中的耗氧性试验数据，仅供参考。若没有经过试验论证，切勿直接套用。

（三）复合塑料袋的分层

（1）现象　液体农药制剂采用复合塑料袋包装，制剂中通常都有腐蚀性很强的有机溶剂（甲苯、二甲苯、DMF、环己酮、丙酮、乙醇、异丙醇、甲醇等）。大多数塑料薄膜，特别是PE、PP，其抗介质侵蚀能力是有限的。稍不注意，在胶黏剂不能抵抗介质的侵蚀时，装入这些内容物后包装材料就会造成离层脱胶、失重漏药。

贮存一段时间，复合塑料袋用手触摸发现其层间剥离像散了架一样，未使用铝箔作为阻隔层的袋子通常还兼有失重漏药。

（2）原因　塑料软包装热封材料不能抗御有机溶剂是客观存在的，主要原因是热封层与阻隔层层间结合的胶黏剂。胶黏剂与有机溶剂之间的相宜性是塑料软包装的核心问题所在，是矛盾的主要方面，是软包装塑料袋出现分层现象的内因。其次，即便解决了胶黏剂与溶剂之间的相宜性矛盾，溶剂沿着热封层往外渗透，同样会导致渗漏失重现象。

液体农药制剂尤其是乳油制剂中通常应用芳烃、烯烃、烷烃、酮、醇、酯等各种极性或非极性溶剂。一些通过萃取、结晶过程的固体农药原药在生产过程中通常多次套用后的"母液"，这些母液是合成过程杂质的大杂烩。由于"母液"含有一定比例的化合物活性，于是这类"母液"就成了原药商品的一种形式。"母液"中溶剂组分通常只有合成企业能够定性，买家难以对其进行判断。面对这类母液，可以这样理解，它与包装材料之间的理化性能构成什么一个关系是不得而知的。选用包装材料时只能通过试验论证的方法取得经验数据予以应用。

（3）对策　解决液体农药制剂对复合塑料袋的相宜性问题，最有效的方法是试验论证。试验论证务必注意以下三个方面。

首先，要明确农药制剂配方中各种组分的构成，尤其是占成品质量分数1%以上的有机溶剂、表面活性剂等助剂的构成。

其次，对选定的软包装复合塑料袋、卷膜的胶黏剂的质量指标是否能够持续重复予以确认。迄今为止，适用于农药液体制剂的干式复合或共挤复合所用的胶黏剂还没有制定行业或国家标准，对所选用的胶黏剂只能靠生产方的型号规格加上提供样品试验论证作支持。目前国内多采用抗化学腐蚀性胶黏剂，通常有德国汉高UK3640、诺威科NC285A、上海烈银LY-50VR、LY-50VN等。在选择胶黏剂的时候不要轻易地将层间剥离力、耐高温这些功能指标与耐化学腐蚀功能指标作正比例关联来评价。耐化学腐蚀功能是一项独立的评价。

再次，阻隔层的材料选定需要注意，金属铝箔是阻隔功能最好的材料，但金属铝箔没有热合功能，它与热合层之间的黏合全部依赖胶黏剂。另一种阻隔材料是多层共挤塑料薄膜，选用此类阻隔材料除了需要考虑胶黏剂的抗溶剂性以外，还需要研究它与不同溶剂之间极性以及氢键形成的关系。

兼容性试验还必须遵从相宜性试验的三大原则：

① 评价所提供的样品所应用胶黏剂的耐化学腐蚀功能指标是否能够重复，切忌没有对胶黏剂进行可重复性评价判定而进入试验；

② 确定试样的配方是重复使用配方且明确配方组分中各种溶剂、原药、表面活性剂及助剂的属性；

③ 五次平行试验，以判断试验数据的有效性。

试验袋子内装入供试的制剂，封口，要求封口紧固平整，确保封口质量后，称其质量，并随时记录，然后放入（54±2）℃烘箱中放置14d，取出放至室温后，检查有无质量减少（失重≤1.5%为合格）、用手轻轻柔压检查溶剂对层间与热封封口有无腐蚀、溶解、溶胀、渗透而导致的复合膜层间脱层现象，若发现有脱层现象则对经试样进行层间剥离试验，经测试层间剥离力指标不小于规定指标的70%为合格。

（四）压敏胶（不干胶）标签封箱胶带卷翘与脱落

（1）现象　标签、标贴、封箱胶带被广泛地应用在塑料、玻璃、金属等材料的包装容器上，贴好的标签往往会出现下列一些质量问题：

① 采购回来的标签，还没使用就硬邦邦地卷起来了；

② 刚贴上去不久的标签出现翘边、翘角的情况；

③ 同一个生产厂家的标签，贴在瓦楞纸箱牢牢的，但贴在PE瓶上会出现翘边脱落；

④ 封好的瓦楞纸箱，没多久上面的合盖就蹦开了。

（2）原因　导致上述现象，首先要注意黏结过程的四个要素，分别是：

① 润湿　为使被粘物表面易被润湿，需清洗处理，除去油污。

② 黏胶剂分子的移动和扩散　胶黏剂分子按布朗运动的规律向被粘物表面移动。

③ 黏胶剂的渗透　黏结时胶黏剂向被粘物的缝隙渗透，从而增大了接触面积。

④ 物理化学结合：化学键结合，范德华力结合。

从上述四个过程来分析可以归纳压敏胶粘贴的质量问题主要由以下几个方面的原因导致：

① 胶黏剂的初黏性，尤其是压敏胶黏带的初黏性能，对压敏胶黏带的实用性能关系颇大。压敏胶的初黏性不好、瞬间黏合力不强就容易导致压敏胶与粘贴物两个表面接触后贴上去的胶黏剂分子不能有效地移动与扩散，也就不能有效地增大压敏胶与粘贴物的接触面积，受标签变形应力等外力作用，标签就会自动翘起、剥离其至脱落。

② 持黏性的问题。初黏性虽好，压敏胶与两个黏合表面已经有充分的接触，但压敏胶在两个物体之间经过浸润和固化阶段，使胶黏剂流动性的液态转化为固态才能发挥黏结作用。持黏性指标解释了压敏胶的液态与固态的转换过程与程度。热敏胶通过初黏性的功能令两个表面初步黏合后，需要一定的时间让其润湿、扩散与渗透，在这个过程中加上热敏胶的液态与固态转换过程（对于热敏胶这是一个十分缓慢的过程），达到持久黏合效果。

③ 覆膜质量问题（覆膜与金属膜）。

④ 标签变形应力问题。

⑤ 表面污染问题。不同的材料有不同类型的表面污染，见表9-59。

表9-59　不同材料的表面污染

材料	污染类型
金属	油，油脂，铁锈，氧化物
塑料	脱模剂，灰尘
玻璃	指纹，水汽
橡胶	油脂，增塑剂
软质PVC	增塑剂

（3）对策　把好进厂质量检验关，不干胶标签的卷翘与脱落的原因主要与初黏性、持黏性、剥离力以及覆膜张弛度等几项性能有关，可以通过以下的技术予以控制。

① 物理性能　物理性能应符合表9-60的规定。

表9-60　各种包材不干胶部位的物理性能

项目		瓶标		箱贴	
		覆膜	上光	覆膜	上光
180°剥离力（GB/T 2792）	常态下/（N/cm）	≥2.7		≥2.8	
	湿热老化下/（N/cm）	≥2.8		≥3.0	
初黏性（GB/T 4852）	斜面滚球法 钢球直径/mm（英制）	≥10（13#）	≥9（12#）	≥10（13#）	≥9（12#）
持黏性（GB/T 4851）	位移/（mm/h）	≤2.0			
	脱落时间/h	≥2	≥1	≥1	≥0.5
起翘性（静置6h）	印刷面边缘上翘	不允许有径向直径小于200mm、呈圆弧形状边缘上翘			
	印刷面拱起弓形底边与摊平长度比	≥95%			

② 试验方法

a. 外观：在自然光下，距离样本20~50cm处用肉眼观察。

b. 180°剥离强度试验按GB/T 2792规定进行。

c. 初黏性试验按GB/T 4852规定进行。每隔1/32in（1in=0.0254m）降低一个球号，使用英制直径滚球时参照表9-61。滚球球号与对应公称直径进行换算，在两者之间以靠近为准。

表9-61　滚球球号与对应公称直径换算表　　　　　单位：mm

球号	2	3	4	5	6	7	8	9	10	11	12
公称直径	1.59	2.38	3.18	3.97	4.76	5.56	6.35	7.14	7.94	8.73	9.53
球号	13	14	15	16	17	18	19	20	21	22	23
公称直径	10.32	11.11	11.91	12.7	13.49	14.29	15.08	15.88	16.67	17.46	18.26
球号	24	25	26	27	28	29	30	31	32		
公称直径	19.05	19.84	20.64	21.43	22.22	23.02	23.81	24.61	25.40		

应用以上检测手段进行判断应注意以下要点：

箱帖用于覆膜的瓦楞纸箱表面，由于覆膜的材料特性，表面能很低，不利于不干胶的附着，因此，务必要求它的初黏性达到或超过内控标准，初黏性缺陷属于致命缺陷。

起翘性的接受可以参考初黏性的指标，假如初黏性指标明显优于内控指标，则可以对起翘判定予以放宽，放宽度量可以以贴在承载物的表面一个昼夜没有起翘为参考。

覆膜标签用于瓶贴，初黏性更为关键，没有达到初黏性指标，再好的持黏性均无法发挥它的功能，因此覆膜标签用于瓶贴务必注意。

对于黏合的两个表面，不论是进行试验还是生产过程，进行合适的清洁非常重要。针对不同的表面污染采用不同的清洁剂，见表9-62。

表9-62 表面污染选用的清洁剂

污染类型	清洁剂
指纹	异丙醇
水汽	异丙醇
油脂	庚烷
重度油污	丁酮
脱模剂	向制造商咨询

（五）PET瓶瓶体破裂的原因和预防措施

（1）PET瓶瓶体破裂的定义　PET瓶在外力作用下，或者在化学物质作用下使PET发生降解，使分子链断裂，瓶表面呈现脆性断裂。

（2）破瓶的原因　有很多种原因会导致瓶体破裂，其中很多因素是可以避免的。瓶体破裂位置通常发生在瓶颈或瓶底，瓶身很少发生瓶体破裂，因为瓶身的PET经过双轴拉伸强度大大提高。瓶颈至瓶口的PET是未经过拉伸的，分子没有定向，强度较低。瓶底的拉伸率仅为瓶身的1/3左右，相关数据见表9-63。

表9-63 未拉伸PET与拉伸PET强度对比

项目	未拉伸PET	拉伸PET
拉伸强度/0.1MPa	4.5	9.5
CO_2透过率/$[cm^3 \cdot mm/(m^2 \cdot d \cdot MPa)]$	15.6	5.2
氧气透过率/$[cm^3 \cdot mm/(m^2 \cdot d \cdot MPa)]$	4.9	2
蒸汽透过率/$[g \cdot mm/(m^2 \cdot d \cdot MPa)]$	1.4	0.7
热水收缩率（100℃×30min）/%	0~0.1	30~40

此外，PET瓶的材质本身与盛装物之间存在着各种表面化学特性的关系，需要根据两者接触可能发生的物理化学变化进行适宜性试验。一般情况下，两者之间需要通过以下的试验判断。见表9-64。

表9-64 PET瓶与盛装物的适宜性性能试验

基本性能	鉴定手段
① 化学稳定性：不与农药发生物理化学反应	54℃热贮：14d失重≤1.0%，瓶体无变形开裂
② 内外阻隔：内阻农药渗出，外阻水分渗入（需要时）	54℃热贮：14d失重≤1.0%，透水测试
三不破：跌落、受压、受环境应力不破	−18℃/24h，0.8~1.8m跌落不破（参考标准）；3m高堆码40℃、28d不破；用7%的TX-10表面活性剂，60℃、72h应力开裂试验合格

（3）影响PET瓶体破裂的因素及改善措施　形状越复杂的瓶越难获得良好的拉伸，在拉伸不良的部分，比较容易产生内应力集中现象，因此容易导致瓶体破裂。矿泉水瓶的瓶形设计经过多年的应用实践，证明其形状既能满足PET材料的拉伸结构需要，也符合经济性原则。也就是说，矿泉水瓶的瓶形是在能够满足包装功能上的需要的基础上获得最低的原料消耗。

为了使瓶子具有良好的物理化学性能，IV值不能太低，否则瓶强度不足。但IV值太高会给设备加工方面带来一定的困难。注坯和吹瓶工艺必须保证瓶子厚度分布均匀，获得良好的拉伸，这样瓶体破裂的可能性就会减小。

注意盛装物的特性，避免出现破坏PET材料结构导致瓶体破裂的恶果，需要考虑以下因素：

① 是否存在有很强的腐蚀性、氧化性的物质；

② 是否有沸点比较低的溶剂存在；

③ 是否有已分解或容易产生气体的成分存在；

④ 是否有避光要求；

⑤ 内含的表面活性剂是否对PET起物理化学作用；

⑥ 是否在环境恶劣（极端高温或低温）条件下使用；

⑦ 盛装物在低温是否会凝固，在使用前是否需要用热水浸泡或烘箱加热；

⑧ 盛装物是否存在严重耗氧的可能；

⑨ 盛装物在吸收水分后是否因此而降解、分解、沉淀等；

⑩ 是否热灌装；

⑪ 是否应用在高杂质含量的"母液"上；

⑫ 灌装地与使用地是否有较大的海拔高度差。

（六）铝箔封口常见质量问题及解决措施

（1）常见铝箔封口的质量问题

① 针孔及撕裂　用铝箔片对瓶口进行热融合时，当熔融温度与产生的热量足以使铝箔片与瓶口"焊接"部分边缘及周围产生针孔或严重撕裂时，农药内的各种有机溶剂会通过针孔及撕裂部位渗透至薄膜各层及铝箔层，即发生了铝箔片分层或腐蚀，导致针孔及撕裂部位漏药。

② 铝箔封口片分层　铝箔是不能够与瓶口材质进行电磁感应加热热融合的，铝箔封口片要与瓶口进行热融合，就需要复合一层热合层，热合层与铝箔需要靠胶黏剂黏结。热合层与瓶内盛装物质之间往往存在高聚物与有机溶剂的极性相近相似相溶的现象，有机溶剂通过对热合层塑料的渗透直接与层间黏合剂作用，当不能抗御瓶内溶剂时，溶剂就会透过热合层腐蚀黏合剂层而导致层间分离。

③ 封口侧漏　热合温度过高，导致炭化、结焦现象。

（2）解决措施　一般来说，电磁波感应铝箔封口垫片出现渗漏需要考虑通过以下几个方面进行排查：

① 在生产前进行包装测试时，需要选用一款合适的电磁波感应铝箔封口垫片，合适的电磁波感应铝箔封口垫片需要具有良好的阻隔性能。在封口后，由于内容物含有机溶剂，具有一定的渗透性，会渗透穿过封口层，因此首先需要找到具有合适阻隔性能的垫片。

② 在确定这个垫片适用于农药的包装后，在生产方面需要注意三个方面：

a. 瓶口干净平整，锁盖后，盖子需要施加均匀的压力给垫片，以使电磁波感应铝箔封口垫片与瓶口完全贴合。避免出现压力不均匀。

b. 电磁波感应输出功率需要设置合适的输出功率，以使电磁波感应垫片封口良好。太高的输出功率，在当时生产时可能没有发现渗漏，但过高的封口功率会使封口层过度受热，导致收缩过度，从而产生气泡或裂痕。在贮存过程中，内容物通过这些地方穿透腐蚀，必然导致渗漏。

c. 封口时间。电磁波感应铝箔封口垫片需要合适的封口时间，但如果生产线速度过慢，垫片封口过程中受电磁波感应过度，也会导致渗漏。

（七）瓦楞纸箱在使用过程中出现的问题及解决方法

1. 胖包或鼓包

（1）楞形选择　在瓦楞纸板的三种瓦楞楞形中，A型的高度是最高的，同样的纸张，虽然其承受垂直压力性能好，但承受平面压力不如B型和C型。A型的纸箱装上产品后，在运输过程中，纸箱会受到横向和纵向的振动，包装物和纸箱之间的反复冲击使纸箱壁变薄，出现胖包或鼓包现象。

（2）堆放成品铲板的影响　产品在成品仓库堆垛时，通常堆积得很高，一般是堆两个铲板（托盘）高。纸箱在堆放过程中，底层箱的强度变化是一"蠕变"过程。其特点是相对稳定载荷在相当的时间内作用于纸箱，纸箱在静载荷下会产生连续的弯曲变形，若长期保持静压力，纸箱将会压塌损坏，所以在铲板上堆放的最下层的纸箱常常发生鼓胀，并有一部分被压溃。纸箱受垂直压力时，箱面中央变形最大，出现压溃后的折痕似抛物线，为鼓出状。试验证明瓦楞纸箱受压时，四个棱角处强度最好，横边中点处强度最差。因此上层铲板的脚直接压在纸箱中间，使纸箱中间部位形成集中载荷，会造成纸箱破裂或永久变形等。还有由于铲板的缝隙过宽，使纸箱的箱角掉进去，这些都会造成纸箱胖包或鼓包。

（3）没有确定好箱高的准确尺寸　内装农药瓶子的纸箱箱高一般确定为内装物瓶子的瓶高加上2mm左右，这就决定了堆垛后的层高与瓶子的支撑受力高度之间产生差异，例如每个箱子的高度比瓶子的高度高出2mm，整个堆垛的自然重力将分布于跺内各个箱体，长时间承受静载荷，以及运输过程中受到冲击、振动、颠簸等作用，当压力在自然分散过程不均匀时就会出现局部应力集中现象。集中的局部应力大于瓦楞纸箱的抗压能力时就会出现蠕变变形。纸箱的胖包或鼓包就会形成。

2. 瓦楞纸箱破损主要原因

（1）纸箱的箱体尺寸设计不合理　纸箱的尺寸一般是根据所要装的瓶数及瓶高来确定的。箱长是长方向上的瓶数×瓶的直径，箱宽是宽方向上的瓶数×瓶的直径，箱高基本上是瓶高。箱体的四边周长相当于支撑纸箱压力载荷的整个侧壁，一般周长越长，抗压强度越高，但这种增高并不成比例。如果四边周长太大，即内装物的瓶数比较多，整箱产品的毛重就大，对纸箱的要求也高，需要有较高的抗压强度和耐破度来保证纸箱的使用性能。否则纸箱比较容易在流通过程中发生破损等现象。实践中，同样使用BC瓦的瓦楞纸箱，当瓶装液体超过10kg/箱，在相同楞形结构的纸箱中破损最大。就是因为其毛重较大，在流通过程中容易发生破损现象。

在纸箱的长、宽相同的情况下，高度对空箱抗压强度的影响较大。在纸箱四边周长不变的情况下，随着纸箱高度的增大，抗压强度降低，降幅大约为20%。

（2）瓦楞纸板的厚度达不到要求　由于瓦楞辊在使用过程中会受到磨损，使瓦楞纸板的厚度达不到规定的要求，使纸箱的抗压强度偏低，纸箱强度也会下降。

（3）纸箱的瓦楞变形　产生瓦楞变形的纸板本身较软，平面强度低，刚性也低，用这样纸板制成的瓦楞纸箱抗压强度、戳穿强度也小。因为瓦楞的形状与瓦楞纸板的抗压强度有直接关系。前已述及，瓦楞的形状一般分为U形、V形、UV形。U形伸张性好，富有弹性，吸收能量较高。在弹性限度内，当压力消除后仍能恢复原状，但因圆弧的着力点不稳定，故平压强度不高。V形与纸面接触小，黏合性差，较易剥离。借助两条斜线的合力作用，挺力好，平压强度较大。但如外力超过其承受的压力限度，楞形被破坏，压力消除后不能恢复原状。UV形取以上两种楞形的优点，耐压强度较高，有较好的弹性和弹性恢复能力，是比较理想的楞形。

（4）纸箱的纸板层数设计不合理　纸板层数设计不合理，会导致外包装纸箱的破损率提高。所以应该根据所包装的商品的质量、性质、堆码高度、贮运条件、贮存时间等因素来考虑纸箱所用的纸板层数。

（5）纸箱的黏合强度较差　判断纸箱的黏合程度，在生产实践中只要用手撕开黏合面，如果发现原纸面的2/3被剥坏，则说明层间黏合得好。如果发现楞峰黏合处无撕毛的纸纤维或呈白粉状，则说明是假黏，这会造成纸箱的抗压强度偏低，并影响整个纸箱的强度。纸箱的黏合强度与纸张的等级、黏合剂的配制和制造设备及工艺操作有关。

（6）纸箱的印刷设计不合理　瓦楞纸板的瓦楞形状和结构，决定了瓦楞纸板的承压力。印刷对瓦楞纸板会造成一定损伤，压力的大小和承受面积的大小是影响纸箱抗压强度的一个主要因素。如果印刷压力过大，容易将瓦楞压溃，楞高降低。特别是在压线处印刷时，为了在压线部位进行强制、清晰的印刷会将整个纸板压溃，使纸箱抗压强度大幅度下降，因此要尽量避免在此印刷。纸箱满版或四周印刷图文时，除压印辊对瓦楞纸板有压迫作用外，油墨对纸面还有浸润作用，这又使纸箱的抗压强度有所降低。一般纸箱进行全印刷时，其抗压强度约下降40%。

（7）纸箱的用纸不符合要求　过去商品在流通过程中主要靠人力搬运，仓储条件差，且以散装形式为主，故将耐破度和戳穿度作为衡量纸箱强度的主要标准。随着运输流通手段的机械化和集装化，纸箱的抗压强度和堆码强度成为衡量纸箱性能的主要指标，在设计纸箱时，以纸箱所能承受的抗压强度为条件，并检验其堆码强度。

如果在纸箱用纸设计确定过程中没有考虑到最低抗压强度，使纸箱用纸不能达到所要求的抗压强度，就会导致纸箱大量破损。对每种纸箱的用纸都有明确的规定，使用时按规定只能高配，不能低配。

（8）运输的影响　商品在流通过程中发生破损很多是由运输或装载不当而引起的，有些产品的包装防护措施虽然已经达到很高要求，仍会发生破损。究其原因，除了包装设计不合理外，主要与运输工具、方式的选择有关。运输对纸箱抗压强度的影响主要是冲击、振动、颠簸。由于运输的环节较多，对纸箱的冲击较大，再加上运输方式落后，搬运人员的野蛮装卸、乱踩乱摔，这都容易造成破损。

（9）销售商仓库的管理不善　由于纸箱性能时效短，瓦楞纸箱在流通中随着仓储时间的延长，抗压强度将递减。另外，仓库环境中的湿度对纸箱强度影响也很大。纸箱对环境中的水分有排出和吸收的功能。仓库环境中的相对湿度很大，瓦楞纸箱的强度就会直线下降。

经销商常常因库位较小把商品堆得很高，这对纸箱强度的影响很大。如果按标准方法测得的纸箱抗压强度为100%，那么在纸箱上加70%的静载荷，纸箱将于一天内压塌，如加60%的静载荷，纸箱能承受3周，加50%时，能承受10周，加40%时能承受一年以上。由此可看出如果堆得太高，对纸箱的破坏是致命的。

3.解决问题的措施

（1）解决纸箱的胖包或鼓包的措施

① 将纸箱的瓦楞楞形确定为合适的楞形　在各种瓦楞中，B型的瓦楞高度是最低的，虽然耐垂直压力性能较差，但平面压力是最好的。纸箱采用B型瓦楞后，虽然空纸箱的抗压强度会下降一些，但内装物具有自支撑性，堆放时能承受一部分堆码质量，因此产品的堆码效果也不错。在生产实际中，可根据具体情况选用不同的楞形。

② 改进仓库中产品的堆放条件　如果仓库库位允许，尽量不要堆两个铲板高。如果必须要堆两个铲板高的话，为了防止成品堆码时荷重的集中，可在堆垛中间夹上一张瓦楞纸板或是采用平面铲板。

③ 确定准确的纸箱尺寸　为了减少胖包或鼓包现象，体现良好的堆码效果，把纸箱箱高定为与瓶高相同。

（2）解决纸箱破损的措施

① 设计合理的纸箱尺寸　在设计纸箱时，除了考虑如何在一定的容积下用料最省，还应考虑市场流通环节对单个纸箱的尺寸及质量的限制、销售习惯、人体工程学原理及商品内部排列的方便性与合理性等。根据人体工程学原理，合适的纸箱外形尺寸不会导致人体的作业疲劳及损伤。纸箱包装过重，运输效率会受影响，损坏概率增加。按国际贸易惯例，一包装纸箱质量限制为20kg。实际销售中，对同一种商品，不同的包装方式在市场上的受欢迎程度是不同的。因此设计纸箱时，应尽量按销售习惯来确定包装的大小。

在纸箱设计过程中，应综合考虑各种因素，在不提高成本、不影响其包装功效的前提下，提高纸箱的抗压强度。并在充分了解内装物的特性后，确定好纸箱的合理尺寸。

② 瓦楞纸板达到规定的厚度　瓦楞纸板的厚度对纸箱的抗压强度影响很大。在生产过程中，瓦楞辊磨损严重，造成瓦楞纸板的厚度下降，纸箱的抗压强度也随之下降，导致纸箱的破损率增加。

③ 减少瓦楞的变形　首先，要控制好原纸的质量，特别是瓦楞芯纸的抗压强度、水分等物理指标。其次，对瓦楞纸板工艺进行研究，改变因瓦楞辊的磨损、瓦楞辊间的压力不足等因素导致的瓦楞变形。最后，改进纸箱制造工艺，调整制箱机的送纸辊的间隙，以及将纸箱印刷改成柔性版印刷为主，以减少瓦楞的变形。同时也要注意纸箱的运输，尽量采用厢体车运输纸箱，减少因油布、绳子的捆扎和装卸工的踩踏而引起的瓦楞变形。

④ 设计合适的瓦楞纸板层数　瓦楞纸板按其材料的层数可分单层、三层、五层、七层。随着层数的增加，具有较高的抗压强度和堆码强度。因此，可根据商品的特征、环境参数及消费者要求进行选择。

⑤ 加强对瓦楞纸箱剥离强度的控制　纸箱的瓦楞芯纸与面纸或里纸的黏合强度可通过检测仪器来控制。如果剥离强度达不到标准要求，要寻找原因。要求供应商加强对纸箱原材料的检验，纸张的紧度、含水率指标一定要符合国家有关标准。并通过提高黏合剂质量、改进设备等来达到国标要求的剥离强度。

⑥ 合理设计纸箱图案　纸箱应尽量避免满版印刷以及横向带状印刷，特别是箱面中央横向印刷，因为它的作用和横压线一样，印刷压力会将瓦楞压溃。在进行纸箱的箱面印刷设计时，要尽量减少套色次数。一般单色印刷后，纸箱抗压强度降低6%~12%，而三色套色后将降低17%~20%。

⑦ 确定合适的用纸规定　在具体的纸箱用纸设计过程中，应适当选取合适的原纸，原

材料的质量好坏是决定瓦楞纸箱抗压强度的主要因素。通常，瓦楞纸箱的抗压强度与原纸的定量、紧度、挺度、横向环压强度等指标成正比，与含水率成反比。另外，原纸的外观质量对纸箱抗压强度的影响也不容忽视。

因此，要保证足够的抗压强度，首先必须选择品质优良的原材料。但在设计纸箱的用纸时，不要一味地提高纸张的质量与等级，增加纸板总质量。实际上瓦楞纸箱的抗压强度取决于面纸和瓦楞芯纸的抗压强度的组合效果。瓦楞芯纸对强度的影响更大，所以不管从强度上还是从经济性考虑，提高瓦楞芯纸等级性能的效果要优于提高面纸等级，而且经济得多。可通过到供应商实地去检查，并抽取原纸样品，测出原纸的一系列指标来控制好纸箱的用纸，防止偷工减料，以次充好。

⑧ 改进运输方式　减少商品运输的次数，采用就近发货的方法，改进搬运方式（建议采用铲板搬运）。对搬运工等进行教育，提高其质量意识，杜绝野蛮装卸。在装车运输时注意防雨防湿，捆绑不能过紧等。

⑨ 加强对经销商仓库的管理　对销售的商品应遵循先进先出的原则，堆码的层数不能太高，仓库不能过于潮湿，应保持干燥通风。

参考文献

[1] 解一军，杨宇婴. 溶剂应用手册 [M]. 北京：化学工业出版社，2009.

[2] 范耀华，王光坝，邓春森. 溶剂手册 [M]. 北京：中国石化出版社，2002.

[3] 吴海宏. 现代工程塑料 [M]. 北京：机械工业出版社，2009.

[4] 金国斌. 塑料包装容器设计 [M]. 北京：化学工业出版社，2003.

[5] 于丽霞，张海河. 塑料中空吹塑成型 [M]. 北京：化学工业出版社，2005.

[6] 苑东兴. 阻隔技术在高性能农药瓶中的应用 [M]. 塑料科技，2001.

[7] 伍秋涛. 软包装质量检测技术 [M]. 北京：印刷工业出版社，2009.

[8] 伍秋涛. 软包装结构设计与工艺设计 [M]. 北京：印刷工业出版社，2008.

[9] 伍秋涛. 实用软包装复合加工技术 [M]. 北京：化学工业出版社，2008.

[10] 陈永常. 瓦楞纸箱技术参数 [M]. 北京：化学工业出版社，2005.

[11] 杨瑞丰. 瓦楞纸箱生产实用技术 [M]. 北京：化学工业出版社，2011.

[12] 刘新年. 玻璃器皿生产技术 [M]. 北京：化学工业出版社，2007.

[13] 杨文亮. 金属包装容器——金属罐制造技术 [M]. 北京：印刷工业出版社，2009.

[14] 王德忠. 金属包装容器——结构设计、成型与印刷 [M]. 北京：化学工业出版社，2003.

[15] 吴　波. 包装容器结构设计 [M]. 北京：化学工业出版社，2001.

[16] 李和平. 胶黏剂生产原理与技术 [M]. 北京：化学工业出版社，2009.

[17] 郝晓秀. 包装材料性能检测及选用 [M]. 北京：中国轻工业出版社，2010.

[18] 宋宝峰. 包装容器结构设计与制造 [M]. 北京：印刷工业出版社，2004.

[19] 布朗D. 塑料简易鉴别法 [M]. 北京：化学工业出版社，1982.

第十章

农药包装设备

农药包装设备以包装物料类型来分，大体可分为两大类：液体包装设备和固体包装设备。液体包装选用包材以瓶装为主（包含塑料瓶、PET瓶、玻璃瓶、桶等），以此种包材进行包装的设备称为瓶装生产线（也有部分固体包装采用瓶装形式，但此种包装形式较少，在此不作详述）；固体包装设备选用包材以袋装为主（包含卷膜、铝膜袋、预制袋、自立袋等），以此种包材进行包装的设备称为袋装生产线（也有部分液体包装采用袋装形式，此种包装不在本次包装设备探讨范围之内，故不作详述）。

第一节　液体包装设备

总体来说，目前液体包装线生产设备主要包含理瓶机（进瓶机）、灌装机、封盖机、贴标机、开箱机、装箱机、封箱机、捆扎机、码垛机和缠绕机等。

一、理瓶机

目前市面上较多的是全自动理瓶机和旋转式进瓶机，相对来说，全自动理瓶机效果更好，节省人力，速度快，合格率更高，更方便；旋转式进瓶机大大减少了放瓶工人的劳动强度，但并没有减少人员，生产效率一般。全自动理瓶机价格较高，而旋转式进瓶机相应较便宜，厂商也可根据自己需求选择适用的产品。

1. 旋转式进瓶机

（1）特点　该设备如图10-1所示，适用于农药、化工行业的各种圆柱状瓶形的自动进瓶。进瓶速度快、性能稳定可靠、操作方便，与包

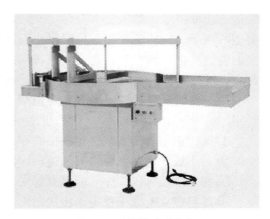

图10-1　旋转式进瓶机

装流水线输送带相连接。本设备采用变频驱动方式，可无级调整转速，主要用于将包装完成的容器输送汇集至工作台面，由工作人员将包装好的容器装入箱子。

（2）设备参数

① 适应瓶型：25~1000mL。

② 功率：0.4kW。

③ 电源：220V，50Hz。

④ 总质量：约300kg。

2. 全自动理瓶机

全自动理瓶机如图10-2所示，大量无序的瓶子由上瓶机被投入转盘中，并通过输送带传递到理瓶部位，使瓶子能竖立起来传送到用户的输送带上。目前市面上的全自动理瓶机一般包含自动上瓶机、转盘部分、理瓶部分。

图10-2 全自动理瓶机

（1）自动上瓶机 贮瓶斗可以存放大量的瓶，并通过输送带将瓶输送到转盘中。输送带的速度可以通过电器箱上的电位器进行调整。电机的启动与停止可以通过安装在转盘外罩上的光电检测器进行控制。

（2）转盘部分 转盘从上瓶机中接收到大量无序的瓶后，通过离心动作，将瓶子引导到转盘的外侧边缘，然后将瓶输送到理瓶处。转盘的调整由瓶子的类型与尺寸以及所要求的输送速度决定。如果要对一种尺寸的瓶进行理瓶，必须通过调整转盘的卡件以适应不同类型的瓶子。旋转的剔除器可以阻止混乱的瓶子进入理瓶处。转盘的速度可以通过电器箱上的电位器进行调整。转盘和上瓶机输送带的速度以及转盘外罩上光电检测器的响应时间都必须进行调整以确保相互协调，使瓶子能均匀地进入理瓶处。

（3）理瓶部分 理瓶部分主要包括几个特征，通过这些特征，操作人员只需花少量的时间调整以满足不同尺寸类型瓶子的需求。总体上说，理瓶部分主要有以下几个功能：

① 通过进瓶皮带获取一定规格的瓶。

② 对于进入的瓶，可将其加速，确保瓶子之间有足够的间距。

③ 将无序瓶理出，使其能竖立起来。

④ 能将竖立的瓶子稳定地传送出去。

理瓶机的各部件结构见图10-3。

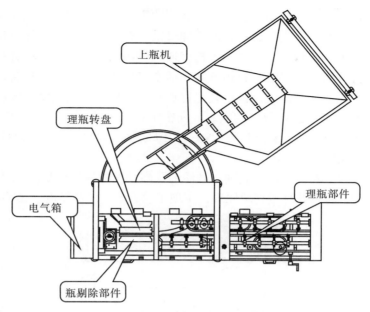

图10-3　理瓶机各部件结构图

（4）设备特点

① 结构紧凑、简单、占地面积小，调试、调整方便。

② 更换规格时，不需更换任何模具，圆方瓶通用。调整方便、快捷，换规格时只需更换转盘内皮带数量及调整理瓶部件的间距。

③ 稳定性好，合格率就是100%。

④ 自动上瓶功能，只需将瓶子倒入上瓶机内，无须人工干预，省人，简单方便。

（5）设备参数

① 理瓶速度：≤ 200瓶/min。

② 适应瓶型：直径 ϕ 45 ~ 90mm，瓶宽45 ~ 90mm。

③ 适用瓶高：80 ~ 240mm。

④ 气源压力：0.5 ~ 0.7MPa。

⑤ 电源：约220V、50Hz。

⑥ 功率：1.5kW。

二、灌装机

灌装设备按设备原理来分一般有2类：直列式和回旋式，采用哪种形式与行业有关，目前农药行业灌装机基本都采用直列式这种形式，直列式优势是调整规格方便、价格便宜，缺点是相应产能较低。回旋式优势是产能高、速度快，缺点是调整规格麻烦，相应价格较高，广泛应用啤酒、饮料行业。灌装设备按控制原理来分一般有4类：容积式、常压自流式、称重式、流量计式，这四种方式各有优劣势，针对不同的物料特性、工艺要求、产能精度，选用不同形式的设备。

1. 容积式灌装机

容积式灌装是目前农药灌装行业应用较多的一种灌装方式，该种灌装机适用于灌制不同黏度的水剂和膏类产品，适用于各种不同类型的容器。该类型灌装机基本原理是通过伺服电机的转动带动丝杆螺母上下运动，丝杆螺母带动料缸内的活塞做往复运动。当活塞向下运动时，三通阀为关闭状态，料缸与料箱相通，料箱内的物料流入料缸；当活塞向上运动时，三通阀为打开状态，料缸与料箱不通，活塞挤压物料进入出料软管，然后通过灌装头进入待灌瓶内，完成一次灌装。该灌装机优点在于适用于不同类型的物料，特别是对于有一定黏度的物料，都能进行很好的灌装。所需的产能要求不一样，灌装头数量也不同。目前市面上该类产品常规类型灌装头数为8头、12头、16头、20头。下面以12头灌装机为例，简单了解该类灌装机的一些参数。

（1）概述　适用于农药水剂、乳剂、悬浮剂及高黏度物料的包装。整机为直列式结构，采用伺服电机驱动、容积式计量充填原理，实现了灌装剂量的高精度。结构如图10-4所示。

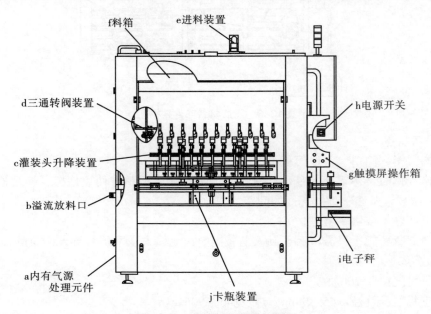

图10-4　灌装机各部件结构图

（2）各部件作用说明　图10-4各部件作用说明如下：

a—气源处理元件，用于压缩空气的过滤及压力的调整；

b—溢流放料口，用于残液的排放、防止物料进料过量及观察；

c—灌装头升降装置，用于实时调整下料嘴高度；

d—三通转阀装置，用于控制料箱-活塞缸-下料嘴之间的导通关系；

e—进料装置，用于控制进料量；

f—料箱，用于储存物料；

g—触摸屏操作箱，用于控制及调整整个灌装系统；

h—电源开关，用于通断整机电源；

i—电子秤，用于实时称重反馈，便于单头微调；

j—卡瓶装置，用于将瓶口与灌装头中心对准。

（3）设备特点

① 目前基本采用伺服电机驱动稳定的双丝杠传动机构，确保了活塞运动行程高精度，

实现了精确灌装。采用滚珠丝杠和导柱两侧安装、滚珠丝杠与升降横梁分体连接的方式，滚珠丝杠更换非常方便，单人即可拆装且无须拆卸升降横梁。

② 目前较先进的料缸排布形式为单排排布，单排布置设计的活塞缸及其上、下快装连接固定方式，可很方便地将整个活塞缸单元拆下清洗或更换活塞密封件，避免了活塞直接拉出缸体更换活塞密封件时物料的泄漏，造成对设备的污染。目前只有这种结构才能真正地起到防止更换活塞密封件时物料泄漏的作用，提高了设备的安全性和对操作工人的保护。

③ 气缸带动灌装头运行的下潜灌装方式，配合可设定的变速灌装功能，可降低易起泡物料在灌装时泡沫的产生，防止物料外溢造成瓶口污染。同时将灌装头下潜的气缸动作机构移到积液水盘的下方，防止外溅物料对气缸等零件的腐蚀。

④ 在灌装头下方安装有独立气缸控制的残留滴液收集槽，确保灌装头关闭后药液不滴漏到瓶口外。

⑤ 液位检测除用于正常工作液位控制外，增加高、低液位检测和声光报警装置，防止液位异常。

⑥ 灌装机缺瓶不灌装，出瓶不畅堵瓶时自动暂停出瓶，同时后侧装有协调光电，与后道设备实现联动功能。

（4）设备参数

① 生产能力：≤6000瓶/h（以100mL水为介质）。

② 适应瓶型：圆瓶（直径ϕ40～100mm，瓶高80～230mm）；

方扁瓶（长40～100mm，宽40～100mm，高80～230mm）。

③ 灌装容量：50～1000mL。

④ 计量精度：200mL±1%；（200～1000mL）±0.5%。

⑤ 气源压力：0.6～0.8MPa。

⑥ 电源：约380V、50Hz。

⑦ 功率：2.5kW。

2. 常压自流式灌装机

采用固定流道参数，通过控制灌料时间来实现不同的计量灌装。灌装过程均在程序控制下进行，一切操作均在操作屏上完成，是一种结构极为简单的灌装机。运行稳定可靠、生产效率高、适应性强，可在数分种内改变所要灌装的计量规格。由于灌装阀技术先进、精密，灌装时绝无滴漏现象。采用微电脑可编程控制技术，灌装时间可精确控制到1/100s，大大满足了灌装计量精确度。由于采用自动称重反馈系统，灌装剂量可以进行实时自动调整。

（1）概述 直列式灌装机适用于农药水剂、乳剂等流动性较好的物料的包装。整机为直列式结构，采用保持液位恒定（定速），定时方式的计量充填原理，实现了精确灌装。采用微电脑控制，触摸式人机界面，整机操作方便直观。

（2）设备特点

① 设备带自动称重反馈系统，更换灌装规格或调整剂量时，可在触摸屏中一键完成。灌装剂量通过电子秤称重数据自动传输，无须手工输入称重值，剂量微调仅需工人在触摸屏确认即可。目前市场上的同类产品均无此功能。

② 气缸带动灌装头运行的下潜灌装方式，可降低易起泡物料在灌装时泡沫的产生，防

止物料外溢造成瓶口污染。

③ 新型的卡瓶机构，调整方便、快捷，结构稳固。

④ 进出瓶控制方式，可选择正常/快速两种模式。快速进出瓶模式时出瓶的同时即进瓶，进、出瓶动作间无延时等待，有效提高生产效率。

⑤ 进料管加装可拆卸过滤网，防止灌装阀因杂质影响灌装精度和阀的使用寿命。

⑥ 液位检测除用于正常工作液位控制外，增加高、低液位检测和声光报警装置，防止液位异常。液位检测装置目前基本采用聚四氟乙烯材料，确保不腐蚀。

⑦ 在灌装头下方安装有独立控制的残留滴液收集槽，确保灌装头药液不滴漏到瓶口外。

⑧ 外包不锈钢和钢化玻璃门罩，将机体密封，减少灌装过程产生的废气外逸造成的环境污染。

⑨ 阀门的精度极大影响灌装物料的精度，灌装剂量更稳定、耐用、可靠。

⑩ 气压监测仪表影响剂量的精度，当气压低于设定值时设备报警并自动停机。该仪表调整方便，耐用。

（3）设备参数

① 生产能力：≤6000瓶/h（以100mL水为介质）；

② 适应瓶型：直径ϕ33～100mm，瓶高80～230mm圆瓶、扁瓶、方瓶；

③ 灌装容量：40～1000mL；

④ 计量精度：±1%；

⑤ 气源压力：0.6～0.8MPa；

⑥ 电源：约380V；

⑦ 功率：1.0kW。

3. 称重式灌装机

目前农药行业灌装采用的称重式设备都为大剂量，一般在5L以上，大剂量灌装需确保精度无法采用容积式或常压自流式灌装，这两类灌装方式无法满足大剂量灌装。称重式灌装的优势是不受物料密度、物料流速、气压大小等影响，能确保大剂量灌装精度，设备成本相对也不高，所以广泛应用于农药行业大剂量灌装。称重式灌装的缺点是物料必须具有很好的流动性，适用于乳油等流动性好的液体，如果物料具有一定黏度，将极大影响灌装的速度，也影响灌装设备的效率。本设备采用单元式结构，每一灌装单元均由高精度称重传感器、控制仪表和灌装速度控制阀组成，可实现快、慢速灌装，确保灌装的精度。

（1）概述　该设备主要由进瓶输送带、主机部分、出瓶输送带三部分组成，其中主机部分由主机框架、主机输瓶部件、灌装部件、灌装调节部件、称重部件和进料筒组成，见图10-5。该设备由直线排列的秤台（带辊道）、链条推杆进出瓶机构、快、慢速灌装（带气缸下潜）机构、进料过渡料箱、称重控制仪表及可编程控制单元组成。该液体灌装秤可以满足多种液体自动灌装的需要，可满足无泡沫、有泡沫液体的灌装。

（2）使用条件

① 环境温度：0～40℃；

② 相对湿度：56%～78%；

③ 海拔高度：<2000m。

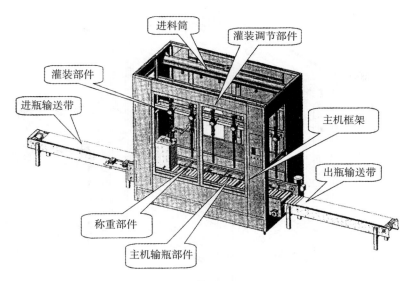

图中标注：
进料筒
灌装调节部件
灌装部件
进瓶输送带
主机框架
出瓶输送带
称重部件
主机输瓶部件

图10-5 称重式灌装机

室内的环境相对湿度：周围空气相对湿度在最高温度为+40℃时不超过50%，在较低温度时允许有较大的相对湿度，如温度为+20℃时不超过90%，但应该考虑由于温度的变化有可能会偶然产生适度的结露。

（3）安置场所

① 无剧烈振动和冲击。

② 无导电尘埃、化学腐蚀性气体及火灾、爆炸危险。

机器应安放在水平的地面上，调节设备的四个底脚使设备高度合适并校正水平，然后锁紧底脚螺帽（注：在调节水平的过程中，应放一水平尺于输送带上，机器是否水平以输送带是否水平为准）。

机器上所有电力设备安装工作需由合格的电气人员操作，电源必须提供良好的接地措施。在确认电压符合要求后才能连接电气箱总电源，要求使用带接地线的电源插座。

（4）工作站立位置说明　工作时，操作人员站立于距离机器约100mm远处（以能自如操作设备，又不碰撞设备为宜），见图10-6。

（5）设备特点

① 采用快、慢速灌装阀，在保证计量精度的同时不影响整体灌装的速度。配备电机驱动灌装头下潜机构，平稳下潜，采用液面上或液面下灌装，适用于无泡沫或轻微泡沫物料的灌装。

② 灌装头加可转动接液杯，灌装完成后接液杯将灌装头上残留的物料收集住，防止物料滴漏污染瓶口。见图10-7。

③ 目前称重控制仪表都具有标准RS-485接口，系统采用数字控制，调整及设定均在触摸屏中实现。可设定毛重或净重方式灌装，实际灌装量即时在触摸屏中显示，方便直观。

④ 空瓶检测，无瓶不灌装；防撞瓶设计，瓶方位或位置不对自动复位。

⑤ 接触物料部分材料为304不锈钢，灌装秤与物料接触部分密封材料为防腐蚀材料，适用于农药行业生产。

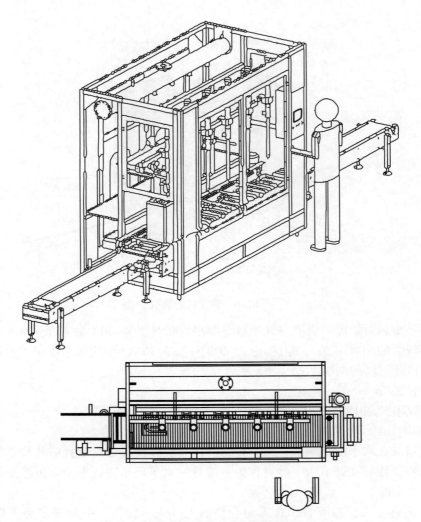

图10-6　工作站立位置说明图

图10-7　灌装头结构示意图

（6）设备参数

a. 用户接口：DN65mm，物料进口压力<0.6MPa；

b. 灌装头外径：ϕ40mm；

c. 适用瓶径：最小140mm×200mm×320mm，最大260mm×290mm×500mm；

d. 灌装范围：5～30kg；

e. 计量精度：±0.2%（注：灌装精度取决于物料的黏度以及物料供给的连续性和稳定性）；

f. 灌装速度：≤360桶/h（5kg）；

g. 气源压力：0.6～0.7MPa；

h. 耗气量：120L/min；

i. 电源：约380V，50Hz；

j. 总功率：1kW。

三、旋盖机

目前市面上旋盖机基本可分为直列式旋盖机、回旋式旋盖机（间歇式、不间歇式）。

直列式旋盖机在农药行业用量最广，这类旋盖机非常适用于农化行业，因农药行业普遍规格较多。该设备优点是价格便宜、操作简单、调整规格方便。缺点是合格率相应偏低、盖型适应率低、无法调节扭矩、扭力较小。

回旋式旋盖机（间歇式、不间歇式）优点是合格率高、盖型适用率高、扭力可调整、产能高；缺点是价格偏高、规格更换需换模具。各农药厂商可根据自己的实际情况有针对性地进行选择。

1. 直列式旋盖机

（1）概述　本机适用于食品、饮料、化工、农药、化妆品等各种瓶型的旋盖，它只需做简单调整即可适用多种不同尺寸和材质的瓶盖，且不需要更换任何零件。该设备包含理盖桶及落盖槽、瓶夹紧传送机构、搓盖轮传动机构。瓶子在夹瓶皮带作用下水平移动过程中完成刮盖、压盖、搓盖的动作，适用于各种材质的圆瓶、扁瓶（壶）螺纹盖的撮合。整机结构简单、调整方便，更换瓶型时无须调换配件，只要调整即可。设备结构见图10-8。

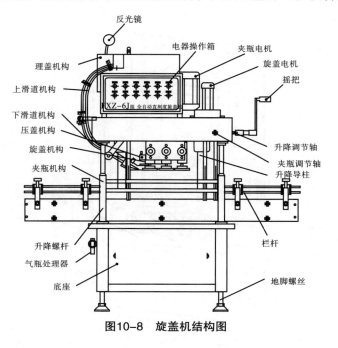

图10-8　旋盖机结构图

（2）设备特点

① 该类设备理盖桶内装有自动检盖装置，缺盖自动开启上盖机，确保了盖子的供应。

② 升降、夹紧调节采用即插式手轮，操作简单，稳定可靠。

③ 理盖器上装有反光镜，方便观察理盖器内瓶盖情况。

④ 理盖桶内可加装智能检测反盖装置，高速电磁阀剔除装置，有效解决噪声大、耗气大、合格率低的问题，调整方便快捷。

（3）设备参数

① 机器类型：直列式旋盖机；

② 生产速度：8000瓶/h；

③ 适用瓶径：ϕ35~96mm；

④ 适用瓶盖：ϕ12~50mm；

⑤ 电源：220V，50Hz；

⑥ 功率：2kW。

⑦ 耗气量：220L/h（须使用干燥、洁净的压缩空气，过滤精度达40μm）

2. 回旋式旋盖机

回旋式旋盖机目前应用也比较广泛，它的优点是适应盖范围广、旋盖合格率高、扭力可调、适用于方壶；缺点是产能一般、更换规格需要换模具、价格较高。

（1）概述　全自动回旋式旋盖机采用振动理盖、勾盖式供盖的设计，盖子先套入旋盖头后再旋盖，确保了旋盖的合格率。专用于化工、医药、农药、化妆品、食品及其他轻工行业中的自动封盖作业。通过更换不同的旋盖装置，可实现塑料螺纹盖、铝盖、压入式盖子的多种形式封盖。在设计上具有灵活的更换性，操作简单，更可在短时间内变更不同容器封盖作业，可单独使用或连线生产。

（2）结构　全自动回旋式旋盖机由机架部件、输送部件、进瓶星盘部件、旋盖部件、理盖部件、电器箱以及电器操作箱组成。见图10-9。

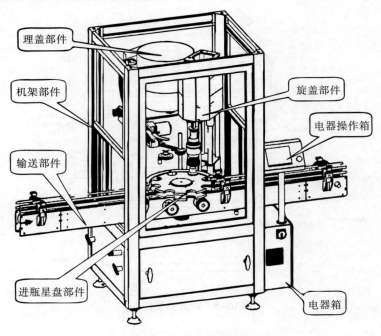

图10-9　回旋式旋盖机

（3）操作说明　工作时，操作人员站立于距离机器约100mm远处，以能自如操作设备，又不碰撞设备为宜，如图10-10、图10-11所示。

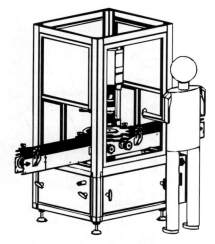

图10-10　旋盖机操作位置图

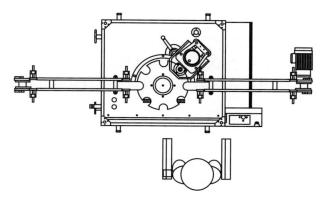

图10-10　旋盖机操作位置图（俯视）

（4）设备特点

① 该类设备采用盖子先套入旋盖头后再旋盖的方式，确保了旋盖的合格率。

② 旋盖头采用气胀式设计，旋盖头靠气压将盖夹紧，确保在旋盖过程中不伤盖。

③ 本机配有进出瓶光电检测装置，当长时间无进瓶或出瓶堵瓶时，主机自动暂停，当有进瓶且出瓶不堵瓶时，主机自动运行。

④ 本机配有检盖光电装置，无盖时自动停机并报警。

⑤ 主机传动处装有离合机构，出现卡瓶或主轴扭矩过载时自动离合并停机报警。

⑥ 主轴运转机构上加装编码器，实时读取当前运行状态，确保运行的稳定性。

（5）设备参数

① 生产能力：≤50瓶/min；

② 适用瓶高：100～250mm；

③ 适用瓶径：ϕ40～90mm；

④ 瓶盖规格：ϕ25～50mm；

⑤ 气源压力：0.5～0.7MPa；

⑥ 电源：约220V、50Hz；

⑦ 功率：3kW。

四、贴标机

目前从标签类型来分，可分为纸张黏合式贴标机和不干胶贴标机，两种贴标机使用都比较广泛。纸张黏合式贴标机标签包材较便宜，不干胶贴标机包材成本相对会高些，但总体来说不干胶贴标机最终成品效果要优于纸张黏合式贴标机的贴标效果。

1.纸张黏合式贴标机

（1）概述　纸张黏合式贴标机专用于化工、医药、农药及其他轻工行业中圆瓶的快速自动贴标，既可单机使用，也可与包装自动生产线连用。纸张黏合式贴标机适用于圆柱形容器连续纸标签粘贴，如圆形玻璃瓶、塑料瓶、聚酯瓶等，能自动取标、上胶、粘贴，在检测器控制下完成无瓶不供标、无标不上胶等动作。设备结构见图10-12。

（2）各部件作用

① 护栏板　依瓶子大小调整，使瓶子顺畅地排列输送。

② 时规螺旋　整理瓶子，依次送入贴标机。

③ 螺旋进瓶座　支撑时规螺旋。

④ 脱标爪　将贴附在贴标杆上的标签勾出来，同时给予真空盒吸着。

⑤ 海绵板　与真空盒皮带合作使用，压紧瓶子使瓶子旋转，且能贴紧标签。

⑥ 输送带　输送瓶子。

⑦ 真空盒皮带　皮带上有排列的孔可吸住标签，而且能将瓶子转动。

⑧ 真空盒　利用轮盒外缘的吸孔，呈吸气状吸住标签。

⑨ 贴杆　呈圆周旋转，具有上胶、取标及将标签输送至真空盒皮带的功能。

⑩ 标签爪　夹标签用。

⑪ 控制面板　操作机器。

⑫ 标签盒　放置标签。

⑬ 送标气缸　控制标签送标与不送标。

⑭ 糨糊流量调整螺丝　调整糨糊层的厚薄。

⑮ 糨糊槽　放置糨糊。

⑯ 橡胶轮　使糨糊轮的胶能经由此轮给予贴杆，呈均着的薄膜状。

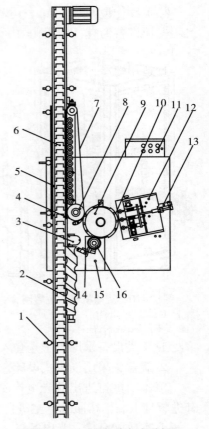

图10-12　纸张黏合式贴标机

1—护栏板；2—时规螺旋；3—螺旋进瓶座；4—脱标爪；5—海绵板；6—输送带；7—真空盒皮带；8—真空盒；9—贴杆；10—标签爪；11—控制面板；12—标签盒；13—送标气缸；14—糨糊流量调整螺丝；15—糨糊槽；16—橡胶轮

（3）设备特点及注意事项　本机在设计上采用先以贴杆经橡胶轮蘸取少许的胶，而后至标签盒处取一张标签，标签带到真空盒的位置由脱标爪钩取，同时将标签传送至真空盒皮带上，利用真空盒内的吸力使标签附着在真空盒皮带上，进入贴附处，使标签贴附在由送瓶器供应的瓶子上，如此循环动作，所以，为了产品的美观以及机械运转的顺畅，操作者要注意以下几方面：

① 胶糊的处理　胶糊通常使用水溶性树脂胶，依据需粘贴的瓶子材料进行选择。

在调整胶糊量时，不可调整太多，只需在橡胶轮上有一层胶膜即可，因为胶太多并不能够增加胶的黏性，反而会使标签在贴附时，由于与瓶子的挤压，将多余的胶遗留在真空盒、真空盒皮带及海绵板上，这样会导致在运转时标签或许会贴附在皮带或海绵板上。

② 标签的处理　为了使标签能够全面地贴在瓶子上，增加产品的美观，标签应该保持平整，才能够全面上胶。但是，由于在保存时标签在空气的湿气下会有卷曲的现象，所以在标签保存时，必须前后用硬质板固定撑持，再用橡皮筋束紧。

更重要的是在印刷时，取直向内弯的纤维方向。

③ 瓶子的处理　瓶子在贴附标签时，瓶外不可有油渍或者灰尘。

（4）主要技术参数

① 适用瓶型：直径 $\phi 30 \sim 95mm$；

② 贴标速度：≤100瓶/min；

③ 贴标精度：±1mm；

④ 贴标长度：50～280mm；

⑤ 贴标高度：40～150mm；

⑥ 电源：约380V、50Hz；

⑦ 总功率：1.2kW。

（5）保养注意事项

① 减速机初次使用三个月更换机油，以后半年更换一次（机油90#）。

② 各部轴承每三个月打油一次（黄油）。

③ 使用前检视减速机油量是否足够（视镜面）。

④ 每次用毕后各配件（如贴杆、橡胶轮、糨糊槽、脱标爪等）必须用清水洗净后擦干（请勿长时间浸泡在水中）。

⑤ 使用后用湿润的布擦拭台面、输送带圆盘等（保持机械清洁）。

⑥ 输送带必须保持清洁干燥。

⑦ 空气滤清阀每天必须排水、润滑以确保自动控制系顺畅。

2. 不干胶贴标机

不干胶贴标机专用于化工、医药、农药、化妆品、食品及其他轻工行业中圆瓶或罐的快速自动贴标，既可单机使用，也可与包装自动生产连线连用，特别适用于食品饮料、化工医药等不干胶高速贴标。

贴标机由压标机构、取标头、框架机构、分瓶装置、输瓶机构、调整机构、电气箱体组成。见图10-13、图10-14。

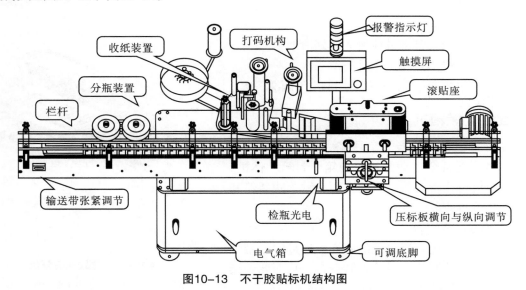

图10-13　不干胶贴标机结构图

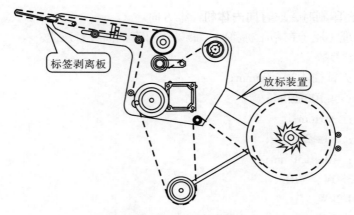

图10-14　主要部件图

（1）设备特点

① 该设备一般采用伺服电机驱动贴标机构，确保贴标的高速和高精度。

② 设备进瓶采用电机双分瓶轮结构，使待贴标瓶的间距更加准确一致。

③ 采用独立电机滚标结构，使滚标与贴标同步性一致，大大提高贴标精度。

④ 送标器采用碳化硅制成的驱动辊结构，摩擦力极好、不打滑。保证了送标功能的持久稳定。

（2）主要技术参数

① 适用瓶径：$\phi 35 \sim 95mm$；

② 标签高度：$20 \sim 140mm$；

③ 标签长度：$50 \sim 320mm$；

④ 贴标精度：$\pm 1mm$；

⑤ 生产能力：$\leqslant 7200$瓶/h；

⑥ 电源：约220V、50Hz；

⑦ 总功率：2.2kW。

（3）设备保养

① 传送带及外部部件应每天做好清洁工作。

② 轴承及受力点每三个月润滑一次。

③ 链条每两个月用传动链专用润滑油润滑一次。

五、全自动装箱机

目前装箱在农化行业有配备装箱台进行人工装箱，也可配备全自动开箱、装箱、封箱一体机，自动装箱机也比较成熟，目前主要有跌落式装箱和抓取式装箱两种自动装箱形式。

1. 直线式装箱台

该设备处于包装流水线的后方，通过输送带将完成灌装贴标的瓶装物料引入装箱台，从而起到操作工便于装箱和提高功效的目的，见图10-15。

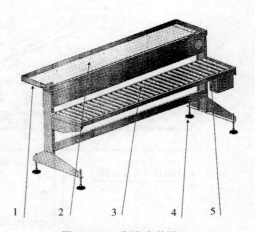

图10-15　直线式装箱台

1—导瓶板；2—瓶托板；3—滚轮平台；4—调节地脚；5—电器箱

2. 全自动开箱、装箱、封箱一体机

目前随着农化行业包装产品发展，人难找、人难用、人难留的特点越来越突出，包装机械的自动化水平越来越高，后期装箱发展为全面取代人工的全自动设备。目前行业较普遍的全自动装箱方式为抓取式。

（1）概述　全自动装箱机处于包装流水线的后方，通过抓瓶器将整列好的瓶子由平台装入纸箱当中，从而起到操作工便于装箱和提高功效的目的。本机适用于已装订纸箱的自动开箱、封箱底、规则圆形或方形玻璃瓶和塑料瓶的自动装箱、封箱，实现了纸箱的全自动二次包装。可应用于食品、日化、医药、农药等行业的瓶装产品的自动化生产。

（2）结构　全自动装箱机由框架部件、进瓶输送部件、瓶整列部件、抓瓶部件、滚轮台和电器箱体组成。见图10-16。

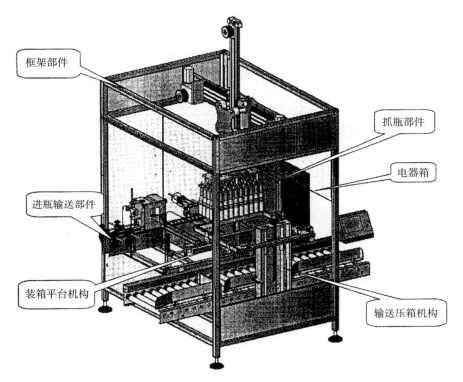

图10-16　全自动开箱、装箱、封箱一体机结构图

（3）设备特点

① 集自动开箱、装箱和封箱于一体，结构紧凑，占地面积小。

② 完全取代人工，效率高。

③ 双伺服驱动"十字形"运动机构实现取瓶装箱，使设备具有了更大的灵活性。

④ 采用气胀式抓瓶机构，稳定可靠；对于不同包装产品通过更换相应的抓取头均可有效实现自动化装箱。

（4）设备参数

① 包装速度：8箱/min；

② 纸箱规格：长200～550mm，宽150～400mm，高100～400mm；

③ 适用瓶型：最小ϕ40mm；

④ 气源压力：0.5～0.7MPa；

⑤ 电源：约220V、50Hz；

⑥ 总功率：5kW。

第二节 袋装设备

目前袋装包装设备从包装材质来分，可分为卷膜和预制袋，两类产品各有特点，其中针对卷膜包装设备又分为水平式包装机和立式包装机，因在农药行业立式包装机较少，所以在此不作介绍，主要介绍水平式包装机，卷膜包装机因为需要制袋，所以包装规格一般以小包装为主。以粉剂为例，水平式包装机包装规格一般在5～200g之间；预制袋包装机相对于卷膜包装机来说，包装规格以大规格为主。以粉剂为例，预制袋包装机包装规格一般在50～1000g之间。两种类型袋装机相比较，一是卷膜包装适用于小规格，预制袋包装适用于大规格。二是卷膜包装包装成本较低，预制袋包装包材成本较高，预制袋包装成品袋形相比于卷膜包装成品更加美观。

一、水平式卷膜包装机

（1）概述　该类设备主要由电控系统、气控系统、放卷、送膜、膜成型架、光电检测器、底封（当定购底封时）、竖封、牵袋、剪切、开袋、袋传输、灌装系统、充填料斗、上封、机械传动系统、下料接盘、机架等部分组成。

该类设备电气控制部分采用PLC可编程电脑程序控制器、变频调速器等。集成度高，控制能力强，运行可靠。应用触摸屏技术后使机器的操作更可靠、方便，人机界面更加友好。光电传感器、编码器、接近开关等采用的都是先进的传感元件，使机器的机电一体得到了完美的表现。包装工艺流程见图10-17。

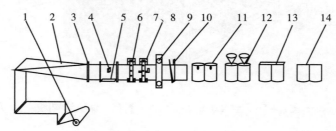

图10-17　包装工艺流程

工艺流程为1放卷→2送膜→3膜成型→4光电检测→5底封→6竖封→7竖封→8批号印→9伺服牵袋→10剪切→11开袋→12灌装→13上封→14成品。

（2）制袋过程　利用放卷部件将膜卷固定，包装膜通过放卷、送膜部件进入膜成型架，此时包装膜由水平向"V"形完成膜的对折过程，然后经过光电检测器检测色标（为自动修正袋宽采集信号）进入底封装置。封包装袋底边，然后进入虚切竖封装置，封双联包中缝然后切上撕裂口，再进入竖封装置封包装袋两侧，批号器打印生产批号。接着牵袋装置把袋牵引到剪切工位剪切，至此包装的制袋过程完成。

（3）设备结构　该机结构如图10-18所示。

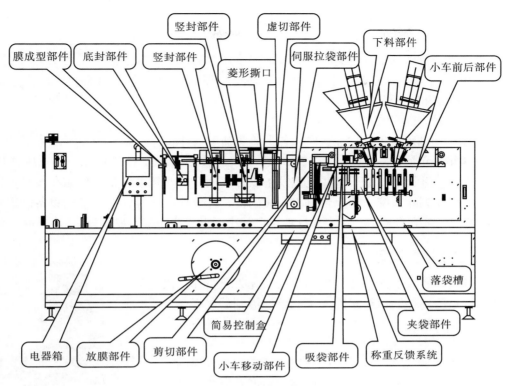

图10-18 包装机结构图

（4）设备参数

单袋规格：最大180mm（宽）×220mm（高），最小85mm（宽）×100mm（高）；

双袋规格：最大90mm（宽）×220mm（高），最小60mm（宽）×100mm（高）；

最大充填量：400mL；

包装速度：单袋产量40~60袋/min，

双袋产量80~130袋/min；

包装膜卷最大直径：ϕ500mm；

包装膜卷孔留内径：ϕ70~80mm；

耗电量：4.5kW；

耗气量：0.7m³/min。

（5）设备工作环境

温度：5~35℃；

相对湿度：≤85%；

电压：380V±20V（三相五线制电源）；

总功率：5kW。

（6）设备维护

① 根据用户所包装产品的性质定期对机器进行清洁。

② 每天用钢丝刷清理热封块表面一次，使齿面保持清洁。

③ 横竖封关节轴与其他转动轴要保持清洁，每天清洗一次。

④ 剪刀须每天清除脏物，保持清洁。若停机时间长则需将剪刀刀片涂上防锈油。

⑤ 定期清洁空压系统和真空系统的过滤器。

（7）润滑

① 本机大部分转动部件都装有自润滑轴套，日常保养时无须加油。

② 为保证机器正常运转，提供的润滑时间间隔仅作为参考，因为它还取决于环境湿度、灰尘状况和腐蚀情况。

③ 凸轮接触表面每72h喷油一次。

④ 其他滚动轴承点每月加油一次，各类关节轴承每月润滑一次。

⑤ 减速箱每年换油一次。

在包装生产过程中，除了这些包装设备以外，还有一些辅助设备，比如在线自动检重设备、不合格品剔除系统、铝膜封口机、喷码机、标盖检测机等，这些辅助设备能很好地确保整线的流畅度和合格率，读者对这些生产线上辅助设备也应有些了解。

二、在线自动检重设备

（1）概述 针对目前灌装线提倡少人、无人化操作，对于灌装剂量精度的控制由最早的人工调整发展到后来操作屏自动反馈调整是为了保证整线生产效率，生产线中配备在线自动称重检测系统，在整线无须停机的情况下，无须人工干预，每个产品经过该设备，合格品流入后道，不合格品会被剔除。该产品极大地保证了生产产品的精度及质量，设备外形如图10-19所示。

自动检重机采用多称重技术，结合高速的数字信号处理技术和精湛的制造工艺，实现精确、高速的在线质量检测和生产控制，具有三个质量分类区域，即超重产品、合格产品和欠重产品。配备皮带夹持机构，适用于各种圆柱或扁平状自身体积较大而接触面积较小的产品，如玻璃瓶、塑料瓶、气雾剂等。

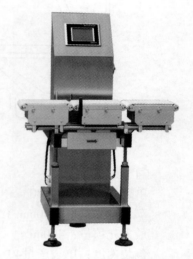

图10-19 在线自动检重设备

（2）主要特点

① 设计成彩色触摸屏，采用多称重系统，可储存40种产品数据，生产速度可调。

② 带自动剔除装置，将质量不合格的产品剔除。

③ 称重范围广（80～3000g），精度高（±1g），产能高（200瓶/min）。

（3）主要技术参数

① 称量范围：80～3000g；

② 分度值：$d=0.1g$；

③ 精度：±1g；

④ 产能：≤200瓶/min；

⑤ 电源：110/220V±10%，50Hz；

⑥ 功率：0.45kW检重秤，0.4kW/对皮带夹持机；

⑦ 外形尺寸：2400mm×1500mm×2000mm；

⑧ 生产线高度：750～950mm；

⑨ 标准剔除装置：气动推杆；

⑩ 工作条件：温度0～40℃，相对湿度30%～85%。

三、不合格品剔除系统

（1）概述　在瓶装生产线中，设备进行旋盖后，因为设备原因、包材原因可能会出现不合格品（如歪盖、无盖、无铝膜）。所以为了确保整线产品的合格率，目前生产线中旋盖机后可配备不合格品剔除系统，该系统能有效确保旋盖后产品的合格率，大大减少人工，见图10-20。

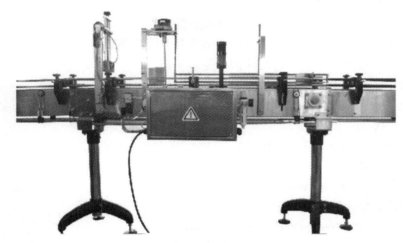

图10-20　不合格品剔除系统

无盖、歪盖、无铝箔剔除装置为双跑道、双剔除机构；用于旋盖后对歪盖、无盖、高盖、无铝箔瓶自动分流。其结构简单，调整方便。

（2）设备特点

① 无铝箔剔除机构，可对无盖、无铝箔瓶子分流；

② 歪盖、高盖瓶子分流；

③ 剔除装置（摆动气缸）。

（3）设备参数

①适用瓶型：ϕ（40~90）mm×（80~230）mm；

②适用盖型：ϕ（20~50）mm×（15~30）mm；

③电源：220V；

④功率：300W；

⑤速度：≤6000瓶/h；

⑥长度：1500mm。

四、铝膜封口机

设备外形如图10-21所示。

（1）概述　电磁感应铝箔封口机是一种利用电磁感应原理对瓶口上的铝箔片瞬间产生高热，从而将铝箔熔合在瓶口上，达到密封目的的理想封口设备。用铝箔封口机封口后产品具有良好的防潮、防霉作用，达到延长产品保存周期、

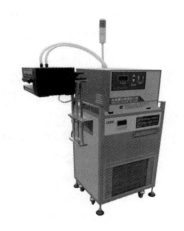

图10-21　铝膜封口机外形图

防伪等目的。专用于医药、农药、食品、化妆品、润滑油等行业的封口环节。容器的材质可以是聚乙烯（PE）、聚丙聚（PP）、聚氯乙烯（PVC）、聚酯（PET）、聚苯乙烯（PS）以及玻璃等，不能用于金属瓶体及瓶盖。

（2）设备特点

① 外壳采用优质不锈钢，既美观又符合相关规定。

② 感应头性能好，立体式感应封口。

③ 兼容各种封口功能，特别针对异形瓶封口。

④ 循环水冷却散热，促进功率发挥，高效迅猛。

⑤ 内置智能稳压电源系统，功率恒定输出不受电压波动影响。

⑥ 具备过压、过流、过热等自动保护功能。

⑦ 启动无须预热即可工作，操作简单易懂。

⑧ 具备自动检测诊断功能，信息及时反馈给操作者。

（3）设备参数

① 电压频率：220V±10%，50Hz；

② 输出功率：4000W（max）；

③ 封口直径：ϕ 10~60mm；

④ 封口速度：50~750瓶/min；

⑤ 包装尺寸：主机460mm×410mm×210mm；

⑥ 感应头尺寸：300mm×130mm×150mm；

⑦ 水箱尺寸：520mm×450mm×800mm。

五、喷码机

油墨喷码机外形见图10-22。

（1）概述 喷码机既能提高生产效率，又能保证更长的正常运行时间，不需预防性维护保养也能长时间运行。适应多种材质表面的喷码需求，包括软包装、硬质塑料、纸盒表面、液体容器、多种聚合物等材质。

（2）设备特点

① 机体采用不锈钢和IP45等级设计；

② 可靠的全自动喷头清洗系统；

③ 独特的墨线速度闭环控制系统可确保喷码机即使在严苛的条件（温度、压力、振动）下也具有稳定性；

④ 无须停机操作，可直接更换耗材，轻松、快速、安全；

图10-22 油墨喷码机外形图

⑤ 设有快捷键和中英文输入。

（3）设备参数

① 单喷嘴喷头；

② 喷嘴喷印分辨率：71dpi；

③ 最多可喷印3行；

④ 喷印速度：可达3m/s；

⑤ 字体高度：5～24点；

⑥ 字符高度：1.8～8.7mm；

⑦ 多种字体可供选择：拉丁文、中文、阿拉伯文、古代斯拉夫文、希腊文、日文、希伯来文、朝鲜文等；

⑧ 质量：22kg；

⑨ 有2m长软喉管，可选3m长软喉管；

⑩ 不锈钢机壳；

⑪ 防尘/水等级：IP54设计；

⑫ 无须使用压缩空气；

⑬ 工作环境温度：0～40℃；

⑭ 湿度：10%～90%，无冷凝；

⑮ 电源：100～120V或200～240V，可自动转换，频率为50/60Hz，功率为60W。

六、激光打码机

通过影像的方式对一次包装后的产品进行检测，可检测圆形包装件瓶盖有无、瓶盖是否旋紧、瓶盖是否倾斜、标签有无、标签是否贴正等。标盖检测机带有剔除分选装置，能对合格、不合格检测产品进行分流控制和剔除。

第三节　包装车间清洁化设计

一、目前农药包装现状

由于我国农药制剂的生产时间较短，在2000年之前主要是乳油和可湿性粉剂的生产，包装基本处于粗放式包装阶段，随着我国农药制剂新品种、新剂型的开发和推广，农药制剂的包装也在较快地发展，但很多企业仍处于作坊式生产阶段。很多企业包装车间没有经过功能化设计，包装设备简单，间歇式生产。特别是现在很多农药制剂企业扩产或新建生产基地都没有经过系统的设计，主要表现在：

① 先建厂房，然后在建好的厂房内布置设备，这样就限制了先进的生产工艺的使用及合理的设备布局；

② 没有考虑除尘、除味、通风环保设施；

③ 没有考虑以后的发展，没有预留扩产空间，只是适应现时的产能要求；

④ 特别是固体制剂品种的包装，在转料、投料、包装现场主要靠人工操作，主要节点粉尘飞扬、工作环境差，每个工作面都属于典型的脏、苦、累岗位，岗位人员更换频繁，招工难、用工荒；

⑤ 包装的品质不稳定，计量差别大、成品漏瓶漏袋；

⑥ 很多企业的产品没有形成规模化生产，大都是市场需求什么就生产什么，往往一条包装线一天换几次品种，存在潜在的交叉污染危险。

二、农药制剂的发展方向

2010年我国颁布的《农药产业政策》中指出：加大技术改造力度，加快工艺技术和装备水平的提升，提高新技术和自动化在行业中的应用水平。到2015年制剂加工、包装制剂研究全部实现自动化控制。

这是《农药产业政策》确定的发展目标，农药制剂包装是农药生产的重要组成部分，应该从以下几方面发展：

① 制剂包装车间的工程化设计，包括包装工艺流程、设备布局、物流人流通道、车间内部的功能化设施、安全环保、洁净生产等方面的标准化设计；

② 逐步研制出先进的包装机械设备，实现农药制剂包装自动化、智能化、安全环保、洁净生产，逐步把人从包装流水线上解放出来；

③ 农药制剂实现清洁化包装，转料、包装过程封闭式、连续化、自动化，彻底解决农药制剂包装的污染问题；

④ 逐步研制出适合不同制剂、不同规格的包装材料；

⑤ 包装形式和包装材料逐步实现标准化。

三、清洁化生产目前的发展方向

1. 可湿性粉剂包装过程中的粉尘污染问题及其解决办法

可湿性粉剂的包装规格一般在几克至1000g不等。

对于大于200～1000g的包装规格已经研制出回转给袋式自动包装机，完全可以解决农药粉剂、颗粒剂大袋包装的难题。

水平包装机在包装中一般有两个部位会产生粉尘污染。

① 投料污染；

② 包装机在包装过程中的粉尘污染及回收物料过程的二次污染。

水平包装机在包装过程中一般会配套除尘器回收物料，回收方式有以下两种：

① 定期人工回收；

② 封闭式回收，只需要人工定期操作。

用水平包装机包装粉剂主要是要考虑投料和包装过程的扬尘回收这两个问题，见图10-23。

如果厂房不够高不能采用高位料仓下料的方式，应尽量采用除尘式螺杆上料装置。

如果厂房足够高，即可采用包装机上方安装料仓和仓顶除尘器的安装方式，可以最大程度减少扬尘污染。

如果单个制剂品种产量较大，应采用封闭式转料的方式。

2. 液体制剂包装过程中的气味污染问题及其解决办法

首先分析一下液体制剂包装中容易泄漏、出现污染的几个方面：

① 从灌装到封盖前气味污染；

② 充装嘴的滴漏污染瓶颈；

③ 瓶盖旋不到位或铝箔没有封好引起的产品泄漏；

④ 切换品种时灌装机清洗不干净引起产品交叉污染。

图10-23　上料除尘器

一些解决方法如下：

①从灌装到封盖前的全封闭灌装，配套有引风装置（实现在微负压环境中灌装）及气味处理设备，实现包装现场无气味，废气达标排放，见图10-24。

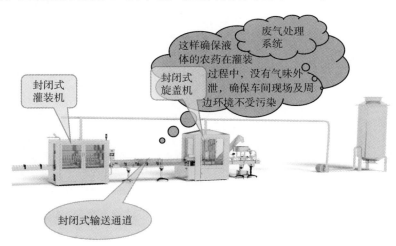

图10-24　液体制剂包装除味设备

② 接口全部采用快速接头，方便拆卸，见图10-25。

农药清洁化包装只考虑硬件方面是远远不够的，还需要很多方面去努力：首先国家要有洁净生产的相关政策、法规去引导，其次企业领导人要有清洁化包装的意识，制定出相关的管理制度去支撑。相信农药清洁化包装的目标一定会实现！

图10-25　包装线快装结构

参考文献

［1］刘步林. 农药剂型加工技术［M］. 北京：化学工业出版社，2001.

［2］刘广文. 现代农药剂型加工技术［M］. 北京：化学工业出版社，2013.

第十一章

清洁生产技术

第一节 加工车间结构规划

一、简述

为了实现清洁生产，农药制剂的加工车间应从车间的设计时就贯彻这种思想，我国目前的制剂车间有两种情况，一种是原厂房改造的车间，基本格局并不是按制剂生产的特点划分的，当然很难实现清洁化生产。另一种情况是厂房是新设计的，但设计和建造时没融入清洁生产思想，车间设计建造与生产的实际情况脱节，最终结果与改造的厂房也相差无几。正确的方法是从设计之初就从制剂的生产特点出发，所有基建项目均按清洁生产的方案设计实施，才能真正达到清洁生产的目的。

在通风与除尘一章中介绍了农药固体制剂的生产特点。农药加工的清洁生产是对生产环境、生产者及使用者进行保护。清洁生产技术可以降低生产成本、节约生产资料、提高生产效率、提高产品质量。制剂的清洁化生产是包括车间建筑的设计、生产界区划分、车间格局设计、流程设计、设备设计及选型、通风除尘、"三废"处理等技术在内的综合性技术。有一些固体制剂的最终产品虽为粒、片、块状，但生产过程中要使用粉体原药、助剂及填料，同样存在生产的清洁化问题。因此，清洁生产最大的问题是固体制剂的生产。近年来，WG已经全面实现了工业化，因WG的生产包括粉碎、混合、造粒、干燥、筛分、包装等多道工序，涵盖了固体制剂的大部分生产单元，而目前大部分均为间歇式生产，物料转移频繁，更增加了清洁生产的难度。因此，介绍有关清洁生产技术有更大的现实意义。

1. 农药制剂工程技术的研究领域

① 农药制剂加工的总体布局设计；

② 各制剂生产界区内的产业化工程技术；

③ 清洁生产、安全和"三废"处理。

其中，清洁生产包括：

① 生产区域的防交叉污染研究；

② 生产场所的清洁和劳动保护。

随着农药剂型的发展，配方研究的实验室工艺与产业化制备工艺之间的差别越来越大，制剂工程化技术显得尤为重要。

2. 制剂生产界区内的产业化工程技术

主要包括：

① 界区区域布局设计（包括各制剂单元的组合和分隔）；

② 制剂工艺流程设计；

③ 生产车间立体布局设计。

对所需配套的方面提出定量和定性的技术要求，作为设计依据；

① 包括建筑、水、电、热、冷、通风、采光等；

② 设备选型，包括非标设备的设计和工艺要求；

③ 成药产业化制备工艺和操作工艺文件的编制；

④ 构成清洁生产的要素的提出和技术措施的制订。

在设计前要充分讨论各项设计标准，这与投资关系甚大，如土建等方面的设备选用、自控水平等。不仅满足于厂房的通风设施，还要考虑工艺设备安装及操作。

3. 制剂工程化技术的研究分类

研究方法以组合创新为主，通常按制剂制备工艺划分成若干类型来开展工程化研究。

（1）液体制剂工程　包括水剂（AS）、乳油（EC）、水乳剂（EW）、微乳剂（ME）、可溶液剂（SL）、超低容量液剂（UL）等。

（2）液体制剂工程　包括悬浮剂（SC）、悬乳剂（SE）、油悬剂（OF）、油分散剂（OD）等。

（3）固体制剂工程　其中包括：

① 粉剂（DP）、可湿粉剂（WP）、可溶粉剂（SP）等；

② 水分散粒剂（WG）、可溶粒剂（SG）等挤出法制剂；

③ 可分散片剂（WT）、可溶片剂（ST）等；

④ 泡腾粒剂（EA）、泡腾片剂（EB）等。

（4）其他制剂工程　其中包括：

① 各类颗粒剂；

② 干悬浮剂（DF）、乳粒剂（EG）、乳粉剂（EP）等；

③ 微囊悬浮剂（CS）、微囊粒剂（CG）、微囊悬浮种衣剂（CF）等；

④ 各类种子处理剂；

⑤ 各类卫生用药；

⑥ 其他特种用途的制剂；

⑦ 正在开发中的新剂型。

4. 主要剂型和基本制备工艺

农药制剂工程技术中的固体制剂主要有WP、WG、WT、ER及与之对应的水溶性剂型等，是农药制剂产品的一个主要类别，其产品以WP和WG为主，两者产量已占全部农药产品的30％以上，且在不断增长。它们的制备技术都以粉体加工为基础形成了专门的工艺系列。主要剂型的基本制备工艺为：

WP：混合→粉碎→料仓→WP产品包装。

WG：混合→粉碎→料仓→润水捏合→制粒→干燥筛分→WG产品包装。

WT：混合→粉碎→料仓→润水捏合→制细粒→干燥筛分→压片→WT产品包装。

EB：A组为混合→粉碎→料仓→润水捏合→制细粒→干燥筛分A组分细粒；

B组为混合→粉碎→料仓→润水捏合→制细粒→干燥筛分B组分细粒；

A组分细粒+B组分细粒→混合→压片→EB产品包装。

二、加工车间总体规划

1. 制剂车间清洁生产概念的建立

由于目前农药企业制剂加工呈小批量、多品种的特点，生产中极易产生交叉污染，会对产品造成极大的安全隐患。因此应从多方面加强防范。交叉污染的传播途径可归纳为以下几个方面：①工具和容器；②人员；③原材料；④包装材料；⑤空气中的尘粒。

其中①、②项可以通过卫生、净化制度来解决。③项可以通过原材料检验手段、保存条件、生产工艺等来解决。④项可通过洗涤来解决。第⑤项空气中的尘粒则是一个很关键的污染源。这一项的有效保证方法是测定洁净度。尘粒数又可以通过不同的过滤方式来控制，同时还可以对不同要求的生产岗位采用不同的洁净级别。

2. 工艺流程合理紧凑地布置，避免人流物流交叉污染

① 生产区域的布局要顺应工艺流程，避免生产流程的迂回、往返。

② 固体制剂车间中人员和物料的出入口应分别设置。原料、助剂和成品的出入口也宜分开设置。

③ 物料传递路线尽量短捷，相邻房间之间的物料传递尽量利用室内传递门窗，减少在走廊内输送。

④ 货梯与人梯也应分开设置。全车间人流、物流入口应尽量少。理想状态是人流、物流出入口各设一个，这样容易控制车间的清洁度。安排车间内的人流、物流路线时，应控制人员出入和物料运输，无关人员和物料不得通过正在操作区。

3. 车间内原料、半成品、成品的存放

车间内应设置与生产规模相适应的原材料、半成品、成品存放区，并应分别设置待验区、合格品区和不合格品区，这样能有条理地进行工作，从而防止不同物品之间发生混杂，防止由其他物质带来的交叉污染，并防止遗漏任何生产或控制步骤。合理存放待处理的不合格的原材料、半成品，以免错误投产。

4. 设备与安装

① 车间内只设置必要的工艺设备。尽可能采用表面光滑的设备（有自净能力的设备）和有圆角过渡的结构，易造成污染的工艺设备应布置在靠近排风口位置。

② 合理考虑设备起吊、进场运输路线。门窗留孔要能允许进场设备通过，必要时把间隔墙设计成可拆卸的轻质墙。

③ 不同制剂之间的物料如采用传送带传递时，传送带不宜穿越隔墙，宜在隔墙两边分段传送。

5. 车间通道的安排

① 固体制剂车间与通道不在同一层时，通常将鞋、外衣、淋浴室、更衣室放在底层，然后通过楼梯至有关各层。

② 固体制剂车间与通道在同一层布置适用于车间面积小或严格要求分隔的车间。不论车间与通道是否设在同一层，其车间的人口位置均很重要，理想的人口应尽量接近车间中心。

6. 管道敷设

固体制剂车间的管线很多，特别是风管道，体积很大，须占很大的空间，其余如照明、动力电线、上下水管、压缩空气管、蒸汽管、物料管等。各种管路的上面很容易积尘，为了洁净要求，通常均需暗敷。因此在布置时，水平管线应设置技术夹层或技术夹道，穿越楼层的竖向管线宜设置技术竖井。

三、车间布置设计对设备的要求

一个制剂车间的设计，首先要考虑的是采用最佳的工艺操作，以实现安全生产，选择经济上合理、生产上可靠的现代化技术与设备。

设备对工艺的先进性、清洁生产影响都很大，尤其是制剂生产。工艺对设备的选择除了材质外，还要尽量选择密闭、自动化、连续化，以减少操作工序和操作人员，清除污染来源，并且设备一定要便于清洗和拆除，这样才能符合清洁要求。

四、车间平面布置的合理性

1. 车间形状

根据投资省、上马快、能耗少、工艺路线紧凑等要求，制剂厂建造一单层大面积厂房最为合适，若再设计为无窗厂房就更理想。单层厂房的优点如下。

① 可设计成大跨度厂房，柱子减少后分隔房间灵活、紧凑，节约面积。

② 外墙面积最小、能耗少，对外界环境污染也少。

③ 车间布局可按工艺流程布置得最合理、最紧凑，生产过程中交叉污染的机会也最少。

④ 投资省、上马快，尤其对地质条件较差的地区，可使基础投资减少。

⑤ 设备安装方便。

⑥ 物料、半成品及成品输送有条件的采用机械化输送。

车间的形状可以有许多形式，如"口"形、"L"形、"T"形、"U"形、"山"形等，在满足工艺及其他各项规范要求的前提下，可以选择采用。由于长方形具有占地面积小、便于设备布置、便于安排通道：出入口、能较多提供自然采光和自然通风等特点，在车间布置时被较多采用。

2. 厂房窗户设计的考虑

无窗厂房对制剂车间是理想的形式，能防止粉尘外逸，但无窗后将与外界隔绝，厂房内工作人员感觉不良，此外对通风、照明要求也高，因此可设计成少窗厂房。在有窗厂房设计中宜设置周圈封闭外走廊，即在固体制剂车间外有一个起环境缓冲作用的外走廊，在防止污染外界环境上也是非常有利的，但占地面积相对较大。

五、人员与物料通道和设施

1. 门厅与换鞋处

门厅是人员进入车间的第一个场所。为了最大限度地控制人员出车间携带粉尘，故进入门厅前首先应将工作鞋换上去。

按车间定员数每人一个鞋柜，这对人数少的车间可以接受，人数一多换鞋区就相当大，采用鞋柜形式时可将鞋柜安排在高出门厅地面100mm左右的平台上。工人脱去外出鞋，上平台，穿车间内的工作鞋，然后将外出鞋存入鞋柜。当车间人数较多时，可采用鞋套的方式，即在换鞋区套上鞋套，跨过换鞋平台进入车间。工人在存外衣室将鞋连鞋套一起存入各自更衣箱内，换上车间内的工作鞋。鞋套可采用尼龙制的，定时集中清洗，有条件的可采用纸质一次性鞋套。

2. 外衣存放室

为了保障生产区的洁净，除了鞋能带出粉尘，工人的外衣及生活用品也是带出粉尘的源头。因此必须将外衣及生活用品如手提包等存放在指定地点，然后换上工作服。外衣存放室的衣柜数量按车间定员数每人一个，车间人数少时可采用单层式，人数多时可采用两层的，较理想的存衣柜是单层的，上部放包、中部挂衣服、下部存鞋。挂衣处要分左右二格，将外出服与工作服分开挂存，以减少污染。

3. 厕所与淋浴室

在制剂厂房中厕所与淋浴室应设置在固体制剂车间内。从生活习惯讲，这两个房间是不可缺的。人们常认为淋浴是人员净化的必要手段。淋浴可清除人体上的污垢、粉尘及汗液，工作后应淋浴后更衣出车间。

一般淋浴室设在固体制剂车间之外，生产制度上严格规定按特定程序穿戴较严密的衣帽、口罩及鞋罩，尤其严格规定戴手套的程序。

考虑到国内的实际情况，建议如需在车间内设淋浴室，则将淋浴室设在车间外衣存放室附近较理想，工人使用起来更方便。

建议淋浴室呈口袋形，见图11-1，而不是通过式的。设计中要特别注意解决好淋浴室的排风问题，使其与外界维持一定的负压差。

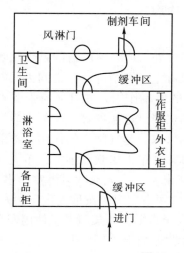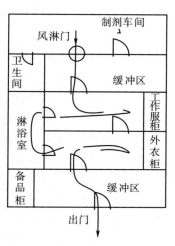

图11-1　淋浴室

六、空气淋浴及风淋室

1. 空气淋浴

空气淋浴是将具有一定温度的空气以一定的速度吹向人体，造成人体舒适的感觉。它所消耗的空气量与全面通风量相比较是很小的，因此它是一种比较经济的通风方法。空气淋浴送出来的空气，可以是室外空气，也可以是经过处理的空气或室内再循环空气。其送入工作地点的方式，可以是在每一个工作人员的工作地点用一组单一气流，也可以在数人工作的地点用一集中气流。

（1）设计空气淋浴时应遵守下列原则　气流方向一般为倾斜或水平的，主要吹向工人的上部身躯。不得将有害物吹向受风的工人或相邻工人的身上。送至受风地点的气流宽度不应小于1m。暴露于热空气的送风管道应进行隔热处理。

夏季室外通风计算温度在32℃以下的一般地区，可采用不喷雾风扇；在32℃以上的炎热地区，工人又比较习惯使用时，干燥工车间可采用喷雾风扇。

（2）集中式空气淋浴系统　在不允许空气循环的地方或作业地带有害物浓度超过卫生标准的允许浓度时，则宜装设集中式空气淋浴系统。在作业位置固定时，空气淋浴送风宜采用圆形吹风口。在作业位置不固定时，采用旋转吹风口，见图11-2。

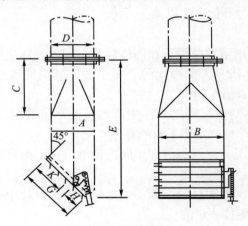

图11-2　吹风口

2. 风淋室

风淋室又叫风淋门，设在固体制剂车间出口处，风淋室的目的是强制吹除工作人员及其工作服表面附着的尘粒，如图11-3所示。风淋室分三个部分，中间为风淋间，底部为站人转盘，旋转周期14s，以保证人体受到同样的射流作用，并且射流强弱不等，使工作服产生抖动，使灰尘易除掉。左部为风机、电加热器、过滤器等。右部为静压箱、喷嘴、配电盘间。风淋室的门有联锁和自动控制装置，可以兼起气闸室的作用。不能将出入门同时开启。风淋室根据吹淋方式可分为：顶吹风淋室，单人单吹风淋室，单人双吹风淋室，单人三吹风淋室，双人双吹风淋室，双人三吹风淋室，多人双吹风淋室，多人三吹风淋室。使用风淋室时，要根据使用人数，设置单人空气风淋室时，按最大班每30人设1台。当超过5个人时，还应与之相临设置旁通门，以便于安全疏散并延长风淋室使用寿命，因进入车间时工人不必经风淋室而由旁通门外出。图11-4是风淋门的实物图。

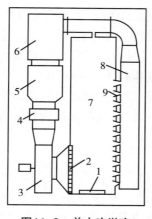

图11-3　单人吹淋室

图11-4　风淋门照片

1—站人转盘；2—回风格栅；3—风机；4—电加热器；5—过滤器；
6—精过滤器；7—门；8—静压箱；9—喷嘴

七、气流组织

为了特定目的而在室内造成一定的空气流动状态与分布，通常叫作气流组织。一般来说，空气自送风口进入房间后首先形成射入气流，流向房间回风口的是回流气流，在房间内局部空间回旋的则是涡流气流。为了使工作区获得低而均匀的含尘浓度，固体制剂车间内组织气流的基本原则是：要最大限度地减少涡流；使射入气流经过最短流程尽快覆盖工作区，希望气流方向能与粉尘的重力沉降方向一致；使回流气流有效地将室内粉尘排出室外。

1. 固体制剂车间形式分类

固体制剂车间按气流形式分为层流（气流流线平行，流向单一或称单向流）、乱流（或称紊流、非单向流）。

层流按其气流方向又可分为垂直层流与水平层流两种。垂直层流多用于局部保护和包装工作台，水平层流多用于固体制剂车间的全面洁净控制。乱流按气流组织形式可分为顶送风与侧送风。

（1）层流除尘　垂直层流是车间上部天棚上满布过滤器。回风可通过侧墙下部回风口或通过整个格栅，空气经过操作现场时，可将粉尘带走。由于气流系单一方向垂直平行流，必须有足够气速，以克服空气对流。垂直断面风速需在0.25m/s以上，室内每小时换气次数10次左右，气流速度的作用是控制多方位粉尘、同向粉尘、逆向粉尘，并满足净化目的。

水平层流是一面墙上满布高效过滤器，作为送风墙，对面墙上满布回风格栅，作为回风墙。洁净空气沿水平方向均匀地从送风墙流向回风墙。工作位置离过滤器越近，能接受到最洁净的空气。

局部层流在局部区域内提供层流空气。局部层流装置提供一些只需在局部环境下操作的清新空气并带走粉尘，如开式混合粉体物料或频繁移动粉体物料而工作范围较小的场合。

（2）乱流除尘　乱流的气流组织方式和一般空调没有多大区别，即在部分天棚或侧墙上装过滤器，作为送风口，气流方向是变动的，存在涡流区，故较层流洁净度低。室内换气次数愈多，所得的洁净度也愈高。乱流的气流组织形式主要有全孔板顶送、局部孔板顶送、流线型散流器顶送、带扩散板或不带扩散板顶送、侧送等。工业上采用的固体制剂车间绝大多数是乱流式的。因为它具有构造简单、过滤器的安装和堵漏方便、初投资和运行费用低、改建扩建容易等优点，所以通风在制剂生产上普遍应用。

在气流组织中应注意的是：送风口应靠近操作位置；回风口宜均匀布置在固体制剂车间下部，易产生污染的工艺设备附近应有回风口；固体制剂车间内有局部排风装置时，其位置应设在工作区气流的下风侧。

2. 固体制剂车间的负压控制

为防止车间粉尘从门、窗等开孔处向外逸出，保持生产区的洁净度，车间内需保持负压，可通过使排风量大于进风量的办法达到，并应有指示压差的装置；固体制剂车间（区）与室外大气的静压差应大于10Pa，粉体含量高的车间的静压差应大于50Pa。

要实现车间内负压，必须使送风量小于室内回风量、排风量、漏风量的总和。其负压值可通过调节送风量、回风量、排风量来加以控制。最简单的控制方法是安装余压阀，人工调节进风量与回风量、排风量、漏风量总和之间的差值，通过室内压差显示仪表反映。亦可设压差变送器检测室内压力，该信号通过转换器来控制电动风阀，调节送入室内新风量的大小，达到控制室内负压的目的。如能采用微机对各固体制剂车间的进风和回风进行控制则效果更好。

八、包装车间设计要点

粉体制剂加工和包装过程中存在的突出问题是粉尘污染大，以环境和健康换产品。近年来，有一些农药制剂企业虽然选择了粉体自动包装机，但在供料环节，包装机本身的吸尘设施以及包装界区内的除尘和空气净化缺乏整体考虑，粉体加工的工艺布局不合理，除尘缺乏系统性设计。因此，固体制剂的清洁化生产仍然困扰着农药制剂。可采用如下方法：

① 将除草剂与杀虫剂、杀菌剂的包装在分装界区内严格隔离。

② 人流与物流分设两个通道，既保证单元界区内除尘净化效果，又保障了操作工人的身心健康。

③ 单元界区安装风淋门，作为人行通道，防范工人工作服沾染的粉尘污染其他界区，单元界区的物流门也采取半封闭塑料帘设计，以最大限度地控制物料输送与转运时的粉尘外泄。

④ 粉体投料（如可湿性粉剂的加工）采用配有脉冲除尘器的料仓投料，或采用粉体隔膜泵自动吸料。

⑤ 出料采用螺旋下料装置，速度可控，存量可调，自动化计量。

⑥ 对加工系统粉尘逸出点进行有效控制和现场收集。如投料、出料口采用吸排风收集，地面洒落粉尘采用无二次污染的吸尘器收集。

⑦ 在一个包装单元界区内，自动包装机灌装口、铝箔袋封口产生的粉尘经滤筒式除尘器→布袋脉冲除尘器→水膜除尘器三级除尘，防范粉尘污染。

⑧ 包装区地面以湿式清洗机循环清洁地面。

⑨ 车间制定严格的清洁生产规范，从制度上保障清洁化。

⑩ 在一个包装单元界区内配备引风机空气净化装置，保证包装车间负压操作，净化装

置内也设有两级除尘器。第一道采用无纺布布袋过滤。第二道采用活性炭纤维过滤器，过滤效果可达99.9%。在过滤粉尘的同时净化农药气味，实现排放室外的空气清洁化。

九、生产界区布局交叉污染的防范

农药固体制剂生产的交叉污染防范是生产清洁化的关键，也是清洁化生产的最大难点。根据发达国家对农药生产交叉污染管理的标准，把各类农药之间的交叉污染分为九类，并分类公布可能发生显著药害的杂质农药的浓度控制上限（以mg/L量计）。其中杀虫剂、杀菌剂对其他农药的污染为1000mg/L；传统除草剂、植物生长调节剂、脱叶剂对其他除草剂、植物生长调节剂、脱叶剂的污染控制指标为250mg/L、100mg/L；低用量、超高效除草剂对其他农药污染的控制又划分为100mg/L、20mg/L、1mg/L三种情况。1mg/L是最严格的，如磺酰脲除草剂。因此生产界区的规划与隔离十分重要。

① 交叉污染的第一道防线是隔离。界区隔离有两重含义：一是区域布局的隔离，如发达国家的超高效除草剂固体制剂区域通常要与其他类制剂（如杀虫剂、杀菌剂）农药制剂区域间隔2km以上，或采取设立分厂的做法。国内"环境尘源影响范围研究结果"建议超高效除草剂固体制剂车间与其他农药固体制剂车间的间距至少为150m，这是从区域布局的角度防范交叉污染。

二是各加工单元之间的隔离，如设一道墙是一级隔离，两道墙为二级隔离，具备条件时，可设多道隔离。如除草剂固体制剂包装与杀虫剂、杀菌剂固体制剂包装，就应设置两道玻璃墙隔离。

② 交叉污染防范的第二道防线是多级、多单元除尘。所有产生粉尘的区域均应设置除尘装置，含尘气体要经过旋风分离器、布袋除尘器及湿式除尘器三级除尘，含尘量达到环保要求后方可排空。

③ 交叉污染的第三道防线是通过引风机形成负压生产环境。除尘装置主要解决粉体加工包装中粉尘的收集，负压要解决的是空间范围内的空气净化和粉尘飘逸外泄问题。对粉体加工、造粒、固体制剂包装均采用负压和空气净化设备，也收到很好的效果。

④ 交叉污染防范的第四道防线是严格清洗设备管道、建筑空间和地面，这是交叉污染防范最重要、最关键的一个环节。更换品种时先对设备、管道以填料干洗，然后将设备拆卸后以高压水枪反复冲洗，清洗水检测农药含量控制指标推荐为10mg/L。

⑤ 交叉污染的第五道防线是将除草剂加工单元的人流、物流通道与杀虫剂、杀菌剂加工单元的人流、物流通道分开。杀虫剂、杀菌剂与除草剂原药、成品隔离存放，人流通道设置风淋门，粉尘清洁率可达99%，待分装的半成品托盘一律以缠绕塑料膜封闭后存放，避免外包装有粉尘飘散。

⑥ 交叉污染的第六道防线是清洁化制度管理。主要是设备工具清洁、地面清洁、劳动防护用品清洁规范等。

第二节　清洁生产流程及设备设计

清洁生产的设计思想是生产环境负压化、生产流程连续化、生产设备自动化。基于上述思想，这里介绍几种实现清洁生产的流程及设备。

一、真空加料机

真空加料机是粉状料、粒状料、粉粒混合料的真空输送设备。真空加料机能自动地将各种物料输送到混合机、粉碎机、捏合机、各种料斗等设备中，减轻了工人劳动强度，解决了加料时粉尘外逸等问题，是农药厂促进清洁、文明生产的重要设备。真空加料机由真空泵（无油、无水）、不锈钢吸料嘴、输送软管、PE过滤器（或316L不锈钢过滤器）、压缩空气反吹装置、气动放料门装置、真空料斗和料位自动控制装置等组成，见图11-5（a）。图11-5（b）是WG加水捏合的生产流程，加料时混合机要求密闭，粉体物料通过真空上料系统被吸入无重力混合机。产生真空的真空泵或旋涡泵要排出气体，此气体在真空料斗中已通过布袋除尘器过滤一次，排出后再经过湿式除尘器捕集粉尘后排空。

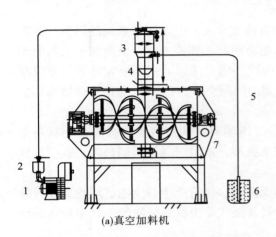

(a)真空加料机

(b)WG加水捏合的生产流程

1—真空泵；2—过滤器；3—真空上料系统；4—气动放料门；5—吸料软管；6—吸料嘴；7—混合机

1—进水管；2—料液罐；3—螺杆泵；4—无重力混合机；5—真空上料仓；6—旋涡泵；7—上料管

图11-5　真空吸料示意图

图11-6是混合物料时向混合机加料的流程。混合机可以是双锥形、锥形、V形等多种机型。工作时抽料管插入料桶中，旋涡泵产生的负压将粉体物料吸入混合机中，气体以与上例相同的形式过滤除尘后排空。

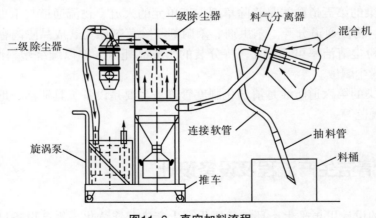

图11-6　真空加料流程

二、气流粉碎流程

气流粉碎是粉体农药加工重要的操作单元。在粉碎过程中的加料、出料和气体的过滤、分离是能否实现清洁生产的关键。本流程中，在气流粉碎前安装两台锥形混合机用于物料的预混合，设备装有称重模块，实时检测混合机内的物料质量。采用真空加料的方法，通过真空加料机下部下料管的自动阀门切换物料。虽然单台设备的工作是间歇式的生产方式，但设计两台混合机后，通过阀门切换，可以实现生产连续化，粉碎物料通过引风机吸入旋风分离器和布袋除尘器。两台设备下料口共用一台螺旋出料机，出料后同样通过真空加料设备吸入后面的两台锥形混合机，再集中出料包装。所有排出的气体都再通过后面的湿式除尘器净化，使排出的气体达到环保要求，全系统为连续化生产，流程如图11-7所示。

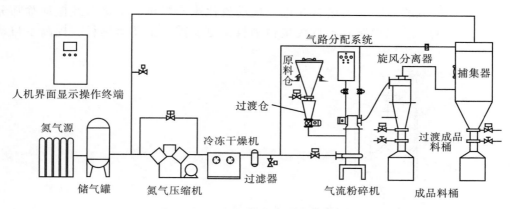

图11-7 预混合-粉碎-混合工艺流程

图11-8也是一套连续式混合、气流粉碎的流程。与图11-7不同的是采用真空加料斗加料，通过旋风分离器和布袋除尘器分离物料，最终是在布袋除尘器下部出料。

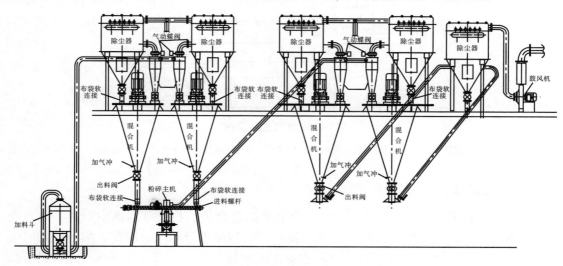

图11-8 粉碎流程

三、连续造粒流程

以WG为代表的颗粒制剂产量越来越大，许多厂家都有不同规模的生产。然而，由于生产颗粒制剂操作单元较多，有混合、捏合、造粒、干燥、筛分、包装等多个生产过程，物料的每一次转移都可能产生粉尘或物料损失。另外，在生产过程中物料的形态发生多次变化，如粉状、湿塑性软材、湿颗粒、干颗粒、粉粒共存物料等。这给物料的转移带来诸多困难，也是制剂加工中产生污染最严重的地方。如将这几个单元设备优化组合，建成连续生产装置，将大大降低粉尘的污染，同时也减少用工，降低了劳动强度，如图11-9所示。

通过如上所示的真空加料机将粉体原药、助剂等加入无重力混合机中，加水捏合后软材从混合机下料口落入料斗加料器，通过料斗加料器的加料螺旋将软材物料加入造粒机中造粒。形成的湿颗粒通过料斗进入振动流化床干燥机，干燥后经振动筛筛分得到合格产品。生产过程操作者不直接接触物料，也不需人工转运物料，提高了自动化程度。

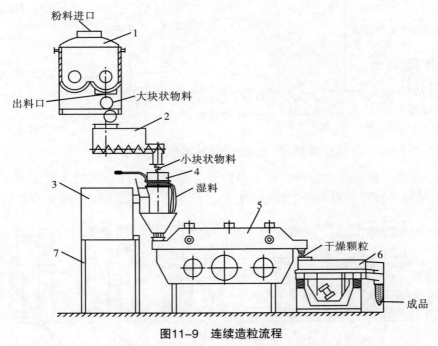

图11-9 连续造粒流程

1—无重力混合机；2—料斗加料器；3—造粒机；4—料斗；5—振动流化床干燥机；6—振动筛；7—机架

四、负压加料斗

在可湿性粉剂、WG加工中，不可避免地要向混合机、料仓等容器中加料，因料仓中的气体被置换，从加料口排出时产生气流。同时携带部分粉尘，因此，加料的同时会产生大量的粉尘，图11-10是加料时防止扬尘的负压料斗。料斗上方安装有排风装置，内部装有滤筒式除尘器，加料时引风机排风使加料口产生负压，解决了粉尘飞扬的问题。

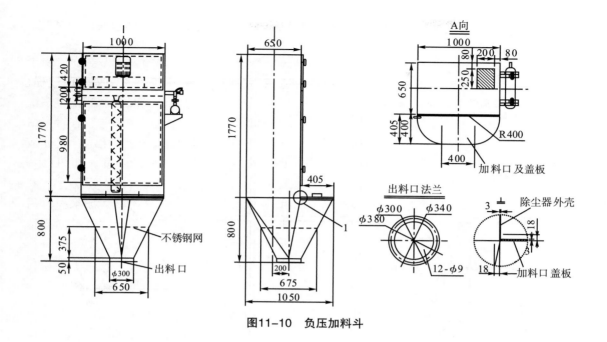

图11-10 负压加料斗

五、包装机上料斗

包装是农药生产的最后一道工序，不论是包装过程本身还是最终产品，都要求包装车间有很高的洁净度。农药粉体包装车间有的是独立布置，有的设在生产车间的一个角落，均为封闭的房间。但包装过程也是产生粉尘的过程，主要是两个环节，一是包装袋内排出气体的过程会有少量粉体被气体带出。由于包装机本身是封闭或半封闭的，包装机内也设计了吸尘装置，所以这部分粉尘不会对生产现场产生影响。另一个是将粉料向包装料斗加料的过程，这部分粉体暴露在空气中，加料时粉体将加料器内气体置换出来产生反冲气流，粉体随气流排出飘逸在空气中形成扬尘。图11-11是为粉体包装加料设计的上料装置，投料口为圆锥形结构，底部装向上倾斜的螺旋加料器，上部装的是可产生负压的滤筒式过滤器。加料时，将投料口盖打开，开动风机在投料口附近形成负压，投料时产生的气体通过滤筒排出，不会产生扬尘现象。投料结束关上投料口上盖，可以有效保证包装车间的清洁。当然，包装车间的通风换气还要设置。

当粉体制剂生产量较大时，有时需要进行大的包装，这时包装量较大，可以采用图11-12所示的方法。物料从大料仓通过螺旋加料器加入料车中，加料后关闭料车上盖。料车下方带有脚轮，将料车推至升降机处提到相应位置，安装后打开下部开口可立即向包装机加料。通过密闭的料车移动物料，使物料不在空气中暴露，当然也不会产生粉尘。为保证生产的连续性，可配多台料车以便交替运料。这种将加工车

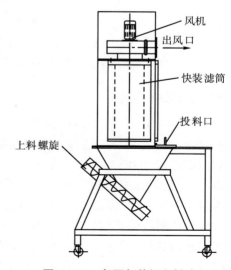

图11-11 负压包装机上料斗

间自动化下料的粉车与粉体自动化包装机料斗无缝对接，彻底实现了粉体包装的一体化、自动化、清洁化。

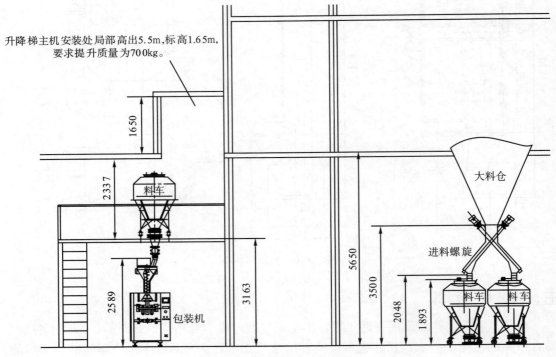

升降梯主机安装处局部高出5.5m，标高1.65m，要求提升质量为700kg。

图11-12　移动料车包装方案

六、气力输加料斗

图11-13是将粉体物料向高处输送的加料料斗。物料从吸尘风管2的开口处倾倒入料斗后会产生粉尘，但在上料管3的后面接有除尘装置和引风机。空气也从开口处进入系统中，产生的粉尘被吸引随料斗1进入上料管3。在料斗下方装有星形阀4，落入料斗底部的物料由星形阀均匀下料到上料管3，由气体输送到上方经除尘器分离。此料斗常用于气流粉碎、向高位装置的加料系统中输料等。

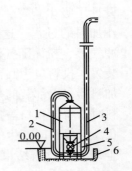

图11-13　气力输送加料斗

1—料斗；2—吸尘风管；3—上料管；4—星形阀；5—支座；6—地槽

七、局部除尘室

当车间较大，而只有个别地点产生粉尘时，例如车间的加料点、开式混合设备、筛分现场等，采用局部密闭除尘是最经济的选择。因为局部密闭除尘排风量小，风机和除尘器也都较小，运行成本也较低，图11-14是局部密闭除尘室的三维图。其方法是将这些扬尘点按图示结构封闭起来，然后风机通过门和侧面带过滤器的通风口引入清新空气，含尘气体通过筒式过滤器可以排回车间内，也可以排空。风机的配置参数为：风量为除尘室容积的20倍，风机风压为500～1500Pa。为了防止粉尘逸出车间内，门上采用幕帘结构，门口风速为1.5～2m/s。筒式过滤器结构见图11-15，内部滤筒可以过滤绝大多数微米级粉尘。

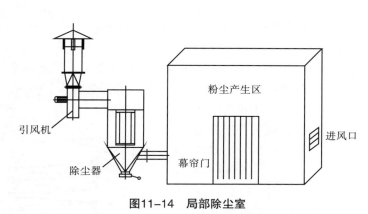

图11-14 局部除尘室

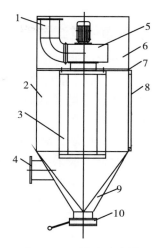

图11-15 筒式过滤器

1—排风口；2—下箱体；3—过滤筒；
4—进风口；5—引风机；6—上箱体；7—隔板；
8—检修门；9—下锥体；10—排尘口

过滤筒是外滤式脉冲清灰除尘器用的过滤元件，它是由一定长度（有的长达数十米）挺括的滤料折叠成褶，首尾黏合成筒，筒的两端用树脂固定在由金属网支承的顶环及底座上制成的。国产ZD型纸芯过滤筒外貌如图11-16所示。美国戈尔公司生产的过滤筒使用GORE-TEX（覆膜滤料），过滤筒属于表面过滤，因而要求所用的滤料应孔径小、捕尘率高、表面光滑、捕集的粉尘容易脱落、拒水性好、粉尘不易黏附在滤料表面。

过滤筒除尘器具有如下特点：

① 由于滤料的布置密度大，除尘器结构紧凑，可减小除尘器的占地面积和高度。

② 由于除尘器筒体小，便于制作、运输、安装和维护，耗钢量小。

③ 过滤筒容积小，便于安装，使用过程中无须调整拉紧程度，维护工作量小。

④ 采用覆膜或其他表面光滑的滤料时，由于滤料表面光滑，粉尘易剥离，清灰效果好，除尘器阻力低且较稳定，既能降低能耗又可延长滤筒寿命。

⑤ 由于相对过滤面积大，因而可选用较低的风速，既可降低阻力又可提高滤尘效率。

⑥ 由于滤筒选用疏水性滤料，对于潮湿或黏性粉尘也易于清落。

图11-17是国产滤筒实物图。

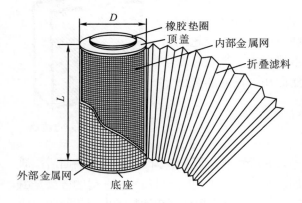

图11-16 纸芯过滤筒结构示意图

图11-17 过滤筒照片

八、空气净化过滤器

空气净化过滤器按其效率可分为初效、中效、亚高效或高效过滤器四类。对初阻力的数据，在设计时不能照搬，可以放宽到数据的2倍，以考虑过滤器陈旧时的阻力。

1. 初效过滤器（或称粗效过滤器）

初阻力≤30Pa，计数效率（对0.3μm的粉尘）≤20%。初效过滤器主要用于对新风及大颗粒粉尘的控制，靠尘粒的惯性沉积，滤速可达0.4～1.2m/s，主要对象是粒径＞10μm的粉尘。其滤材一般采用易于清洗更换的粗中孔泡沫塑料或涤纶无纺布（无纺布是不经过织机，而用针刺法、簇绒法等把纤维交织成织物，或用黏合剂使纤维黏合在一起而成）等化纤材料，形状有平板式、抽屉式、自动卷绕人字式、袋式，见图11-18。近年来滤材用无纺布较多，渐渐代替泡沫塑料。其优点是无味道、容量大、阻力小、滤材均匀、便于清洗，不像泡沫塑料那样易老化，成本也下降。初效过滤器由箱体、滤料和固定滤料部分、传动部分、控制部分组成。当滤材积尘到一定程度，由过滤器的自控系统自动更新，用过的滤材可以水洗再生，重复使用。

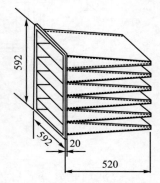

图11-18　袋式初（粗）效过滤器

2. 中效过滤器

初阻力≤100Pa，计数效率（对0.3μm的粉尘）达到20%～90%，滤速可取0.2～0.4m/s。中效及中高效过滤器主要用于对末级过滤器的预过滤和保护，延长其使用寿命，主要对象是1～10μm的尘粒。一般放在高效过滤器之前，风机之后。滤材一般采用中细孔泡沫塑料、涤纶无纺布、玻璃纤维等。形状常做成袋式、平板式及抽屉式，图11-19为抽屉式及袋式中效过滤器。

3. 亚高效过滤器

初阻力≤150Pa，计数效率（对0.3μm的尘粒）在90%～99.9%。亚高效过滤器用作终端过滤器或用于高效过滤器的预过滤，主要对象是5μm以下粉尘，滤材一般为玻璃纤维滤纸、棉短绒纤维滤纸等制品。

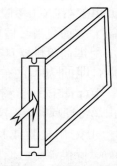

图11-19　抽屉式及袋式中效过滤器

4. 高效过滤器

初阻力250Pa，计数效率（对0.3μm的粉尘）为99.97%。高效过滤器用于送风及排风处理的终端过滤，主要过滤小于1μm的尘粒。一般放在排风系统的末端，滤材用超细玻璃纤维纸或超细石棉纤维滤纸，其特点是效率高、阻力大、不能再生。高效过滤器能用3～4年。滤材可以多层折叠，使其过滤面积为过滤器截面积的50～60倍。图11-20为高效过滤器形状。

图11-20　高效过滤器

九、往复料车型烘箱

在制剂加工过程中，不可避免地用到非离子表面活性剂，而当冬季时，非离子表面活性剂会达到凝固点而很难从桶中取出，通常要进行加热使其有流动性时方可使用，一般的方法是用烘箱或烘房进行加热。烘箱的操作属于间歇方式，这就不可避免地存在加料和出料的问题，特别是在加热或干燥较重的物料时，通常采取人工搬动的方法进出物料，这在生产过程中存在四大缺点：首先是工人的劳动强度很大；其次，每次进、出物料要浪费大量的时间，降低了生产效率；再次，烘箱打开门的时间过长，会使热量损失加大，从而降低了热效率；最后，有时在烘干或加热某些物料时会放出有害气体，工人进入烘箱内也有害于健康。

此烘箱是在箱体的底板上装设两条内轨道，两条内轨道同时与箱体外的两条外轨道相接，形成完整的轨道。料车下方装有两组共四个轨道轮，四个轨道轮支撑载料盘及物料在轨道上运动。见图11-21。

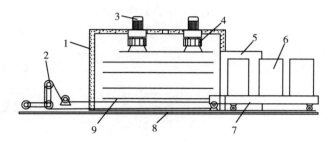

图11-21　往复料车型烘箱

1—烘箱；2—往复机构；3—风扇电机；4—风扇；5—门；6—料桶；7—料车；8—轨道；9—换热器

热源可以用电加热式导热油换热器，对热源选择也较灵活。进出烘箱的物料不需人工搬动，通过往复料车即可以完成操作，减轻了工人的劳动强度，提高了工作效率。避免人工搬运物料时的散落，也改善了劳动环境。由于减少了进出物料的时间，在一定程度上也提高了热效率。此烘箱对一些在加热过程中放出有害气体的物料更显示出其优越性。特别适用于化工物料，如农药的间歇干燥以及熔化凝固的表面活性剂等物料。物料的加热温度可调，即可以开式干燥，也可以用循环热风加热物料。

本设备用于冬季加热非离子表面活性剂，每次放入8桶200L的表面活性剂，物料的装卸均由叉车完成，不需要人工搬运。

第三节　流程设计及设备布置

固体制剂制备是清洁生产的难点。固体农药制剂的制备工艺贯穿了WP粉体加工技术和WG湿粉成型加工技术。可以说WP和WG的工程化制备技术对整个固体农药制剂产业化水平的高低起着决定性的作用。以农药原药为起始原料的WG制备工艺实际上已涵盖了WP的粉体加工技术，因此推动WG的工程化技术进步必将带动整个固体农药制剂生产水平的提高。

由于生产过程主要包括粉碎、混合、捏合、造粒、筛分、贮存、包装等多道工序，WG生产过程中先后呈现超微粉、湿粉、湿粒料、干粒料等，物料的形态多变，故生产过程中需要同时开发物料的进、出，输送、速度控制、计量等方面的工艺技术。另外，生产过程中任何物料的逸出或散落，最终都会成为粉末而污染生产环境，也要求采用相应的防范技术。因此WG的生产单纯依靠配方和上述的基本制备工艺及与之匹配的设备是不够的，还需要开发若干新工艺单元并系统研究各单元之间的工艺关联和衔接，形成一个完整的、封闭的、连续化的生产工艺和流程，才能保证产品质量的稳定和清洁生产。

农药固体制剂加工的工艺设计是实现清洁生产的一个重要因素，主要包括生产单元界区的总体布局，即加工单元的组合和分隔、制剂工艺流程设计、设备选择及专用设备设计等内容。

一、多功能流程布局

当用相同活性成分生产不同制剂时，可以采用同一条生产线来生产。例如，生产DF制剂的生产线可以生产SC制剂，生产WG的生产线也可以生产WP。这样能节省设备投资，简化生产流程，减少占地面积，也方便管理。如图11-22所示。图11-22（a）为SC、DF等制剂的生产流程，图11-22（b）为WP、WG等制剂的生产流程。

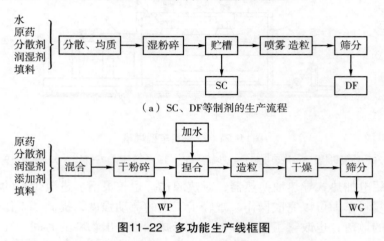

图11-22　多功能生产线框图

加工车间的生产设备有平面布局、立体布局和混合布局三种形式。

二、立体布局

1. 固体生产线的总体布局

将生产线封闭式隔离，固体加工区建筑层高按三层设计，第三层是粉体、液体投料区、布袋脉冲除尘器，二楼是混合机加水捏合、双螺旋混合机及旋风分离器、布袋除尘器；气流粉碎机、下料系统、空气压缩机系统设计在一楼。水膜除尘及风机布置在三层屋顶。该设计的特点是：

① 主体设备垂直布局，工艺流程顺畅，物料一次提到顶层，物料按加工工序下行。

② 全流程封闭，无粉尘暴露。

③ 加工流程中采取多级除尘，达到良好的除尘效果。

④ 室内操作空间使用空气净化设备，在形成负压的同时净化了空气。

⑤ 粉体加工与下料采取三通式双螺旋，一是连接封闭振动式粉车，二是装袋自动化称量，满足自动化包装的需求。

⑥ 对加工单元采取隔离封闭措施，防止交叉污染。

⑦ 物流与人流通道分开设计，车间出口安装风淋门，防范交叉污染及粉尘带出界区。

2. 造粒的连续化、自动化工艺布局

采用旋转造粒机进行造粒，将投料–捏合–粉料送输–旋转造粒–干燥–整粒–筛分一体化连接，实现造粒自动化。自动化工艺其优点是：

① 粉体物料从地平面采用隔膜泵输送到三层无重力混合机处，做到清洁化投料。

② 采用无重力混合机可以适应多批次、少批量物料的喷水捏合（制软材），同时可向两台旋转造粒机供料。

③ 无重力粒子混合机下连两个料仓、两条螺旋输料机给制粒机供软材，解决自动化造粒的供料问题。

④ 用卧式流化床干燥机干燥湿颗粒，做到干燥温度与速度可控、一步干燥。干燥机内设高压喷淋口，以便清洗。

⑤ 筛分机采用双层设计，第一层筛分后的大颗粒经破碎进入二次筛分，既提高了成品率，又解决了大颗粒需再重新粉碎的难题，而且封闭式筛分可以使筛分、整粒无粉尘污染。

三、平面布局

经过气流粉碎机粉碎完的干粉，通过气力输送送至无重力混合机内，若需添加助剂可一并投入。水经计量喷入混合机料层中，开启混合机并均匀连续地喷洒黏结液体（水）。混合均匀后，将物料放入一贮料槽（共2个，交替使用），通过螺旋加料器送到旋转制粒机处进行造粒。旋转造粒机造完的颗粒连续进入流化床干燥机，通过调节机构，调节物料在流化床内的干燥时间，以达到干燥要求。最后连续流出干燥机进行筛分并包装。

（1）湿式混合机 根据物料性质与生产条件，采用无重力混合机，内部加设喷液雾化器，料液通过齿轮泵或压缩空气自动计量均匀喷洒于物料表面，边混合边喷液体，以达到快速均匀混合的目的。

（2）旋转式制粒机 根据物料性质与产量，选用的旋转制粒机配备冷却夹套、风冷及变频调速功能等。

（3）流化床干燥主机 根据物料颗粒与所需风量，选用相应的流化床干燥器，流化床干燥器主床体内设计有调节装置，可调节物料的堆积高度与停留时间，从而达到连续干燥的目的。连续WG生产流程见图11-23。

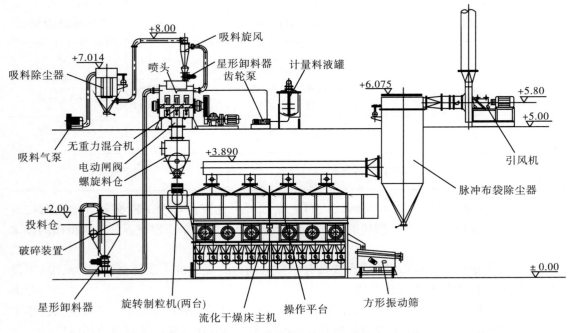

图11-23 代森锰锌WG连续式生产流程（以物料粉碎后为起点）

四、混合布局

通过工程实例介绍混合布局的设计方法。

（一）混合布局例1

1. 设计目标

① 以农药原药为起始点，由混料粉碎（工段A）、捏合造粒（工段B）、干燥筛分（工段C）、尾气净化（工段D）计4个工段组成一条封闭的、立体的、持续的、速度可调的生产线。遏制生产过程中的粉尘外逸，改善劳动环境，优化生产工艺，稳定产品质量。

② 工艺流程中，连接一条可湿性粉剂包装线支流程，可实现一套生产流程既能生产农药WG，又能生产该农药的可湿性粉剂产品。

③ 由B、C、D三个工段组成的流水线可直接使用，适用于已经粉碎的原料加工WG的场合。

2. 设计中需要解决的工程技术问题

（1）封闭工艺流程的组建和流程内物料输送的方式　针对物料在生产流程中形态多变的特点，以工段为单位组成WG的生产流程。将物料形态和输送方式相似的工艺单元群组成一个工段，根据工艺流程连续化和清洁生产的需要，全流程共设计为4个工段，14个工艺单元（以下简称单元）。连续工艺流程的组建及物料输送方式的设置见表11-1。

表11-1　连续工艺流程的组建及物料输送方式

项目	A工段，混料粉碎			B工段，捏合造粒					C工段，干燥筛分			D工段，尾气收尘净化		
工艺单元	负压加料	预混合	粉碎	混合	微粉料仓	润水捏合	湿粉料仓	挤出造粒	干燥	筛分	WG料仓	干式除尘	机械引风	湿式除尘
流水号	A_1	A_2	A_3	B_1	B_2	B_3	B_4	B_5	C_1	C_2	C_3	D_1	D_2	D_3
物料形态	粉-含粉气流			粉尘-湿粉-湿粒					湿粒-干粒			含粉尘气体		
封闭方式	风管			料管					在设备内输送			风管		
输送方式	负压风力输送			自身重力和机械调控相结合，物料下行					在设备内负压风力传送			负压风力输送		
输送动力	引风机			自身重力和机械调控					引风机					
布局位置	位于流程主线，按序串联											位于流程支线		

（2）物料输送的均衡性和持续性　首先必须解决主流程各个工段交界处输送衔接的问题，其次需要解决B工段内物料的输送设置问题。以下是各个工段交界处输送衔接的技术方案：

A-B输送衔接：在B工段首端设置具有贮、输能力的混合机（兼料仓）B_1，承接A工段输入的物料，使物料不会在此受堵。

B-C输送衔接：在B工段的末端，造粒机连续产出的湿粒由料斗汇集，持续流入位于下方的干燥机的加料斗，即C工段的起始点。

D工段始于主流程的各个节点，由引风机、风管负压收集尾气。

以下是B工段内物料输送持续性的解决方案：

B工段的流程设置为：B_1（混合机兼料仓）–B_2（料仓）–B_3（润水捏合）–B_4（湿粉料仓）–B_5（挤出造粒）。在各设备的物料出口分别选用合适的机械配件以调节出料速度，调节的手段可用变频调速。该工段的物料输送方式设置为：运用物料自身重力和辅以机械控制手段，达到物料自上而下持续输送的效果。

（3）工艺单元的设置和布局　布局设置的要点：

B工段的布局设置为自上而下、垂直下行；

C工段位于B工段的下方；

A工段中A_2–A_3垂直下行，各单元可按照实际需要调整标高；

单元A_1（负压加料）配备的真空加料器可根据需要选用低位、中位和高位加料。

（4）对全流程产出速度实施调控　不同产品、不同配方及同一配方的WG生产，在不同的气候和环境条件下均有最佳的产出速度范围，设计必须适应这一工艺要求。将全流程的产出速度设置为具有相应的调节弹性。具体的解决方案是：①运用电机变频调速将B_5调节到需要的造粒产出速度。②B工段内，B_1的容积应经计算，满足前面来料的体积，选用两台交替工作。B_4、B_3、B_2运用上述（2）中的方案分别设置的出料速度调节装置实施同步调控，使B工段的输送速度满足C工段运行。C工段和A工段设备系统本身即具有足够的产出弹性来应对全系统产出速度的变更。

（5）主流程中各设备单机产能的匹配　主流程中各设备单机产能的合理匹配是上述（1）~（4）的技术方案实施的硬件保证。具体的方法是：以流程的产量目标确定造粒机的产能规格。以此为基数，以产能同步为原则对其他设备进行选择。对粉碎机组、干燥筛分机组等物料持续性进出的设备，对照该设备产能规格系列，以大于造粒机产能为前提选取。对有贮、输功能的设备以最大物料贮存量换算成体积后，对照该设备的规格选取最大贮存量，折算成能为全流程生产提供物料的时间（以小时计），从运行平衡和经济效果两方面综合考虑。在设计时设定：如按每天运转8h计，A工段A_2单元（原料粗粉混料仓）为8h；设定B工段B_1单元（混合机）为8h，B_2（生产WP）应满足A工段来料的容积，B_3单元（捏合机械）为4h，B_4单元（湿粉料仓）为2h。如按每天运转16h设计，A工段A_2单元（原料粉混料仓）为16h；设定B工段B_2单元（混合机）为16h，B_3单元（捏合机械）为4h，B_4单元（湿料料仓）为2h。但不限于此，在保持物料输送平衡的范围内，高于或低于设定值时，均能保持全流程的连续化生产。

可将A_2单元的料仓拆分为A_{2-1}、A_{2-2}并联或串联安装，同理B_1也可拆分为B_{1-1}、B_{1-2}并联安装。这样可使物料的衔接更为流畅。

（6）连续化生产过程中的计量　对单元A_2（原料粉体混料料仓）、B_1（混合机）相应的设备分别配置称重模块和计量显示仪，即可实施动态状态下的即时质量计量。

（7）尾气的收集和处理　主流程共有四股含粉尘尾气，其收集和处理方案如下：一是原料粉体在A_1出口后随气流输入A_2，尾气通过A_2附设的过滤器输出。二是经A_3粉碎的超微粉体通过除尘器排出。三是干燥筛分设备排出的含粉尘尾气通过除尘器后输出。四是各设备输送物料经真空加料器过滤排出的气体。这四股尾气分别经多台为全流程提供气力的引风机出口管路输入湿式除尘器净化后排出。干燥、筛分尾气输入生产装备底层的除尘器，与其他尾气输入共用湿式除尘器。

（8）生产流程的操作控制　生产流程中的所有设备和控制部件均设置成电动控制，并可根据需要实施全车间集中控制或按工段集中控制。对在生产流程中实施按批量连续化粉碎的A工段还可采用PLC可编程序控制器、触摸屏、传感器等组成的智能控制系统，以稳定工艺条件。B工段采用集中和现场控制双系统，以利于现场调控。

无须粉碎原料粉体的加料设置和用B、C、D几个工段组成的流水线生产WG这两个问题可采取同一方案解决。即在主流程风管上设置一个支流程加料接口G，位置在B_1的加料口前，G点表示支流程加料风管接口。某些WG的配方中有部分填加成分无须经过粉碎，对此可增设一个真空加料器将这部分粉料通过G点直接输入B_1（超微粉料仓）。B_1的功能设置为既能贮料，又能混料且能动态称重，通常选用称重模块在线计量。

如果WG的原料已另行粉碎，则可取消A工段，直接使用由B、C、D组成的生产流水线。使用真空加料器，将粉碎的物料在G点处输入主流程的B_1，即构成WG的连续化生产线。表11-2是该流程生产5%甲维盐WG与间歇法生产的基本数据对比。表11-3是连续化生产农药除草剂75%嗪草酮WG与间歇法生产的效果对比。

表11-2　5%甲维盐WG生产连续流程与间歇法生产的基本数据对比

对比项	连续流程	间歇流程
生产工人人数	6~7人/班	2~3人/班
产能	50kg/班	100kg/班
环境	① 粉尘飞扬 ② 物料堆放多，杂乱 ③ 劳动强度大	① 粉尘飞扬得到控制 ② 无中间放料过程，车间整洁 ③ 工人基本以管理和设备控制为主，劳动强度小

表11-3　连续化生产农药除草剂75%嗪草酮WG与间歇法生产的基本数据对比

岗位	间歇流程用工人数	连续流程用工人数	备注
捏合工段	4	1	真空加料，自动出料，节约人工
造粒工段	4	1	造粒后物料自动进入干燥机，不需人工搬运
干燥工段	2		筛分工人可同时控制干燥设备
筛分工段	1	1	新工艺无须人工接料、加料、翻料，节约用工
合计	11	3	

（二）混合布局例2

将按工艺要求合成的原药、助剂及填料等通过真空加料器吸入预混合机（为确保气流粉碎机连续工作，应配备两台交替使用），并通过混合机底部的星形卸料器缓慢均匀地送入气流粉碎机进行粉碎。粉碎好的细粉物料由螺旋加料机送入集料仓，然后由真空加料器送入后混合机（同时作为料仓使用）进行混合。此处应设两台混合机交替使用，一台混料，一台接料。通过真空加料器将混合好的粉体物料吸入无重力混合机。加料完毕，启动混合机，同时由喷液口通过计量罐连续喷进适量的水或液体助剂，均匀地喷洒于翻动的物料表面，即可快速均匀地达到捏合目的。捏合完毕后停止混合机并同时开启混合机底部的出料阀，将混合好的物料全部送入混合机底部的贮料仓，然后关闭出料阀，继续下一次捏合。湿物料进入贮料仓后，通过仓内刮板机构与星形卸料器缓慢连续地被送入并列的两台旋转制粒机，可根据物料特性与旋转制粒机的工作能力调整星形卸料器的转速（变频调速）。

进入旋转制粒机的湿物料被连续挤成所需要的圆柱形颗粒，并通过连接管连续均匀地进入连续流化床干燥机。由流化床底部吹起的热空气连续流化并干燥颗粒，其干燥时间可根据物料情况通过调节阀板适当调整，确保物料由流化床出口排出时达到合格要求。最后，干燥完的颗粒物料通过振动筛，将结块的粗颗粒及细粉筛出，保留合格的颗粒物料即为成品，然后通过真空加料器送入包装工序的成品料仓。细粉通过送粉器送入干燥系统的细粉收集系统，避免污染空气。

如上所述连续操作即可实现颗粒制剂的连续化生产，并且有效降低了人工劳动强度。由于生产过程封闭，也就大大改善了生产环境。另外，于造粒机上部与成品料仓底部出料口处增设吸尘装置，强化除尘净化效果。图11-24是用于克菌单WG的连续生产流程。

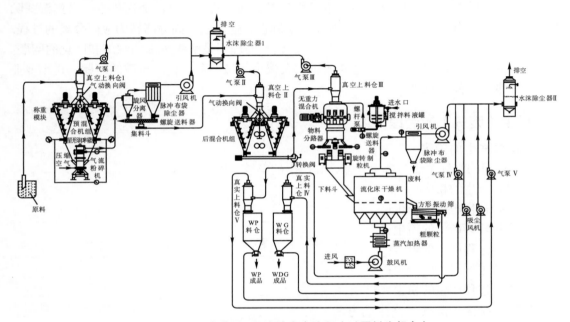

图11-24 克菌丹WG连续生产流程（以原料为起点）

第四节 "三废"处理技术

一、概述

"三废"处理是清洁生产的终端技术，"三废"处理水平是决定能否真正实现清洁化生产的最终因素。加强对农药加工"三废"处理技术的研究，有十分重要的经济效益和社会效益。

农药原药中除少数挥发性大的原药和在水中溶解度大的原药可以直接使用外，绝大多数必须加工成各种剂型，才可以应用到农业生产中。目前农药加工常见的剂型可分为3类：固体制剂、液体制剂、其他制剂。无论是传统成熟的剂型还是新剂型，在加工的过程中或多或少都会产生"三废"。农药加工的清洁生产并不是不产生"三废"，但可以做到两点：①少产生"三废"。通过流程设计、设备设计及选型减少"三废"的产生；②有序产生"三废"。所产生的"三废"是可控的。也就是说，给"三废"产物一个范围，使之被限定在固定的环境或设备中。这样收集、处理起来比较容易。

"三废"主要有废气、废水、废渣这些生产废物，这些在农药加工中均有产生。废水的来源主要是：清洗设备产生的废水；收集尾气粉尘产生的废水。废气的来源是流粉碎系统、粒剂干燥系统、包装除尘系统、空气净化系统产生的含尘尾气。废渣的来源是农药原药、助剂、半成品包装袋、纸板桶、清理设备、地面、管道收集的粉体垃圾，以及自动化包装过程中产生的废弃物等。

产生的废气有两种：一种是气体中含有溶剂蒸气的废气，多产生于液体制剂（含溶剂）生产的车间排风中。这种气体一般可以通过活性碳纤维的滤布进行吸收。另一种是含有粉尘的废气，这种废气多是来自粉碎车间或生产中有粉体的车间，来源较多。这种含尘废气一般通过干式除尘器（旋风分离器、布袋除尘器）和湿式除尘器洗涤后排空。虽然湿式除尘解决了气固分离问题，但又产生了废水，实际上，这是从气固分离转为液固分离的过程。这里也介绍了废水产生的根源，实际上，"三废"处理还是解决废水的浓缩和固化的问题。最终得到的是废渣或固体废料。这样体积大大减小，又不存在自由扩散的问题，送至专业处理厂家即可无害化处理。

二、粉尘（废气）的治理

1. 粉尘产生的因素

加工车间的废气主要是含尘气体，其产生的渠道有以下几种：

① 投料产生的粉尘；

② 粉碎过程产生的粉尘；

③ 物料转移产生的粉尘；

④ 干燥过程产生的粉尘；

⑤ 造粒过程产生的粉尘；

⑥ 筛分过程产生的粉尘。

2. 减少粉尘（废气）产生的方法

① 设计成连续化流程　有资料表明，采用连续化生产相比间歇式生产车间粉尘浓度大大降低，见表11-4。

表11-4　车间检测粉尘数据对比

测尘环境	粉尘种类	粉尘浓度/（mg/m³）
间歇工艺	产品粉尘	WP生产车间：5.9 粒剂生产车间：3.4 ~ 4.5
连续工艺	产品粉尘	生产车间：1.36

② 上下游设备要使物料的转移通畅；

③ 开放式操作区域采用隔离间；

④ 加料口要有负压吸尘装置；

⑤ 车间要设通风系统；

⑥ 人、货通道要分开。

3. 粉尘治理措施及对环境影响分析

在加料口、混合机、包装设备上方安装吸尘罩，气流粉碎机采用旋风分离器、布袋除尘器收料，车间上方安装吸尘罩，由集气管引到布袋除尘器，再由引风机将含尘气体引入湿式除尘器洗涤。气流粉碎过程环保措施见图11-25。

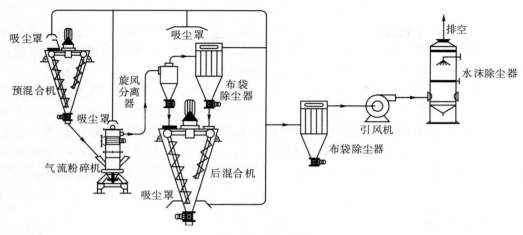

图11-25　气流粉碎系统环保措施

气流粉碎机产生的粉尘经过旋风分离器分离再进入布袋除尘器过滤后排空，含少量粉尘的空气进入吸尘罩再与预混合机、混合机上方的吸尘罩收集的含粉尘气体以及车间负压系统收集的粉尘一并通过集气管引入湿式除尘系统，最终外排的农药粉尘量很小，满足《大气污染物综合排放标准》的要求。同时在尾气排放末端采用二级洗涤措施，将排放的符合标准的尾气经湿式除尘器洗涤，则最终外排的为洁净空气，避免了农药粉尘的外排。沉积在水池中的原料可回收利用。

造粒生产线和干燥生产线排放的粉尘和废气通过混合器、造粒机、干燥机、振动筛上方的吸尘罩分别收集，经捕集器由集气管进入湿式除尘器后排放。WG造粒、干燥系统环保措施见图11-26。

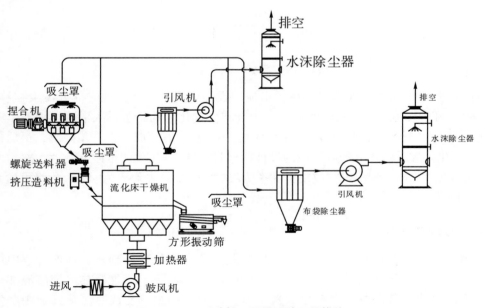

图11-26　WG造粒、干燥系统环保措施

三、废水治理

废水产生的因素主要有以下几种：

（1）清洗设备产生的废水　当更换品种时，生产设备应彻底清洗，于是产生大量废水。

（2）湿式除尘器产生的废水　生产过程产生含尘气体，车间通风的排风中也携带一定的粉尘，对这些气体进行湿式除尘时会产生一定量的废水。

（3）清洗环境产生的废水　车间操作台、地面会遗落一定粉料，清洗时也会产生一定量的废水。

生产区域产生的废水经车间地漏和排污管道集中排入污水处理池进行处理，对含有警戒色的清洗水，为了节省水处理费用和生产成本，在初洗时将含有高浓度警戒色的废水收集在大桶中，在生产下一相同产品时套用。其他含固形物废水可以采用以下处理方法：

（一）生化处理

如果企业位于工业园区、经济开发区，废水可按图11-27所示工艺处理。在混凝沉淀后，排入园区污水处理厂，处理达标后外排。如果企业不在园区，废水在混凝沉淀后应进一步进行生化处理。

可湿性粉剂、WG加工过程中无工艺废水产生，其他环节产生的废水主要污染物为水中悬浮物（SS）、化学需氧量（COD）及少量农药。这类废水可以采取碱性水解+混凝沉淀+批式活性污泥法（SBR）生化处理装置处理，处理后各污染物的排放浓度均符合要求。外排不会对环境产生大的影响。

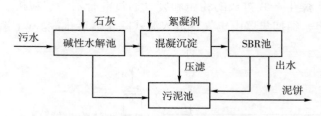

图11-27　废水治理措施工艺流程

该措施为物化加生化处理法，在污水池中投加适量生石灰，此时部分污染物被降解，COD去除率可达50%以上，农药的毒性大为衰减。均化后的废水进入混凝沉淀池，先调节其pH值再进行混凝沉淀，此时废水中的COD、SS和农药有效成分进一步降解，最后再通过SBR进行生化处理。污水处理各阶段的设计指标为碱性水解池COD的去除率为50%，混凝沉淀COD去除率为20%，SBR过程COD去除率为85%。COD总去除率为94%，最终可达到污水综合排放标准。

（二）MVR蒸发处理

MVR中文意义是机械式二次蒸汽再压缩蒸发器。在化工、制药、环保行业中广泛用于把溶液浓缩。常规的蒸发器用锅炉生产的鲜蒸汽作热源，通过换热器把溶液加热到沸点后继续加热使溶液沸腾蒸发产生二次蒸汽。溶液中的水分变成蒸汽从溶液中蒸发分离出去，溶液本身被浓缩。蒸发过程产生的二次蒸汽再用冷却水冷凝成冷凝水，二次蒸汽中的热能传递到冷却水中再扩散到空气中，造成热能浪费和冷却水消耗。MVR蒸发器利用压缩机把蒸发器产生的二次蒸汽进行压缩，使其压力和温度升高，然后作蒸发器热源替代鲜蒸汽。实现二次蒸汽中热能的再利用，使蒸发器的热能循环利用。只要提供少量的电力驱动压缩机工作，不需要鲜蒸汽就能使蒸发器热能循环利用，连续蒸发。在热力学中MVR蒸发器也可以理解为开式热泵。压缩机的作用不是产生蒸发需要的热量，而是输送蒸发器的热量形成热量循环。MVR蒸发器是新一代蒸发器技术，是一种节能环保的高新技术。

废水由前工序泵送到原液罐内，由原料泵加压后经过列管换热器和板式换热器使原料温度升高。原料进入升膜蒸发器内，升膜蒸发器管内的原料与管外加热蒸汽换热，使原料沸腾蒸发，蒸发产生的水蒸气夹带部分液滴进入分离器，分离器把水蒸气中的液滴从蒸汽中分离除去形成二次蒸汽。二次蒸汽进入压缩机，水蒸气被压缩后温度和压力升高，较高温度的水蒸气进入升膜蒸发器换热管外面，与管内原料换热，水蒸气放出潜热被冷凝为冷凝水。冷凝水在升膜换热器的换热管底部汇集后进入冷凝水罐，冷凝水通过冷凝水泵加压后进入板式换热器后排出系统外。升膜内的废水被不断蒸发失去水分，浓度逐渐提高接近饱和浓度，经过预浓缩的物料送到强制循环蒸发器。

预浓缩物料进入强制循环蒸发器换热器的下部，然后进入换热器换热管内被换热管外的水蒸气加热，温度升高，再经过强制循环泵进入分离器。由于物料压力降低产生闪蒸，水蒸气逸出到液面上方。固形物被浓缩沉淀到分离器底部，部分固形物在过饱和区循环，随废液一起被循环泵推进到下一个循环，继续被加热、闪蒸、浓缩。浓缩液一同进入冷却装置，待浓缩液进一步冷却后再进入离心机，离心机将固体废渣与液体分离开，做进一步干燥处理，经过料液泵打回强制循环蒸发系统继续浓缩。

不凝汽冷却器、真空泵、汽水分离器组成真空机组，保证蒸发器工作在设计压力范围内，保证蒸发温度稳定在工艺要求范围内，工艺流程见图11-28。工作流程如下：

① 含固形物的废水从工序输送到废水罐中贮存，然后通过加料泵加压进入系统，加料经过电磁流量计计量后把电信号传送给PLC，PLC根据操作人设定的流量调节加料泵转速，使加料量恒定在设定值。原料经过过滤器滤除较大的颗粒，防止固体颗粒堵塞管路或设备。

② 加料经过板式换热器与冷凝水换热使原料温度升高，然后原料再与经过列管换热器与系统排出的不凝汽和不凝汽夹带的蒸汽换热，使不凝汽中的蒸汽冷凝，同时原料温度进一步升高到85℃以上，然后进入升膜蒸发器。

③ 溶液从升膜蒸发器的底部进入，依靠真空产生的虹吸作用从换热管内壁向上流动，形成均匀的液体膜。液体膜在壳程蒸汽加热作用下产生蒸发，同时向上流动的液体不断换位，进一步提高了换热效率，使液体在换热管内壁即使流动时间很短也能产生较大的蒸发量。物料被浓缩后与蒸汽一同从换热管上口流出，在升膜蒸发器的上管箱，经过初步气液分离，二次蒸汽和部分被夹带的浓缩液雾滴沿切向进入分离器，二次蒸汽沿分离器内壁高速旋转上升，在离心作用下液体雾滴附着在器壁上向下流动与二次蒸汽分离，纯净的蒸汽螺旋上升从中心排气管排出。

④ 升膜蒸发器的浓缩液有一部分从升膜分离器的底部通过连通管进入升膜换热器的底部，再一次通过蒸汽的带动自下而上沿着换热管内壁流动，从而继续蒸发，这部分浓缩液得到进一步浓缩，待到最终浓度达到30%，从升膜蒸发器的下管箱通过浓缩液循环泵，经过流量控制阀控制输送到强制循环蒸发器。

⑤ 在升膜蒸发器蒸发的蒸汽经过分离器分离除去液体雾滴后进入压缩机，经过压缩机蒸汽压力上升。压缩机工作中产生的壳内冷凝水通过疏水泵压送入冷凝水泵入口管路，随冷凝水一同排出系统。

⑥ 经过压缩的饱和蒸汽输送到升膜蒸发器的壳程用于加热蒸汽，压缩蒸汽在换热管外与物料换热，将热量传递给物料使物料不断蒸发，蒸汽被冷凝为冷凝水汇集到冷凝水罐中，然后经过冷凝水泵加压排出，冷凝水罐上的液位传感器把液位信号传送到PLC，通过PLC控制冷凝水泵的电机工作频率来控制泵出流量，把液位恒定在设定值。冷凝水流量和压力通过流量计和压力表进行指示监控。

⑦ 升膜蒸发器壳程中的不凝汽携带部分蒸汽经过列管换热器，不凝汽中的蒸汽冷凝后被真空泵排出系统，不凝汽中的蒸汽冷凝为冷凝水，汇集到冷凝水罐中与蒸发器冷凝水一同排出系统。

⑧ 为了适应浓缩蒸发过程，该系统采用MVR强制循环蒸发器。强制循环蒸发器由换热器、强制循环泵、结晶分离器组成。物料在换热器的管程中被壳程蒸汽加热温度升高，在强制循环泵的推动下进入结晶分离器后压力降低，溶液产生闪蒸。生产的二次蒸汽在分离器中上升，从蒸汽管路排出，物料发生过饱和产生沉淀，沉降到分离器底部，少量飘浮物一同流入换热器继续进行蒸发。

⑨ 强制循环蒸发器蒸发产生的二次蒸汽与降膜生产的二次蒸汽一同经过压缩机压缩，强制循环蒸发器对经压缩的蒸汽进行加热。

⑩ 经过浓缩的浓缩液排放到冷却罐再进入离心机中，在离心力作用下母液被分离出来排入母液罐，废渣从离心机取出，进行进一步处理。

⑪ 母液罐内的母液用母液泵打回强制循环蒸发系统继续浓缩。

⑫ MVR升膜蒸发系统用鲜蒸汽启动，蒸汽将物料加热到蒸发状态后启动压缩机。

⑬ 本MVR系统采用压缩机对二次蒸汽进行压缩，使二次蒸汽温度提高15℃，用作系统蒸发热源。为了解除二次蒸汽经过压缩产生的过热，在压缩机进口处喷水。

⑭ 工艺流程中各工艺条件均设有现场显示或参数变送器，由PLC集中控制，通过工控机的组态软件进行监视、报警和自动控制。

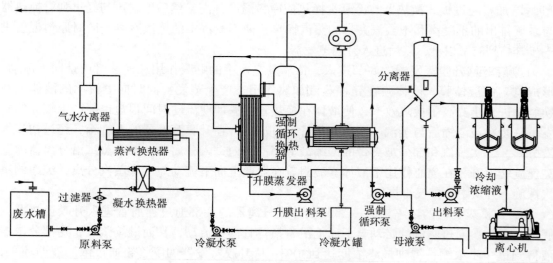

图11-28 废水处理流程

四、废渣的治理

固体制剂加工包装过程中产生的固体废料分为一般固体废料和危险化学品固体废料。一般固体废料包括没有被农药化学品污染的包装瓶、包装盒、包装袋、打包袋、塑料制品等，危险化学品固体废料主要是沾染农药及其他化学品的包装物、固体垃圾。前者进行一般垃圾处理，后者按危险化学品固体废料管理的规定交指定有资质单位处理。各生产车间均有专人负责收集、管理固体废料。

1. 废渣的形成

废渣（固体废料）主要为废包装内布袋、废包装桶、污水处理站产生的污泥等，吸尘罩收集的粉尘可回收利用。

2. 固体废料的处理及环境影响分析

生产过程产生的固体废料主要包括废包装物、污水处理设施产生的污泥等。固体废料产生及处理处置情况见表11-5。

表11-5 固体废料产生及处理处置情况

生产工序	名称	排放去向
生产车间	废包装桶、废包装内袋、废塑料袋等	有资质单位回收
污水处理站	污泥	数量少时可以存在厂危废库，定期送有资质危废处理单位集中处理

在固体废料处理处置环节主要应关注危废的临时贮存设施，一般要求做到：①应按照《危险废物贮存污染控制标准》的要求进行收集、贮存及处理；②贮存场所必须符合《危险废物贮存污染控制标准》规定的贮存控制标准，必须有符合要求的环保图形标志；③贮存场所要有集排水和防渗设施，并符合消防要求；④废物的贮存容器必须有明显标志，具有耐腐蚀、耐压、密封和不与所贮存的废物发生化学反应等特性。根据《国家危险废物名录》农药剂型加工企业产生的废包装内袋、废包装桶、污水处理设施产生的污泥均为危险废物。产生的废塑料袋、废包装桶等由专业厂家回收，污泥送有资质的单位处理。

五、噪声的治理

1. 噪声污染源

噪声主要来源于混合机、空压机、引风机、真空泵等。主要设备噪声源和噪声强度见表11-6。

表11-6 主要设备噪声源和噪声强度

设备	声源值/dB
混合机电机（单台）	85
空压机	95
真空泵	80
引风机	82
气流粉碎机	88~92

2. 噪声治理措施

　　首先在设备选型时，应注重考虑选择性能良好、噪声强度低的设备，从源头降低噪声，减轻噪声污染。空压机、真空泵等高噪声设备应设置在机房内，设置减振器，并加装消声器和隔声罩。对气流粉碎机产生的噪声，可根据机械设备运行的原理，产生噪声的原因主要是气流在管道内运行时与管壁、物料发生，摩擦可在气流进出口安装消声器，最大限度地降低噪声。消声器的结构见图11-29，消声器的安装方法见图11-30。保持车间门窗的完整性、密闭性，严禁车间门窗随意开放，以保持车间的隔声性能。还可以采用车间内厂房吸声、设置隔声门窗等措施。

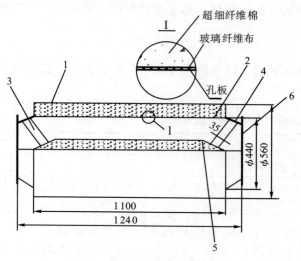 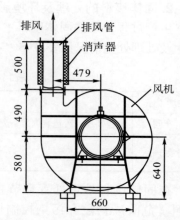

图11-29　消声器的结构见图　　　　　　　图11-30　消声器在风机出口处的安装

1—外筒体；2—内筒体；3—支板；4—锥管；5—锥筒；6—法兰

　　通过以上治理，噪声强度能够降低15～20dB，噪声源通过隔声降噪处理并经过一定距离衰减后，厂界噪声能够达到GB 12348—2008《工业企业厂界环境噪声排放标准》三类标准的要求，不会影响区域声环境质量。

　　例如，在使用喷雾流化干燥机或造粒机时，为了降低现场噪声，就将高压风机（噪声高达80～85dB）隔离在单独的房间。房间墙壁安装泡沫消声材料，风机出口管安装消声器，这样在操作现场的噪声就降至40dB以下，见图11-31。

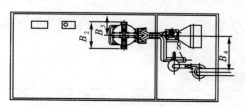 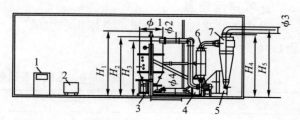

图11-31　喷雾流化干燥机降噪设计方案

1—控制系统；2—液体雾化系统；3—主机；4—换热器；5—空气过滤器；6—消声器；
7—除尘系统；8—引风机

参考文献

［1］张继宇. 旋转闪蒸干燥与气流干燥技术手册［M］. 沈阳：东北大学出版社，2005.

［2］中国化工报社. 中国农药制剂加工及助剂应用技术交流会［G］. 2012.

［3］全国农药信息总站. 第十六届全国农药信息交流会论文集［G］. 2009.

［4］张伟莉. 农药剂型加工企业固体制剂加工环境污染浅析［J］. 农药，2012，51（8）：620.

［5］陶珍东，等. 粉体工程与设备［M］. 北京：化学工业出版社，2010.

［6］胡传鼎. 通风除尘设备设计手册［M］. 北京：化学工业出版社，2003.

［7］山东省农药研究所. 第十二届山东农药信息交流会论文集［G］. 2012.

［8］刘广文. 现代农药剂型加工技术［M］. 北京：化学工业出版社，2013.

化工版农药、植保类科技图书

分类	书号	书名	定价
农药手册性工具图书	122-22028	农药手册（原著第16版）	480.0
	122-29795	现代农药手册	580.0
	122-31232	现代植物生长调节剂技术手册	198.0
	122-27929	农药商品信息手册	360.0
	122-22115	新编农药品种手册	288.0
	122-22393	FAO/WHO农药产品标准手册	180.0
	122-18051	植物生长调节剂应用手册	128.0
	122-15528	农药品种手册精编	128.0
	122-13248	世界农药大全——杀虫剂卷	380.0
	122-11319	世界农药大全——植物生长调节剂卷	80.0
	122-11396	抗菌防霉技术手册	80.0
	122-00818	中国农药大辞典	198.0
农药分析与合成专业图书	122-15415	农药分析手册	298.0
	122-11206	现代农药合成技术	268.0
	122-21298	农药合成与分析技术	168.0
	122-16780	农药化学合成基础（第2版）	58.0
	122-21908	农药残留风险评估与毒理学应用基础	78.0
	122-09825	农药质量与残留实用检测技术	48.0
	122-17305	新农药创制与合成	128.0
	122-10705	农药残留分析原理与方法	88.0
农药剂型加工专业图书	122-15164	现代农药剂型加工技术	380.0
	122-30783	现代农药剂型加工丛书-农药液体制剂	188.0
	122-30866	现代农药剂型加工丛书-农药助剂	138.0
	122-30624	现代农药剂型加工丛书-农药固体制剂	168.0
	122-31148	现代农药剂型加工丛书-农药制剂工程技术	180.0
	122-23912	农药干悬浮剂	98.0
	122-20103	农药制剂加工实验（第2版）	48.0
	122-22433	农药新剂型加工与应用	88.0
	122-23913	农药制剂加工技术	49.0
农药专利、贸易与管理专业图书	122-18414	世界重要农药品种与专利分析	198.0
	122-29426	农药商贸英语	80.0
	122-24028	农资经营实用手册	98.0
	122-26958	农药生物活性测试标准操作规范——杀菌剂卷	60.0
	122-26957	农药生物活性测试标准操作规范——除草剂卷	60.0

分类	书号	书名	定价
农药专利、贸易与管理专业图书	122-26959	农药生物活性测试标准操作规范——杀虫剂卷	60.0
	122-20582	农药国际贸易与质量管理	80.0
	122-19029	国际农药管理与应用丛书——哥伦比亚农药手册	60.0
	122-21445	专利过期重要农药品种手册（2012-2016）	128.0
	122-21715	吡啶类化合物及其应用	80.0
	122-09494	农药出口登记实用指南	80.0
农药研发、进展与专著	122-16497	现代农药化学	198.0
	122-26220	农药立体化学	88.0
	122-19573	药用植物九里香研究与利用	68.0
	122-09867	植物杀虫剂苦皮藤素研究与应用	80.0
	122-10467	新杂环农药——除草剂	99.0
	122-03824	新杂环农药——杀菌剂	88.0
	122-06802	新杂环农药——杀虫剂	98.0
	122-09521	螨类控制剂	68.0
	122-30240	世界农药新进展（四）	80.0
	122-18588	世界农药新进展（三）	118.0
	122-08195	世界农药新进展（二）	68.0
	122-04413	农药专业英语	32.0
	122-05509	农药学实验技术与指导	39.0
农药使用类实用图书	122-10134	农药问答（第5版）	68.0
	122-25396	生物农药使用与营销	49.0
	122-29263	农药问答精编（第二版）	60.0
	122-29650	农药知识读本	36.0
	122-29720	50种常见农药使用手册	28.0
	122-28073	生物农药科学使用指南	50.0
	122-26988	新编简明农药使用手册	60.0
	122-26312	绿色蔬菜科学使用农药指南	39.0
	122-24041	植物生长调节剂科学使用指南（第3版）	48.0
	122-28037	生物农药科学使指南（第3版）	50.0
	122-25700	果树病虫草害管控优质农药158种	28.0
	122-24281	有机蔬菜科学用药与施肥技术	28.0
	122-17119	农药科学使用技术	19.8
	122-17227	简明农药问答	39.0
	122-19531	现代农药应用技术丛书——除草剂卷	29.0
	122-18779	现代农药应用技术丛书——植物生长调节剂与杀鼠剂卷	28.0

分类	书号	书名	定价
农药使用类实用图书	122-18891	现代农药应用技术丛书——杀菌剂卷	29.0
	122-19071	现代农药应用技术丛书——杀虫剂卷	28.0
	122-11678	农药施用技术指南（第2版）	75.0
	122-21262	农民安全科学使用农药必读（第3版）	18.0
	122-11849	新农药科学使用问答	19.0
	122-21548	蔬菜常用农药100种	28.0
	122-19639	除草剂安全使用与药害鉴定技术	38.0
	122-15797	稻田杂草原色图谱与全程防除技术	36.0
	122-14661	南方果园农药应用技术	29.0
	122-13695	城市绿化病虫害防治	35.0
	122-09034	常用植物生长调节剂应用指南（第2版）	24.0
	122-08873	植物生长调节剂在农作物上的应用（第2版）	29.0
	122-08589	植物生长调节剂在蔬菜上的应用（第2版）	26.0
	122-08496	植物生长调节剂在观赏植物上的应用（第2版）	29.0
	122-08280	植物生长调节剂在植物组织培养中的应用（第2版）	29.0
	122-12403	植物生长调节剂在果树上的应用（第2版）	29.0
	122-27745	植物生长调节剂在果树上的应用（第3版）	48.0
	122-09568	生物农药及其使用技术	29.0
	122-08497	热带果树常见病虫害防治	24.0
	122-27882	果园新农药手册	26.0
	122-07898	无公害果园农药使用指南	19.0
	122-27411	菜园新农药手册	22.8
	122-18387	杂草化学防除实用技术（第2版）	38.0
	122-05506	农药施用技术问答	19.0
	122-04812	生物农药问答	28.0

邮如需相关图书内容简介、详细目录以及更多的科技图书信息，请登录www.cip.com.cn。

邮购地址：（100011）北京市东城区青年湖南街13号 化学工业出版社

服务电话：qq: 1565138679，010-64518888，64518800（销售中心）

如有化学化工、农药植保类著作出版，请与编辑联系。联系方式：010-64519457，286087775@qq.com。